承压设备安全检验与事故分析技术

沈功田　吴　茉　王宝轩　主编
林树青　主审

中国质检出版社
中国标准出版社
北京

图书在版编目(CIP)数据

承压设备安全检验与事故分析技术/沈功田等主编.
—北京:中国标准出版社,2017.1
ISBN 978-7-5066-8485-9

Ⅰ.①承… Ⅱ.①沈… Ⅲ.①压力容器安全-检验②压力容器-事故分析 Ⅳ.①TH49②X928.3

中国版本图书馆 CIP 数据核字（2016）第 275397 号

中国质检出版社
中国标准出版社 出版发行
北京市朝阳区和平里西街甲 2 号(100029)
北京市西城区三里河北街 16 号(100045)
网址:www.spc.net.cn
总编室:(010)68533533 发行中心:(010)51780238
读者服务部:(010)68523946
中国标准出版社秦皇岛印刷厂印刷
各地新华书店经销
*
开本 889×1194 1/16 印张 22.75 字数 521 千字
2017 年 1 月第一版 2017 年 1 月第一次印刷
*
定价 128.00 元

序

特种设备是指对人身和财产安全有较大危险的锅炉、压力容器、压力管道、电梯、起重机械、游乐设施、客运索道、场(厂)内机动车辆等设备设施,是国民经济和人民生活的重要基础设施。其中,锅炉、压力容器(含气瓶)、压力管道属于承压类特种设备。

特种设备安全是国家公共安全的重要组成部分。尤其是承压设备,有的在高温、高压、强腐蚀环境下工作,有的盛装或者输送易燃、易爆、有毒介质,一旦发生爆炸或者泄漏事故,往往会导致爆炸、中毒并发生火灾等灾难性事故,导致人员伤亡、财产损失、环境污染等恶性后果,造成无法挽回的巨大损失。因此,承压设备运行和使用直接关系到人民群众的生命、健康和财产安全,在国家安全生产和公共安全中占有重要位置。

为促进承压设备检验检测人员经验交流,提升承压设备检验检测水平,2015年11月25日～27日,特种设备科技协作平台在广西省北海市举办了2015承压类特种设备检验检测技术研讨会。本次研讨会是平台首次举办的案例研讨会,通过交流研讨来自一线检验人员的检验案例和事故案例,总结和分析实际检验实践中出现的问题,对提升承压设备检验检测水平有积极的促进作用。

本次研讨会共有来自全国50多个特种设备检验检测机构的100多名承压设备一线检验人员参加,研讨会分压力容器、锅炉和管道及综合3个分会场进行,同时开展了优秀论文评选活动。对参与评选的近40篇论文进行了交流并最终评出一等奖2篇,二等奖4篇,三等奖7篇。会议共收到论文短摘要108篇,会议现场实际收到论文全文65篇。经同行专家评审、编审人员审核、出版社校核和作者修改,共收录论文58篇。

本次研讨会的成功召开和本书的顺利出版得到了国家质检总局科技司、特种设备安全监察局和特种设备科技协作平台领导的大力支持,论文评审专家付出了很多辛勤工作,在此,一并表示衷心的感谢。同时,感谢参与会务和论文编辑工作的柯卫杰研究生以及沈永娜和刘渊博士。最后，对中国质检出版社的领导和编辑表示感谢，他们严谨的工作态度保证了本书的顺利出版。

为鼓励更多承压设备相关检验检测技术人员积极参与学术交流，本书收录的论文水平高低不一。由于在论文征集、评审和编辑出版过程中时间较紧迫，书中的疏漏或不妥之处在所难免，敬请专家和广大读者批评指正。

编　者

2016 年 11 月于北京

目　　录

检验案例

管　　道

锅　　炉

容　　器

事故案例

检验案例

管　道

12Cr1MoV 钢高温过热器检验案例分析

付坤，王丽娜，王长才，薛峰，宋金华，周书昌
河北省锅炉压力容器监督检验院，石家庄　050061

摘　要：本文对电站锅炉 12Cr1MoV 钢高温过热器进行检验，通过现场外观检验发现在高温过热器迎火侧存在鼓包，将钢管截取，进行化学成分检测、微观组织分析、氧化皮厚度测量、硬度及拉伸性能测试，结果显示，合金元素含量符合标准要求，珠光体球化严重，有轻微氧化，布氏硬度小于 179 HB，抗拉强度低于 GB 5310 要求。因此，管子损伤严重，不能满足使用要求，对高温过热器管子进行了更换处理。

关键词：高温过热器；珠光体球化；微观组织；力学性能

1　高温过热器基本情况

该台设备为某电站厂由 12Cr1MoV 耐热钢管制造的高温过热器，高温过热器管的运行时间是150 000 h，原始组织是铁素体＋珠光体，管的尺寸是 ϕ51 mm×6 mm。管内压为 3.82 MPa，运行温度为 450 ℃。上次定期检验中存在的主要问题是 12Cr1MoV 珠光体耐热钢的球化问题，球化等级为 3 级，力学性能有所下降，但仍能满足标准及使用要求。

2　高温过热器检验方案及发现的问题

对高温过热器进行外观检验。首先，通过外观检验，发现在少量过热器管的迎火侧局部位置出现了鼓包现象，如图 1 所示。鼓包出现的原因比较复杂，主要取决于运行工况、材料的老化状态、氧化层的厚度及材料力学性能等。为了准确获得产生原因，进而制定应对措施，截取出现鼓包的钢管进行深入分析，检验项目包括化学成分分析、微观组织分析、氧化皮厚度测量、布氏硬度检测及拉伸性能测试。

图 1　12Cr1MoV 过热器钢管

3　检验发现问题的成因分析

3.1　化学成分分析

为了验证管材的材质为 12Cr1MoV，采用元素分析设备对所取样的管材进行了成分测试，测试 3 次取平均值，结果如表 1 所示。可以看出，所取试样管的合金元素含量满足

GB 5310—2008 中 12Cr1MoV 的要求[1]。

表 1　12Cr1MoV 钢管的化学成分

样品编号及标准	C	Si	Mn	Cr	Mo	V
1#	0.121	0.264	0.557	1.03	0.302	0.212
2#	0.134	0.258	0.615	1.12	0.296	0.231
3#	0.128	0.271	0.586	1.07	0.287	0.227
GB 5310	0.08～0.15	0.17～0.37	0.40～0.70	0.90～1.20	0.25～0.35	0.15～0.30

3.2　微观组织分析

将截取的钢管制备成金相试样，用 4%的硝酸酒精溶液腐蚀，采用显微镜观察试样的显微组织，如图 2所示，分别为 12Cr1MoV 钢管的迎火侧和背火侧的微观组织，除了在背火侧局部区域存在极少量的珠光体，聚集形态的珠光体区域形态已基本消失，碳化物明显分散，组织出现了严重球化状态，在晶内分布着少量细小的粒状碳化物，大部分碳化物粒子扩散到晶界，形成链状分布，降低晶界的强度，对力学性能有严重影响。根据电力行业标准 DL/T 884—2004，评定材料已发生严重球化，球化级别为 5 级[2]。

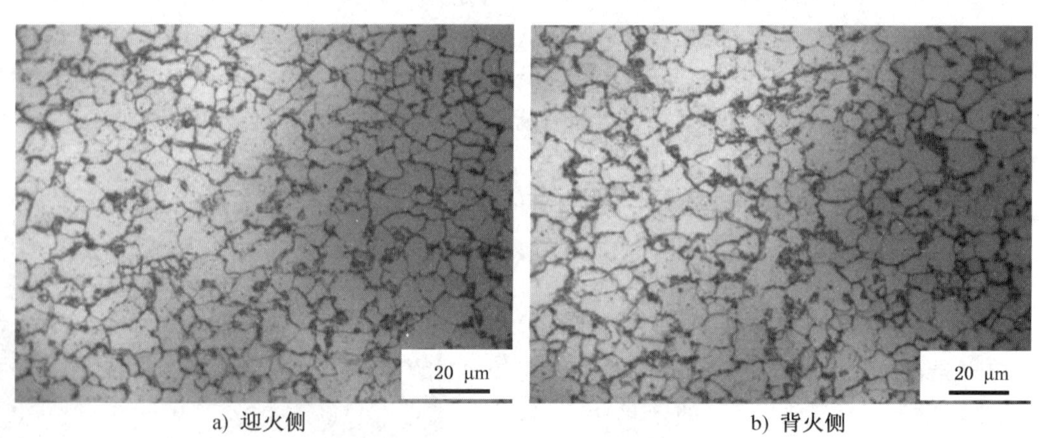

a) 迎火侧　　b) 背火侧

图 2　12Cr1MoV 钢管的微观组织

3.3　氧化皮厚度测量

氧化层的存在，一方面减薄了管的有效壁厚，使管的承载能力下降，另一方面，由于氧化物的传热能力比金属差，氧化层会引起管壁温度升高，从而导致管的强度下降。对 12Cr1MoV 过热器管的氧化皮厚度（如图 3 所示）在显微镜下进行测量，迎火侧氧化皮平均厚度为 95 μm，背火侧氧化皮平均厚度为 89 μm，存在一定程度的氧化，仍符合 DL/T 438—2009[3] 的要求。

a) 迎火侧

b) 背火侧

图 3　12Cr1MoV 钢管的氧化皮厚度

3.4　硬度测试

采用布氏硬度计测试迎火侧和背火侧的硬度，每侧选取 5 个不同的位置，测试结果见表 2，可以看出，迎火侧平均硬度值为 149 HB，背火侧平均硬度值为 154 HB，符合 DL/T 438—2009 使用要求。

表 2　12Cr1MoV 布氏硬度

取样位置及标准	布氏硬度值/HB					
	1	2	3	4	5	平均值
迎火侧	148	151	148	147	151	149
背火侧	154	152	153	156	155	154
DL/T 438—2009	≤179					

3.5　拉伸性能测试

根据 GB/T 228.1—2010 制备钢管拉伸试样，采用 MTS 万能材料试验机测定屈服强度、抗拉强度和伸长率等力学性能指标，加载速率为 2 mm/min。表 3 为 12Cr1MoV 拉伸性能测试结果，图 4 为拉伸试验曲线。可以看出，背火侧屈服强度和抗拉强度比迎火侧稍大，背火侧延伸率小于迎火侧延伸率，然而两者抗拉强度都低于 GB 5310—2008 的标准，不能满足使用要求，说明材料由于组织老化，性能下降[4]。

表 3　12Cr1MoV 拉伸力学性能

取样位置及标准	屈服强度 R_p/MPa	抗拉强度 R_m/MPa	延伸率 A/%
迎火侧	307	446	28
背火侧	339	450	27
GB 5310—2008	≥255	470～640	≥21

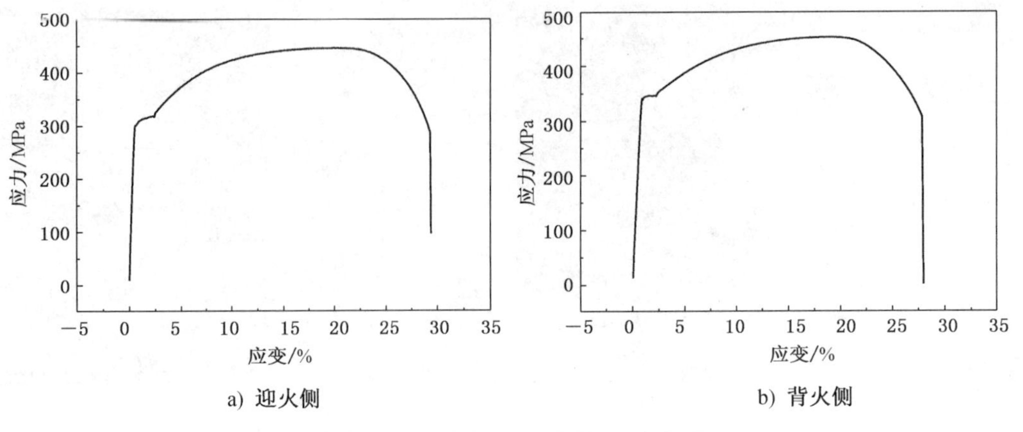

图4　12Cr1MoV钢管的拉伸曲线

4　检验发现问题的处理

12Cr1MoV高温过热器在经过长期高温运行后出现：

(1) 12Cr1MoV耐热钢的聚集形态的珠光体区域形态已基本消失，碳化物分布在晶界形成链状，组织发生严重球化。

(2) 12Cr1MoV耐热钢的迎火侧氧化皮厚度大于背火侧氧化皮厚度，氧化程度较轻。

(3) 12Cr1MoV耐热钢迎火侧屈服强度和抗拉强度低于背火侧，延伸率高于背火侧，但是两者抗拉强度均小于GB 5310—2008规定的要求。

5　结论

由于高温过热器管子出现了鼓包，经过检测，球化等级为5级，抗拉强度低于标准要求，存在一定程度的氧化，说明管子损伤比较严重，因此对高温过热器管子进行了更换处理。

参考文献

[1] GB 5310—2008　高压锅炉用无缝钢管.

[2] DL/T 884—2004　火电厂金相检验与评定技术导则.

[3] DL/T 438—2009　火力发电厂金属技术监督规程.

[4] GB/T 228.1—2010　金属材料　拉伸试验　第1部分：室温试验方法.

地震灾害对天然气管道的危害和影响

付建川，王涛全，张平
四川省绵阳市特种设备监督检验所，绵阳　621000

摘　要：5.12 汶川大地震对处于断裂带的江平天然气管道造成了严重的损害，主要地震危害形式有山体滑坡、塌方、山洪和泥石流冲刷等。对天然气管线造成的影响有断裂、深埋、大移位、大悬空、保护装置、护坡损坏等。绵阳特检所按相关设计、检验标准的要求对受损天然气管道进行了专项检验，对各个危害点进行了逐一排查，并提出整改建议。

关键词：压力管道；地震灾害；定期检验；问题分析

1　基本情况

管道基本情况：管道起点为江油市，终点为平武县，全线水平长度 122.8 km，中途有8 个分支配气站。管道型号规格为 ϕ108 mm×5.0 mm，设计压力为 1.6 MPa，设计温度为常温，材质为 20 钢（GB/T 8163—2008），输送介质为天然气。由四川石油输气设计院设计，西南石油局油建公司施工建设，1999 年 7 月开工，2000 年 4 月 30 日竣工。管道主要沿公路两旁埋地铺设，过丛林地段是地面铺设。有穿越大公路 5 处，37.2 m，穿越机耕道 62 处，310 m，穿跨越河流 3 处，280 m，桥梁 4 处，以及多处水沟、水渠、农田、坡地、山峰、丛林、涵洞等，管道铺设地带处于龙门山地震带上，地质状态活跃。

2　使用过程中经常出现的处置

（1）由于处于地质活跃地带，经常出现塌方、泥石流等地质灾害损坏管道。

（2）公路两旁的建筑开挖损坏管道。

（3）交通事故对管道的损坏。

3　地震对管道造成的危害类型及原因分析

3.1　地震对管道造成的危害类型

5.12 汶川大地震，该天然气管道正好处于地震的断裂带上，对管线在地震中受到的危害进行归类总结主要有以下几种：

（1）类型 1：沿途遭受山体滑坡产生的大量砂石滑到山下，对管道产生大的推力，使管道断裂，如图 1 所示。

图 1　类型 1

(2) 类型 2:大量塌方下来的石块、泥土和砂石把原有的管道深埋地下,如图 2 所示。

图 2　类型 2

(3) 类型 3:管道随着山体整体滑坡偏离原来铺设路线,产生较大移位;最大的偏离 100 多米,如图 3 所示。

图 3　类型 3

(4) 类型 4:塌方造成管道长距离悬空(最长的 180 多米),塌方造成管墩损坏、垮塌、掩埋,如图 4 所示。

图 4　类型 4

(5) 类型 5:塌方造成山体移位,引起管道上方山体重压,如图 5 所示。

图 5　类型 5

(6) 类型 6:地震后暴雨引发山洪和泥石流灾害,造成二次地质灾害,如图 6 所示。

图 6　类型 6

3.2 检验方案

根据 TSG D7003—2010 的要求结合 5.12 汶川大地震对天然气管道可能造成的危害进行了分析，制定了有针对性的检验方案。方案主要内容如下：

(1) 针对垮塌面积比较大的、管道损坏比较严重的、地面地貌受地震影响剧烈的地段以及在使用过程中经常出现塌方、滑坡、泥石流的地段，提出改线建议。

(2) 更换断裂的管段，并对管道断裂口前后 50 m 的管道焊缝进行 100％的磁粉检测和 X 射线检测。检测标准为 JB/T 4730—2005，技术等级 AB 级，合格级别Ⅲ级(根据安装资料得知该管道安装时射线检测比例是 20％，但管道原介质走向前面的 40 多公里段和翻山段未进行 X 射线检测)。

(3) 对随桥铺设的管段(含两端引桥部分)、穿越公路的涵洞部分以及跨越水沟部分、翻跃牛角娅山段铺设的 8 km 管段全部进行 100％磁粉检测和 X 射线检测。检测标准为 JB/T 4730—2005，技术等级 AB 级，合格级别Ⅲ级。

(4) 对位移比较大的管道进行全管段测厚。测厚点间距 1 m 1 处，1 处 3 点，每点相距 120°。测厚值与公称厚度值比较，超过 10％的进行强度校核。测厚仪采用 MXX-6 型，精度 ±0.01 的。

(5) 对滚石砸中或其他原因造成局部变形处，进行测量并进行表面磁粉检测，按《在用工业管道定期检验规程》进行安全状况等级评级。

(6) 对悬空管道两边悬空起点前后 30 m 管道焊缝进行 100％磁粉检测和 X 射线检测。检测标准为 JB/T 4730—2005，技术等级 AB 级，合格级别Ⅲ级。同时进行壁厚检测。

(7) 距离老蛇湾桥 850 m 处山体位移并重压在管道的管段进行压力试验。试验压力 2.4 MPa，加压点可延长到更换管段处。

(8) 针对安装资料显示，当时安装时焊工焊接合格率较低，最高的合格率才 83％，最低的合格率为 30％，以及部分未做无损检测的情况，要求露出地面的管道只要有焊缝的地方必须进行打磨干净后，补做磁粉检测和 X 射线检测。

(9) 沿途根据地形地貌情况和防腐层检测情况进行开挖点选择，开挖点按每 3 km 1.5 个计算。在开挖检测坑内按《压力管道定期检验规则　公用管道》进行土壤腐蚀性检测、管道腐蚀状况检测、焊缝无损检测、电火花检测、硬度检测。

(10) 分段压力试验，分段长度最好在 10 km 范围内。试验压力 2.4 MPa，执行标准 CJJ 33—2005。

3.3 危害原因分析

引起以上危害的主要原因是：

3.3.1 断裂

(1) 地表面由于地震突然发生错层、重叠，使管道发生弯曲、扭曲变形。同时，变形部位焊缝存在较严重的未焊透，未焊透减少了焊缝的有效截面积，并成为裂纹源，从而造成管道从焊缝缺陷部位开裂断开。

(2) 管道随桥铺设，由于地震造成桥梁突然垮塌，管道断裂。有 1 处可能当时坠入河中

未断，后来受到河水和泥石冲击造成拉裂，现场检查拉裂部位也是存在焊缝未焊透缺陷的位置。

（3）地震导致山体垮塌，管道悬空，然后巨石滚下，砸中管道造成拉裂。

3.3.2 变形

（1）地震导致山体垮塌，管道悬空后受巨石滚压，引起局部内凹变形。

（2）由于山地大面积塌方造成管道悬空，引起下绕变形。

（3）滑坡带来的大量沙石对管道形成大的推力，使原始铺设位置发生大改变，引起大幅度移位，偏离原铺设位置，使管道受到了极大的拉伸变形。拉伸段壁厚减薄量为 0.15 mm～0.48 mm（公称壁厚为参照）。

3.3.3 重压

地震造成山体大量垮塌，垮塌后土石方正好压在铺设的管道上，在管道上方形成一个山体。宽 300 多米，高 20 多米。此处塌方的主要原因是：

（1）边坡的岩性为膨胀土、页岩，土质为堆积体，结构松散，修公路时边坡开挖后土体失去了平衡。

（2）边坡的岩层走向与路基方向顺层，地震时岩体顺着岩层面下滑。

4 解决措施

（1）对地质特别活跃地段、山体疏松地段、常滑坡段重新进行地勘选线。相关部门采纳了绵阳特检所提出的改线建议，重新规划和设计线路 31.5 km。

（2）对已经损坏的断裂段的管道进行更换。整体更换 30 km，局部更换 8 km，取消 2 处随桥铺设，采用定向穿越河流。

（3）更换变形较大的管段。管子局部变形较小的，采用测量、检测、分析方法，进行确认可否安全使用，排除安全隐患。

（4）对地质环境变化不大的位移管道，恢复管道埋地铺设。

（5）对于地质活跃地段，结合公路的改造，对山体坡度大于 40°的进行护坡处理。采用浆砌片石挡土墙、抗滑桩、锚杆、锚索地梁或锚管注浆等支挡工程类型，以恢复坡体平衡，杜绝坍塌发生。对剥落、碎落的处理方法是先对剥落、碎落体进行清理，清除边坡上残留松散的土体和危石，然后及时对边坡进行防护。对于土质及全风化砂泥岩的边坡，采用拱型骨架加三维植被网种草防护。在恢复过程中同时结合改变管道走向的措施，避免给以后的使用带来安全隐患。

（6）对悬空下绕的管道进行下降埋地，不能埋地的增加管墩支撑。

（7）对山体重压的管道通过压力试验确认是否完好。

5 结束语

对地震后的天然气管道专项检验，国内尚无现成可用的标准，我们本着合于使用的原则，参照相关的设计、检验标准，在保障安全使用的前提下，采用相对经济合理的方法，有针对性的对造成的危害进行逐一排除、整改，并会签整改方案。积极配合相关部门尽快恢复供气，解决几十万人的生活用气问题。同时我们在遭受危害损伤但又未损坏的管道上收集了相关数据，积累了一些经验，对以后处理地质灾害有很大的帮助。

该管道恢复供气至今已运行 4 年多，期间出现过 4 级以上地震 20 多次，其中一次震源中心正好在绵阳市梓潼县，距离在用管道线路 20 多公里，震级 4.9 级，深度 14 km，但管道仍然运行平稳，未出现地震造成的危害。出现过一次暴雨泥石流危害，进行了 80 m 的局部整改，此后沿线虽然出现过多次山体塌方、滑坡等地质灾害，但由于保护措施得当，未对管道造成损坏。充分验证了我们所采取的措施是可靠有效的。

参考文献

[1] TSG D7003—2010　压力管道定期检验规则—长输(油气)管道.
[2] TSG D7004—2010　压力管道定期检验规则—公用管道.
[3] GB 50316—2000　工业金属管道设计规范(2008 年版).
[4] GB 50028—2006　城镇燃气设计规范.
[5] CJJ 33—2005　城镇燃气输配工程施工及验收规范.
[6] GB 50251—2003　输气管道工程设计规范.

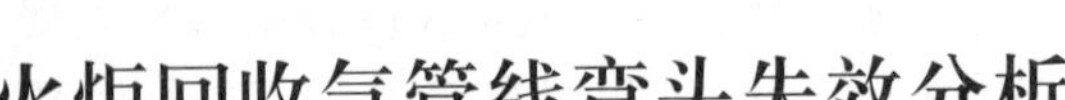

火炬回收气管线弯头失效分析

夏艳光，刘伟平

安庆市特种设备监督检验中心，安庆　246001

摘　要：对某发生穿孔泄漏的压力管道进行检测，发现其弯头的厚度有减薄现象，通过金相分析、硬度测定、弯头内腐蚀产物的 X 射线能谱分析和 X 射线衍射分析等方法进行综合分析，找出发生缺陷的原因，提出合理化建议。

关键词：压力管道；失效；分析

1　管线的主要技术参数（见表 1）

表 1　管线主要技术参数

管线号	P960017	使用地点	火炬山至双脱 1 管线
投入使用时间	2014 年 4 月 20 日	规格	ϕ219 mm×7 mm
设计压力	1.0 MPa	设计温度	50 ℃
工作压力	0.9 MPa	工作温度	<50 ℃
介质	火炬回收气	材质	20 钢

2　失效弯头检查

2.1　外壁检查

弯头的外壁无明显变形，弯头局部防锈油漆脱落处有锈蚀现象，弯头的厚度均有减薄，弯头外侧的中心部位有一处孔洞（见图 1）。

2.2　内壁检查

将弯头沿弧线剖开（见图 2），检查其内壁腐蚀情况，弯头的腐蚀垢物主要集中在内壁的出口端。

对弯头减薄严重部位的内壁进行宏观表面形貌观察，结果如下：表面形貌为浅凹坑或麻坑状，基本无腐蚀产物堆积（见图 3）。

作者简介：夏艳光，1980 年出生，男，博士，高级工程师，主要从事特种设备检验与研究。

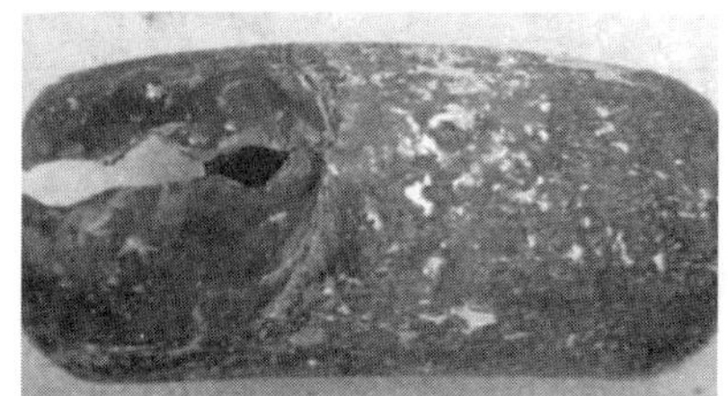

图 1　泄漏弯头外观

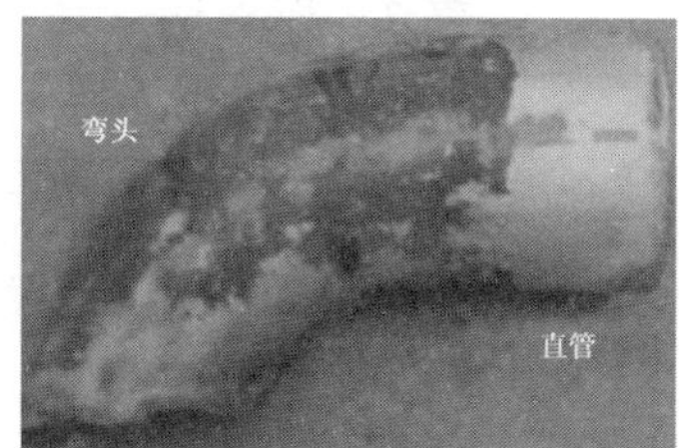

图 2　弯头内外表面状态

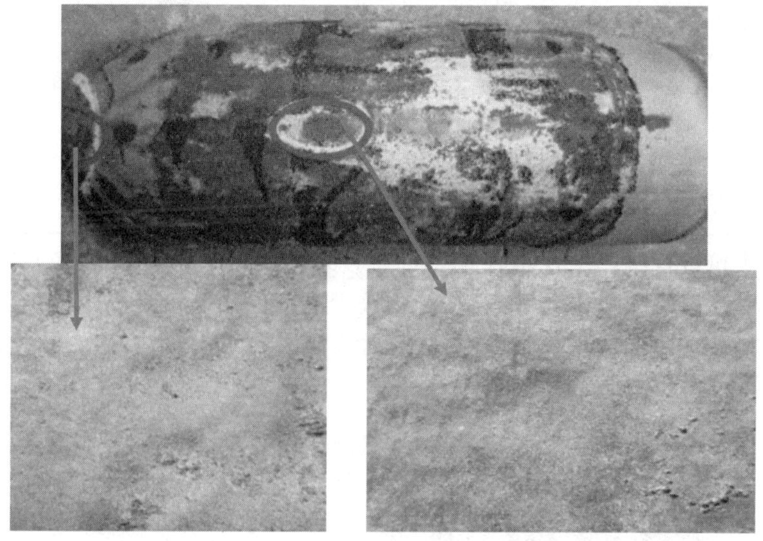

图 3　内壁减薄处宏观形貌

3　失效原因分析

3.1　壁厚测定

用测厚仪对弯头进行全面测厚，测厚选点部位详见图 4。其中括号内测点表示对应背面测点位置，测试结果见表 2。

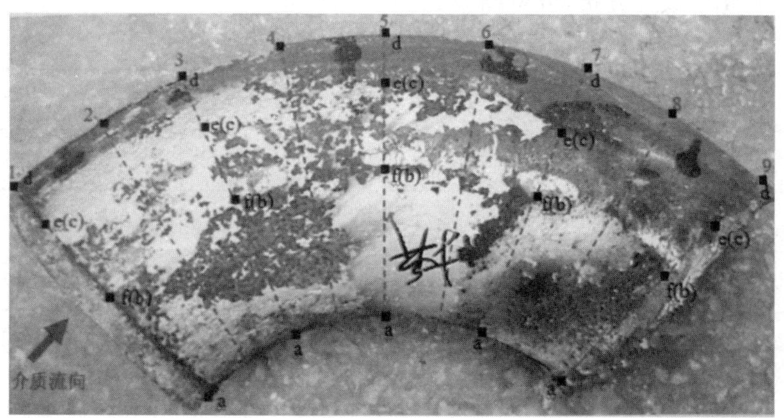

图 4　弯头厚度测点位置示意图

表 2　厚度测试结果　mm

测厚部位		弯头									直管
		1	2	3	4	5	6	7	8	9	
顺时针	a	6.7	—	6.5	—	5.9	—	6.7	—	6.8	7.0
	b	4.3	—	6.5	—	6.1	—	6.6	—	6.5	5.5
	c	2.8	1.9	2.2	—	3.3	—	4.4	—	5.4	—
	d	1.5	1.2	3.5	2.1	1.7	2.0	2.5	2.8	4.4	7.0
	e	5.2	5.1	3.6	—	4.3	—	4.9	—	5.6	—
	f	5.7	—	5.8	—	5.8	—	6.0	—	6.4	6.3

对其他弯头也进行测厚发现均存在不同程度但规律和趋势相似的壁厚减薄现象，即弯头入口端相对于出口端减薄更严重，腐蚀产物较少的部位减薄相对严重（符合冲刷减薄的特征），弯头减薄最严重的部位主要集中在外侧处的介质入口端至弯头中心部位（见图 5）。

图 5　减薄严重区域（圆圈区域内）

3.2　化学成分分析

对弯头进行化学成分分析，分析结果见表 3。

表 3　化学成分分析结果　%

分析部位	化学成分（质量分数）							
	C	Si	Mn	P	S	Cr	Ni	Cu
弯头	0.184	0.216	0.55	0.017	0.012	0.052	0.006 5	0.041
标准规定值	0.17～0.23	0.17～0.37	0.35～0.65	≤0.035	≤0.035	≤0.25	≤0.30	≤0.25

分析结果表明，弯头和直管的化学成分均能满足 GB/T 699—2008《优质碳素结构钢》等相关标准的要求。

3.3 金相分析

对弯头减薄严重部位进行金相分析，为比较金相组织的变化情况，还选取了其他部位（弯头处的直管段）进行金相分析，检验部位详见图6，检验结果见表4和图7。由金相检验结果可知，弯头和直管的金相组织属正常的铁素体+珠光体，弯头大弯边（外R）和弯头侧弯边（侧R）处的金相组织晶粒大小基本相同，而内侧处的金相组织晶粒细小。

图6 金相检验部位

表4 金相分析结果

分析部位	照片编号	金相组织	备注
弯头	图7	铁素体+珠光体	含减薄严重处
直管	图7	铁素体+珠光体	—

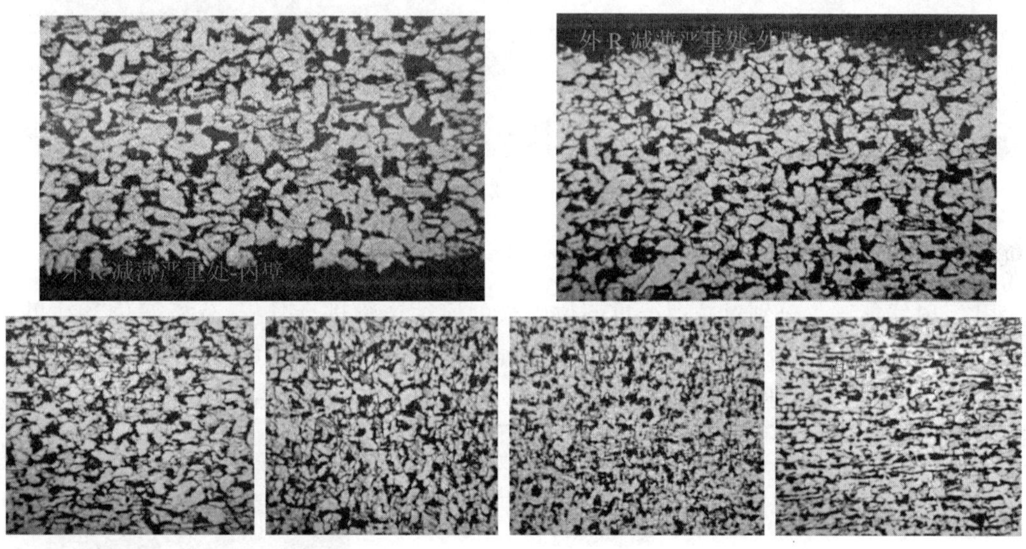

图7 弯头及直管金相组织

3.4 硬度测试

对弯头的外侧、侧面、内侧和与弯头相连的直管段进行硬度测试，测试结果见表5。弯头和直管的硬度均属正常。

表5 硬度测试结果 HV

分析部位			硬度值	平均值
1#	弯头	外侧	120.5、134.6、129.2	128.1
		侧面	140.9、142.7、141.8	141.8
		内侧	145.8、140.3、142.3	142.8
	直管		140.6、141.6、136.5	139.6

3.5 严重减薄部位的内壁表面微观形貌分析

将弯头减薄严重的部位放入丙酮内进行超声波清洗，用扫描电镜分别对其内壁进行微观观察，结果见图8。弯头内表面均被腐蚀产物所覆盖，腐蚀产物形态不一，有的成块状较致密，有的成颗粒状较疏松。

图8 弯头内壁减薄处微观形貌

3.6 X射线能谱分析

用X射线能谱仪分别对减薄严重部位内壁的腐蚀产物进行分析，分析部位及结果见图9和表6，分析结果表明，弯头内壁减薄严重处的腐蚀产物主要为铁的氧化物和铁的硫化物。

表6 X射线能谱分析结果 %

分析部位	主要成分分析结果(质量分数)		
	O	S	Fe
弯头	40.28	5.04	54.69
	38.09	5.08	56.84

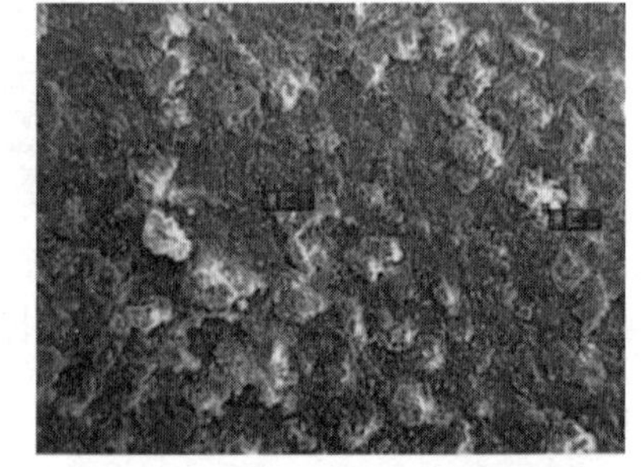

图9 弯头能谱分析部位

3.7 X射线衍射分析

从弯头内取腐蚀产物进行X射线衍射分析，分析结果见图10。由图可知弯头中的腐蚀产物既有铁的化合物(Fe_2O_3 和 FeS_2)，又有铵盐(NH_4Cl 和 NH_4HS)和少量的碳酸盐($CaCO_3$)。

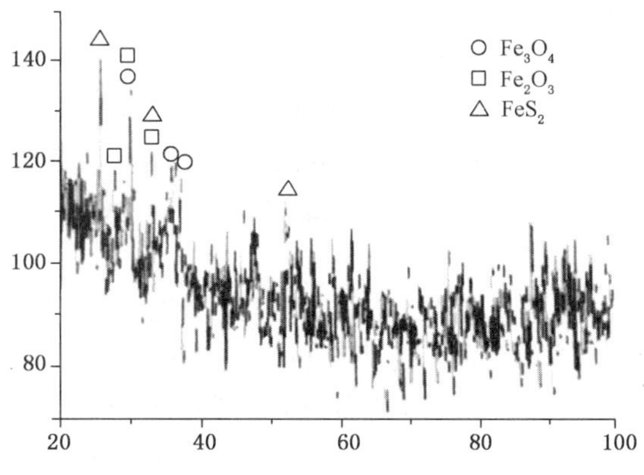

图 10 弯头内腐蚀产物分析结果

3.8 火炬回收气介质分析

本条管线中的介质主要来自于常减压、催化、裂解、重整、渣油裂化、焦化、加氢、油改煤、苯乙烯、二联合等装置的回收气,成分随不同装置放空而变化。主要组分见表 7。

表 7 火炬回收气主要组分 %

序号	1	2	3	4	5	6	7	8	9
气体组分	H_2S	N_2	O_2	H_2	CH_4	乙烯	乙烷	丙烷	丙烯
含量(体积分数)	2.0	21.15	5.62	18.64	26.82	2.54	13.54	3.95	5.74

3.9 分析结果

(1) 弯头和直管材质均为 20 钢,符合设计选材要求;

(2) 弯头的外壁未见明显的塑性变形,防锈漆脱落处有锈蚀现象但未形成严重腐蚀;

(3) 弯头存在严重减薄的部位均位于内壁外侧入口端至外侧中心部位;

(4) 弯头和直管的金相组织和硬度均属正常;

(5) 弯头严重减薄区域的内表面除泄漏周边较平整外,其他部位主要呈浅凹坑或麻坑状;

(6) 腐蚀产物分析结果表明,管道内壁结垢物主要组成物为 NH_4HS、NH_4Cl、硫化铁、氧化铁及$CaCO_3$等。

4 结论

本案例中,由管内垢状物的 X 射线衍射分析结果可知,其主要组成物为 NH_4HS、NH_4Cl、硫化铁、氧化铁及 $CaCO_3$ 等,根据垢状物的性质分析,火炬气中应该含有较高的 H_2S、HCl、CO_2 和 NH_3 等腐蚀性组分,这些腐蚀性组分在管道内发生反应,NH_3 与 HCl 反应生成 NH_4Cl,NH_3 与 H_2S 反应生成 NH_4HS。NH_4Cl 和 NH_4HS 遇水都会形成腐蚀性极强的酸性环境,在一定流速下对碳钢造成严重的冲刷腐蚀,CO_2 的存在会促进冲刷腐蚀。另

一方面，由于铵盐极易结垢，因此也会造成管道的垢下腐蚀。

根据生产工艺了解到，管线中的介质来自于常减压、催化、裂解、重整、渣油裂化、焦化、加氢、油改煤、苯乙烯和二联合等装置。根据腐蚀产物特征判断为上游装置气体排放火炬前因注水量不足（重点是催化气压机出口注水、常温注水、加氢反应流出物等系统注水）导致 NH_3 与 HCl 等腐蚀性较强的介质被带到火炬线内，从而造成管线酸性水腐蚀与铵盐垢下腐蚀。

由于火炬气中含有较多的酸性组分和氨，导致管线内部存在较严重的酸性水冲刷腐蚀和铵盐垢下腐蚀环境，使得管线（特别是弯头部位）快速腐蚀减薄并引起泄漏。

鉴于上述分析，建议设计上完善管道的布置，尽可能减少管道的冲刷和管道内积水；生产工艺操作上保证上游装置排放火炬气前的合理注水量；管道的操作应加强排水，防止低点积水。

参考文献

[1] GB/T 699—2008　优质碳素结构钢.

某高酸气田天然气汇管检验案例分析

王洁璐，杨博，黄奕昶

上海市特种设备监督检验技术研究院，上海　200333

摘　要：某高酸气田集气末站外输汇管在运行不足 100 h 的情况下，筒体纵向焊缝表面出现裂纹并发生泄漏。经分析判断，开裂由焊缝本身缺陷引起。为保证该气田安全运行，需对该气田数十个天然气汇管进行全面检验。针对天然气汇管的运行工况及介质特点进行了主要失效机理分析，并制定了全面检验方案。检验结果显示集气汇管焊缝内部不同程度存在横向缺陷、夹渣及气孔，根据相关标准进行了处理。文中的案例分析为汇管检验提供参考，确保气田安全运行。

关键词：高酸气田；天然气汇管；检验案例；应力腐蚀开裂；氢诱导开裂

1　某高酸气田天然气汇管基本情况

天然气汇管是气田的关键生产设备之一，用于天然气站的天然气缓冲、汇集、分配，将单井天然气汇集到一起，再输送到处理装置，处理成合格的商品天然气后外输。在每个气田中都有数十个天然气汇管，结构形式和使用条件基本相同，因处理量的差异容积略有不同。

某高酸气田集气末站外输汇管运行不足 100 h，筒体纵向焊缝外表面出现长约 30 mm 的裂纹，并发生泄漏。从图 1a）和图 1b）中可以看出，裂纹处于汇管纵焊缝上，与焊缝方向垂直，裂纹较直。图 1c）是裂纹在容器内表面的位置。图 1d）显示汇管内表面涂层严重鼓包。射线探伤结果显示裂纹未延伸至母材。

经分析判断，开裂是焊缝本身缺陷引起的。从内部现象来看，介质加速开裂的可能性很大。涂层起不到保护容器的作用，还可能加速腐蚀、应力腐蚀和氢诱导开裂的发生。为了保证气田的安全运行，需要对气田的所有汇管进行全面检验。汇管的基本技术参数如下：

——设计规范：ASME SECTION Ⅷ，DIV 1 2007 EDITION；

——工作压力：10.98 MPa；

——设计压力：12.5 MPa；

——工作温度：60 ℃；

——设计温度：80 ℃；

——腐蚀裕量：≥3.2 mm；

——材质：SA 516-70N；

——规格：DN500×25×17 572 m。

原料气组分见表 1。

基金项目：上海市质量技术监督局系统项目（No. 2013-54）

作者简介：王洁璐，1990 年出生，女，硕士，助理工程师，主要从事压力管道检验工作。

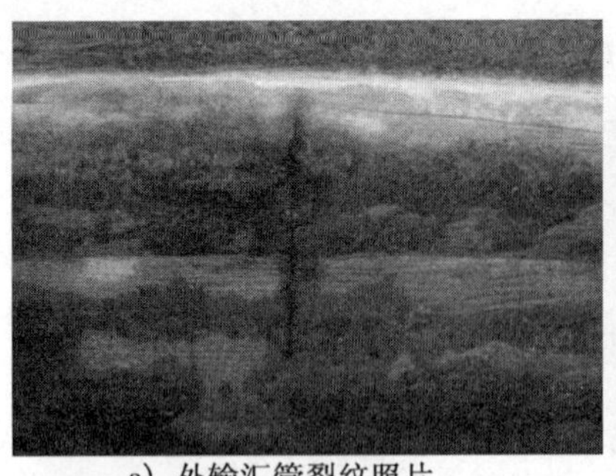
a) 外输汇管裂纹照片

b) 汇管开裂部位照片

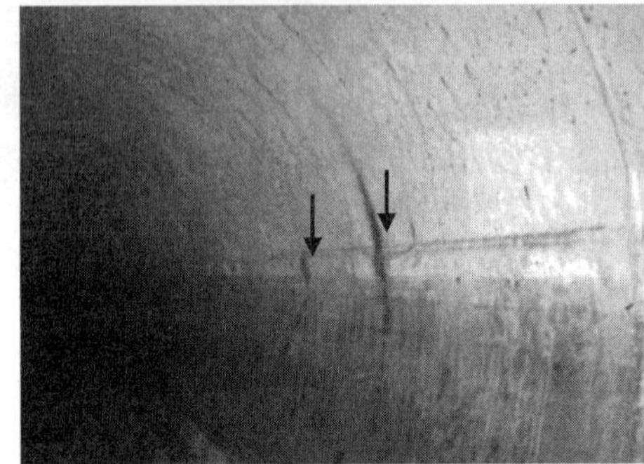
c) 裂纹在容器内表面的位置

d) 内表面涂层严重鼓包

图 1　汇管情况图

表 1　原料气组分　　%

组分	He	H_2	N_2	CO_2	H_2S	CH_4	C_2H_6	C_3H_8
含量(摩尔分数)	0.012	0.028	0.52	8.64	15.16	75.52	0.12	0.000

2　主要失效机理分析

汇管属于高压容器，在结构上长径比和厚径比都比较大。高酸气田的天然气汇管运行条件恶劣，主要是因为介质中的杂质复杂，有害成分很多。事故汇管开裂的主因是制造质量问题，由于焊接质量失控，在纵焊缝中存在大量的横向埋藏裂纹。在硫化物应力腐蚀开裂(SSC)和氢诱导开裂以及应力指向氢诱导开裂(HIC/SOHIC-H_2S)的作用下，导致裂纹扩展，最终裂穿汇管，发生泄漏。

下面我们对汇管的失效模式进行分析：

2.1　制造质量缺陷

前述的事故主因是焊接质量问题，由于汇管壁厚较大，焊缝中的微小横向裂纹不易通过 RT 检测发现，因此用 UT 检测找出焊缝中的横向裂纹是检验成败的关键。

2.2　结构影响

汇管属于细长的容器，固定在地面，运行状态类似于地面压力管道。因此在检验中应特别注意地面变化及外部环境对汇管的影响。

2.3 腐蚀和应力腐蚀

从原料气(井口天然气)组分中可以看出汇管的工作介质很脏,有害成分很多。前述的事故证明介质对应力腐蚀的促进作用非常明显。下面我们对汇管可能存在的应力腐蚀和腐蚀机理做一个介绍。

2.3.1 硫化物应力腐蚀开裂(SSC)

硫化物应力腐蚀开裂是金属在拉应力和有水及硫化氢存在的腐蚀共同作用下的开裂。它是由于吸收了金属表面硫化物腐蚀所产生的氢原子而引起的。SSC 通常容易产生于高强度钢(高硬度)的高硬度焊肉或低强度钢的高硬度热影响区。

SSC 的敏感性与钢中的渗氢量有关,这主要与水的 pH 值和 H_2S 含量两个环境参数有关。通常钢中的氢溶解度在 pH 值接近中性的溶液中最低,在 pH 值较低和较高时溶解度增加。pH 较低时的腐蚀是由 H_2S 引起的,pH 值较高时的腐蚀是由高浓度的二价硫离子引起的。高 pH 值时氰化物的存在可进一步加剧钢中的氢渗透。SSC 敏感性随 H_2S 含量的增加而增加,即气相中的 H_2S 的分压或液相中的 H_2S 含量。水中存在 1 ppm 的 H_2S 也可充分引起 SSC。

SSC 敏感性主要与硬度和应力水平有关。钢的高硬度可增加对 SSC 的敏感性。用于湿硫化氢环境中服役的碳钢基金属压力容器和管道,由于具有足够低的强度(硬度),通常其 SSC 不被关注。但是,其焊肉和热影响区可能包含焊接引起的高硬度和高残余应力区。较高的残余拉伸应力与焊缝结合增加了 SSC 的敏感性。

2.3.2 硫化氢中的氢诱导开裂和应力指向氢诱导开裂(HIC/SOHIC-H_2S)

氢诱导开裂是金属中或金属表面不同平面上的邻近氢鼓泡的阶梯状内部裂纹。HIC 的形成不需要外部作用压力。开裂的动力是氢鼓泡内部压力的累积引起的氢鼓泡周围的高应力。这些高应力区域之间的相互作用引起的开裂形成了钢中不同平面上鼓泡的连接。

鼓泡中压力的累积与钢的氢渗透溶解度有关。钢中氢的来源是湿硫化氢的腐蚀反应。这个腐蚀反应的发生必须有水存在,并且产生的氢溶解度主要与水的 pH 值和 H_2S 含量有关。我们发现钢中氢溶解度在 pH 值接近中性的溶液中最低,而在 pH 值较低和较高时都会增加。低 pH 值中的腐蚀是 H_2S 引起的,高 pH 值中的腐蚀是高浓度的二价硫离子引起的。高 pH 值时氰化物的存在可进一步加剧钢中的氢渗透。已知氢渗透随 H_2S 含量的增加而增加,即 H_2S 在气相中的分压或 H_2S 在水相中的含量。水中存在 50 ppm 的 H_2S 已足够引起 HIC。

氢鼓泡是钢中形成的平面的充满氢的不连续的空洞(如气孔、夹杂、分层、硫化物夹杂)。鼓泡大多数发生于轧制钢板中,特别是那些由硫化物夹杂伸长后引起的带状微观结构。氢鼓泡及 HIC 的敏感性主要与钢板的质量有关,即不连续的数量、尺寸和形状。因此,钢中的硫含量是关键的材料参数。降低了钢的硫含量也就降低了钢对氢鼓泡和 HIC 的敏感性。同时,添加钙有利于控制硫夹杂的形状总是有利的。

SOHIC 是大量微小氢诱导裂纹组合的鼓泡的堆积,这些氢诱导裂纹由于较高的局部拉应力作用在钢板厚度方向上排列。SOHIC 是 HIC 的一个特别形式,经常出现在母材中,与

焊缝的热影响区相邻，由于工作应力（来自内部的压力）和焊接残余应力的累加影响，此处的应力最大。与 HIC 一样，钢板的质量是 SOHIC 敏感性的关键参数。另外，通过焊后热处理降低残余应力可降低 SOHIC 的发生及严重性，但不可能消除。工作应力水平也同样影响 SOHIC 的发生及严重性。

2.3.3 CO_2 腐蚀

CO_2 可引起低合金钢的全面腐蚀、蚀坑、台面侵蚀和流动诱导局部腐蚀，还会使高强钢发生阳极溶解性的 SCC，但没有一个简单的法则来预测钢产生局部腐蚀的敏感性。

CO_2 对碳钢的腐蚀为管内腐蚀，主要表现为 3 种形式：均匀腐蚀、冲刷腐蚀和坑点腐蚀，其产物主要为 $FeCO_3$ 和 Fe_3O_4。在一定条件下，水气凝结在管壁形成水膜，CO_2 溶解并附着在管壁面上，使金属发生均匀的极化腐蚀，即均匀腐蚀；管柱内高速气流冲刷带走腐蚀产物，使得金属表面不断裸露，腐蚀加剧，发生冲刷腐蚀；腐蚀产物在金属表面形成保护膜，但这种膜的生成很不均匀，易破损，出现坑点腐蚀。

在没有电解质存在的条件下，CO_2 本身并不腐蚀金属，CO_2 对管柱钢材的腐蚀主要是由于天然气中的 CO_2 溶解于水中生成碳酸后引起的电化学腐蚀。

油、气井的产出水常含有钙、镁和钡等离子，易生成碳酸盐，与腐蚀产物 $FeCO_3$ 一起以垢的形式沉积在井下管柱和设备表面，缩小其有效截面，甚至造成堵塞，影响生产的正常进行。CO_2 的存在促进垢和腐蚀产物沉积在管内壁，使管壁粗糙度增大，使结蜡、结沥青和起泡等问题更为严重。

CO_2 的腐蚀过程是一错综复杂的电化学过程，影响腐蚀速率的因素很多，主要有：温度、CO_2 分压、腐蚀产物膜、流速、pH 值、介质组成、管材等。

2.3.4 高 CO_2 和高 H_2S 腐蚀

油、气田采出水中的腐蚀性组分普遍呈含量上升、温度和 pH 值波动大的趋势，在这种复杂介质（高 CO_2 和高 H_2S）环境下，压力容器设备通常存在全面腐蚀、应力腐蚀、点蚀、晶间腐蚀、缝隙腐蚀和垢下腐蚀等多种失效形式。

p_{H_2S}和 p_{CO_2} 决定了 H_2S 和 CO_2 在介质中的溶解量，不同的 H_2S 与 CO_2 比例，导致介质中的 HS^-、S^{2-} 和 HCO_3^-、CO_3^{2-} 的比例不同，在不同温度下形成的腐蚀产物膜有所不同。硫化物膜对钢铁表面有保护作用，这种保护虽然不能量化，但当金属暴露在低浓度的 H_2S 中时，比暴露在类似温度及 CO_2 分压和无硫系统中的腐蚀速度要小。

不同温度下 H_2S 对 CO_2 腐蚀影响可分为 3 类，第一类是 60 ℃左右，H_2S 通过加速腐蚀的阴极过程而加速腐蚀的进程；第二类是 100 ℃左右，H_2S 含量超过 33 mg/kg 时，局部腐蚀速度降低而全面腐蚀速度上升；第三类是 150 ℃附近，金属表面形成 $FeCO_3$ 或 FeS 保护膜，使腐蚀速度下降。

CO_2 对 SSC 敏感性的影响取决于 pH 值。在较低的 pH 值条件下，CO_2 增加 SSC 敏感性；在较高的 pH 值条件下则相反。

3 汇管检验方案

基于上述对汇管主要失效机理的分析，针对该高酸气田天然气汇管制定了如下全面检验方案。

3.1 打磨

3.1.1 打磨的目的

有效的实施检测手段、保证检测方法的可靠性。

3.1.2 打磨的要求

(1) 表面检测:磁粉和渗透检测要求被检部位(焊缝及近母材区域)露出金属光泽。

(2) 超声检测:要求被检部位(焊缝及近母材区域)表面平整,具有一定的光洁度。由于要对横向裂纹进行检测,需对焊缝余高进行打磨处理,要求表面平整,不影响探头与检测面的良好接触和移动。

3.2 拆卸端盖及搭设脚手架

(1) 所有汇管的端盖需要拆卸,以便对内壁及附近焊缝进行检验;

(2) 对于分酸分离器,根据外壁的检验情况,至少打开 1 台进行内部检验,如发现缺陷和问题,再决定打开其他分离器及打开的数量;

(3) 分酸分离器需要搭设脚手架或提供操作平台。

3.3 内、外部表面检查

内、外部表面检查以宏观检查为主。

(1) 评价设计、制造、安装质量。

(2) 防超压、超温安全附件布置,安装的合理性、实用性。

(3) 容器本体与外接管线连接部位由于多种原因极易产生缺陷,应重点检查内、外表面焊接接头有无裂纹、局部变形、泄漏等。接管内用灯光法检查。

(4) 检查所有对接焊缝的成型情况:焊缝有无咬边,错边量、棱角度有无超标现象。

(5) 检查焊缝其表面是否有表面气孔、弧坑、未填满和目视可见夹渣等缺陷。

(6) 检查容器母材是否有飞溅、焊疤、表面机械损伤、工卡具焊迹、电弧擦伤等表面缺陷,若有应打磨至与周围母材圆滑过渡。

(7) 用 3 倍以上放大镜检查对接焊缝表面及热影响区,是否有裂纹。

(8) 设备铭牌是否完好,其各参数是否与图纸相符。

3.4 超声测厚

对设备的筒体、封头及接管的公称壁厚进行详细测定。

3.5 硬度测定及金相检验

硬度测定和金相检验是判断材质情况及设备腐蚀状况的主要手段。在典型部位布置测点,测定焊缝三区硬度及金相组织,在发现开裂的部位应重点布置硬度和金相测点。

3.6 化学成分检验

对设备的焊缝和母材进行现场取样，分析其化学成分。

3.7 无损检测

(1) 被检容器的接管角焊缝进行100%渗透检测和100%常规超声检测。

(2) 被检容器对接焊缝进行100%常规超声检测和衍射时差法(TOFD)检测。

(3) 被检容器外壁对接焊缝进行100%磁粉检测。

(4) 根据现场实际检验情况，对于不具备TOFD检测条件的部位，必要时进行超声相控阵或射线检测。

(5) 声发射检验

根据现场的检验情况，若存在影响设备安全运行的缺陷，在设备运行期间，为保证设备的安全运行，必要时进行声发射在线监测。

声发射检测的主要目的：①声发射检验能够整体探测和评价整个结构中缺陷的状态；②声发射检测方法对线性缺陷较为敏感，它能探测到在外加结构应力下这些缺陷的活动情况，稳定的缺陷不产生声发射信号；③声发射检验方法可以预防由未知不连续缺陷引起系统的灾难性失效。④确定声发射源的部位；⑤确定声发射源的严重性。

3.8 缺陷处理

3.8.1 表面缺陷的处理

检验过程中如发现表面超标缺陷，应及时向甲方报告，并按要求进行处理。处理时应严格按相关规程要求进行，并进行无损检测复验。处理过程和结果应做详细的记录。

3.8.2 埋藏缺陷的处理

发现焊缝的超标埋藏缺陷，应根据《压力容器定期检验规则》规定进行处理，如确需返修，应及时通知甲方，与甲方共同商讨处理办法，制定返修方案，报主管部门批准后，由有资格的单位实施返修。返修后按有关规程的规定进行复验。

3.9 强度校核

根据实测容器最小壁厚及其他部位的测量情况，扣除到下一个周期的腐蚀量，按《压力容器定期检验规则》校核该容器的许用压力及强度。

4 检验发现的问题

(1) 经超声检测，发现集气汇管焊缝内部不同程度存在横向缺陷，根据JB/T 4730.3—2005《承压设备无损检测》对超过定量线以上波幅的缺陷进行了记录。通过分析，判定横向缺陷为裂纹缺陷，其长度小于10 mm，距外壁的深度大多在12 mm左右至45 mm。图2是打磨出的裂纹照片。

(2) 经 TOFD 检测，发现集气汇管焊缝内部存在许多夹渣及气孔，夹渣埋藏深度大多在 15 mm～17 mm，最长的条形夹渣为 580 mm。

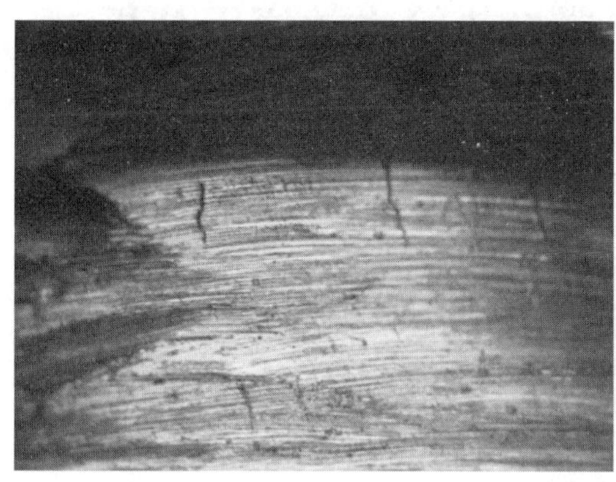

图 2　打磨出的裂纹照片

5　结论

由此案例得出，天然气汇管故障对天然气田的安全生产运行有着较大影响，但天然气汇管工况恶劣，容易出现问题，导致失效甚至危及生产安全。在天然气汇管的制造、安装、运行及检验过程中，要严格遵照国家相关标准要求，保证焊接等作业的质量，针对易发生腐蚀开裂的环节加强监控和检验，发现问题及时处理，保障汇管的安全运行。

参考文献

[1] JB/T 4730.3—2005　承压设备无损检测.

[2] TSG R7001—2013　压力容器定期检验规则.

[3] 王纪兵.压力容器目视检测技术基础[M].北京：中国石化出版社，2012.

[4] 王纪兵.压力容器目视检测评定[M].北京：中国石化出版社，2015.

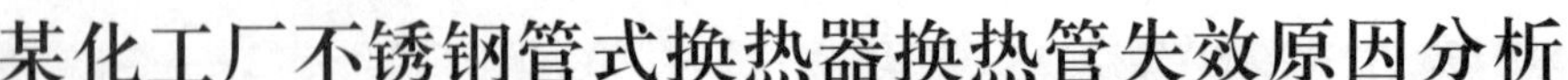

某化工厂不锈钢管式换热器换热管失效原因分析

王瑜，夏锋社

陕西省锅炉压力容器检验所，西安 710049

摘　要：某化工厂用不锈钢换热器，运行约半年多处换热管发生泄漏。本文通过现场调查，对换热管取样进行硬度、化学成分、金相、扫描电镜等试验分析，并对管程水质取样分析。通过分析发现，该钢中磷含量超过国家标准要求范围，水质中氯化物含量较高，扫描电镜显示失效主要由氯化物腐蚀引起，加之现场调查时发现该厂循环用水直接引用黄河水使用，水浊度较大，因此管程内有大量沉积物，沉积物下存在氯离子浓缩机制，从而造成多处管程不锈钢管的腐蚀泄漏。

关键词：奥氏体不锈钢；换热器；氯化物腐蚀

1　概况

某化工厂用不锈钢换热器，材质 0Cr18Ni9，规格 ϕ19 mm×1.2 mm，管程介质为水，壳程介质为润滑油，运行温度为 40 ℃～65 ℃，运行约半年多处换热管发生泄漏，严重影响设备运行状态。现对该台不锈钢换热器管渗水部位取试样，同时取该厂循环用冷却水水样，进行实验室分析，以确定泄露原因，从而寻找合适可行的预防措施。

2　试验与结果

2.1　宏观检查

将该不锈钢管渗漏处试样纵向切开，管内壁宏观观察可见，内壁有一层最大约 1 mm 厚凹凸不平的泥状沉积垢样层，用脱脂棉擦除垢样，经超声波仪＋无水乙醇清洗后观察，管内壁呈红褐色，渗漏处呈不规则凹坑状穿孔，具体形貌见图 1。

2.2　化学成分分析（见表 1）

表 1　化学成分分析（质量分数）　　%

C	Si	P	N	S	Cr	Ni	Mn
0.044	0.34	0.050	0.063	0.004 2	17.38	8.35	1.16

检验结果：在不考虑不确定度的情况下，依据 GB 13296—2007，以上检测结果中 P 的含量超出 0Cr18Ni9 相应的化学成分含量要求。

作者简介：王瑜，1981 年出生，男，硕士研究生学历，工程师，主要从事承压设备检验检测工作。

2.3 显微硬度分析

显微硬度在横向金相试样上进行，载荷为 200 g，加载时间 12 s。结果见表 2。

表 2 显微硬度分析

序号	1	2	3
硬度平均值/HB	172	170	175

2.4 扫描电镜分析

将试样用超声波仪清洗后，应用 Quanta400 扫描电镜进行变倍观察，泄漏处存在严重腐蚀，腐蚀部位呈不规则凹坑状，高倍下局部无氧化皮处为点蚀坑，具体形貌见图 2 和图 3。管内壁分布大量点状腐蚀及氧化皮，具体形貌见图 4。在管内壁进行 EDS 能谱分析，其主要成分为 O、Al、Si、Ca、Cr、Fe，具体结果见图 5 和表 3。

图 1 不锈钢管渗漏处试样纵向切开形貌

图 2 不规则凹坑状

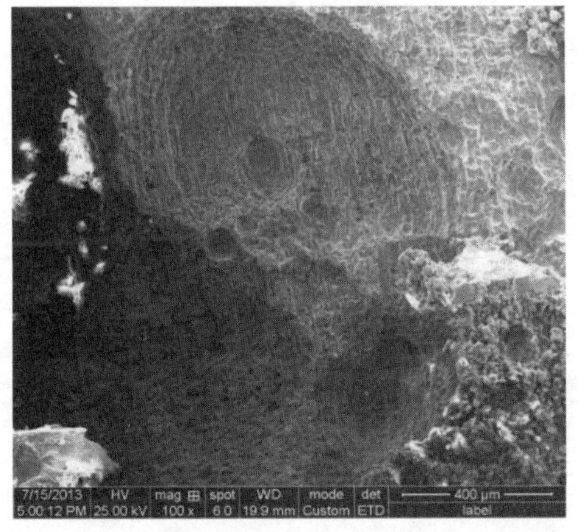

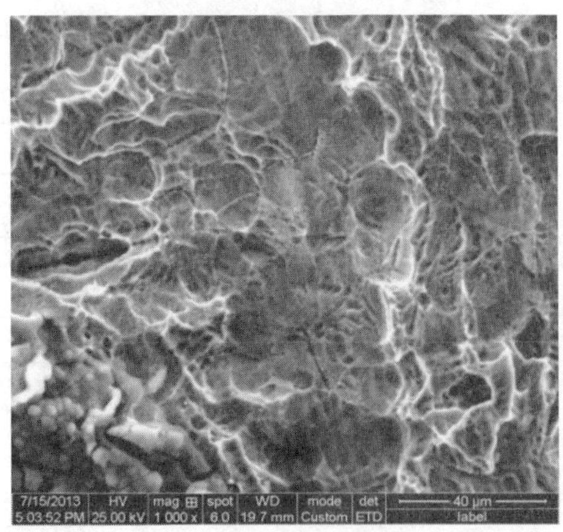

图 3 点蚀坑状

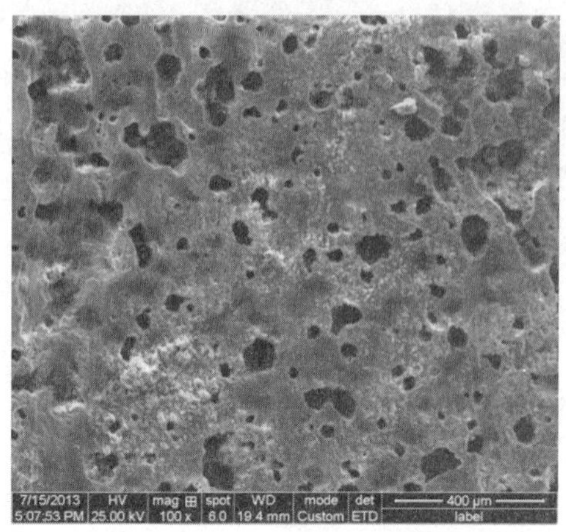

图 4　点状腐蚀及氧化皮

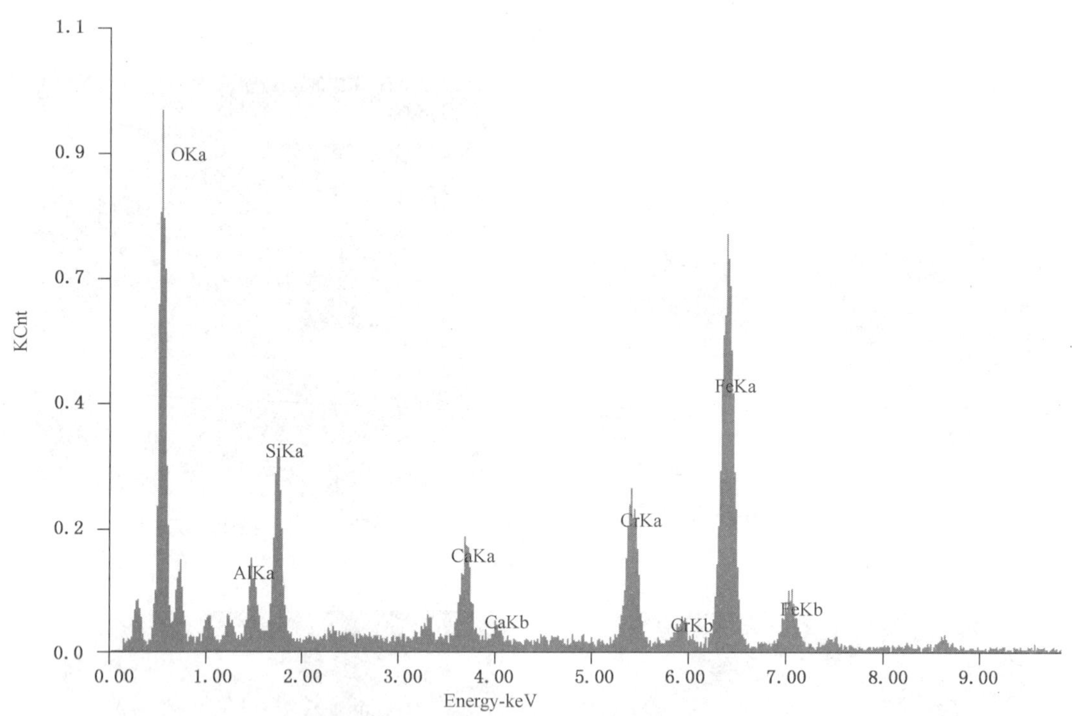

图 5　管内壁主要成分能谱分析

表 3　管内壁主要成分　%

元素	质量百分比	原子百分比
O	42.54	66.92
Al	4.56	4.26
Si	9.11	8.16
Ca	3.6	2.26
Cr	8.51	4.12
Fe	31.69	14.28

2.5 金相分析

在试样泄露处分别取横向和纵向金相试样，抛光后在金相显微镜下观察。未侵蚀，200倍观察，未发现有晶间腐蚀裂纹；取横向试样，氯化铁盐酸酒精溶液侵蚀，500倍观察，为奥氏体组织；未侵蚀，100倍观察，纵向非金属夹杂物级别为D0.5。见图6。

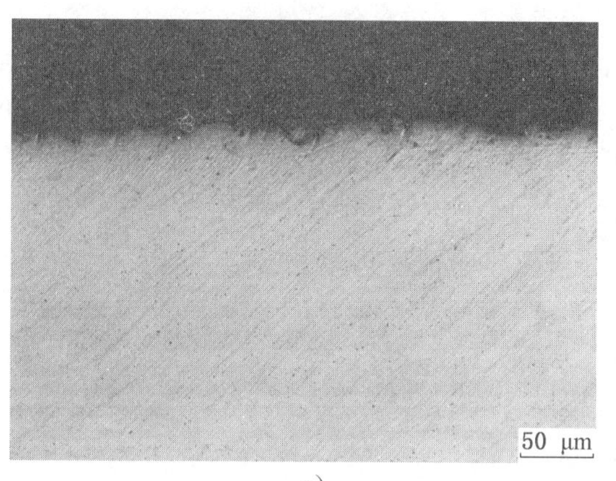

a)

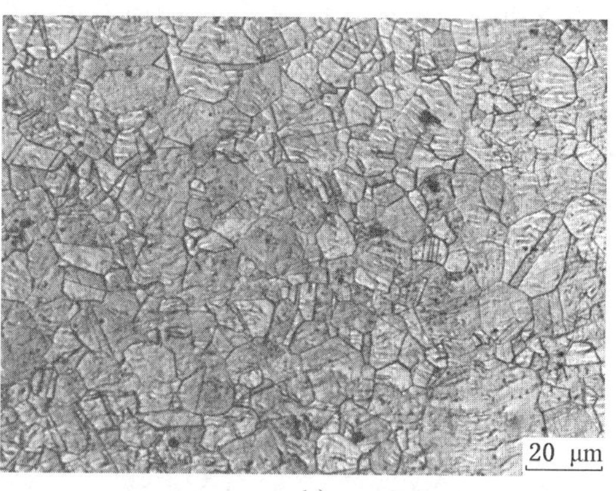

b)

100 μm

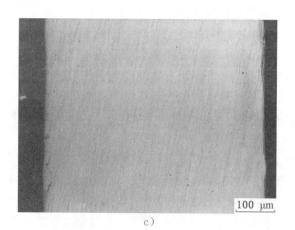

c)

图6 金相显微镜观察的横向和纵向试样组织

2.6 冷却水分析

对现场取冷却水试样进行分析，其pH值为6.57，溶解氧含量为9.82 mg/L，导电率为839 μs/cm，氯离子含量为380 mg/L。

3 试验结果分析

(1) 管内壁垢样沉积较严重，内壁红褐色为氧化锈蚀造成，有较多氧化皮、点蚀坑，泄漏处经腐蚀呈凹坑状，而横向抛光面上并未发现晶间腐蚀裂纹，经扫描电镜可观察到泄漏部位明显的点蚀形貌，因此管内介质造成内壁点腐蚀，是造成不锈钢换热管泄漏的主要原因。

(2) 由试验分析结果可见，该不锈钢换热器管泄漏主要是由于内壁点蚀失效引起。

具有自钝化特性的金属在含有氯离子的介质中，经常发生点蚀。点蚀孔通常沿着重力方向或横向方向发展，点蚀一旦形成，具有深挖的动力，即向深处自动加速。在含有氯离子的水溶液中，不锈钢表面的氧化膜会产生溶解，其原因是氯离子能优先有选择地吸附在氧化膜上，把氧原子排掉，然后和氧化膜中的阳离子结合成可溶性氯化物，从而在基底金属上生成孔径为 20 μm～30 μm 小蚀坑，这些小蚀坑便是点蚀核。在外加阳极极化条件下，只要介质中含有一定量的氯离子，便可能使点蚀核发展成点蚀孔。在自然条件下，含氯离子的介质中含有氧或阳离子氧或阳离子氧化剂时，均能促使点蚀核长大成点蚀孔。氧化剂能促进阳极极化过程，使金属的腐蚀电位上升至点蚀临界电位以上。蚀孔内的金属表面处于活化状态，电位较负，蚀孔外的金属表面处于钝化状态，电位较正，于是孔内和孔外构成一个活态——钝态微电偶腐蚀电池，电池具有大阴极小阳极面积比结构，阳极电流密度很大，点蚀孔加深很快，孔外金属表面同时受到阴极保护，可继续维持钝化状态。

孔内主要发生阳极溶解：

$$Fe \rightarrow Fe^{2+} + 2e$$

$$Cr \rightarrow Cr^{3+} + 3e$$

$$Ni \rightarrow Ni^{2+} + 2e$$

孔外的主要反应为：

$$O_2 + H_2O + 2e \rightarrow 2OH^-$$

由于阴、阳两极彼此分离，二次腐蚀产物将在孔口形成，没有多大的保护作用。孔内介质相对于孔外介质呈滞流状态，溶解的金属阳离子不易往外扩散，溶解氧也不易扩散进来。由于孔内金属阳离子浓度增加，氯离子迁入以维持电中性，这样就使孔内形成金属氯化物的浓溶液，这种浓溶液可使孔内金属表面继续维持活化状态。又由于氯化物水解的结果，孔内介质酸度增加，使阳极溶解加快，点蚀孔进一步发展，孔口介质的 pH 值逐渐升高，水中的可溶性盐将转化为沉淀物，结果锈层、垢层一起在孔口沉积形成一个闭塞电池。闭塞电池形成后，孔内、外物质交换更加困难，使孔内金属氯化物更加浓缩，氯化物水解使介质酸度进一步增加，酸度的增加将使阳极溶解速度进一步加快，蚀孔的高速度深化，可把金属断面蚀穿。这种由闭塞电路引起的孔内酸化从而加速腐蚀的作用称为自催化酸化作用。影响点蚀的因素很多，金属或合金的性质、表面状态，介质的性质、pH 值、温度等都是影响点蚀的主要因素。大多数的点蚀都是在含有氯离子或氯化物的介质中发生的。具有自钝化特性的金属，点蚀的敏感性较高，钝化能力越强，则敏感性越高。试验表明，在阳极极化条件下，介质中主要含有氯离子便可以使金属发生点蚀，而且随着氯离子浓度的增加，点蚀电位下降，使点蚀容易发生，使点蚀加速。处于静止状态的介质比处于流动状态的介质更能使点蚀加快。介质的流速对点蚀的减缓起双重作用，加大流速（仍处于层流状态），一方面有利于溶解氧向金属表面输送，使氧化膜容易形成；而另一方面又减少沉淀物在金属表面沉积的机会，从而减少产生点蚀的机会。

该换热器管程介质为冷却水，冷却水水质分析中发现氯离子含量高达 380 mg/L，加上管内垢的沉积，在垢层下极易造成浓缩机制，造成氯离子含量的急剧提高，从而达到产生点蚀的氯化物浓度要求；该换热器运行温度最高 65 ℃，循环水中 pH 值为 6.57，满足点蚀过程中孔内与孔外形成腐蚀电池反应的介质要求；冷却水中溶解氧含量为 9.82 mg/L，能够进一步促进点蚀核向点蚀孔发展，加快点蚀发展的速率，最终造成该容器的点蚀失效。

4 结论

（1）水质中氯离子含量、pH 值、溶解氧含量及运行温度，均达到形成氯离子点蚀条件，是造成该换热器管点蚀的原因。

（2）根据宏观检查可见循环用冷却水浊度超标，在金属表面形成沉积物，造成氯离子浓缩，进一步加快腐蚀速率，引起点蚀泄漏失效。

5 预防措施

（1）失效主要由点蚀造成穿孔引起，根据该厂水质中氯离子含量水平，建议采用 316L 或双相不锈钢等更耐腐蚀性材料。

（2）使用厂家应加强循环用水管理，充分沉淀，去除水中杂质，避免产生沉积物造成相关腐蚀失效。

（3）该换热器壳程为润滑油介质，管程为冷却用循环水，根据与其连接管道内腐蚀情况判断，可以考虑选择碳钢代替不锈钢。

参考文献

[1] 曹楚南.腐蚀电化学原理[M].北京：化学工业出版社，第 2 版，2004.
[2] 李晓刚，郭兴蓬，黄伯云.材料腐蚀与防护[J].长沙：中南大学出版社，2009.
[3] 李启中译.腐蚀原理[M].北京：水力水电出版社，1984.

锅 炉

超超临界锅炉螺旋管圈水冷壁鳍片焊缝检测技术研究

严祯荣[1]，侯怀书[2]
1. 上海市特种设备监督检验技术研究院，上海　200333
2. 上海应用技术学院，上海　201418

摘　要：针对螺旋管圈水冷壁鳍片焊缝裂纹等缺陷的产生特性，开发了专用微型超声检测探头和超声检测仪器。在刻有近似鳍片裂纹和平底孔的螺旋管圈水冷壁试件上进行了验证性检测试验。在鳍片宽度仅 6 mm 的狭长检测空间内，通过鳍片单一面耦合，实现了双面鳍片焊缝缺陷检测，能够方便、有效地应用到超超临界锅炉螺旋管圈水冷壁检修环节中。

关键词：超超临界锅炉；螺旋管圈水冷壁；鳍片焊缝；专用微型超声探头

1　超超临界锅炉运行基本情况

螺旋管圈水冷壁是国产 1 000 MW 超超临界锅炉的最主要承压部件之一，其焊接示意图如图 1 所示。国产 1 000 MW 超超临界锅炉近 10 年的运行实践表明，影响其长周期运行安全的主要因素之一是螺旋管圈水冷壁鳍片焊缝失效，图 2 所示为鳍片焊缝裂纹，图 3 所示为停炉抢修的待焊接鳍片。诸如类似的问题，已引起电力行业的高度关注。未来 10～15 年，国产超超临界锅炉将跨入运行事故高发期。因此，为有效检测安装或抢修的超超临界锅炉的螺旋管圈水冷壁鳍片焊缝缺陷，本文针对其鳍片焊缝特点，研究有效的专用无损检测技术。

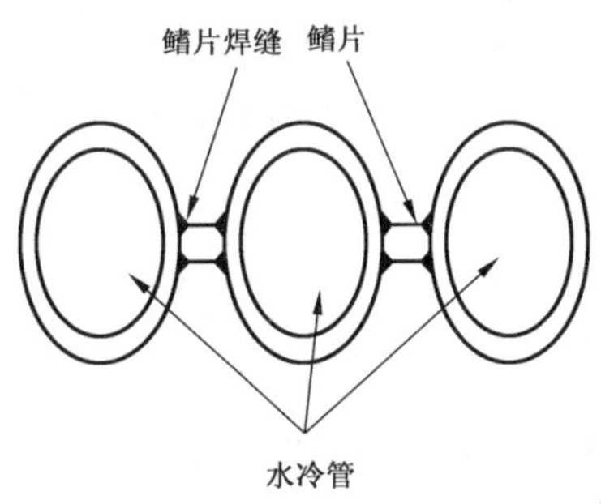

图 1　螺旋管圈水冷管与鳍片焊接示意图

图 2　螺旋管圈水冷壁鳍片焊缝裂纹

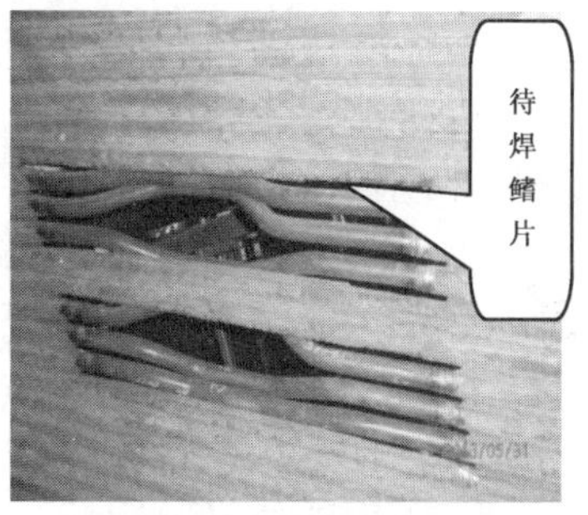

图 3　螺旋管圈水冷壁抢修中待焊接鳍片

作者简介：严祯荣，1972 年出生，男，博士（博士后），教授级高工，主要从事特种设备检测技术和节能技术研究工作。

2 专用超声检测技术的提出

螺旋管圈水冷壁采用在管子之间焊接扁钢连接而成，在工程上，把用来连接水冷壁管子的扁钢称为鳍片，鳍片和水冷壁管子的焊接角焊缝称为鳍片焊缝，此结构为不全焊透的角焊缝形式，如图1所示。针对这种鳍片焊缝频繁产生裂纹等缺陷造成停炉事故，国内一些锅炉制造厂、火力发电厂的工程技术人员进行了深入的研究。比如，温顺利[1]等对以上泄漏点进行分析和比较，得出泄漏位置在水冷壁拼缝处、水冷壁上附件筋板与水冷壁焊接处及厂家焊口处，且泄漏位置的缺陷是裂纹。

目前，水冷壁管子对接焊缝的检测已有基本成熟的超声波技术，然而，鳍片焊缝的检测，尤其是鳍片裂纹的检测还没有成熟的检测方法。主要有以下几个原因。

第一，在电站锅炉制造和安装环节，水冷管壁鳍片焊缝质量检测没有得到重视。由于鳍片焊缝不直接承受水冷壁管内的压力，TSG G0001—2012《锅炉安全技术监察规程》和TSG G7001—2015《锅炉监督检验规则》中均没有明确提出对鳍片焊缝进行无损检测的要求。

第二，水冷壁管鳍片焊缝检测还缺乏有效检测手段。由于制造环节的鳍片管组装面积非常大，焊道总量多，安装环节的鳍片管密集排列，采用表面检测和射线检测均存在难度大、费用高、时间长等问题；表面检测仅能发现表面与近表面的缺陷，不能发现焊缝内部缺陷；射线检测也对细小裂纹的检测能力有限。但是，采用超声波检测，不仅成本较低，效率高，而且，对面积型缺陷敏感；当然，对检测人员水平要求较高。

常规的超声波检测，由于鳍片之间的间隙非常窄，探头无法放置，根本无法进行检测。同时，由于鳍片焊缝表面本身形状的复杂性，不仅检测前焊缝的打磨工作量巨大，同时也限制了超声相控阵与TOFD技术的应用[2-4]。

第三，水冷壁鳍片焊缝检测的难度大。目前，螺旋管圈水冷壁管屏均采用光管加扁钢的焊接模式，此结构为不全焊透的角焊缝形式，针对角焊缝的超声波探伤技术的难度很大，关键是要提高其超声波技术的分辨可靠度，以及是否能形成企业标准或行业标准。

因此，探索一种相对简单且快速准确的检测手段，来提前发现水冷管壁鳍片焊缝裂纹等缺陷，防止水冷管破裂泄漏就显得非常紧迫和必要。

3 专用超声检测系统研制

某大型火电厂1 000 MW机组塔式锅炉的螺旋管圈水冷壁，采用水冷壁管材料T23，规格ϕ38 mm×7 mm或ϕ38 mm×7.2 mm；鳍片扁钢材料SA387-Gr12CL1，规格8 mm×15 mm或8 mm×15.5 mm。所检测鳍片裂纹通常发生于鳍片焊缝中间，随着焊缝的逐步拓展，缺陷可深入至或延展至水冷壁管外焊缝表面或水冷管壁内壁。针对该螺旋管圈水冷壁结构特点和焊缝裂纹的形成，开发了一套专用超声检测系统。主要包括专用超声探头设计和专用超声检测仪器设计两大部分。

3.1 专用超声探头设计

螺旋管圈水冷壁鳍片焊缝检测分：探头对侧焊缝检测（探头和缺陷处于背侧）和探头侧

焊缝检测(探头和缺陷处于同侧)两种情况,超声在介质中的传播途径分别如图 4 和图 5 所示。H 为焊缝下端与鳍片上端面垂直距离,α 为楔块与金属界面超声波入射角,β 为折射角。近探头侧鳍片焊缝裂纹检测可采用鳍片底边二次反射横波检测。由于现场工作环境限制和螺旋管圈水冷壁结构的复杂,要求探头几何尺寸不能太大。根据实际检测要求,水冷管双边 4 条鳍片焊缝从扁钢单面完成检测最佳,此外为提高检测灵敏度,选用波长较短的横波探伤。

专用超声探头设计主要包括晶片设计、探头楔块设计、探头背衬设计和探头电匹配 4 部分。通过对有机玻璃、ABS 塑料、聚砜、聚酰亚胺、尼龙等多种材料加以比对后,选择聚砜制作楔块较为合适。主要原因为,相同状态下聚砜材料的声阻抗与水冷壁管材料的声阻抗匹配,同其他几种材料相比较有利于更多的声能进入到水冷壁管中。另外,聚砜材料的声衰减系数也较小,相同情况下同样可以获得较高的超声波检测信号,有利于获得较小的前沿与检测灵敏度。

本研究中所采用的检测方式为单探头自发自收,即超声波探头发射超声纵波后,在探头耦合层与稽片结合面发生波形转换,超声横波进入被检组织,在超声波传播途径中,如果存在非连续性现象(裂纹、夹渣或气孔),则产生反射回波,通过判断回波幅值,即可验证稽片焊缝中是否存在缺陷。

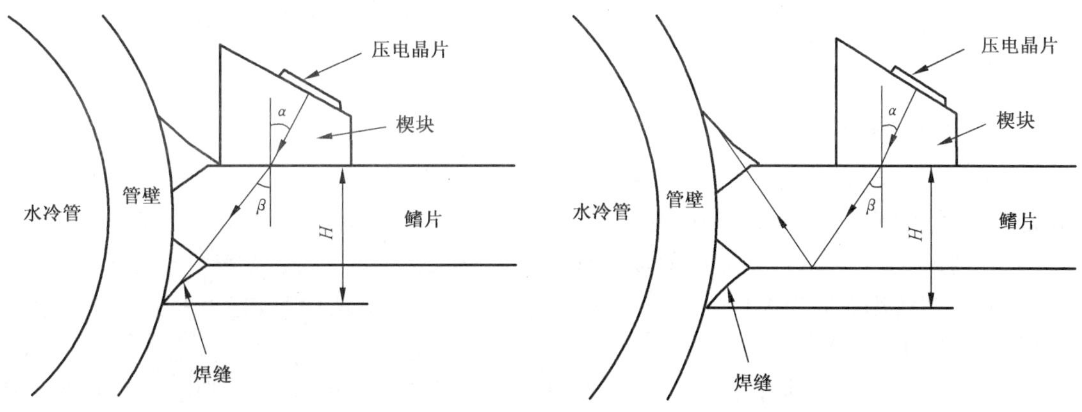

图 4　探头对侧焊缝检测示意图　　**图 5　探头侧焊缝检测示意图**

实际生产中的超超临界锅炉螺旋管圈结构如图 1 所示,稽片宽度约为 15 mm,双边焊缝各自宽度(高度)约为 3 mm～4 mm,探头可操作距离约为 6 mm。此外,为实现稽片对面侧焊缝裂纹的检测,还需预留适当的探头移动空间。

为获得较高检测灵敏度同时适当控制探头外形尺寸,本研究选择矩形复合材料压电晶片。试验表明,当检测超声频率较高时(以 5 MHz 为界),受母材与焊接组织结构的影响而产生较多的噪音信号,因此晶片中心频率选择 5 MHz。此外,为保证缺陷检测灵敏度和缺陷定量分析,探头声场距离以 3 倍近场长度为佳,由此确定检测横波近场长度见式(1):

$$N=\frac{1}{3}(H/\cos\beta+L\cdot\tan\alpha/\tan\beta) \cdots\cdots (1)$$

式中:

N——近场长度;

H——焊缝下端与鳍片上端面垂直距离；

α——楔块与金属界面超声波入射角；

β——折射角；

L——超声波在楔块中的传播距离。

如图 4 所示。

常温下聚砜材料和钢中的波长远小于晶片尺寸，由此得到检测横波近场长度可用式(2)近似表示为：

$$N = F_s/\pi\lambda \cdot \cos\beta/\cos\alpha \qquad \cdots\cdots(2)$$

式中：

F_s——压电晶片面积；

λ——钢中横波波长；

α、β定义同式(1)。

综合式(1)与式(2)可计算出压电晶片的面积大小。

如图 4 所示，探头前沿长度可用式(3)近似求得：

$$b \approx \frac{F_L}{2\cos\alpha} + 1 \sim 2\ \text{mm} \qquad \cdots\cdots(3)$$

式中：

b——探头前沿长度；

F_L——晶片长度；

α——楔块与钢界面超声入射角。

按照实际生产需要，鳍片与水冷管焊接融合深度约为鳍片厚度的 60%，利用上式计算得到的探头前沿能够保证检测过程中避免正常状态下鳍片与水冷管壁焊接未融合区的超声反射信号。利用式(3)可求得晶片长度，进而得到晶片宽度。

近探头侧鳍片焊缝裂纹检测可采用鳍片底边二次反射横波检测，超声在介质中的传播途径如图 5 所示。

检测试验中，螺旋管圈样品的稽片厚度为 8 mm，纵波入射角为 30°，利用式(1)计算得到横波近场长度约为 11.046 mm，利用式(2)求得探头晶片面积约为 19.06 mm²，取晶片宽度 5 mm，长度 4 mm，由式(3)得到前沿长度为 3 mm。通过上述分析，本研究最终确定的超声探头尺寸为宽(沿稽片宽度方向)6 mm，长(沿稽片长度方向)8 mm，满足稽片双边焊缝单边检测的要求。

3.2 专用超声检测仪器设计

鳍片焊缝专用超声检测仪器设计包括超声发射电路、超声增益放大电路、滤波电路和数据采集电路等。

超声波的发射电路是脉冲回波法超声检测的关键部分，对于超声检测系统的性能具有很大的影响。为了方便系统灵活调试，本设计采用非调谐式发射电路，其脉冲控制超声波的发射电路是脉冲回波法超声检测的关键部分，对于超声检测系统的性能具有很大的影响。本设计其脉冲控制参数可以通过核心控制器 FPGA 方便地进行修改设定。

超声检测信号接收/数据采集模块中的程控放大电路放大后，再经过一超声滤波电路。

在本设计中，选用带通滤波电路，使有用信号正好在它的通频带上，有效滤除噪声。为兼顾不同的应用和频段选择，本设计中利用 FPGA 控制继电器选通 5 组带通滤波电路，其通频带分别为 0.4 MHz～0.6 MHz、0.8 MHz～1.2 MHz、2 MHz～2.6 MHz、4 MHz～6 MHz、8 MHz～10 MHz。数据采集电路采用常规设计。

4 专用超声检测实验

4.1 水冷壁试件和人工缺陷加工

采用水冷壁管 4 根焊接水冷壁试件，截取试件长度约 1 m，其中水冷管外径 ϕ38 mm，壁厚 8 mm，鳍片宽度 30 mm，厚度 6 mm。水冷管与鳍片焊接联接，坡焊缝沿鳍片宽度方向宽度约为 3 mm，两管之间的鳍片平面宽度约为 24 mm。然后在试件鳍片焊缝上进行人工刻伤，刻得平深 5 mm 和直径 1 mm 的平底底孔和宽 0.5 mm、长 10 mm 和深 5 mm 的近似裂纹的刻痕，分别如图 6 和图 7 所示。

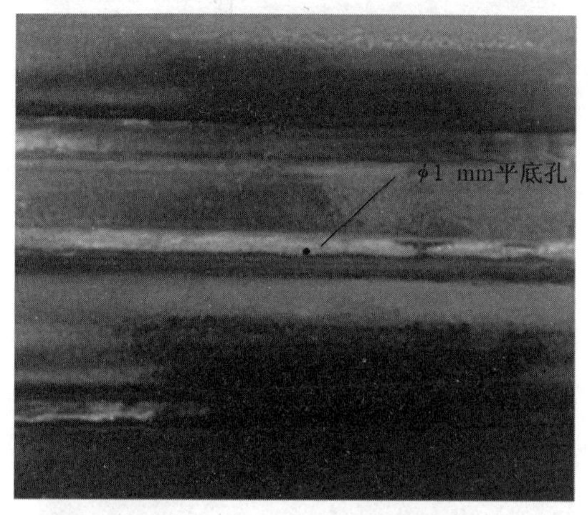

图 6　5 mm×ϕ1 mm 平底孔

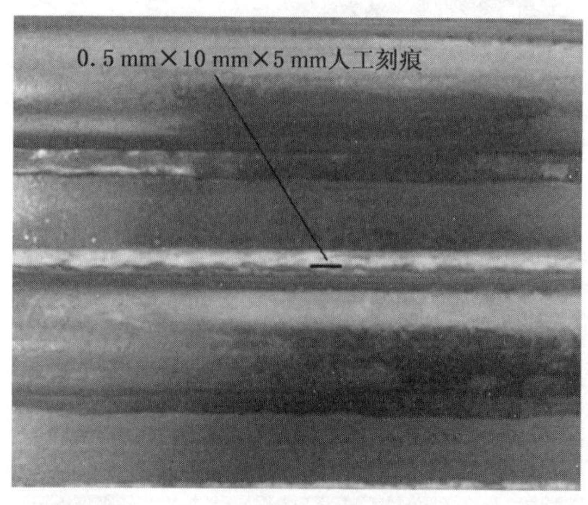

图 7　0.5 mm×10 mm×5 mm 人工刻痕

4.2 水冷壁试件上人工缺陷的检测

采用研制的超声探头和检测仪器在水冷壁试件上进行探伤，如图 8 所示。无缺陷部位的检测信号图像如图 9 所示。探头在缺陷同面和背面检测 ϕ1 mm×5 mm 平底孔信号图像分别如图 10 和图 11 所示。在缺陷同面和背面检测 0.5 mm×10 mm×5 mm 人工刻痕的信号图像分别如图 12 和图 13 所示。分析图 10 和图 11 可发现，探头在缺陷同面检测焊缝时，由于采用二次横波反射检测，因此声程较长，在波形图上显示就是波形远离始波；而探头在缺陷背面检测焊缝时声程相对较短，在波形图上显示就离始波相对较近。同时，可以看出，缺陷回波波幅高出噪音波幅 6 dB 以上，具有良好的缺陷分辨能力。

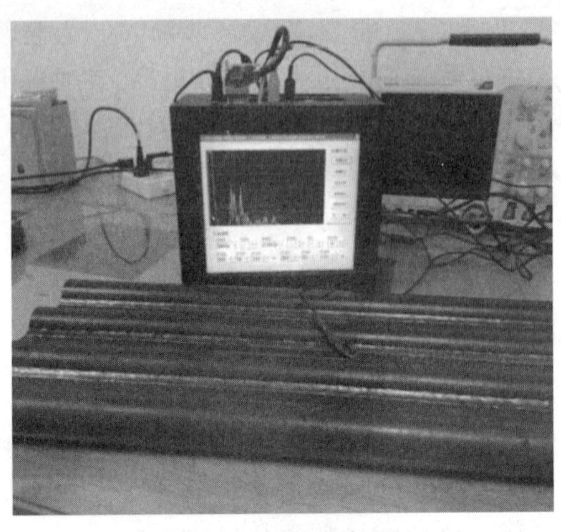

图 8　检测设备图

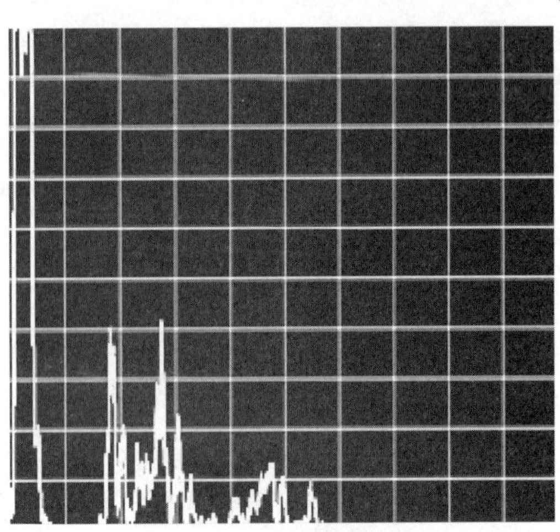

图 9　无缺陷处图像

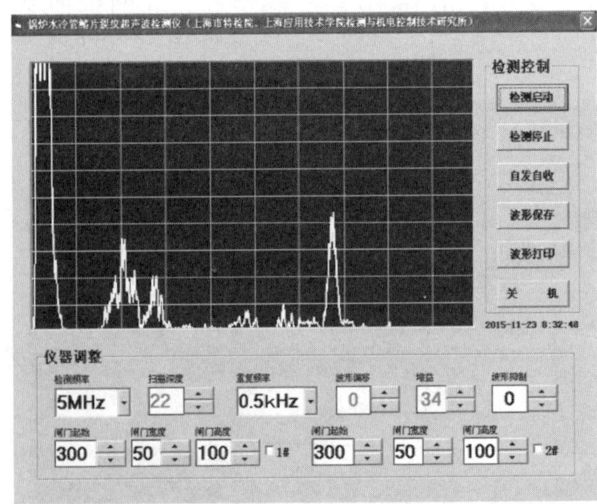

图 10　同面检测 ϕ1 mm×5 mm 平底孔图像

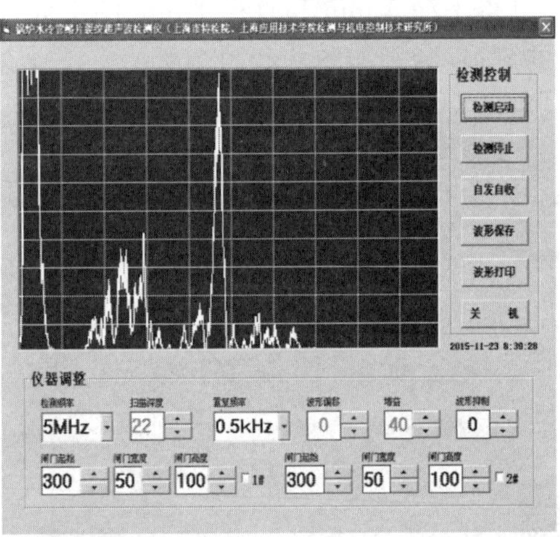

图 11　背面检测 ϕ1 mm×5 mm 平底孔图像

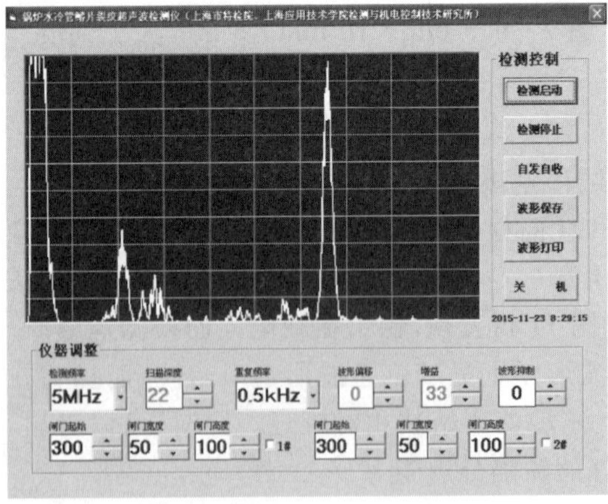

图 12　同面检测 0.5 mm×10 mm×5 mm 刻痕图像

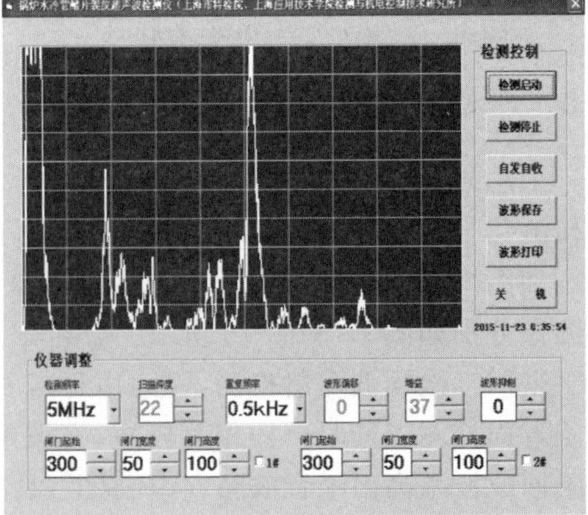

图 13　背面检测 0.5 mm×10 mm×5 mm 刻痕图像

采用研制的超声探头和检测仪器对某大型火电厂 1 000 MW 机组塔式锅炉多处泄漏的

螺旋管圈水冷壁部位进行探伤的试验。该锅炉螺旋管水冷壁的鳍片材料为SA387-Gr12CL1,规格8 mm×15 mm,测量一处泄漏的水冷壁两管之间的鳍片平面宽度最小约为6 mm。该超声探头在该处的炉膛烟气侧和炉膛外面的保温层侧都有效地检测出了缺陷信号。

5 结论

(1) 螺旋管圈水冷壁结构复杂且量大面广,限制了超声相控阵与TOFD技术的应用。开发专用微型超声探头的常规声检测技术在螺旋管圈水冷壁鳍片焊缝检测具有广阔的应用前景。

(2) 针对螺旋管圈水冷壁结构的复杂性和鳍片焊缝缺陷的产生特性,开发了专用微型超声检测探头和超声检测仪器。在刻有近似鳍片裂纹和平底孔的螺旋管圈水冷壁试件上进行了验证性检测试验。在鳍片宽度仅5 mm的狭长检测空间,通过鳍片单一面藕合,实现了双面鳍片焊缝缺陷检测,能够方便、有效地应用到超超临界锅炉螺旋管圈水冷壁检修环节中。

参考文献

[1] 温顺利,谢波,蒋向南.1 000 MW超超临界锅炉T23钢水冷壁防泄漏探讨[J].电力建设,2010,31(9):82-86.

[2] 陈伟,詹红庆,杨贵德,等.基于直通波抑制的超声TOFD图像缺陷检测新方法[J].无损检测,2010,32(06):402-405.

[3] 沈建中.超声成像技术及其在无损检测中的应用[J].无损检测,1994,16(07):202-206.

[4] 李伟,罗雄彪.基于相关技术的超声检测信号处理[J].无损检测,2005,27(06):297-299.

超临界循环流化床锅炉应用现状及定期检验案例

刘光奎，梁奎

中国特种设备检测研究院，北京　100029

摘　要：本文介绍了世界范围内循环流化床锅炉(CFB)的发展概况，对国外超临界 CFB 锅炉的技术特点及研究状况进行阐述。汇总了我国当前超临界 CFB 锅炉的应用情况，并对东方锅炉厂设计制造的 600 MW 和 350 MW 超临界 CFB 锅炉的技术特点和结构布置进行重点说明。结合近期完成的国内首次超临界 CFB 锅炉内部检验，给出了检验过程中发现的主要问题和缺陷以及处理结果，对指导今后超临界 CFB 锅炉检验进而指导锅炉的设计和制造具有重要意义。

关键词：超临界；循环流化床；锅炉；定期检验

1　循环流化床锅炉发展概况

循环流化床(CFB)锅炉技术是一种新型的清洁煤燃烧技术，具有燃料适用范围广、炉内脱硫效率高、NO_x 排放量小、燃烧效率高、负荷调节比大等优点。与其他清洁煤发电技术相比，CFB 锅炉技术投资与运行成本低、适合我国资源特点、环保性能好，特别是在燃用劣质煤、高硫煤时优势明显，具有不可替代的作用[1]。

CFB 锅炉在工业上的应用始于 20 世纪 70 年代末。1979 年，芬兰奥斯龙(Ahlstrom)公司开发的世界首台 20 t/h 的 CFB 锅炉投入运行。1982 年，德国鲁奇(Lurgi)公司开发的世界上首台用于产汽和供热的 CFB 锅炉建成投运，热功率为 84 MW。CFB 锅炉真正达到电站级容量，是 1985 年 9 月在德国杜易斯堡(Duisburg)第一热电厂投运的 95.8 MW 再热型 CFB 锅炉，其炉型为带有外置换热器的鲁奇型 CFB 锅炉，该锅炉的运行经验对其后国际上电站 CFB 锅炉的应用起到了先导作用。法国阿尔斯通(Alstom)公司利用德国鲁奇技术制造的 250 MW 亚临界再热型 CFB 锅炉于 1996 年 4 月在法国 Gardanne 电站投运。自 1998 年起，由芬兰 FW 能源公司制造的发电功率为 235 MW 的 3 台 CFB 锅炉在波兰 Turow 电站先后投运，该电站另 3台装机容量为 262 MW 的 CFB 锅炉由美国 FW 公司供货，也于 2002 年下半年先后投产。世界上最早投运的 300 MW 级 CFB 锅炉是美国福斯特惠勒(Foster Wheeler，FW)公司制造，安装在美国 JEA 电站的 2×300 MWCFB 锅炉，该锅炉于 2002 年7 月投运。国际上首台超临界循环流化床(CFB)锅炉安装在波兰的瓦基莎(Lagisza)电厂，该锅炉装机容量为 460 MW ，由美国 FW 公司设计制造，于 2009 年投入运行。

从 1996 年国内首次引进芬兰 FWEO 公司的 100 MW 级循环流化床锅炉技术开始，国内循环流化床锅炉锅炉的研究开发、设计、制造和工程应用进入了一个快速发展的新阶段。

作者简介：刘光奎，1986 年出生，男，工学博士，工程师，主要从事电站锅炉燃烧、检验检测及相关研究工作。

2003 年 3 月，我国引进300 MW级循环流化床锅炉在四川白马电厂示范应用，并于 2006 年 4 月投入商业运营[2]。我国工程技术人员在大型 CFB 锅炉的开发研究、设计、制造及工程应用过程中，已经逐步掌握了 CFB 锅炉的热力计算方法、设计方法等核心技术，研究开发了很多具有中国特色的 CFB 锅炉，成功解决了应用初期经常出现的诸如锅炉出力达不到设计值、炉内水冷壁磨损爆管、连续运行时间短、风室漏渣、排渣温度高等技术难题，积累了许多设计与运行经验。在国家科技支撑计划科研项目的支持下，我国开展了 600 MW 超临界循环流化床锅炉的开发研究工作，并在四川白马电厂示范应用，该锅炉于 2013 年投运，成为目前世界上单机容量最大、蒸汽参数最高的 CFB 锅炉[3]。截至目前，国内在建的超临界循环流化床锅炉共 12 台。CFB 锅炉已经突破了大型化的瓶颈，而且其在燃烧劣质煤、高硫煤方面有明显优势，应用前景十分广阔。

2 国外超临界循环流化床锅炉技术特点

国际上在 20 世纪末展开了针对超临界循环流化床锅炉的研究工作。经过 10 年的发展和经验积累，超临界和循环流化床均已成为较成熟的技术，二者的结合相对技术风险不大，结合后的技术综合了 CFB 锅炉低成本污染物控制及超临界锅炉高供电效率两个优势，在燃料价格、材料成本和制造水平上具有巨大的商业潜力。

基于大量的 CFB 锅炉设计制造经验，FW 公司在波兰的 Lagisza 电厂建成了世界首台超临界 CFB 锅炉。如图 1 所示，该锅炉采用直流锅炉超临界技术，采用单炉膛结构，布置有 INTREX 过热器，分离器采用 8 个八角形膜式壁结构，水冷壁采用垂直管圈低质量流速技术，且为光管和内螺纹组合结构，尾部烟道之后布置回转式空气预热器和低压旁路省煤器。燃用烟煤，在效率和煤的经济利用方面属于世界领先水平，排放方面可满足欧盟大型燃煤电厂排放指导性标准的要求[4]。

法国 Alstom 公司研究的 600 MW 超临界 CFB 锅炉方案如图 2 所示。该锅炉采用裤衩腿炉膛结构，6 个汽冷分离器布置在炉膛两侧，分离器的进、出口烟道同样为汽冷结构，以减少耐火材料用量。汽冷分离器的立管下设有外置换热器，进入外置换热器的循环灰量由锥形阀控制。锅炉两侧各设 3 个煤仓，每侧各布置 6 台给煤机。

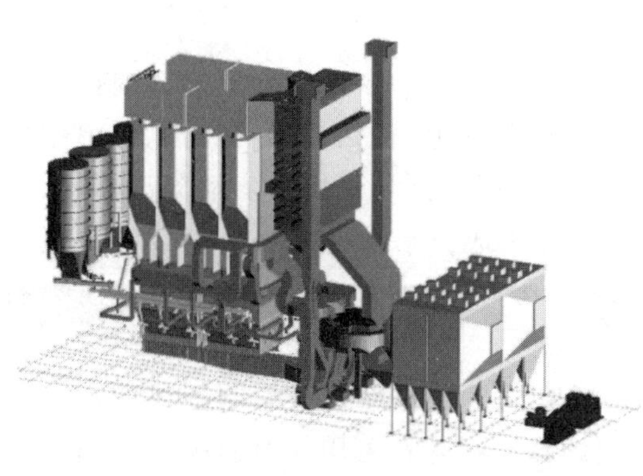

图 1　FW 公司开发的超临界 CFB 锅炉

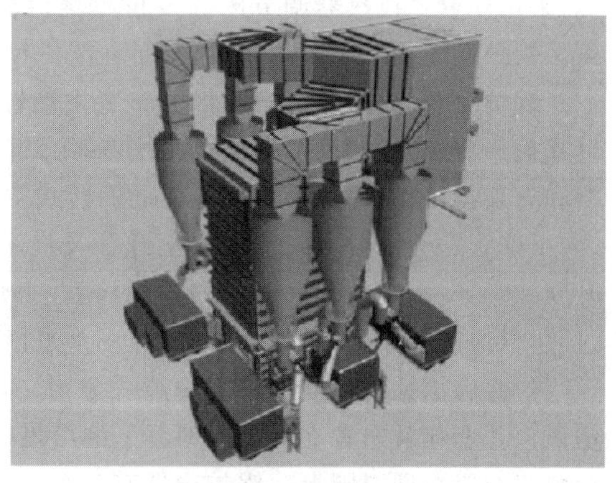

图 2　法国 Alstom 公司开发的超临界 CFB 锅炉

美国和欧洲相继开展了更高参数的循环流化床直流锅炉的研究开发。在美国能源部资助下，FW 公司进行了如下参数的超超临界参数的 CFB 锅炉研究开发：(1)400 MW/31.1 MPa/593 ℃/593 ℃；(2)600 MW/31.1 MPa/593 ℃/593 ℃；(3)600 MW/37.5 MPa/700 ℃/700 ℃。由来自芬兰、德国、希腊和西班牙的 6 家公司合作研究 800 MW/30.9 MPa/604 ℃/621 ℃参数的 CFB 锅炉。Alstom、ABB 公司的研究也比较早，但由于没有落实工程，研究进展不大。

3 国内超临界循环流化床锅炉应用现状

在国家科技支撑计划科研项目的支持下，我国开展了 600 MW 超临界循环流化床锅炉的开发研究工作，东方锅炉厂、哈尔滨锅炉厂、上海锅炉厂、中科院热物理研究所、西安热工院等单位相继提出了国产 600 MW 超临界 CFB 锅炉的设计方案[5]。东方锅炉厂的设计方案在四川白马电厂取得示范应用，该锅炉成为目前世界上单机容量最大、蒸汽参数最高的 CFB 锅炉。截至目前，国内已投运的超临界 CFB 锅炉共 3 台，在建的超临界循环流化床锅炉共 10 台，详见表 1。所有投运和在建的超临界 CFB 锅炉均由东方锅炉厂设计制造。

表 1 国内超临界循环流化床锅炉一览表

序号	电厂名称	发电功率	台数	制造商	投运时间
1	白马示范电厂	600 MW	1	东方锅炉厂	2012 年
2	神东电力山西河曲发电有限公司一期工程	350 MW	2	东方锅炉厂	1 台投运，1 台在建
3	山西河坡发电有限责任公司“上大压小”	350 MW	2	东方锅炉厂	在建
4	徐州华美坑口环保热力有限公司	350 MW	2	东方锅炉厂	1 台投运，1 台在建
5	山西国金发电厂	350 MW	2	东方锅炉厂	在建
6	山西阳泉电厂	350 MW	2	东方锅炉厂	在建
7	山西华电朔州一期热电机组工程	350 MW	2	上海锅炉厂	在建

国产 600 MW 超临界 CFB 锅炉为裤衩腿型双炉膛、H 型布置、平衡通风、一次中间再热，采用外置式换热器调节床温及再热蒸汽温度，并利用高温汽冷旋风分离器进行气固分离。锅炉整体呈左右对称布置，支吊在锅炉钢架上。

锅炉由 3 部分组成，第一部分布置主循环回路，包括炉膛、汽冷旋风分离器、回料器、外置式换热器、冷渣器以及二次风系统等；第二部分布置尾部烟道，包括低温再热器、低温过热器和省煤器；第三部分为单独布置的回转式空气预热器。锅炉循环系统由启动分离器、贮水罐、下降管、下水连接管、水冷壁上升管及汽水连接管等组成。水冷壁采用全焊接的垂直上升膜式管屏，下炉膛采用优化的内螺纹管，上炉膛采用光管。上、下炉膛之间通过过渡集箱过渡，以保证上、下炉膛压力均衡，减小不平衡[6]。

炉膛底部采用裤衩型将下炉膛一分为二，布风板以下是由水冷壁管弯制围成的水冷等压风室。燃料从布置在 6 个回料器上的给煤口送入炉膛。石灰石采用气力输送，6 个石灰石给料口布置在回料腿上。锅炉设置有 4 个床下点火风道，每 2 个床下点火风道合并后，分别从分体炉膛的一侧进入等压风室。每个床下点火风道配有 2 个油燃烧器，能高效地加热一次流化风，进而加热床料。另外，在炉膛下部还设置有床上助燃油枪，用于锅炉启动点火和低负荷稳燃。8 台滚动式冷渣器被分为两组布置在炉膛两侧。

6 台汽冷旋风分离器布置在炉膛两侧的钢架副跨内，在旋风分离器下各布置 1 台回料器。由旋风分离器分离出来的物料一部分经回料器直接返回炉膛，另一部分则经布置在炉膛两侧的外置式换热器再返回炉膛。外置式换热器内布置受热面，其中靠近炉后的 2 个外置式换热器内设置有中温过热器，通过控制固体粒子的流量来调节炉膛温度；靠近炉前的 2 个外置式换热器内设置有高温再热器，通过控制固体粒子的流量来控制再热器的出口温度；中间的外置式换热器内设置有高温过热器，作为喷水减温的辅助手段，通过控制固体粒子的流量来控制过热器出口温度。汽冷包墙包覆的尾部烟道内从上到下依次布置有低温再热器、低温过热器和省煤器。空气预热器采用 2 台四分仓回转式空气预热器。

东方锅炉厂设计制造的 350 MW 超临界 CFB 锅炉采用单布风单炉膛、M 型布置、平衡通风、一次中间再热，采用高温冷却式旋风分离器进行气固分离。锅炉由一个膜式水冷壁炉膛，3 台冷却式旋风分离器和一个由汽冷包墙包覆的尾部竖井 3 部分组成。水冷壁采用全焊接的垂直上升膜式管屏，炉膛四周水冷壁采用光管，中隔墙水冷壁采用内螺纹管。炉膛内前墙布置 6 片二级中温过热器管屏、6 片高温过热器管屏、6 片高温再热器管屏，还在前墙布置了 5 片隔墙水冷壁。锅炉共布置 10 个给煤口全部布置于炉前，在前墙水冷壁下部收缩段沿宽度方向均匀布置。炉膛底部是由水冷壁管弯制围成的水冷风室，水冷风室两侧布置一次热风道，进风型式为风室两侧进风。6 个排渣口布置在炉膛后水冷壁下部，对应 6 台滚筒式冷渣器。

炉膛与尾部竖井之间布置 3 台冷却时旋风分离器，其下部各布置 1 台“U”型回料器，回料器一分为二的结构，保证了沿炉膛宽度方向上回料的均匀性。尾部采用双烟道结构，前烟道布置 3 组低温再热器，后烟道布置 2 组低温过热器和 2 组一级中温过热器，向下前后烟道合成一个，在其中布置省煤器和空气预热器。过热器系统中设置三级喷水减温器，再热器系统中布置微喷减温器。

4 600 MW 超临界循环流化床锅炉定期检验案例

中国特种设备检测研究院于 2015 年 9 月 6 日至 18 日，依据《中华人民共和国特种设备安全法》《特种设备安全监察条例》、TSG G0001—2012《锅炉安全技术监察规程》、TSG G7002—2015《锅炉定期检验规则》，并参考 DL 612—1996《电力工业锅炉压力容器监察规程》、DL 647—2004《电站锅炉压力容器检验规程》、DL/T 438—2009《火力发电厂金属技术监督规程》等的规定和要求，对四川白马循环流化床示范电站有限责任公司 600 MW 超临界 CFB 锅炉进行内部检验。

本次检验采用资料审查、宏观检验、超声波测厚、硬度测定、胀粗测量、内窥镜检验、磁粉探伤、超声波探伤、金相检验等方法，对该锅炉的省煤器系统、水冷壁系统、启动分离器、过热器系统、再热器系统、减温器、膨胀系统、承重部件、炉墙及保温、锅炉范围内管道及成型件和阀体进行检验。

4.1 检验过程中发现的主要问题和缺陷

检验过程中发现的问题和缺陷主要包括：冲刷减薄、硬度异常、超标埋藏缺陷、碰磨、浇注料脱落、变形移位、防磨装置缺陷、固定装置缺陷、机械损伤、锅炉膨胀系统和承重部件缺陷等。具体如下：

4.1.1 冲刷减薄

(1) 在标高 20 m～30 m 范围内，部分水冷壁管存在较明显的冲刷磨损痕迹；

(2) 中温过热器Ⅰ、Ⅱ以及高温再热器管子存在磨损现象，部分管上存在凹坑。

4.1.2 硬度异常

(1) 炉右中温过热器Ⅱ出口集箱紧邻温度测点的焊缝硬度偏高，硬度平均值为 275 HB；

(2) 炉右前数第 1 个高温过热器进口分配集箱的焊缝硬度偏高，硬度平均值为 310 HB；

(3) 炉右再热蒸汽热段管道紧连高再出口集箱的弯头的前侧焊缝硬度偏高，硬度平均值为 298 HB。

4.1.3 超标埋藏缺陷

左、右两侧一级减温器喷水管上游环焊缝经超声波探伤检测发现存在超标缺陷。

4.1.4 碰磨

(1) 省煤器系统存在吊挂管与连接件相互抵碰和吊挂管变形现象；

(2) 中隔墙水冷壁管穿顶棚处与顶棚管局部存在相抵碰现象；

(3) 高温过热器管穿顶棚处存在碰磨损伤；

(4) 高温再热器吊挂管母材及焊缝存在磨损现象。

4.1.5 浇注料脱落

(1) 省煤器出口集箱浇注料脱落；

(2) 尾部烟道包墙环形集箱浇注料局部脱落；

(3) 中温过热器Ⅰ进料口隔墙上方浇注料局部脱落；

(4) 高温过热器管排的后侧面穿顶棚处浇注料脱落；

(5) 中隔墙水冷壁管屏前、后两侧的耐火浇注料局部开裂。

4.1.6 变形移位

(1) 省煤器管排吊杆存在变形现象；

(2) 中温过热器Ⅰ吊挂管存在弯曲变形现象；

(3) 高温过热器管屏普遍存在不同程度的波浪状变形；

(4) 低温再热器部分管子偏离管排原位置，部分管排间距不均，个别管子存在变形出列现象；

(5) 高温再热器垂直段管存在弯曲变形现象。

4.1.7 防磨装置缺陷

(1) 前包墙左右两侧拉稀管防磨瓦开裂；

(2) 低温过热器部分防磨瓦存在翻转、变形、脱开现象；

(3) 低温再热器防磨瓦存在翻转现象。

4.1.8 固定装置缺陷

(1) 低温过热器吊挂管定位卡存在脱落或开裂现象；

(2) 中温过热器Ⅰ定位管夹存在局部断开或开裂现象，管排固定板存在开裂现象；

(3) 低温再热器管子的固定管卡存在变形现象；

(4) 高温再热器吊挂管处上限位装置管排固定板缺失、开焊。

4.1.9 机械损伤

(1) 个别水冷壁管、包墙过热器管、中温过热器Ⅰ管子、高温再热器管存在机械损伤；

(2) 省煤器内窥镜割管处附近管子存在割伤。

4.1.10 锅炉膨胀系统和承重部件缺陷

膨胀指示器指针存在锥形头缺失现象；个别支吊架存在失载现象。

4.2 问题和缺陷的处理

对于有明显冲刷磨损的水冷壁管，采用局部更换新管的措施，并对之前冲刷严重的位置做喷涂处理；至于外置床中的受热面管，冲刷磨损较严重的予以更换，并在出现磨损的位置加装防磨瓦。

对炉右中温过热器Ⅱ出口集箱紧邻温度测点的焊缝再次进行热处理，热处理后的硬度实测平均值为 260 HB。对炉右前数第 1 个高温过热器进口分配集箱的焊缝以及炉右再热蒸汽热段管道紧连高再出口集箱弯头的前侧焊缝进行挖补，重新进行焊接及热处理，处理后硬度值合格，平均值为 258 HB。更改后各焊缝的硬度值符合标准中的对 P91 材料的硬度要求。

对左、右两侧一级减温器喷水管上游环焊缝进行挖补，如图 3 所示，挖补后检测合格。

屏过穿顶棚管局部磨损问题厂家已知晓，并制定了处理方案。电厂已按照出具的方案实施处理。具体内容为：增大屏过穿顶棚的间隙，切除部分顶棚处的密封钢板，使膨胀无阻碍。

其他各缺陷也都按照处理意见进行了相应整改，处理结果以联络单的形式返回，整改后的锅炉满足安全运行的条件。

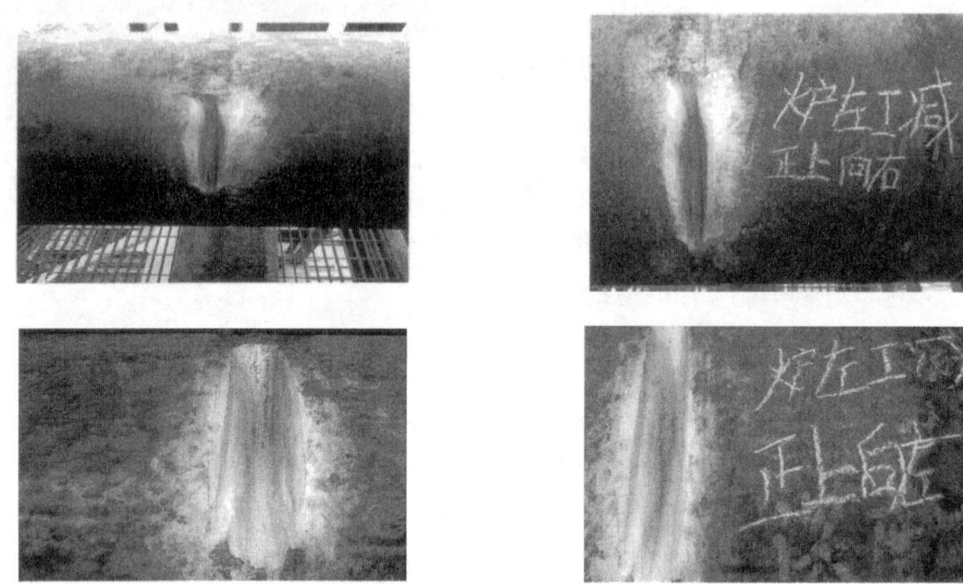

图 3　左、右两侧一级减温器焊缝挖补现场照片

5　结论

（1）CFB 锅炉已经突破了大型化的瓶颈，超临界 CFB 技术日趋成熟，将占据更多电站锅炉市场份额；

（2）本次定期检验后，该厂对检验过程中发现的问题及时整改，通过联络单回复确认，检验结论为“允许运行”；

（3）本次检验为国内首例超临界 CFB 锅炉内部检验，对检验中发现的问题特别是 CFB 锅炉特有问题应给予重视，用来指导今后超临界 CFB 锅炉检验，进而指导锅炉设计和制造；

（4）鉴于超临界 CFB 锅炉逐年增多，有必要建立 CFB 锅炉典型缺陷数据库。并依此为基础，有针对性的开展涉及 CFB 锅炉安全运行的相关研究工作；

（5）现行 TSG G0001—2012《锅炉安全技术监察规程》、TSG G7002—2015《锅炉定期检验规则》及其他规范标准中，对 CFB 锅炉少有涉及。鉴于其燃烧方式、结构布置、运行条件等方面的特殊性，有必要增加涉及 CFB 锅炉的专项条款或补充内容。

参 考 文 献

[1] 程乐鸣，周星龙，郑成航，等. 大型循环流化床锅炉的发展[J]. 动力工程，2008，28(6)：817-826.

[2] 孙献斌，王智微，许正泉，等. 国产 300 MW 循环流化床锅炉的设计研究[J]. 热力发电，2001(6)：2-6.

[3] 聂立，王鹏，彭雷，等. 600 MW 超临界循环流化床锅炉的设计[J]. 动力工程，2008，28(5)：701-706.

[4] 于龙，吕俊复，王智微，等. 循环流化床燃烧技术的研究展望[J]. 热能动力工程，2004，19(4)：336-341.

[5] 蒋敏华，孙献斌. 大型循环流化床锅炉的开发研制[J]. 中国电机工程学报，2007，27(23)：1-6.

[6] 吕俊复，于龙，张彦军，等. 600 MW 超临界循环流化床锅炉[J]. 动力工程，2007，27(4)：497-501，587.

一台管架式燃煤有机热载体锅炉检验案例分析

戴恩贤，舒龙军
宁波市特种设备检验研究院，宁波 315048

摘 要：在对某企业一台管架式燃煤有机热载体锅炉进行内部检验时，发现部分炉管严重变形，甚至坍塌的问题。本文针对该缺陷进行了原因分析，并提出相应的预防措施。

关键词：有机热载体锅炉；变形；坍塌

1 有机热载体锅炉基本情况

有机热载体锅炉具有压力低、温度高且容易控制等诸多优点而被广泛应用，由于用途、容量、燃烧方式等不同，因此，具有多种结构型式。管架式锅炉就是其中一种，其优点在于制造方便，制造工装设备及工艺与常规快装蒸汽锅炉一样，无需专用盘管设备，可大型化生产和安装，缺点为管内介质流动较不均匀，容易发生结焦、积碳甚至造成管路堵塞。在对某企业一台该炉型有机热载体锅炉进行内部检验时，发现部分炉管严重变形，甚至坍塌的问题。该台锅炉基本参数见表1。

表1 锅炉基本参数

锅炉型号	DRL100-AⅡ	出厂编号	1057
制造日期	1999-08-01	额定功率	1.17
额定压力	0.8 MPa	使用压力	0.8 MPa
额定温度	280 ℃	使用温度	240
工质牌号	HD320	制造厂家	上海恒欣化工有限公司
最高使用允许使用温度	320 ℃	允许使用膜温度	350 ℃
投用日期	1999-10-02	燃烧方式	层状燃烧

2 检验方案及发现的问题

2.1 检验方案

根据《锅炉定期检验规则》，对该锅炉进行为期两年一次的内部定期检验，首先对相关资料进行审查，然后依据《锅炉定期检验规则》的要求检验内容对锅炉的承压以及附属部件进

作者简介：戴恩贤，1982年出生，男，硕士，工程师，主要从事锅炉检验检测工作。

行检验，特别是针对易出现问题的部位进行着重检验。

2.2 发现的问题

在检查时发现锅炉的部分门型管严重变形，局部有烧损现象（见图 1），顶棚管变形坍塌（见图 2），经割管检查发现部分管子内部有机热载体炭化严重，并造成管路堵塞。

图 1　部分门型管严重变形、局部烧损

图 2　顶棚管变形坍塌

3　检验发现问题的成因分析

针对上述缺陷情形，从锅炉的炉型设计特点、运行工况及有机热载体的使用情况等方面进行了分析。

3.1 炉型特点

3.1.1 设计特点

管架式有机热载体炉整个介质循环回路是由若干个依据热负荷及流速间隔的小循环回路组成，各个小循环回路通过集箱串联。由于锅炉管组与集箱采用 Z 形连接方式以及小循环回路的并联管路结构特性不尽相同，造成并联管间流速有偏差，有机热载体流速低的管子受热得不到充分冷却，易造成管子过热，同时，管子里的有机热载体也易过热而结焦甚至炭化从而反过来导致流速降低甚至堵塞管路。

3.1.2 管子内实际流速测试

为了验证此分析的正确性，对宁波某单位使用的同种型号为 DRL400-AⅡ的管架式有机热载体锅炉，在冷态状态下，现场用超声波流量计分别测量了门型管各管的流速，取锅炉炉膛内左侧首根侧墙管开始，取至左侧集箱第一处分隔止，共 18 根侧墙管，从前向后依次起命名为 1～18 号管。其中 1～9 号管内流动方向为流向集箱，10～18 号管内流动方向为从集箱流出，测量位置为集箱顶部以上约 1 600 mm 高度处直段管子上，实测流速见表 2。

表 2　实测流速

序号	流速/(m/s)	序号	流速/(m/s)
1	3.12	10	3.00
2	2.99	11	—
3	2.89	12	2.92
4	2.94	13	2.89
5	2.83	14	2.84
6	2.82	15	2.92
7	2.76	16	2.87
8	—	17	—
9	—	18	2.86

注：在使用过程中，该锅炉已采用每 9 根管封堵 2 根的措施来增加流速。

从表 2 实测结果可以看出，流进集箱的 7 根管子间的流速不均匀，与上述分析结果一致，流速低的管子易过热而损坏，如图 1 所示。

另外，该炉型为管架式锅炉，顶部管子跨度较大，管内装满有机热载体，管子承受一定的重力作用，当管子由于过热引起强度下降时会造成变形甚至坍塌。

3.1.3　管内流动状态分析

根据冷态测得的流速，从理论上分析管内的流动状况，雷诺数按式(1)计算：

$$Re = VD/v \qquad \cdots\cdots (1)$$

式中：

Re——雷诺数；

V——流速，m/s；

D——管道直径，mm；

v——运动黏度，m^2/s。

边界层厚度按式(2)计算：

$$\delta = 34.2D/Re^{0.875} \qquad \cdots\cdots (2)$$

式中：

δ——边界层厚度，mm；

D——管道直径，mm；

Re——雷诺数。

流速约为 3 m/s，在 40 ℃时，计算雷诺数约为 6 000，边界层厚度约为 1 mm；在 100 ℃时，计算雷诺数约为 60 000，边界层厚度约为 0.15 mm；在 200 ℃时，计算雷诺数约为 200 000，边界层厚度约为0.05 mm。通过上述计算可知，在有机热载体温度 40 ℃时，雷诺数 6 000 左右，并未超过一般理论认为达到湍流状态的 10 000 的临界值，因此，在有机热载体炉冷态启动有机热载体升温阶段，管内的流体流动仍处于过渡流阶段，不能保证完全紊流状态，可能是层流，也有可能是紊流。此时，计算边界层厚度为1 mm左右，钢材的导热系数远大于有机热载体的导热系数，边界层的有机热载体成为主要的热阻，因此，边界层内、外侧会有温差，造成有机热载体的过热。

3.2 运行情况

该炉型锅炉炉内与高温烟气接触的耐火材料面积较大，耐火材料具有蓄热特性而管内介质容量小，遇到停电故障，如未及时采取停电保护措施，易造成管内有机热载体超温结炭。该锅炉的运行记录显示，在发现炉管损坏的前几个月时间内，发生数次停电，该使用单位并未采取有效的保护措施，另外，该锅炉长时间处于超负荷运行，因此造成有机热载体劣化甚至结焦、炭化，从而引起管路堵塞、变形、坍塌。

3.3 有机热载体劣化

该台有机热载体炉内的有机热载体质量检测结果显示：2014 年 1 月酸值0.096 mgKOH/g，残炭 0.77%；2014 年 3 月酸值 0.044 mgKOH/g，残炭 1.02%。有机热载体在两个月的时间里残炭变化较大，说明油品劣化较快。有机热载体锅炉与蒸汽锅炉不同，系统内的有机热载体是循环使用的，一旦发生劣化，有机热载体的残炭、酸值指标等会加大并会进一步加速有机热载体的劣化，造成恶性循环。

综上所述原因导致了该有机热载体炉的受热面管过热，受热管子的强度降低，发生变形、破损甚至坍塌。

4 检验发现问题的处理

4.1 材质分析

该受热面管材质为 20 钢，对变形坍塌的部位进行了金相分析，金相仪型号 XH-500，试样抛光方法为机械抛光，采用 4%硝酸酒精浸蚀，光学放大倍数均为 250 倍，其中金相图片见图 3 和图 4。

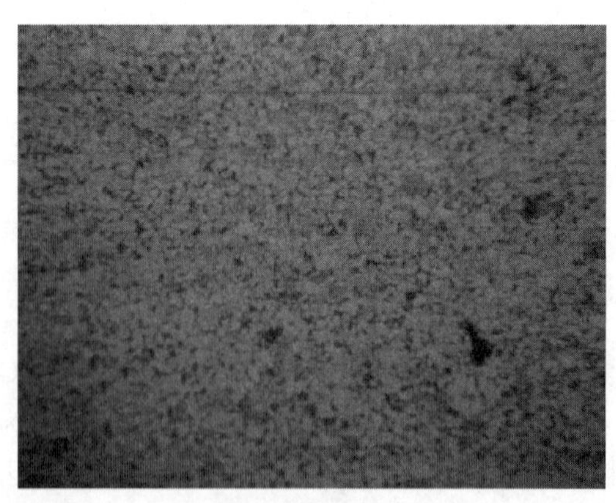

图 3 铁素体成块聚积、珠光体中度球化

图 4 铁素体及珠光体分布较均匀

图 3 金相组织为铁素体+珠光体，其中有较多铁素晶粒内有弥散状碳化物颗粒，珠光体球化较严重，属中度球化，铁素体有成块聚积长大现象。

图 4 金相组织为铁素体+珠光体，其中有铁素晶粒内有弥散状碳化物颗粒，但弥散程度

和弥散晶粒面积较 A 小，珠光体球化属轻度球化，铁素体及珠光体分布较均匀。

4.2 有机热载体化验

对该锅炉的有机热载体进行取样化验，检测结果为酸值 0.044 mgKOH/g，残炭1.02%，残炭在安全警告范围，说明油品有轻度过热、氧化现象，需要缩短检验周期，加强对油品的监控[1]。

通过对该锅炉的材质分析和有机热载体品质进行化验，并且该锅炉门型管严重变形、破损，顶棚管变形坍塌，经安全评定及论证，已没有修理价值，作报废处理。

5 结论

（1）使用该炉型锅炉时，应选用高品质的有机热载体，应高于锅炉实际使用温度，有机热载体的最高允许使用温度应留有充分的余量，确保锅炉的有机热载体不因过热而劣化。

（2）有机热载体锅炉不应装设变频的循环泵，以免造成有机热载体流速不够导致过热。

（3）有机热载体锅炉使用单位应制定切实有效的停电及启动保护措施，停电后应立即采取相关有效措施，在启动阶段应当缓慢升温，防止有机热载体超温，避免有机热载体过热劣化而产生结焦和炭化，并导致受热面管子堵塞、变形而损坏。

（4）在经常发生停电的情况下，锅炉应及时停炉检查，尽早发现缺陷，并应定期对有机热载体进行检测，当在较短时间内有机热载体劣化较快时，应及时查找原因，防止有机热载体劣化对锅炉造成影响。

（5）采用金相分析等检测手段，加强对材质的监控，防止锅炉损坏，甚至报废。

参考文献

[1] GB 24747—2009 有机热载体安全技术条件.

基于 ANSYS Workbench 的 WNS 型蒸汽锅炉烟管管端开裂分析

余昶，柳长富

武汉市锅炉压力容器检验研究所，武汉　430000

摘　要：WNS 型燃气蒸汽锅炉因其结构紧凑、自动化程度高，目前被广泛使用。在使用过程中，燃烧器产生的高温烟气经波纹炉胆至回燃室，烟气在回燃室折转进入第二回程烟管至炉前烟室，并折转进入第三回程烟管，最后经烟道排出。武汉市锅炉压力容器检验研究所长期对该类型的锅炉进行检验，发现多起类似案例：10 t 或 10 t 以上的 WNS 型蒸汽锅炉回燃室前管板处管子管口产生裂纹，有的甚至发生泄漏，这类案例引起我们的高度重视。本文通过理化试验和有限元模拟，分析裂纹产生的原因，并提出预防裂纹产生的建议。

关键词：锅炉；裂纹；有限元

1　WNS10-1.25-YQ 蒸汽锅炉基本情况

本文的研究对象为一台国内某制造厂生产的 WNS10-1.25-YQ 全自动蒸汽锅炉，其结构见图 1，高温烟气从燃烧器出口经过炉胆至尾部回燃室，烟气在回燃室折返经过第二回程和第三回程烟管从尾部烟道排除，回燃室属于环境温度最高的受压部件。

锅炉基本参数见表 1。

表 1　锅炉参数表

额定蒸发量	10 t/h
额定蒸汽压力	1.25 MPa
给水温度	105 ℃
空气温度	20 ℃
回燃室前管板材料及规格	20 钢/20 mm
螺纹烟管材料及规格	20 钢/ϕ60 mm×3.5 mm

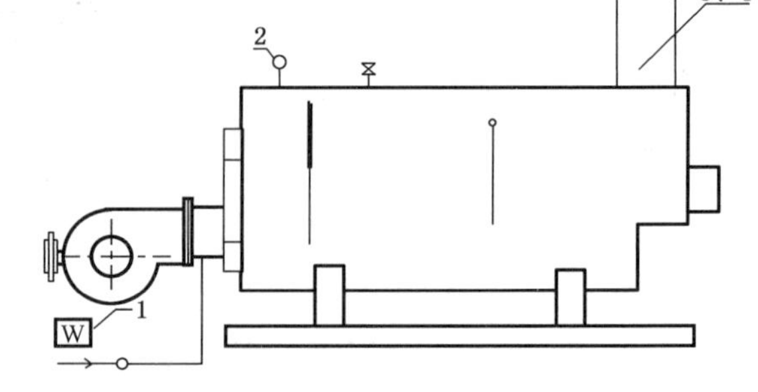

说明：
1——燃烧机；
2——压力表；
3——省煤器；
4——尾部烟道

图 1　锅炉结构图

2　WNS10-1.25-YQ 蒸汽锅炉检验方案及发现的问题

在对上述型号分别为 WNS10-1.25-YQ 的锅炉进行内部检验时，在锅炉的回燃室前管

作者简介：余昶，1990 年出生，男，硕士，检验员，主要从事锅炉检验工作。

板上发现了裂纹，随后在回燃室前管板上进行了表面无损检测和金相试验。该锅炉的日常使用情况如下：

锅炉日常使用压力为 0.8 MPa，日常使用平均负荷 40%左右，且根据需求而频繁改变；锅炉尾部保温因烧损更换过一次，且每日启停；锅炉受压元件水侧结垢，厚度 1 mm～3 mm，覆盖面积超过 80%。

图 2 是型号为 WNS10-1.25-YQ 锅炉的回燃室前管板管端裂纹的检验照片，可以从图中发现：① 裂纹在管壁上与管子轴线方向平行，在管端与管子径向平行；② 裂纹贯穿管端和管壁，延伸长度范围在 10 mm 左右，部分裂纹处有盐碱结晶物；③ 断口较为平直，裂纹宏观直线度较高，裂纹周围管子及管板无塑性变形；④ 每个管孔的伸出管端上至多只有一条裂纹，且只在某些固定方向上出现；⑤ 管端及角焊缝周围，孔桥之间未发现其他裂纹；⑥ 开裂的管子数量为 26 根，超过锅炉第二回程烟管总数量的 10%；⑦ 管子管端伸出焊缝长度 0 mm～2 mm。

图 2　10 t 锅炉裂纹形貌

3　检验发现问题的成因分析

3.1　金相检验及分析结论

3.1.1　金相检验图

在管板和管子管端上各取一点做金相分析试验。

根据图 3，管板材料显微组织为铁素体加珠光体，珠光体均匀分布，晶粒度级别为 8 级，珠光体组织发生较轻微球化。

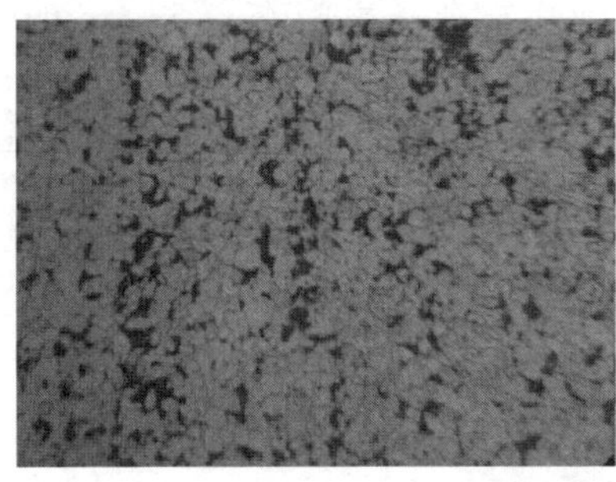

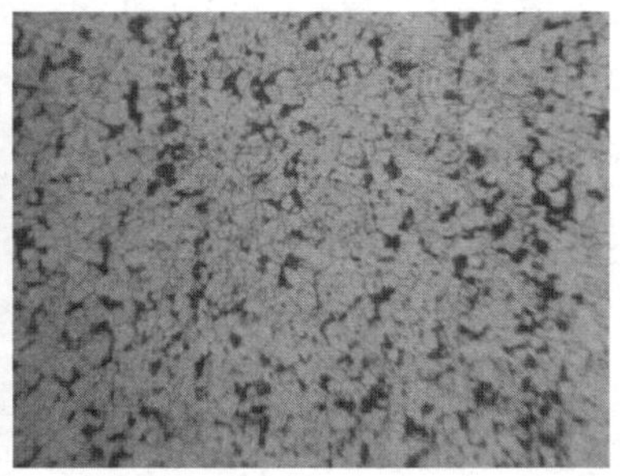

图 3　管板金相显微图

根据图4,烟管管端裂纹处显微组织为铁素体加珠光体,晶粒度级别8.5级,珠光体组织发生轻微球化,基体组织上分布有少量球状碳化物。

由于珠光体组织产生球化和石墨化,须长时间处于高温环境中,而管板显微组织未发现严重球化和石墨化现象,这说明管板处并未长时间处于高温环境中。而烟管管端裂纹处显微组织发生轻微的球化现象,这说明烟管管端处温度可能达到某一较高温度,但持续时间很短,导致烟管管端仅产生轻微球化。

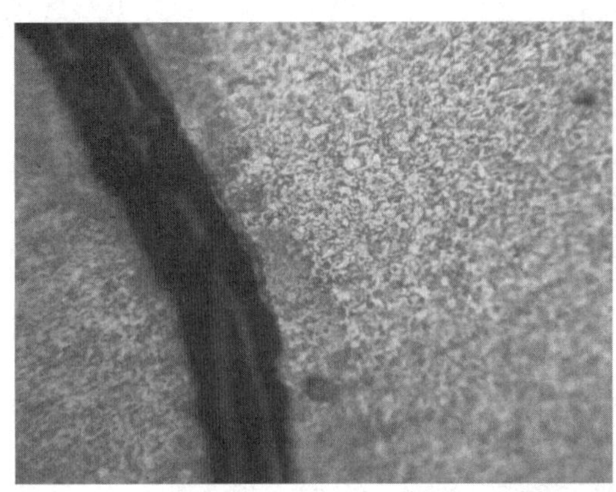

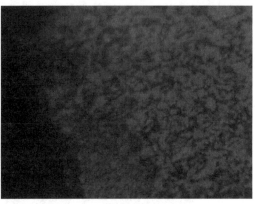

图4　管端裂纹金相显微图

3.1.2　金相分析

由金相检测结果可以看出,该锅炉回燃室前管板和管板上的烟管管端均未发生过长期超温现象,材料组织未发生明显变化,结合裂纹形态可以排除裂纹的形成是材料过热造成的。

3.2　有限元建模分析

3.2.1　几何模型

锅炉管子与管板焊缝见图5。管板厚度为20 mm,管子规格为ϕ60 mm×3.5 mm,管子与管板之间角焊缝的焊脚高度为3 mm,坡口角度为45°,管端伸出焊缝距离2 mm左右,管子与管板之间按照图纸技术要求,应采取消除间隙的措施,例如胀接,但是该锅炉上管子与管板之间没有采取先胀接后焊接的工艺,管板管孔与管子之间有0.1 mm的装配间隙。内检过程中发现管板与管子水侧存在1 mm～3 mm左右的水垢,管孔与管子的间隙存在水垢。

本案例分析的模型具有轴对称特征,因此使用ANSYS Workbench的轴对称分析模型进行分析。根据图5建立的模型如图6所示,为了获得关心区域比较准确的结果,将管道部分适当延长作为远端,观察结果时只选取关心区域进行观察。

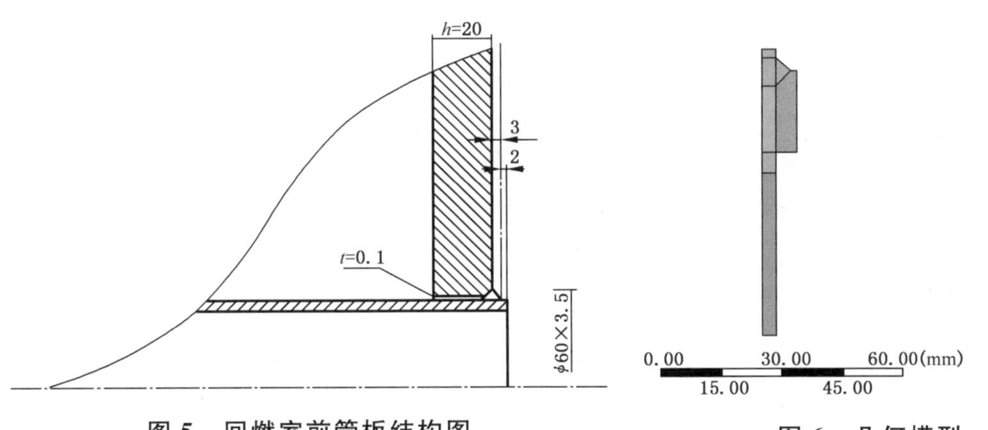

图 5　回燃室前管板结构图

图 6　几何模型

其中,管子长度选取 70 mm,即距离管端 70 mm 处为远端;实测同排管子与管子之间距离很小,故取管板的假想截面距离管子外壁 5 mm。

3.2.2　网格划分

网格划分如图 7 所示,采用多区域网格划分,以四边形为主,配合三角形单元。网格尺寸设置为0.2 mm。

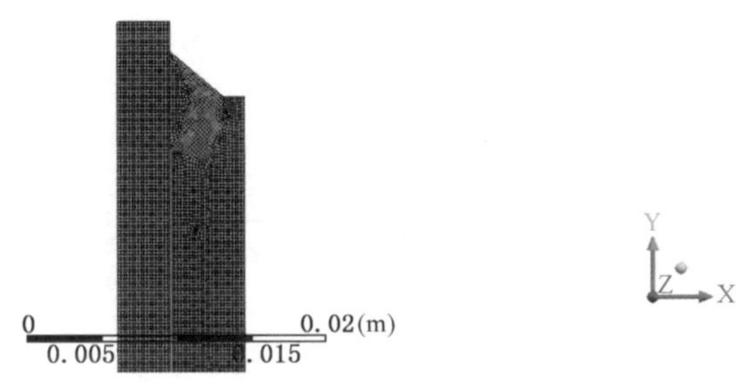

图 7　网格划分图

3.2.3　边界条件

(1) 热边界条件

热边界条件如图 8 所示。A 面为烟管内壁,B 面为管板和烟管水侧,C 面为管孔和烟管外壁之间的间隙面,D 面为烟管管端、角焊缝表面及烟管与烟管之间的管板面。锅炉受热面烟气侧主要接受烟气的对流换热和小部分辐射热。

根据锅炉日常使用情况,B 面热边界条件为:压力 0.8 MPa,工作温度 175 ℃,为了对比锅炉水侧水垢对烟管及管板传热的影响,B 侧膜系数设置为 5 000 W/m^2℃、2 500 W/m^2℃。

由于烟管与烟管之间的管板面积很小,加之烟气流速很快,烟气在 D 面不能及时传热,可认为其对流传热效果与积灰相似,加上烟气辐射换热系数,故 D 面传热膜系数设置为10W/m^2℃。

C 面采用接触导热。根据锅炉热力计算书可得二回程烟管烟气对流换热系数,并考虑烟管模型的“入口效应”,由公式 $\alpha'=\left[1+\left(\frac{d}{l}\right)^{0.7}\right]\alpha$ 进行对流换热系数的修正,式中 α 为流体充分发展稳定的对流传热系数,α' 为流体流经短管的平均对流传热系数。计算得到该模型 A 面的平均烟气传热膜系数110.7 W/m^2℃。为了对比不同烟温对结构应力的影响,烟温设置为 900 ℃和 1 200 ℃。

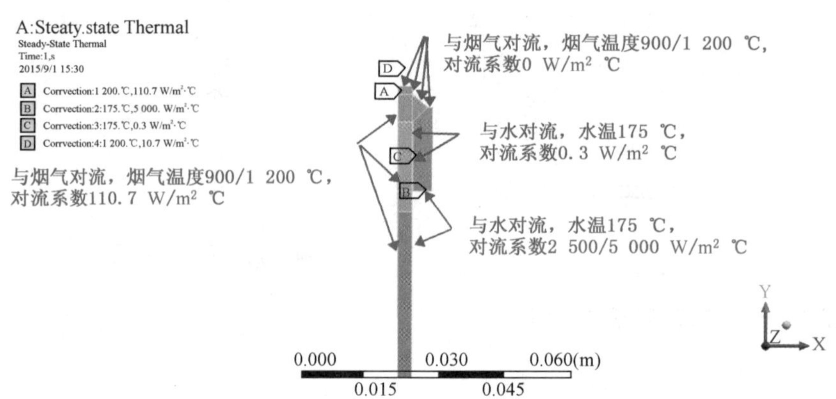

图 8　热边界条件图

（2）机械边界条件

结构边界条件如图 9 所示。锅炉水侧压力为 0.8 MPa，并认为烟管远端面在烟管轴线方向上是固定的，故在图中 C 处进行 Y 方向约束。

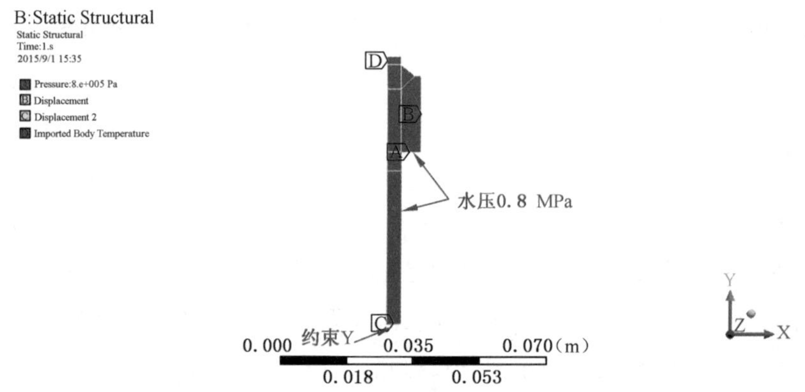

图 9　结构边界条件图

3.2.4　计算结果

根据上述边界条件设置原则，可得到烟温 900 ℃，对流换热系数 5 000 W/m²℃工况下的模型温度分布云图和应力分布云图。如图 10 和图 11 所示。

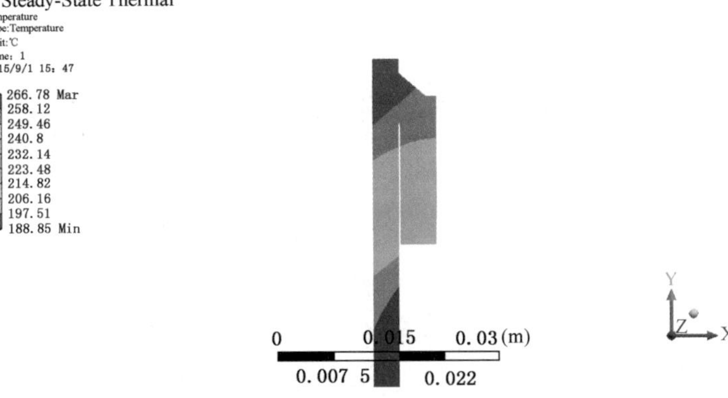

图 10　温度分布图

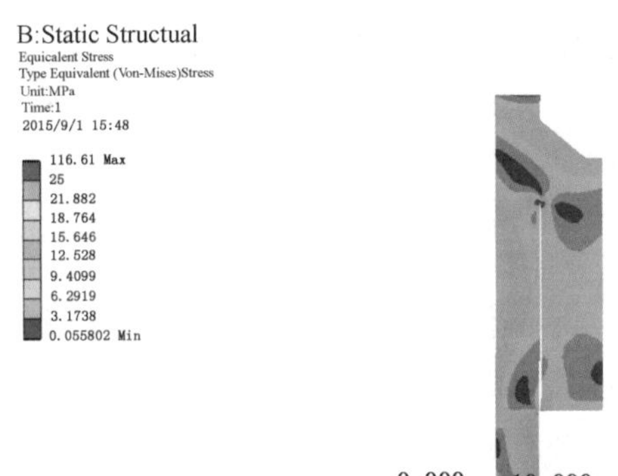

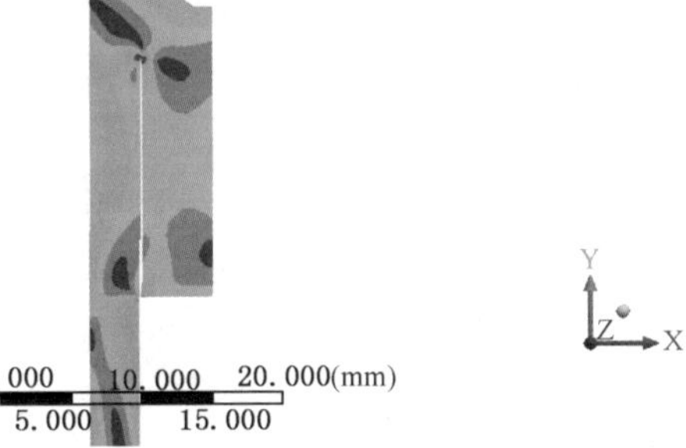

图 11　应力分布图

其余参数的结果不再给出云图，4 种工况的结果汇总见表 2。

表 2　结算结果汇总表

工况	最大温度/℃	最大等效应力/MPa
1 200 ℃，2 500 W/m²℃	339	173
1 200 ℃，5 000 W/m²℃	303	174
900 ℃，2 500 W/m²℃	289	115
900 ℃，5 000 W/m²℃	264	117

根据 ANSYS Workbench 的模拟计算结果发现：① 管子伸出管端均为温度最高处，且回燃室温度越高管端温度越高，但所有模拟情况下材料最高温度都未超过材料允许使用温度，这与金相检测结果吻合；② 模型中在管端以及管板与管子焊缝的根部均存在应力集中现象，最大应力均超过材料在工况温度下许用应力，且应力集中部位的应力大小随回燃室温度升高以及水侧膜系数降低而变大；③ 同一回燃室温度下，水侧膜系数对应力集中点的分布和应力大小没有明显影响。

4 结论

结合本案例及其他类似案例中的锅炉内部检验情况，有如下共同特征：① 锅炉炉膛热负荷较高，或者尾部烟温较高；② 使用负荷频繁改变，负荷的频繁改变造成燃烧机频繁的大小火转换甚至启停。

实际结构情况与模拟情况的差异对比：① 管端存在制造机械缺陷，易造成应力集中；② 焊缝结构中存在焊接残余应力；③ 焊缝根部结构较模型更复杂；④ 接近回燃室前管板的高温区烟管水侧表面易形成气泡，该部位实际水侧膜系数低于边界条件参数。以上差异造成的结果是本案例中的结构的实际最大应力和温度应高于计算值。

由以上结论可以得出：管端的最大应力超过该处温度下的许用应力，而金属材料的强度随着温度升高而降低（炉膛温度高的锅炉易产生该类裂纹），在最大周向主应力及焊接残余应力的作用下，管端上的制造缺陷处产生裂纹释放能量，并在循环载荷冲击下裂纹向管内壁扩展，由于管子的差异性部分管子裂纹扩展至焊缝根部产生泄漏，其他的管子则不发生泄漏。

5 建议处理措施

裂纹的产生与扩展与回燃室烟气温度、水侧膜系数、管子外观、焊接工艺以及应力变化频率相关，因此为了降低裂纹的产生和发展的可能性，方法有：降低回燃室烟气温度、提高水侧膜系数、对管子端口进行圆滑打磨处理、严格按照焊接工艺评定进行焊接、合理调节负荷变化等。

参考文献

[1] 赵钦新. 燃油燃气锅炉[M]. 西安：西安交通大学出版社，2000.
[2] GB/T 16508—2013 锅壳锅炉.

基于在线监测系统对某工业锅炉的大数据分析研究

赵博，徐鹤，刘昭岩

大连市锅炉压力容器检验研究院，大连　116013

摘　要：基于在线监测系统对一台燃煤工业锅炉进行的长期跟踪监测，并将采集的数据通过数据分析软件进行频率统计、相关性等研究，通过对监测大数据的分析，得到了监测项目对于锅炉经济性运行的影响，并探讨了如何运用在线监测与大数据技术促进工业锅炉节能减排工作的开展。

关键词：在线监测；工业锅炉；大数据分析；经济运行

0　前言

工业锅炉是一种承压热能动力设备，被广泛用于工业生产与民用生活采暖中，分布区域广，需求量大。同时，如何确保工业锅炉的安全、经济、环保运行是一个非常值得关注的能源与环境问题。随着我国计算机技术、通信技术和微电子技术的迅速发展以及在生产实践中的广泛运用，在线监测技术孕育而生，实时监测、远程采集、及时反馈、在线分析和集中控制等优秀性能为帮助工业锅炉设计与运行的进一步优化奠定了基础。近年来，大数据技术迅速发展，已成为世界科技的热点项目。美国、欧盟等国家认为大数据是未来的“新石油”，对大数据的占有、分析和控制成为了行业间新的争夺焦点和发展方向[1]。在线监测技术于工业锅炉的应用会产生海量数据，如何在这些数量庞大、种类繁多、价值密度较低的数据中找到关键信息，从而进行归纳分析，最终提出指导性意见，成为了大数据技术在工业锅炉应用上的重点以及难点，解决这个问题也将进一步促进工业锅炉节能减排工作的开展。

我国工业锅炉在节能新技术、新产品开发应用方面取得了一些成果。目前，我国工业锅炉多数配有仪表控制系统，也有一些采用先进的计算机控制系统（DCS控制系统）。但是，在线监测、在线诊断、系统自动调节和系统控制、性能评价等各个领域则相对研究不足，笔者通过在线监测系统对某燃煤工业锅炉的烟气含氧量、排烟温度、过量空气系数等各重要参数进行采集，并搜集了多个月的海量数据，最后，通过SPSS数据分析软件进行线性、相关性、频率统计分布等各方面的统计分析，并根据统计结果对如何简单、有效的判断工业锅炉燃烧状态提供一种新的方法。

1　概况

某单位一台燃煤蒸汽锅炉，型号为DZL10-1.25-AⅡ，主要应用于生产，24 h连续运行，

基金项目：国家质量监督检验检疫总局科技计划项目（No. 2013QK114）

作者简介：赵博，1979年出生，男，硕士，工程师，从事锅炉检验、能效测试、介质检测等相关工作。

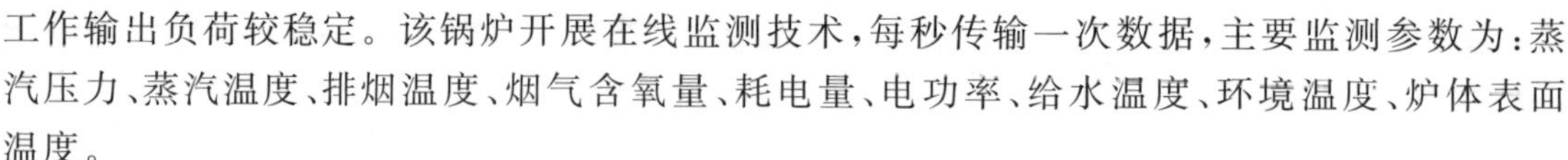

工作输出负荷较稳定。该锅炉开展在线监测技术，每秒传输一次数据，主要监测参数为：蒸汽压力、蒸汽温度、排烟温度、烟气含氧量、耗电量、电功率、给水温度、环境温度、炉体表面温度。

2　主要内容

2.1　在线监测大数据分析参数选取

相对于传统的数据，人们将大数据的特征总结为体量大、速度快、模态多、难辨识和价值密度低。但大数据研究的主要难点并不在于数据量大，因为通过对计算机系统的扩展可以在一定程度上缓解数据量大带来的挑战。其实，大数据真正难以应对的挑战不仅来自于数据类型多样、要求及时响应和数据的不确定性，还来自于各参数之间存在的模糊的相互关联性。工业锅炉在线监测能够提供多个类型数据，例如关于安全方面的监测数据、关于经济运行方面的监测数据、关于环保方面的监测数据，符合大数据特征，因而，对于各参数之间的相关分析是十分有意义的。本次数据采集工作采用锅炉在线监测为主要手段，采集数个月的海量数据信息。本次研究随机选取其中一个月的数据进行分析，由于数据量过大，抽取间隔时间为 2 min 的数据进行统计。

燃烧过程是一个实时性强、干扰因素多、稳定性差的复杂过程，因此我们需要选取主要相关的参数进行分析：工作压力、蒸汽温度、排烟温度、烟气含氧量和环境温度。

首先，通过 SPSS 数据分析软件对某天上述 5 种状态参数两两进行相关性分析，根据 spearman 相关方法计算得出参数之间的相关系数 r。spearman 相关系数只要两个变量的观测值是成对的等级评定资料，或者是由连续变量观测资料转化得到的等级资料，不论两个变量的总体分布形态、样本容量的大小如何，都可以进行分析研究，因此较适用于工业锅炉燃烧状态多变和在线监测数据非连续、非线性的采集方式。“相关分析”的理论认为，当 $|r|>0.5$ 时可以认为两变量之间存在相关性，当 $|r|>0.8$ 时存在显著相关性。随机选取某日在线监测参数相关系数汇总，结果见表 1，可以发现工作压力与蒸汽温度、排烟温度与烟气含氧量之间存在一定相关性。工作压力与蒸汽温度检测相关结果表明，工作压力与蒸汽温度存在显著相关，$|r|=0.937$，这与蒸汽压力与饱和蒸汽温度是一一对应的相关关系相符合，同时，排烟温度与烟气含氧量之间相关系数 $|r|=0.731$，说明存在一定的相关性，排烟温度及烟气含氧量是工业锅炉经济运行的重要参数，因此，进一步针对排烟温度与烟气含氧量的相关性进行研究是十分必要。

表 1　某日在线检测参数相关系数汇总表

	工作压力	蒸汽温度	排烟温度	烟气含氧量	环境温度
工作压力	1	0.937	0.165	0.011	0.1
蒸汽温度	0.937	1	0.004	0.137	−0.022
排烟温度	0.165	0.004	1	−0.731	0.484
烟气含氧量	0.011	0.137	−0.731	1	−0.496
环境温度	0.1	−0.022	0.484	−0.496	1

2.2 排烟温度与烟气含氧量数据相关性分析

随机截取某日 4 h 的排烟温度与烟气含氧量数据作出变化曲线图，如图 1 所示。可以看到烟气含氧量变化与排烟温度的变化显示出相反的相关趋势，烟气含氧量变化幅度越大，排烟温度变化也越剧烈。

通过 SPSS 数据分析软件对 30 天中的排烟温度与烟气含氧量进行相关性分析，结果见表 2。可以看出，30 天中排烟温度与烟气含氧量均存在一定相关关联性（$r_{月均}=-0.739$），且在某些日子显著相关。

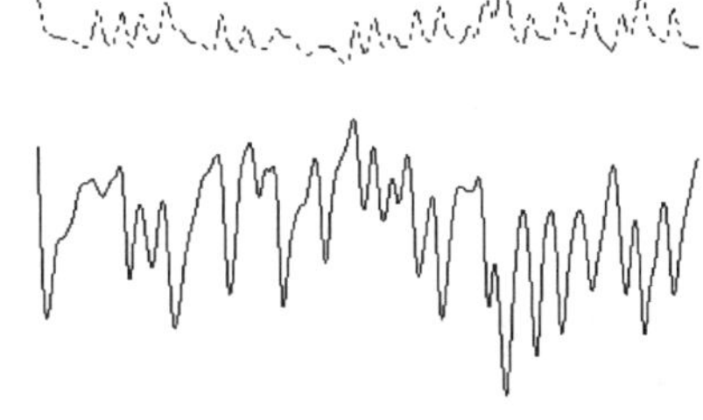

图 1　某日 4 h 排烟温度与烟气含氧量的变化曲线图

表 2　30 天排烟温度与烟气含氧量相关系数汇总表

日期	1 日	2 日	3 日	4 日	5 日	6 日	7 日	8 日
r	−0.584	−0.716	−0.713	−0.711	−0.748	−0.849	−0.815	−0.743
日期	10 日	11 日	12 日	13 日	14 日	15 日	16 日	17 日
r	−0.797	−0.762	−0.755	−0.774	−0.786	−0.731	−0.795	−0.727
日期	19 日	20 日	21 日	22 日	23 日	24 日	25 日	26 日
r	−0.744	−0.75	−0.697	−0.856	−0.746	−0.811	−0.833	−0.769
日期	28 日	29 日	30 日	月汇总				
r	−0.739	−0.745	−0.711	−0.739				

烟气氧含量是锅炉运行重要监控参数之一和反映燃烧设备与锅炉运行完善程度的重要依据，其值的大小与锅炉结构、燃料的种类和性质、锅炉负荷的大小、运行配风工况及设备密封状况等因素有关。

范晗东[2]等人的研究认为，锅炉在一定负荷下，随烟气含氧量的增加，燃烧产生的烟气量也会随之增加。由于烟气流速增加，烟气的换热加强，烟气的传热量增加，因此排烟温度会相应下降。这种论述不完整，虽然排烟温度与烟气含氧量存在一定相关性，但只在某些日子显著相关。因为排烟温度与烟气含氧量会受到燃烧、传热以及热量损失等多方面因素影响，两者之间没有显著的相关性。

2.3 排烟温度与烟气含氧量数据频率统计分布分析

在长时间在线监测过程中，工业锅炉的排烟温度与烟气含氧量时刻都在发生变化，并且数据量庞大，无法做到有效统计，因此需要进行处理整定。笔者把所采集的数据按照就近原则进行处理，排烟温度各位整定为 5 或 0 结尾，烟气含氧量整定为整数。例如，排烟温度中 223 ℃$<t\leqslant$227 ℃的数据整定为225 ℃，227 ℃$<t\leqslant$232 ℃的数据整定为 230 ℃；烟气含氧量中 7.5$<\varphi\leqslant$8.5 的数据整定为 8。整定后通过 SPSS 数据分析软件进行频率统计分布分

析。图 2 为某日排烟温度数值频率次数统计表及直方图；图 3 为某日烟气含氧量数值频率次数统计表及直方图。

		频率	百分比	有效百分比	累积百分比
有效	200.00	1	0.0	0.1	0.1
	205.00	26	1.2	3.6	3.8
	210.00	76	3.5	10.6	14.3
	215.00	111	5.1	15.4	29.7
	220.00	192	8.9	26.7	56.4
	225.00	197	9.1	27.4	83.8
	230.00	108	5.0	15.0	98.8
	235.00	9	0.4	1.3	100.0
	合计	720	33.3	100.0	
缺失	系统	1 440	66.7		
合计		2 160	100.0		

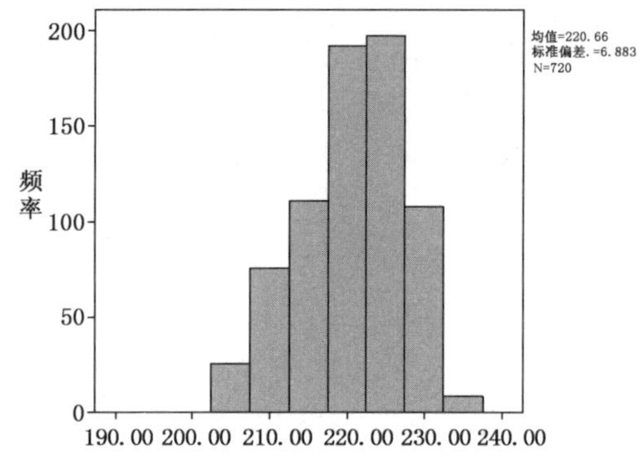

图 2　某日排烟温度数值频率次数统计表及直方图

		频率	百分比	有效百分比	累积百分比
有效	7.00	39	1.8	5.4	5.4
	8.00	125	5.8	17.4	22.8
	9.00	203	9.4	28.2	51.0
	10.00	124	5.7	17.2	68.2
	11.00	42	1.9	5.8	74.0
	12.00	90	4.2	12.5	86.5
	13.00	93	4.3	12.9	99.4
	14.00	4	0.2	0.6	100.0
	合计	720	33.3	100.0	
缺失	系统	1 440	66.7		
合计		2 160	100.0		

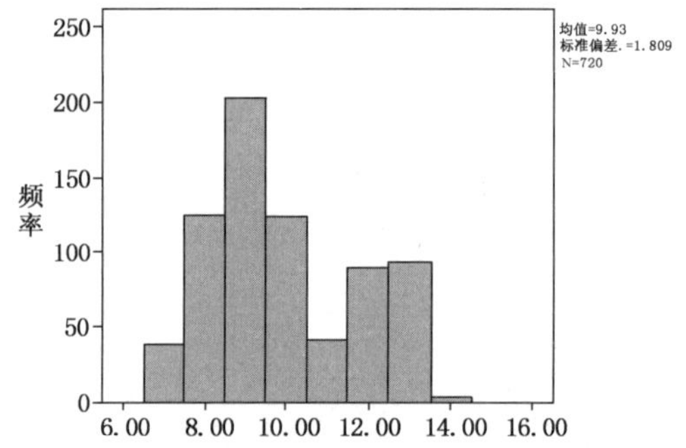

图 3　某日烟气含氧量数值频率次数统计表及直方图

通过图 2、图 3 可以看出烟气含氧量最大频率数值较排烟温度更清晰，分析烟气含氧量更加方便、准确。

3　方法应用

3.1　提出问题

在工业锅炉运行过程中，烟气含氧量过小，使化学不完全燃烧热损失和机械不完全燃烧热损失增加；烟气含氧量过大，即过量空气系数过大，造成炉温下降，排烟温度降低，会带走大量的热量，不符合经济运行。烟气含氧量是锅炉变负荷或变工况运行过程中最容易调整、变化范围最宽并与其他热经济性参数耦合关系最强的参数，也是通过锅炉燃烧控制系统对工业锅炉燃料燃烧过程进行优化调节的关键参数[3]。烟气含氧量的变化会引起锅炉各项热损失和锅炉辅机设备中鼓、引风机总电耗的变化，最终对工业锅炉运行过程中的耗电量、耗煤率产生重大影响[4,5]。针对该工业锅炉，列出 30 天内烟气含氧量频率直方图峰值出现天数汇总表，见表 3。

表 3　30 天内烟气含氧量频率直方图峰值出现天数汇总表

峰值	8	9	10	14
出现天数/天	4	22	3	1

根据表 3 统计及月频率次数统计得出，该锅炉在 30 天连续运行过程中，烟气含氧量在 8～10 之间的频次多大于 13 500 次，占锅炉运行时间的 62.5%。可见，该锅炉的运行特征烟气含氧量为 8～10。烟气氧含量与过量空气系数的关系[6]见式(1)：

$$\alpha = \frac{21}{21-\varphi} \quad \cdots\cdots(1)$$

式中：

α——根据排放点实测烟气氧含量计算的过量空气系数；

φ——实测烟气中的氧含量。

该锅炉的运行特征过量空气系数为 1.6～1.9，根据 GB/T 17954—2007《工业锅炉经济运行》规定，以火床为燃烧方式的工业锅炉过量空气系数应小于 1.75。因此，该锅炉运行中存在一些问题，锅炉效率还可以进一步提高。

3.2　分析问题

对每天的烟气含氧量数值频率次数统计直方图进行研究，进而总结出一些规律。对锅炉经济运行的烟气含氧量频率次数统计并建立直方图，如图 4 所示。可以看到，烟气含氧量均值为 8.61，过量空气系数为 1.7，对整个直方图进行线性拟合得到了"锅炉运行特征曲线"，该曲线呈现抛物线单峰分布，锅炉在经济运行状态下其"锅炉运行特征曲线"呈现窄而长的形态。"锅炉运行特征曲线"的峰为"锅炉运行特征峰"，"锅炉运行特征峰"表明了锅炉在单位时间内运行的特征状态，锅炉经济运行的好坏可以在"锅炉运行特征峰"的形态及分布上得以直观辨别。图 5 为某日锅炉运行时的"锅炉运行特征曲线""锅炉运行特征峰"示意图。在图中烟气含氧量均值为 9.64，过量空气系数为 1.85，通过辨别"锅炉运行特征峰"发现，在烟气含氧量值为 12 时出现第二峰值，此时过量空气系数为 2.35，此峰为锅炉运行时的波动峰。经过核查，此天司炉过程不稳定，出现调节鼓、引风机操作幅度过大，司炉工频繁开

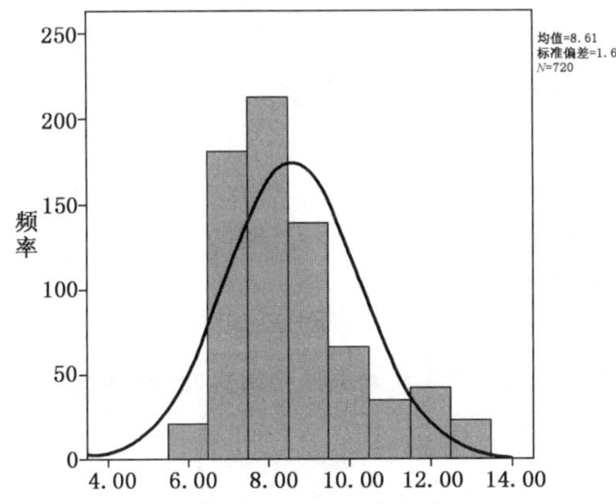

图 4　锅炉经济运行的烟气含氧量频率次数特征图

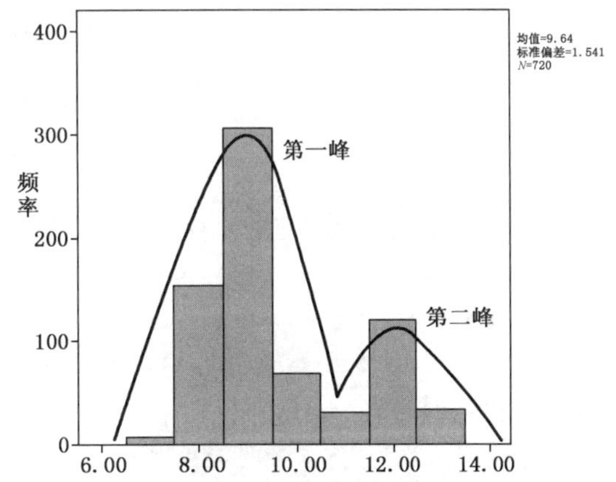

图 5　锅炉某日运行时的烟气含氧量频率次数特征图

启炉门导致出现此峰，因而考察“锅炉运行特征峰”，如果出现第二波动峰，则表明存在锅炉操作不当、负荷调峰、设备运行不稳定等因素。

图 6 所示为锅炉某日不经济运行时的“锅炉运行特征曲线”“锅炉运行特征峰”。图中烟气含氧量均值为 11.82，过量空气系数为 2.3，观察“锅炉运行特征曲线”“锅炉运行特征峰”，发现波动峰值大于特征峰值，说明此时锅炉存在运行隐患或操作不当行为。经核查，发现原因是由于更换司炉工，新司炉工对该锅炉掌握不足，造成锅炉供风量频繁变化，长时间引入过量空气，引起能耗损失。综合上述分析，该方法可以有效的判断出锅炉以往运行过程中操作是否正常，方便企业管理，对司炉工进行考核，进而培养司炉人员良好操作习惯，辅助监测锅炉辅机运行状况，提高锅炉燃烧效率，保证锅炉安全、经济运行，为工业锅炉经济运行及节能减排工作的开展提供帮助。

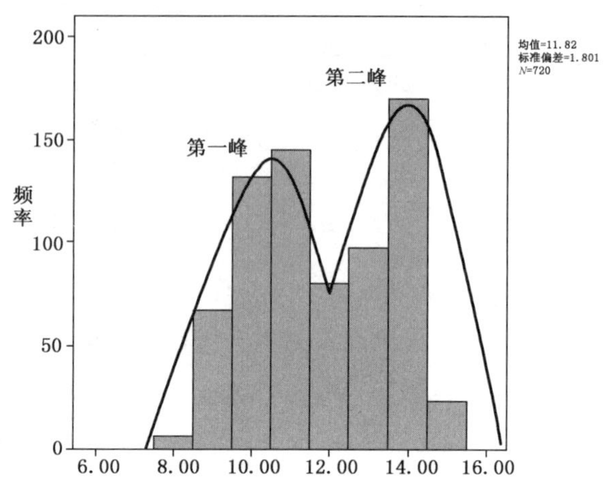

图 6　锅炉某日不经济运行时的烟气含氧量频率次数特征图

4　结束语

互联网、在线监测与大数据技术相结合对于工业锅炉节能是一个新兴的领域，工业锅炉自动化技术也是未来的发展领域，本文通过一台燃煤工业锅炉建设在线监测系统对几个月采集的海量数据分析软件进行频率统计、相关性等研究，通过对监测大数据的分析，得到了监测项目对于锅炉经济性运行的影响，进而首次提出了“锅炉运行特征系数”的概念及计算方法；还首次提出了“锅炉特征运行曲线”“锅炉特征运行峰”几个理念及计算模式，并通过“锅炉特征运行系数”“锅炉运行特征曲线”“锅炉运行特征峰”建立了一个统计方法进而将之运用在线监测与大数据技术及工业锅炉之中，得到了数据化的锅炉日、月运行好坏的评定方法及管理依据，由此推动锅炉的运行管理，进而促进节能减排工作的开展。

参考文献

[1] 程学旗，靳小龙，王元卓，等. 大数据系统综述[J]. 软件学报，2014，25(9)：1889-1908.

[2] 范晗东，彭鑫，吕玉坤. 基于烟气含氧量的电站锅炉经济性优化分析研究[J]. 电力科学与工程. 2009，25(12)：40-44.

[3] 刘福国，郝卫东，杨建柱，等. 电厂锅炉变氧量运行经济性分析及经济氧量的优化确定[J]. 中国电机工程学报，2003，23 (2)：172-176.

[4] 王疆权. 200 MW 锅炉燃烧调整试验[J]. 华东电力，1995，(1)：34-37.

[5] 吴智群，师建斌，武宝会，等. 电站锅炉性能优化分析偏增量法的研究[J]. 热力发电，2003，(5)：19-21.

[6] 王成军. 烟气氧含量对锅炉大气污染物排放浓度的影响[J]. 科技前沿. 64-66.

实施工业锅炉在线监测掌握锅炉安全经济运行

孙彬彬

大连市锅炉压力容器检验研究院，大连 116013

摘　要：大连市是全国范围内率先开展工业锅炉在线监测的城市之一，目前，已有21台工业锅炉纳入了监测范围。工业锅炉在线监测，可以实现政府监管部门、锅炉制造单位、锅炉使用单位和节能服务机构4个层面的动态管理，为大连市的工业锅炉节能减排提供了参考数据和可靠的经验模式。因此，开展工业锅炉在线监测，掌握锅炉安全经济运行状况，可以有效地优化锅炉运行，对建设资源节约型、环境友好型社会具有重要意义。

关键词：工业锅炉；在线监测；安全经济运行

在我国，工业锅炉量大面广、效率低、浪费大已经是一个长期的课题，更是一个亟待解决的问题。开发与应用工业锅炉在线监测系统，建立工业锅炉在线监测平台，通过对锅炉运行状况的实时监测，指导锅炉的安全经济运行，是一个有效解决此问题的新的方法与做法。

1　工业锅炉在线监测系统简介

工业锅炉在线监测系统是通过安装在锅炉上的传感器对锅炉的运行状态参数进行数据收集和存储，并通过网络系统远程传输到监测用计算机上，再利用专用软件对其进行处理。该装置可以实现快速、准确、实时记录并远程监视锅炉的运行情况，对超标的参数可自动报警并记录相关信息等功能。

主要监测的项目有：

（1）关于安全方面的监测数据及报警功能有：蒸汽压力、蒸汽温度、供水温度、回水温度、高低水位、火焰显示、给水硬度、运行信号，实现锅炉的超压报警、超温报警、高低水位报警等；

（2）关于经济运行方面的监测数据有：排烟温度、烟气含氧量、耗电量、电功率、给水温度、给水硬度监视、环境温度、炉体表面温度，实现对锅炉燃料消耗、用水用电等；

（3）关于环保方面的监测数据（预留）有：烟尘含量、烟气中CO浓度、烟气中NO_x浓度、烟气中SO_x浓度、排污水的pH值等，实现对锅炉尾部烟气排放方面的环保监测。

大连市是在全国范围内率先开展工业锅炉在线监测的城市之一，目前，已有21台工业

基金项目：国家质量监督检验检疫总局科技计划项目（No. 2013QK114）

作者简介：孙彬彬，1979年出生，女，研究生，工程师，主要从事工业锅炉节能减排及能效测试方面相关工作。

锅炉纳入了监测范围,其中燃油燃气锅炉 17 台,燃煤锅炉 4 台。迄今累计运行时间已超过 48 个月,累积记录数据约为 160G。工业锅炉在线监测实时运行画面如图 1 所示。

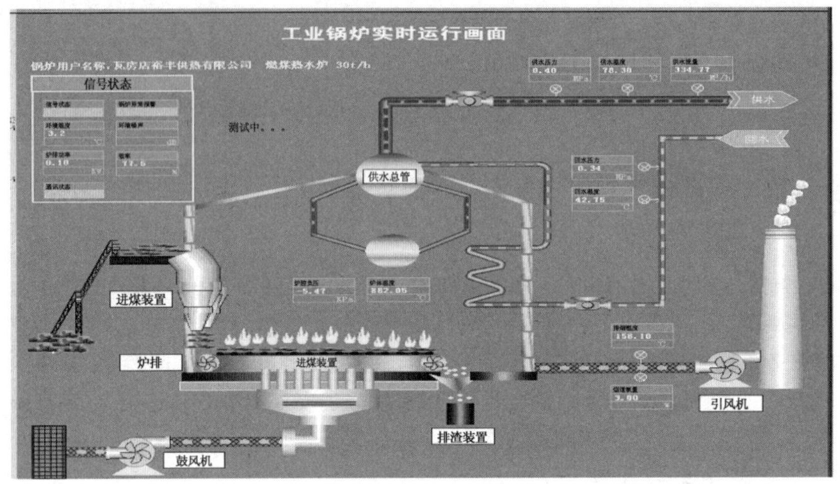

图 1　工业锅炉在线监测画面

2　大连市工业锅炉现状及存在的问题

2.1　大连市工业锅炉现状

大连市共有在用工业锅炉 5 000 台,其中燃煤工业锅炉占 95%,年耗标准煤 500 万 t(大连市统计局数据),年排放 SO_2 4.25 万 t、NO_x 3.7 万 t、CO_2 1 310 万 t,其中 SO_2 的排放量占全市污染排放的 36%。根据我们对 200 台工业锅炉节能减排的专项检验,发现我市燃煤工业锅炉平均热效率仅为 65%,既严重浪费能源,又加大了污染物排放。

2.2　存在的问题

根据我们的调研分析,导致我市工业锅炉耗能高、排放大的主要问题有:设备配套不合理,节能监测仪表不全;设计、制造和安装质量不高;锅炉运行负荷偏低,存在“大马拉小车”现象;锅炉水质不达标;司炉人员缺乏节能减排的相关知识;日常维护保养不及时,锅炉系统存在跑、冒、滴、漏,传热部件表面和烟气通道积灰、锅炉本体及管道、阀门保温、隔热层损坏等,上述现象及问题的发生直接导致我市工业锅炉平均运行效率远低于有关法规与标准规定,浪费能源,也增加了污染排放。大连市工业锅炉运行效率低的主要原因如图 2 所示。

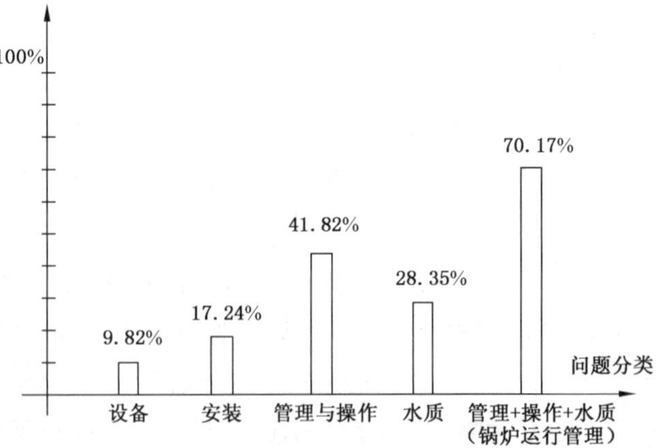

图 2　大连市工业锅炉运行效率低的主要原因

3 建立在线监测平台，解决存在的问题

3.1 在线监测的作用

建立扎实、可靠的在线监测平台，可以实现为政府、使用单位和检验机构提供安全、节能和环保等数据的功能。为政府监管部门的决策和监管提供基础数据，为企业的工业锅炉安全节能减排运行提供技术支撑和服务，更加全面和权威的了解、掌握、分析全市工业锅炉的现状和存在的问题，起到以下几个方面的作用：

(1) 实现对监管锅炉运行情况的动态管理，提高工业锅炉的运行管理水平。

实时了解锅炉的运行情况，锅炉和水质异常发生异常时的预警、报警、记录、通知。锅炉运行的安全、能效数据的查询、获取。现场监测装置能够直接给出非正常状态的显示，现场操作人员及管理人员能及时掌握锅炉非正常运行状态，并做出应对。

(2) 更好、更直接地对监管锅炉基本信息的管理。

包括对锅炉的型号、制造编号、制造厂家、制造日期、投用日期、锅炉的年检日期和合格情况等基本信息的管理。

(3) 进一步推进大连市工业锅炉节能减排工作，保持工业锅炉节能减排工作的延续性。积累监察在用锅炉的实际安全、能效运行、环保数据，为监管和政策制定提供可靠依据。

(4) 实现政府监管部门(锅炉、环保)、使用单位、制造单位、和节能服务机构 4 个层面的信息共享和动态管理。

3.2 利用在线监测，及时掌握锅炉安全经济运行状况

在线监测可以作为锅炉外部检验的辅助手段，通过监测的参数，判断锅炉的运行状况，及时采取相应的措施，对锅炉的运行进行优化指导，提高锅炉运行水平，实现锅炉安全、经济运行。

案例一，2013 年 5 月大连锅检院在日常监测中发现大连某酒店的一台锅炉突然出现了热效率大幅度降低的现象，从 4 月的平均值 91.17%降低到 82.06%，热效率降低了 9.11%。通过去现场进行实地检查及检测核实，发现由于企业锅炉管理人员更换，节能器未投入使用，使得锅炉排烟温度超过 300 ℃，不仅浪费能源，更带来节能器空烧等一系列危害，因此检验人员及时在现场把问题通报给使用单位，使用单位及时采取了相应措施。

案例二，2011 年大连某医院，通过在线监测发现一台蒸发量为 1 t 的燃油锅炉排烟温度高达 400 ℃。该锅炉是一台贯流式燃油锅炉，锅炉炉体示意如图 3 所示。炉体中布置在内圈的水管紧密排列，布置在外圈的水管以膜式水冷壁的形式排列，锅炉炉体横截面示意如图 4 所示。内圈水管包围的是炉膛的燃烧区域，燃料燃烧放出大量的热主要经辐射传热到内圈管。炉膛烟气出口设置在侧面，烟气从炉膛出来之后，分成两股，在环型的通道中流动并冲刷水管壁，最后经烟囱排出。烟气从炉膛中流出，分股流经环形烟气通道，再汇成一股流出锅炉，形成了一个“ω”型流动。

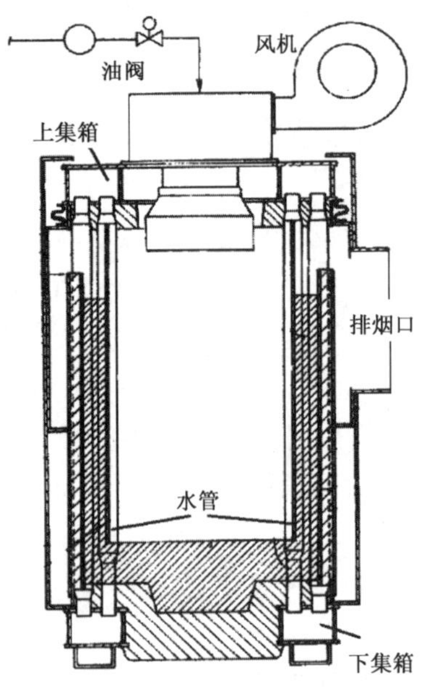

图 3　锅炉炉体示意图

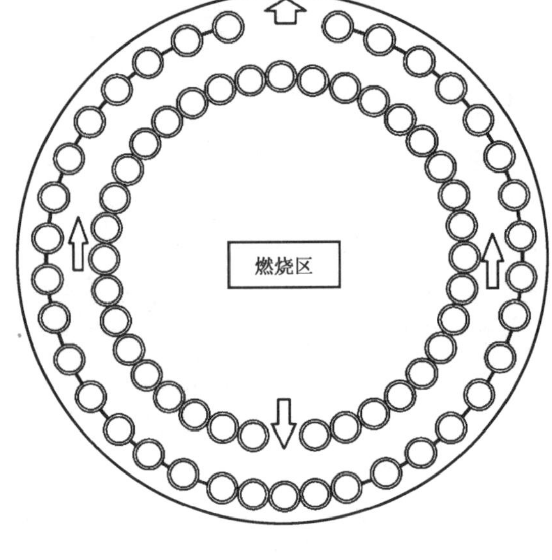

图 4　锅炉炉体横截面示意图

烟气从入口流入烟道后，与膜式水冷壁进行对流传热，烟气温度迅速降低，但随着烟气温度降低，烟气对水冷壁的传热量逐渐减小，烟气温度降低的速度也逐渐减小，在烟道的后半段，烟气温度降低的速度极小，烟气温度几乎保持恒定，烟气的热量没有充分被吸收和进行合理的回收。另外，该锅炉的维护保养工作一直未得到重视，长期未进行清灰除垢，因此，排烟温度会高达 400 ℃。经分析研究，最后制定了相应的解决方案。先对锅炉清灰除垢处理，再在尾部烟道上加装为该台锅炉设计制作的节能器，用于回收烟气余热，成功地将排烟温度降低到现在的 158.4 ℃，全年预计节约燃油 66.6 t，燃料费用约 52.6 万元人民币(按当时燃油单价计算)。图 5 为锅炉尾部烟道加装的节能器。

图 5　尾部烟道加装的节能器

大连市的工业锅炉在线监测系统经过近 4 年的连续运行，通过网络远程实时监控平台上的锅炉使用状况，对锅炉的运行参数进行实时监控和故障诊断，自动接收锅炉的运行报警信号,并及时发送给相关责任人,对报警信号能作出及时的处理;记录运行历史数据,积累并建设运行参数库,通过专业的大数据分析改进锅炉的运行调节,提高锅炉运行效率,促进安全生产和节能减排。

对燃煤锅炉烟气温度、O_2、CO、NO_x 进行在线监测,自动提示指导燃煤锅炉调整空燃比,合理调整负荷水平及环保排放水平,使燃煤锅炉的运行与管理有的放矢。表 1 和表 2 为空气过量系数和排烟温度参数超标的报警提示。

表 1　空气过量系数超标报警提示

日期	时间	位号	说明	数值	限值	类型	级别	确认
2012/06/15	12:05:04.620	tem000023	空气过量系数	2.306	1.150	高报	低级	恢复
2012/06/15	12:00:20.190	tem000023	空气过量系数	3.632	1.150	高报	低级	恢复
2012/06/15	11:58:57.020	tem000023	空气过量系数	1.366	1.150	高报	低级	恢复
2012/06/15	11:55:11.720	tem000023	空气过量系数	2.635	1.150	高报	低级	恢复
2012/06/15	11:53:22.330	tem000023	空气过量系数	1.174	1.150	高报	低级	恢复
2012/06/15	11:47:46.550	tem000023	空气过量系数	2.275	1.150	高报	低级	恢复

表 2　排烟温度超标报警提示

日期	时间	位号	说明	数值	限值	类型	级别	确认
2012/06/15	10:59:38.310	tem002023	空气过量系数	2.462	1.150	高报	低级	没确认
2012/06/15	10:58:02.500	tag002041	大连医科　排烟温度	170.80	170.000	高报	低级	恢复
2012/06/15	10:56:47.280	tem002023	空气过量系数	2.738	1.150	高报	低级	没确认
2012/06/15	10:55:15.060	tag02041	大连医科　排烟温度	171.19	170.000	高报	低级	恢复
2012/06/15	10:53.48.730	tem002023	空气过量系数	2.802	1.150	高报	低级	没确认
2012/06/15	10:51:24.440	tem002023	空气过量系数	2.555	1.150	高报	低级	没确认
2012/06/15	10:49:38.280	tag002041	大连医科　排烟温度	171.10	170.000	高报	低级	恢复
2012/06/15	10:47:57.940	tem002023	空气过量系数	3.176	1.150	高报	低级	没确认
2012/06/15	10:45:57.910	tag002041	大连医科　排烟温度	171.19	170.000	高报	低级	恢复

表 3 是我们对选取的 7 家使用单位在 2015 年 1 月至 8 月的监测数据的分析,可以得出,锅炉的运行效率都有不同程度的提高,起到了预计的作用,达到了一定的效果。

表 3　2015 年 1 月与 8 月部分锅炉运行效率比对结果见表

序号	使用单位	锅炉型号	锅炉热效率/%		
			1 月平均值	8 月平均值	比较结果
1	使用单位 1	WNS6-1.6-Y	93.26	93.79	0.53↑
2	使用单位 2	WNS10-1.25-Y	86.53	87.68	1.15↑
3	使用单位 3	WNS2-1.25-Y	89.31	89.79	0.48↑
4	使用单位 4	EH500	84.35	86.03	1.68↑
5	使用单位 5	CZI-4000	93.51	95.02	1.51↑
6	使用单位 6	LSS2.0-1.0-Y-EI	90.87	91.09	0.22↑
7	使用单位 7	DZL10-1.25-AⅡ	67.94	70.42	2.48↑

该在线监测系统锅炉效率采用反平衡计算，计算公式见式(1)。

$$\eta_{反}=100-(q_2+q_3+q_4+q_5+q_6)\times 100\% \quad \cdots\cdots(1)$$

式中：

q_2——排烟热损失百分数；

q_3——气体未完全燃烧热损失百分数；

q_4——固体未完全燃烧热损失百分数；

q_5——锅炉的散热损失百分数；

q_6——灰渣的物理热损失百分数。

4 结论

监管部门通过在线监测对工业锅炉连续运行数据的实时监测与收集，对实时监测并记录锅炉的能效数据参数的采集，随时掌握锅炉的运行状况，累积记录了锅炉的运行状况数据，指导锅炉的安全、经济运行。使用单位可以通过在线监测系统及时发现自身的问题，合理使用在线监测系统，积累锅炉安全经济运行的经验，也间接达到工业锅炉节能减排的效果。

参考文献

[1] 于惠君. 实施工业锅炉经济性检验促进节能减排[J]. 节能，2010 年第 12 期.

[2] 张杰. 基于物联网的燃煤锅炉运行安全与节能的监管平台[C]. 理化检验-物理分册，2013 年第 49 期.

WGZ65/39-12 型煤粉炉检验案例分析

梁亚飞，王启钧
沈阳特种设备检测研究院，沈阳　110035

摘　要：由于联络阀关闭不严，使一小部分蒸汽从母管漏入主汽阀后的主蒸汽管中，导致主蒸汽管壁温超过100 ℃，因此硬度和金相都无法正常进行。而且锅炉漏烟较严重，给金相工作带来困难。经过现场勘察，在联络阀锅炉侧加装盲板，可保证不泄漏蒸汽进入主汽管道内，使温度降低至 35 ℃，保证作业的基本要求。而空气中弥漫的粉尘，只能在金相检验过程中，将仪器蒙在布下操作，尽量减少粉尘的侵入。同时增加金相检验点，换来比较理想的检验效果。

关键词：主蒸汽管；壁温；硬度；金相；粉尘

1　WGZ65/39-12 基本情况

在电站锅炉的定期检验中会遇到很多困难，现以沈阳某自备电厂检验中遇到的问题为例，分析工作过程中所遇难点与对应解决方案。

该厂于 1982 年初安装 3 台型号为 WGZ65/39-12 的煤粉炉(锅炉主要参数见表 1)，当时用于提供煤气。之后停炉改造，安装了汽轮机，按照三炉两机交替运行，采用母管制(见图 1)，至今每台炉运行约14.86万 h。

表 1　锅炉实际使用参数

蒸发量	过热蒸汽压力	过热蒸汽温度	给水温度	热风温度	排烟温度	锅炉效率
65 t/h	3.82 MPa	450 ℃	102 ℃	375 ℃	151 ℃	90.81%

注：原设计给水温度为 150 ℃，考虑该厂热力系统的经济性，取消了加热器，降为 104 ℃。

对于长期服役的锅炉，由于各个使用单位的管理水平和维护情况不同，锅炉各个部件会出现不同程度的老化现象，尤其是在蒸汽参数较高的主蒸汽管部位。在检验过程中必须运用多种检验设备与检验方法，相互印证检验结果的准确性。所以，本文以最具代表性的主蒸汽管作为典型研究对象，提出相应检验方法。

2　金相检验方案及发现的问题

按照 TSG G7002—2015《锅炉定期检验规则》第 35 条规定：对于运行时间已达 10 万 h 的主蒸汽管和再热蒸汽管，还应对弯曲部位等进行硬度、蠕变裂纹和金相检查。所以对主蒸汽管又增加了硬度和金相检查。

2.1 金相检验方案

2.1.1 试样制备

试样选取的方向应垂直于径向，长度不超过 8 mm。

2.1.2 试样的研磨

(1) 准备好的试样，先在粗砂轮上磨平，磨痕均匀一致后，再用细砂轮续磨，磨时须用水冷却试样，使金属的组织不因受热而发生变化。

(2) 经砂轮磨好、洗净、吹干后的试样，从粗砂纸到细砂纸，再换一次砂纸，须转 90°角与旧磨痕成垂直方向。

(3) 磨完后的试样，先进行粗抛光(抛光织物为细绒布，抛光液为 W2.5 金刚石抛光膏)，然后进行精抛光(抛光织物为锦丝绒，抛光液为 W1.5 金刚石抛光膏)，抛光到试样上的磨痕完全除去而表面像镜面时为止，即粗糙度为 *Ra*0.04 以下。

2.1.3 试样的侵蚀

(1) 精抛后的试样，便可使用侵蚀剂进行侵蚀，侵蚀剂一般采用 4%硝酸酒精溶液。

(2) 侵蚀时间视金属的性质、检验目的及显微检验的放大倍数而定，以能在显微镜下清晰显出金属组织为宜。

(3) 试样侵蚀完毕后，须迅速用水洗净，表面再用酒精洗净，然后用吹风机吹干。

2.1.4 金相显微组织检验

(1) 金相显微镜操作按仪器说明书规定进行。

(2) 金相检验包括侵蚀前的检验和侵蚀后的检验，侵蚀前主要检验钢件的夹杂物和铸件的石墨形态、侵蚀后的检验为试样的显微组织。按有关金相标准进行检验。

2.1.5 使用金相显微镜注意事项

(1) 取用镜头时，应避免手指接触透镜的表面，镜头平时应放在干燥器中妥善有效。

(2) 物镜与试样表面接近时，调节时勿使物镜头与试样接触。

(3) 显微镜不使用时需用防尘罩盖起。

2.2 检验发现的问题

经现场勘查，遇到两个问题：一是主蒸汽管道壁温过高；二是现场作业环境粉尘较严重。

3 检验发现问题的成因分析

3.1 温度过高

检验过程中发现，由于联络阀关闭不严，一小部分蒸汽从母管漏入主汽阀后的主蒸汽管中(见图1),致使主蒸汽管壁温超过100 ℃,这种状况使得硬度和金相都无法正常进行。按照硬度检验要求条件,工作温度一般在10 ℃～35 ℃室温下进行。而金相检验也不宜在过高温度下进行,因为腐蚀剂为4%硝酸酒精,酒精在80 ℃即可达到沸点,在当时温度下腐蚀剂根本发挥不了作用。所以现场的管壁温度成为亟需解决的问题。

3.2 现场空气中粉尘过多

锅炉车间内有3台锅炉设备,至少保证运行1台。且服役时间长,漏风漏烟现象较其他锅炉严重,主要是在制粉系统和尾部烟道处有漏烟现象。车间内弥漫的粉尘,也给金相工作进行带来不小的困难。现场人员可以配备防尘口罩和护目镜,但在金相工作进行中,刚刚处理好的抛光面很快就会附着上粉尘。同时显微镜在使用过程中,镜头也会附着上粉尘颗粒,影响观察判断,图2、图4、图6中圆圈内即为粉尘颗粒。

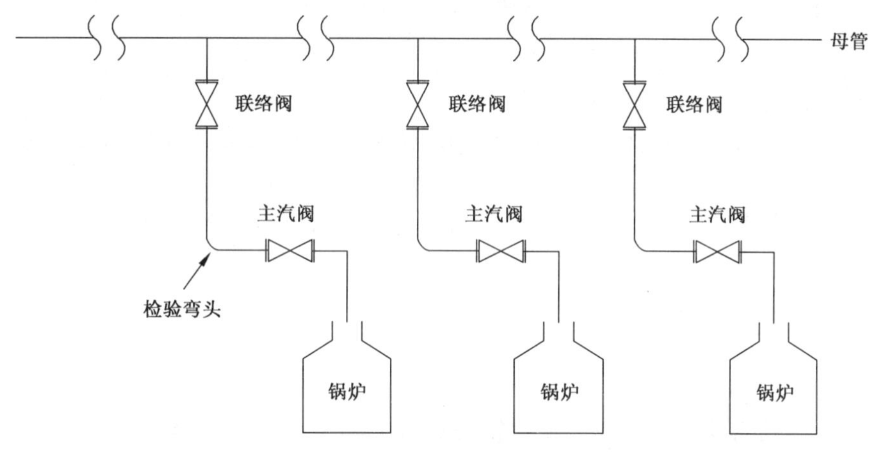

图1 检验部位简图

4 检验发现问题的处理

面临以上两个问题,必须保证在机组正常运行条件下顺利解决。经过现场勘察,将检验点选在主汽阀后的第一个弯头处。同时在联络阀锅炉侧加装盲板,可保证不泄漏蒸汽进入主汽管道内,使温度降低至35 ℃,保证作业的基本要求。而空气中的粉尘只能在金相检验过程中,将仪器蒙在布下操作,尽量减少粉尘的侵入。同时增加金相检验点,换来比较理想的检验效果。

4.1 硬度检验

该锅炉主蒸汽管材质为20钢。20钢是优质碳素结构钢,它的强度、韧性、延展性、可焊性、温度影响、疲劳断裂、价格成本等综合因素相比较最适合用在中低压锅炉。

检测所用的硬度计为HL-80里氏硬度计,D型冲击装置。可精确检测及换算HL,HB,HRB,HRC,HV,HSD和抗拉强度。硬度检测部位如图1所示的弯头,硬度数据见表2。

表 2 弯头处布氏硬度值 HB

组别	1 次	2 次	3 次	4 次	5 次	平均值
1 组	96	113	123	107	119	111.6
2 组	115	117	104	120	111	113.4
3 组	105	96	121	109	115	109.2

根据 DL/T 438—2009 规定:20 钢硬度控制范围为 106 HB～159 HB。从上表可看出,弯头处硬度值已接近控制范围的下限,表明经过长期使用硬度已出现降低[3]。

4.2 金相检验

20 钢在高温环境长期使用过程中,其组织中的珠光体会发生球化现象,就是珠光体的渗碳体(碳化物)形态由最初的层片状逐渐转变成球状,材料的力学性能也随之下降。球化现象实质是一个扩散过程,同时也是材质老化过程。常温下,由于原子的扩散速度非常缓慢,即使钢材使用很长时间,也不易观察到这种转变过程。随着温度的升高,原子扩散速度加快,球化过程就变得明显。珠光体球化后强度降低的原因就是球状碳化物对位错运动的阻力小于片状碳化物。

20 钢的珠光体球化特征分为 5 级,分别对应未球化、倾向性球化、轻度球化、中度球化和完全球化。伴随着不同球化等级,20 钢无论在微观组织还是在宏观力学性能都存在明显的变化。因此,长期以来 20 钢钢组织中珠光体球化程度常被广泛用作判定该类钢使用可靠性的重要判据之一[1]。

检验弯头材质为 20 钢,管材经正火处理,通过打磨、粗抛光和细抛光,再使用 4%硝酸酒精溶液腐蚀,然后用 XH-500 现场金相显微镜进行金相组织观察并拍照,结果见图 2～图 7。它们分别为不同放大倍率下的不同视场组织照片,由于目镜物镜倍数所限,只能拍摄到 400×、125×、100×组织照片。

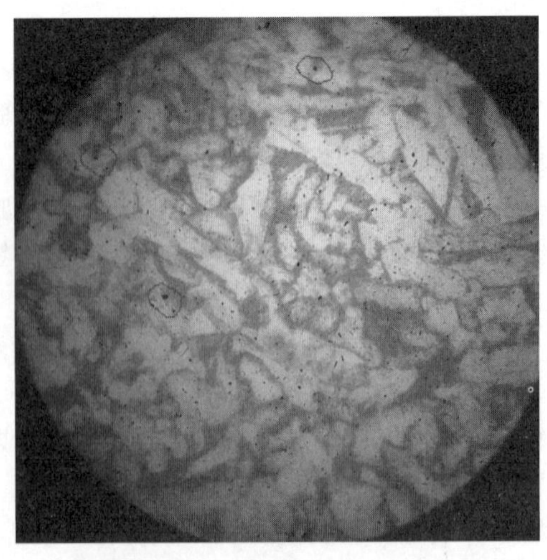

图 2 弯头部位 400×视场 1

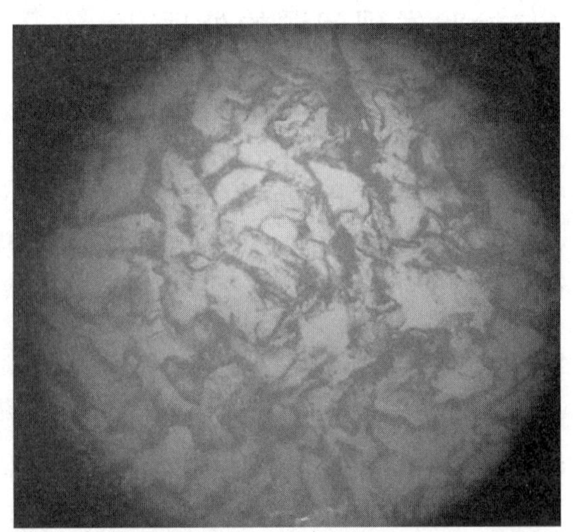

图 3 弯头部位 400×视场 2

不同倍率下均发现了粉尘颗粒附着在镜头和管壁上，组织照片中圆圈内即为粉尘，评级中排除这些因素的干扰。珠光体球化程度评级按照 DL/T 674—1999 执行。通过观察发现：照片中珠光体区域完整，层片状碳化物开始分散，趋于球状化，晶界有少量碳化物，珠光体形态尚明显，属倾向性球化，评为 2 级[2]。

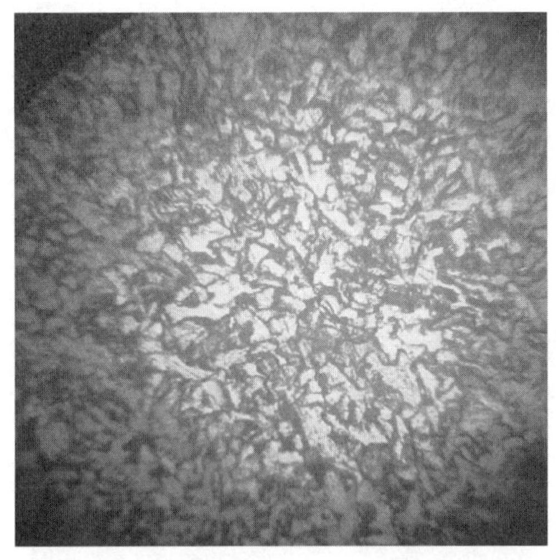

图 4　弯头部位 125×视场 5

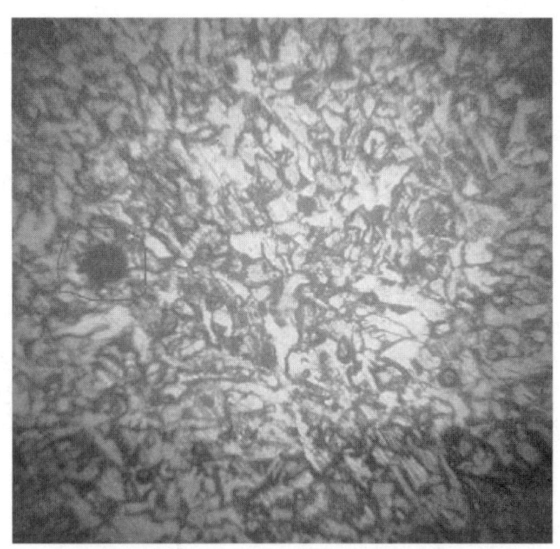

图 5　弯头部位 125×视场 6

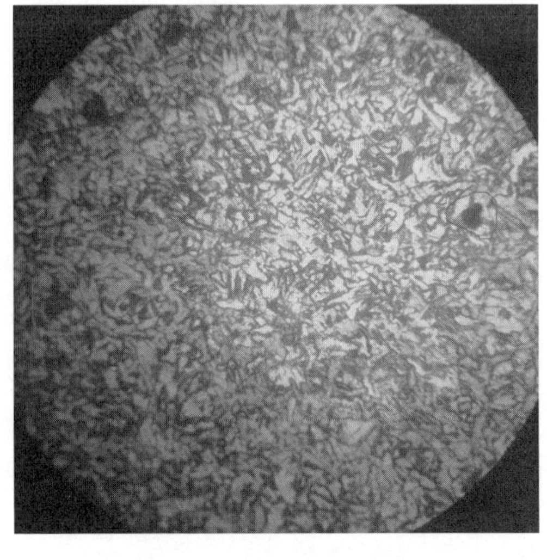

图 6　弯头部位 100×视场 3

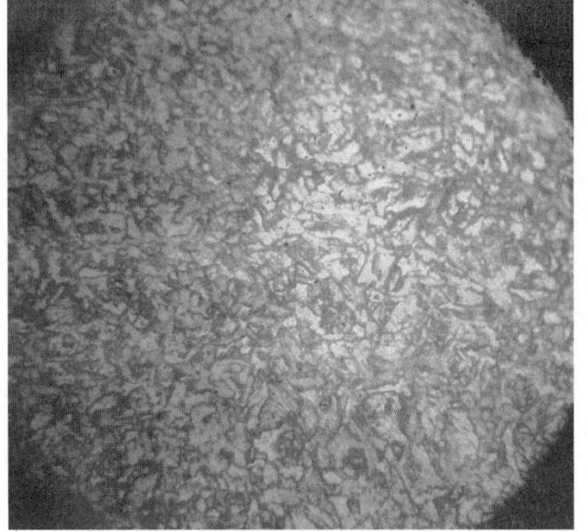

图 7　弯头部位 100×视场 4

5　结论

(1) 经过长期的周期性运行，主蒸汽管硬度开始接近限定范围下限，球化现象已经显现，威胁到了锅炉的安全稳定运行，所以加强对 10 万小时以上锅炉的金相检验与硬度检验非常必要。而且对于这种长期服役锅炉，应当缩短检验周期，最好做到每年进行 1 次金相与硬度的定点检验。

(2) 除对设备本身加强检验之外，还应对各项安全管理制度和运行故障记录等加强监

督。只有使用单位有可靠的各项制度做保障，才能保证锅炉设备的安全有效运行。

(3) 通过检验也对我们自身提出比较高的要求，需将现有人员培养为掌握金相专业技术的人才，并将金相结果作为重要检验数据。为检验检测人员提供可靠科学的依据，并提出正确的处理意见。使检验技术水平达到新高度。

参考文献

[1] 潘金平，潘柏定，程宏辉，等.20G硬度与球化关系研究及寿命评估新方法[J].材料热处理技术，2012，41(12)：144-148.

[2] DL/T 674—1999 火电厂用20号钢珠光体球化评级标准.

[3] GB/T 17394—1998 金属里氏硬度试验方法.

容 器

烷基化装置烷油冷却器筒体氢鼓包原因分析

郑连学

武汉市锅炉压力容器检验研究所，武汉　430024

摘　要：在某石化炼油厂烷基化装置压力容器的定期检验中，发现其烷油冷却器筒体内表面产生氢鼓包。为分析缺陷形成的原因，从烷基化装置的工艺原理、烷油冷却器的作用和工作特点，以及氢鼓包形成机理3个方面进行剖析，归纳总结氢鼓包形成特点。为今后炼油厂烷基化装置换热器等压力容器的定期检验提供一些有益的帮助。

关键词：氢鼓包；工艺原理；形成机理

1　案例概述

在某石化炼油厂烷基化装置压力容器的定期检验中，对含氟介质换热器烷油冷却器进行抽芯检验，发现其筒体内表面氢鼓包，见图1。对发现的鼓包缺陷表面进行打磨处理，打磨后的表面情况见图2。从打磨后的表面可看到，鼓包下面的金属产生裂纹。裂纹呈放射状。

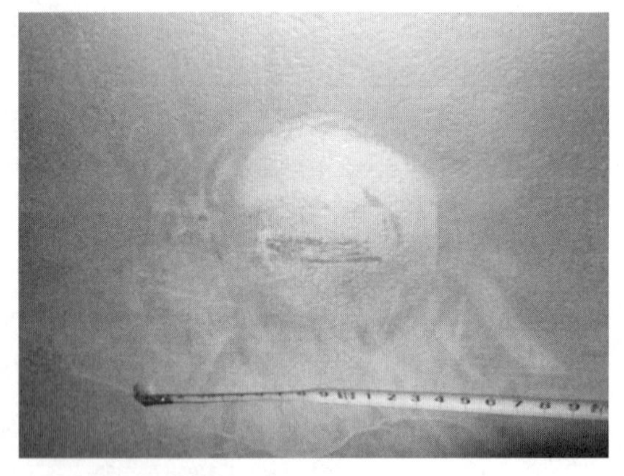

图1　烷油冷却器筒体内表面氢鼓包

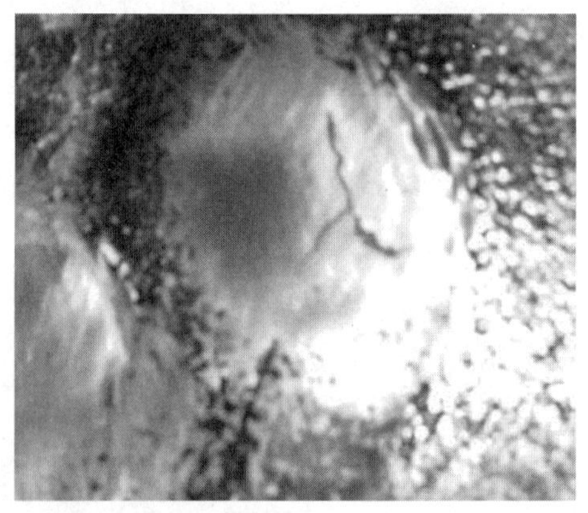

图2　鼓包打磨后的表面

2　案例分析

2.1　烷油冷却器技术特性

工作压力：壳程0.6 MPa，管程1.0 MPa；工作温度：壳程80 ℃，管程40 ℃；工作介质：壳程：烷基化汽油，管程：水。壳程材质为20R。该设备使用8年，在第一个检修期检验未进行换热器抽芯检验内壳体。

2.2 烷基化工艺

本案例氢鼓包发生在烷基化装置的烷油冷却器筒体内表面，需了解它是如何形成酸性水溶液环境的，就要首先了解烷基化的工艺。

为提高汽油的抗爆性，就需要提高汽油的辛烷值。炼油厂烷基化装置的任务，是生产异辛烷。在催化剂的作用下，异丁烷和烯烃的化学加成反应叫做烷基化。在一定的温度和压力下，用氢氟酸作催化剂，异丁烷和丁烯发生加成反应生成异辛烷。生成物经过分离出氢氟酸和杂质，就是烷基化汽油。其加成反应的催化剂较特殊，需要采用氢氟酸作催化剂。因此，经过分离的烷基化汽油中，还是会残存微量的氢氟酸。另外，油品中不可避免的还有微量的硫化氢和水。造成了烷油冷却器壳程的氢氟酸＋硫化氢＋水的腐蚀环境。

2.3 烷油冷却器的作用

分离出氢氟酸后的烷基化汽油，需要降温冷却，采用的设备就是烷油冷却器。烷油冷却器管程通入低温的冷却水来冷却壳程高温的烷基化汽油，这就是烷油冷却器的作用。

2.4 氢鼓包形成原因

烷油冷却器壳程的高温烷基化汽油被冷却，其中的水、H_2S 和 HF，到 80 ℃以下，形成 H_2S、HF 水溶液。这就给碳钢的冷却器产生氢鼓包提供了温床。

HF、H_2S 在水中离解：

第一步：$HF——H^+ + F$，$H_2S——H^+ + HS^-$

第二步：$HS^- ——H^+ + S^{2-}$

钢在 HF、H_2S 水溶液中发生电化学腐蚀：

阳极反应：$Fe——Fe^{2+} + 2e$

S^{2-} 和 Fe^{2+} 发生化学反应：$S^{2-} + Fe^{2+} ——FeS$（吸附钢材表面）

阴极反应：$2H^+ + 2e——2H$（吸附）

由以上过程可知，钢在 HF、H_2S 水溶液环境中，不仅由阳极反应产生腐蚀，而且由于 S^{2-} 在钢表面的吸附，对氢原子复合成氢分子有阻碍作用，从而促进氢原子向钢内部渗透。当氢原子在钢内部遇到裂缝、分层、空隙、夹渣等缺陷，就聚集起来结合成分子造成体积膨胀，在钢内部产生极大的压力，形成鼓包。氢鼓包继续发展形成氢诱发裂纹和氢脆，是危害性非常大的缺陷。

从缺陷外观和烷基化生产工艺以及烷油冷却器的工作环境特点来看，其符合氢鼓包形成原理，是典型的氢鼓包缺陷。

3 结论

碳钢和低合金钢在酸性水溶液中，当无外力或低外力作用下，在金属材料表面形成可看到的氢鼓包。产生氢鼓包的必要条件是，形成酸性水溶液。

炼油厂压力容器的酸性腐蚀环境较多，在定期检验中，要充分了解生产工艺原理及其设备的具体工作环境，预判可能产生的失效模式，有针对性地制定检验方案，提高危害性缺陷的检出率。对烷基化装置的压力容器一定要谨慎对待，介质中不仅存在固有的有害杂质硫化氢，而且还有来自催化剂的氢氟酸，腐蚀作用加强，腐蚀形态增多。对于涉氢氟酸的换热器，定期检验时一定要进行抽芯检查，其检验的重点应放在壳体的内表面和换热管束的外表面，可适当增加检测手段，如，磁粉检测、渗透检测和微观金相检测。对于运行时间长的设备要适当缩短检验周期，并且加强设备的监控。不让危害性缺陷漏检，保障设备安全运行。

参考文献

[1] 王非，林英. 化工设备用钢. 北京：化学工业出版社，2003.12.

[2] 陈明. 压缩富气冷却器氢鼓包缺陷成因分析与处理. 特种设备安全技术，2009，第 4 期.

[3] 张转连. 湿硫化氢环境回流罐封头氢鼓包原因分析. 石油化工设备，2011，第 2 期.

“低温低应力工况”压力容器的有关问题探讨

吴开斌

武汉市锅炉压力容器检验研究所，武汉 430021

摘 要：“低温低应力工况”压力容器在设计、制造、检验等方面与低温容器有较大区别，本文比较了NB/T 47012—2010、GB 150—2011、HG 20585—2011 3 个标准中“低温低应力工况”的不同之处，并结合国外的标准规范要求对国内的标准中有些值得商榷的问题进一步探讨，认为国内标准应更进一步规定细节，提高标准的可操作性。

关键词：低温低应力工况；低温脆断；压力容器；冲击试验

1 背景

某低温蒸发器，设计标准为 NB/T 47012—2010《制冷装置用压力容器》，设计压力 1.46 MPa，介质 R134a，设计温度38 ℃，使用温度－48 ℃，筒体材料为 GB/T 8163—2008《输送流体用无缝钢管》的 20 钢，规格为 ϕ273 mm×8 mm。如果依据该标准 3.5.2 的规定[1]：当使用温度低于 0 ℃，若使用温度下一次总体薄膜应力小于或等于材料常温屈服点的 1/6，且不大于 50 MPa 时，则设计温度取使用温度与 50 ℃的代数和。当按上述办法得到的设计温度不低于 0 ℃时，其设计温度均按不低于 38 ℃选取。根据这个设计温度，筒体选用此规格材料没有异议，但根据GB 150—2011 的规定，20 钢的使用温度下限是 0 ℃摄氏度；即使按“低温低应力工况”条件加上 40 ℃，其温度为－8 ℃，仍低于 0 ℃的标准要求，其选材不符合 GB 150—2011 的规定。在 TSG R0004—2009 的条款中，并没有对材料的选用标准进行细节规定，只是明确列出了材料的力学性能中冲击功和断后伸长率要求，其他要求一般会参考其引用标准 GB 150—2011 的规定。按此规定，该使用温度下材料的冲击功能否满足 TSG R0004—2009 的要求，该工况下能否使用GB/T 8163—2011 的 20 钢管值得探讨。

首先我们分析该容器在使用工况下的主要失效形式。在低温工况下，该容器的主要形式是低应力脆断，低应力脆断需满足 3 个条件：① 温度足够低；② 材料存在微观缺陷；③ 存在应力作用。对于 20 钢而言，前两个条件已经符合，那么在使用温度下介质的饱和蒸汽压力为 0.034 MPa（绝对压力），该容器由于内压产生的应力几乎可以不用考虑，即应力非常小。是否该容器在该工况下就一定不会发生失效？在制冷机组中，冷媒经过蒸发器与压缩机相连，压缩机也往往安装在蒸发器之上，蒸发器的受力除了内压之外，还有压缩机自身的集中载荷以及压缩机运转过程的疲劳载荷。这些外载往往会对蒸发器的安全造成很大威胁。这就要求该设备在使用工况下具有一定的安全系数。本文主要针对该设备的选材在低温工况下的使用性能进行探讨。

作者简介：吴开斌，1981 年出生，男，工程师，主要从事压力容器、压力管道检验检测工作。

2 不同标准对"低温低应力工况"的定义

我国现行的压力容器设计制造标准中涉及"低温低应力工况"容器的还包括HG 20585—2011《钢制低温压力容器技术规定》[3]。不同标准对于"低温低应力工况"定义的差别见表1。

表1 不同标准对于"低温低应力工况"的定义

比较内容	不同标准比较		
	NB/T 47012—2010	GB 150—2011	HG 20585—2011
适用范围	限于当使用温度低于0 ℃情况下，设计温度的取值	指壳体或其受压元件的设计温度低于－20 ℃，设计温度加50 ℃(对于不要求焊后热处理的容器，加40 ℃)后不低于－20 ℃	与GB 150—2011相同，但不适用于最低设计温度低于－100 ℃的压力容器
许用应力	使用温度下一次总体薄膜应力小于或等于材料常温屈服的1/6，且不大于50 MPa	设计应力(在该设计条件下，容器元件实际承受的最大一次总体薄膜和弯曲应力)小于或等于材料标准常温屈服的1/6，且不大于50 MPa	与GB 150—2011相同
设计温度	取使用温度与50 ℃的代数和，当得到温度不低于0 ℃时，其设计温度均按不低于38 ℃	没有改变容器的设计温度，不能把设计温度加50 ℃(对于不要求焊后热处理的容器，加40 ℃)作为调整后容器的设计温度	与GB 150—2011相同
容器选材	除螺栓、螺柱、螺母等紧固件给定了使用温度范围外，其他材料和常温状态下完全一样	不适用于Q235系列钢板、抗拉强度下限大于或等于540 MPa的材料，也不适用于螺栓材料	与GB 150—2011相同，但不适用于抗拉强度下限大于或等于540 MPa的材料

3 标准的中值得商榷的问题

3.1 关于NB/T 47012—2010《制冷装置用压力容器》中低温低应力工况的设计温度

GB 150—2011和NB/T 47012—2010中设计温度的规定相同：容器在正常工作情况下，设定的元件的金属温度(沿元件金属截面的温度平均值)。设计温度和设计压力一起作为设计载荷。对于0 ℃以下的金属温度，设计温度不得高于元件金属可能达到的最低温度。对于"低温低应力工况"设计温度，按NB/T 47012—2010的规定，只要使用温度在－50 ℃以上，一次总体薄膜应力水平则可以满足"低温低应力工况"条件，其设计温度为大于或等于38 ℃，如果材料的使用温度不受限制，只要增加容器壁厚，则应力水平很容易满足条件，那么不仅容易造成材料的浪费，而且造成压力容器安全隐患，不符合《特种设备安全法》和

TSG R0004—2009《固定式压力容器安全技术监察规程》[4]中对压力容器的安全、经济性要求。该标准的编制说明中解释该条款参考了JIS B8240—1986《制冷用压力容器结构》的规定[5]，但JIS B8240—1986的第2(7)条中规定：设计温度不得低于元件壁厚的平均温度(当设计温度不超过0 ℃时，取≤0 ℃)，材料表面温度不得超过材料使用温度限制或者许用应力表中规定的温度；第3.2(3)条补充说明：当处于最低工作温度下时，工作压力小于该温度下设计压力的1/2.5时，材料的最低允许使用温度参照表6的规定，且许用应力取该设计压力对应工作温度的材料许用应力。表6还规定同种材料不同厚度的使用温度下限。个人认为JIS B8240—1986中对设计温度和选材的规定更加合理。

3.2 关于“低温低应力工况”下材料的冲击试验

NB/T 47012—2010中没有提出对材料冲击试验的要求，GB 150—2011中只是提出选材、制造可根据设计温度加50 ℃(无焊后热处理加40 ℃)的调整后温度来对待，但没有明确是否需要冲击试验，冲击温度如何确定，但3.8.1中却对碳素钢和低合金钢材(钢板、钢管、钢锻件及其焊接接头)的冲击功最低值进行规定。此处钢材的冲击温度是按设计温度、调整后的温度或者按材料的使用温度下限来确定，直接影响到其冲击值大小；若焊接接头更加复杂，且涉及异种钢对接，则冲击试验应明确接头的材料及温度。在JIS B8240—1986中规定：日制冷量20 t以上或使用温度0 ℃以下对接焊缝需按JIS Z2242的规定进行冲击试验，试验温度依据相关双方的协议。ASME Ⅷ-1-2010[6]中的图USC-66规定了不同类别材料在不同厚度下的免除冲击值的最低金属设计温度，图USC-66.1中提出元件中的应力降低值与最低设计金属温度免做冲击允许降低值的关系。

3.3 材料的冲击温度与冲击值的要求

对于金属材料而言，低温的划分不应是绝对的，根据材料厚度及其热状态的不同而不同，一般应以金属材料本身是否处于冷脆状态来判别是否属于低温，称之为韧—脆转变温度。常用的3种测量方法[7]：①以冲击值为上、下平台平均值时所对应的温度称为韧—脆转变温度(CVN法)；②以试样宏观断口上纤维状组分和结晶状组分的百分比各50%时的形貌转变温度作为韧—脆转变温度(FATT法)；③以落锤试验测定的无延性转变温度作为韧-脆转变温度(NDT法)。

TSG R0004—2009中明确提出了不同强度级别钢材的冲击功要求，而对于冲击温度却没有详细规定。GB 150—2011中仅根据材料抗拉强度级别提出了冲击功值的要求，而冲击试验温度则完全由设计者来确定，但设计者也没有参考依据，所以其风险则非常大。对于厚度大于100 mm的材料，仅提出应规定较严格的冲击试验要求，设计单位可选择：①冲击温度按最低设计温度，冲击功指标高于标准要求；②冲击温度低于最低设计温度，冲击功指标按标准要求。这一规定既没有给定冲击功到底应该高多少算是合格，也没有给出冲击温度低多少度，冲击功参照标准规定值，设计单位更是无法判断合格标准。JIS B8240—1986中给出了按材料不同抗拉强度等级的最小冲击功和对应的小尺寸试样的冲击功值。ASME Ⅷ-1-2010中借鉴的断裂力学原理，以材料最小拉伸强度为655 MPa为界，大于或等于该值时采用侧向膨胀量作为判断依据；小于该值时采用夏比冲击功进行判断。当采用小尺寸试样时，提出采用降低冲击试验温度值补偿厚度对冲击值的影响，也给出了冲击加载速

度对不同屈服强度钢材冲击值影响的补偿温度值。EN 13445—2009[8] 提出 3 种方法：①操作温度下冲击功的值大于或等于 27 J；②将容器按材料类别、元件厚度、元件状态[分焊接件无热处理和非焊接件(含热处理焊件)]，给定不同设计参考温度下的冲击温度值，同时也给出了不同低应力水平下温度的补偿值，也给出小尺寸试样时冲击温度补偿值和冲击功的规定值，与 ASME Ⅷ-1-2010 类似；③直接应用断裂力学方法进行分析计算，但需要得到双方认可。个人认为，ASME Ⅷ-1 和 EN 13445 中对冲击功值和冲击温度的要求比我国现行标准更加科学、规范。

3.4 试验验证

为了验证本案例中使用的 20 钢管材的低温冲击功，对原材料取样进行化学成分分析和冲击功测试。其化学成分见表 2。

表 2 20 钢管化学成分和力学性能(GB/T 8163—2008)

C %	Si %	Mn %	P %	S %	屈服强度 MPa	抗拉强度 MPa	热处理 状态
0.20	0.26	0.48	0.012	0.012	365	510	热轧

冲击试验取样、试样加工、试验过程按 GB/T 229—2007《金属材料　夏比摆锤冲击试验方法》[5]，冲击试验温度取－50 ℃、－40 ℃、－30 ℃、－20 ℃、－10 ℃、0 ℃、25 ℃，试样规格为 55 mm×10 mm×5 mm，过冷度补偿值为 1 ℃。根据试样冲击功平均值得到不同冲击温度下的冲击功温度曲线见图 1。

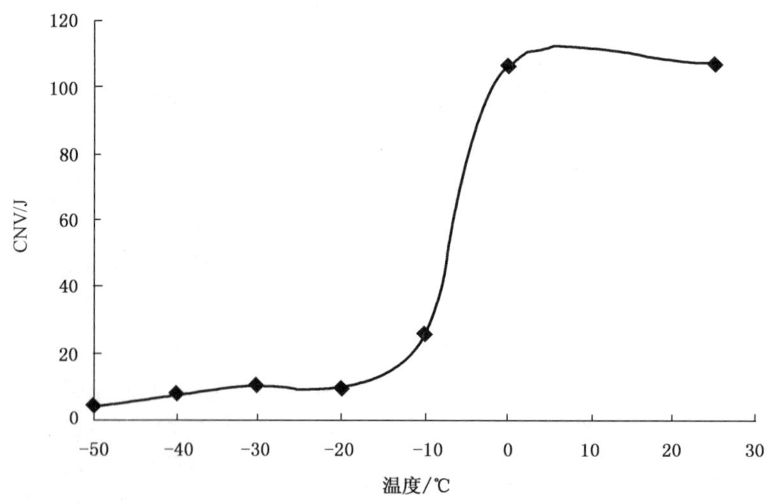

图 1 20 钢管材的冲击功温度曲线(GB/T 8163—2008)

4 结论

(1) NB/T 47012—2010 中对“低温低应力工况”的定义与 GB 150—2011 存在一定程度的区别，不能因此混淆概念，应从本质上区分开来。

(2)不同“低温低应力工况”下容器的选材要求不同,个人认为NB/T 47012—2010的设计温度确定和选材不是太合理,GB 150—2011的规定更加明确;对于“低温低应力工况”下的冲击试验要求,发达国家的压力容器标准比GB 150—2011更加科学、严谨,可操作性更强,国内标准应增加细节规定,提高可操作性。

(3)根据冲击试验结果,该管材在−48 ℃下的冲击功为5 J左右,远低于TSG R0004—2009的20 J的要求,个人不推荐使用GB/T 8163—2008的20钢管材作为该使用工况下其主要受压元件材料。

参考文献

[1] NB/T 47012—2010 制冷装置用压力容器.

[2] GB 150—2011 压力容器.

[3] HG 20585—2011 钢制低温压力容器技术规定.

[4] TSG R0004—2009 固定式压力容器安全技术监察规程.

[5] JIS B8240—1986 制冷用压力容器结构.

[6] ASME Ⅷ-1—2010 ASME Boiler and Pressure Vessel Code.

[7] 李庆芬,胡胜海,朱世范. 断裂力学及其工程应用[M]. 黑龙江:哈尔滨工程大学出版社. 1997.

[8] EN 13445—2009 Unfired Pressure Vessels.

07MnNiCrMoVDR 球罐定期检验硬度异常偏低检验案例分析

贺小刚
北京市特种设备检测中心，北京　100029

摘　要：对一台 07MnNiCrMoVDR 球罐进行定期检验时，发现两块球壳板硬度值偏低。对两块球壳板打磨一定深度后，又进行了硬度测定，同时进行了化学成分分析和金相检验。按照 GB/T 1172—1999 进行了硬度强度转换，确定硬度异常偏低局限于球壳板内外表面沿厚度方向的一定区域内。按照剩余壁厚对球罐进行了强度校核，确认该球罐满足强度要求，不影响安全状况等级评定。

关键词：硬度偏低；化学成分分析；强度校核

1　07MnNiCrMoVDR 球罐基本情况

2009 年，笔者对某化工厂一台 07MnNiCrMoVDR 球罐进行了全面检验，该球罐基本信息见表 1。

表 1　球罐基本信息

球罐名称	乙烯球罐	支座型式	柱腿
设计规范	TSG R0004—2009、GB 150—1989、GB 12337—1990	设计日期	1997 年 11 月
制造规范	GB 12337—1990、GBJ 94—1986	制造日期	1998 年 4 月
制造单位	金州重型机械厂	投入运行日期	1998 年 5 月
安装单位	辽宁省工业安装工程公司球罐公司	介质	乙烯
主体材质	07MnNiCrMoVDR	主体壁厚	38 mm
球罐容积	974 m^3	腐蚀裕量	1.5 mm
球罐内径	12 300 mm	球罐高度	16 281.2 mm
设计压力	2.2 MPa	实际操作压力	2.0 MPa
设计温度	−40 ℃	实际操作温度	−27 ℃

本台球罐结构为混合式三带球罐，由 30 块球壳板组成(赤道带 16 块，上、下温带各4 块，上、下极板各 3 块)。

球罐运行 1 年后，1999 年 8 月由某持证检验机构进行了首次开罐(内部)检验，包括内表面对接焊缝 100%荧光磁粉检测、超声波检测，球壳板逐张硬度测定、金相检验，未发现超标缺陷，安全状况等级为 2 级。

2004 年 11 月由北京市特种设备检测中心进行了开罐检验，包括内表面对接焊缝 100%荧光磁粉检测、超声波检测等检验项目，未发现超标缺陷，安全状况等级为 2 级。

本次全面检验前进行了资料审查，重点审查了上次全面检验以来的球罐运行资料，确认球罐运行平稳，无异常情况。

2 07MnNiCrMoVDR 球罐检验方案及发现的问题

检验前，检验人员根据 TSG R7001—2004《压力容器定期检验规则》[1]制定了检验方案，检验项目包括：宏观检查、内表面焊缝 100%荧光磁粉检测、内表面对接焊缝 100%超声检测、壁厚测定、硬度测定、金相分析（必要时）、化学成分分析（必要时）、耐压试验、气密性试验、安全附件检查等。

检验人员按照检验方案进行了宏观检查、内表面焊缝 100%荧光磁粉检测、内表面对接焊缝 100%超声检测、壁厚测定等，均符合要求。硬度测定发现 C1、C9 两块球壳板硬度异常偏低，其余球壳板硬度符合要求[2]。其中在 C1 球壳板内表面随机选取 3 点进行了硬度测定，硬度值分别为 HB119、HB125 和 HB122；在 C9 球壳板内表面随机选取 3 点进行了硬度测定，硬度值分别为 HB132、HB137 和 HB140。C1 和 C9 硬度测定位置示意图见图 1 和图 2。

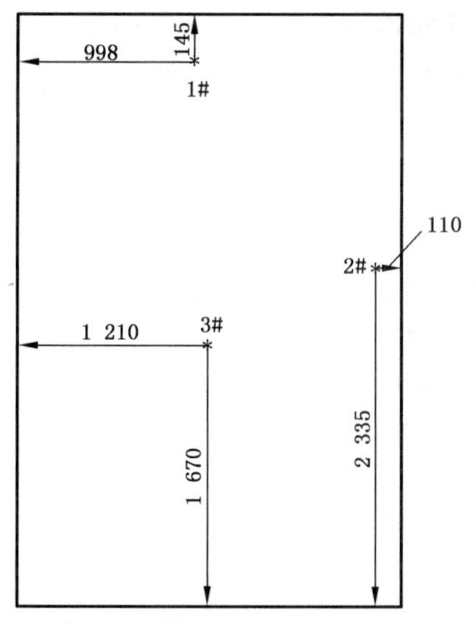

图 1 C1 球壳板硬度测定位置示意图（单位：mm）

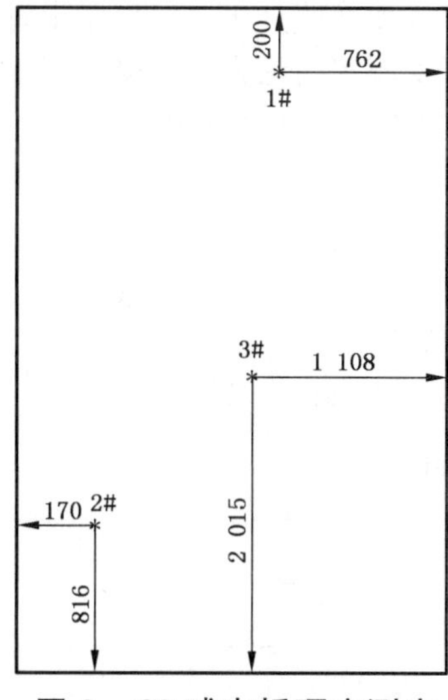

图 2 C9 球壳板硬度测定位置示意图（单位：mm）

基于材料硬度与抗拉强度的相应关系，将测量的材料硬度按照 GB/T 1172—1999《黑色金属硬度及强度换算值》[3]中给定的图表进行转换，转换后的材料抗拉强度分别见表 2 和表 3。

表 2 C1 球壳板内表面抗拉强度值

测点编号	硬度值/HB	按照 GB/T 1172—1999 确定的抗拉强度值/MPa	材料标称抗拉强度/MPa	抗拉强度降低/%
1	119	444	610～740	27.2%
2	125	467		23.4%
3	122	455		25.4%

表 3　C9 球壳板内表面抗拉强度值

测点编号	硬度值/HB	按照 GB/T 1172—1999 确定的抗拉强度值/MPa	材料标称抗拉强度/MPa	抗拉强度降低/%
1	132	493	610～740	19.2%
2	137	513		15.9%
3	140	523		14.2%

由表 2 和表 3 可知，硬度异常偏低的 C1、C9 球壳板的抗拉强度明显低于 GB 150—1998 附录 A 中规定的 07MnNiCrMoVDR 标称抗拉强度下限值，偏低幅度最大为 27.2%。

3　检验发现问题的成因分析

3.1　历次全面检验报告的查阅

查看该球罐的首次全面检验报告，发现该球罐球壳板逐张进行了硬度测定，且报告结论注明了硬度测定结论为可接受。但其中 C1、C9 球壳板的硬度值如下：对 C1 板进行了 5 点硬度测定，硬度值(LD)分别为 444、430、429、429、426，对 C9 板进行了 5 点硬度测定，硬度值(LD)分别为 420、434、438、436、441。按照 GB/T 1172—1999[3]，将硬度值转换为强度值，转换后的材料抗拉强度分别见表 4 和表 5。

表 4　C1 球壳板内表面抗拉强度值

测点编号	LD 均值	转化 HB 值	按照 GB/T 1172—1999 确定的抗拉强度值/MPa	材料标称抗拉强度/MPa	抗拉强度降低/%
1	444	157	548.5	610～740	10.1%
2	430	147	526.5		13.7%
3	429	146	526		13.8%
4	429	146	526		13.8%
5	426	144	525		13.9%

表 5　C9 球壳板内表面抗拉强度值

测点编号	LD 均值	转化 HB 值	按照 GB/T 1172—1999 确定的抗拉强度值/MPa	材料标称抗拉强度/MPa	抗拉强度降低/%
1	420	140	523	610～740	14.2%
2	434	150	528		13.4%
3	438	153	531.5		12.9%
4	436	151	528.5		13.4%
5	441	155	540		11.5%

由表 4 和表 5 可知，C1、C9 球壳板的抗拉强度明显低于 GB 150—1998 附录 A 中规定

的 07MnNiCrMoVDR 标称抗拉强度下限值，偏低幅度最大为 14.2%。该球罐首次全面检验硬度测定结论有不妥之处。

为分析硬度偏低原因，检验人员对 C1、C9 两块球壳板进行了主要合金元素含量的化学成分分析和金相检验。

3.2 光谱分析

C1、C9 两块球壳板的光谱分析结果见表 6。由分析结果可知，材料主要合金元素含量满足 GB 150—1998[4]附录 A 对 07MnNiCrMoVDR 合金元素含量的要求。

表 6 C1、C9 两块球壳板光谱分析结果

位 置	元素含量/%				
	Mn	Ni	Mo	Cr	Cu
C1 内表面	1.47	0.35	0.21	0.11	0.05
	1.49	0.32	0.21	0.10	0.03
C9 内表面	1.59	0.30	0.20	0.16	—
标准值(GB 150—1998 附录 A 中规定值)	1.20～1.60	0.20～0.50	0.10～0.30	0.10～0.30	—

3.3 金相检验

对 C1、C9 两块球壳板内表面进行了金相检验，内表面均严重脱碳，其中 C1 金相组织未发现马氏体组织，C9 金相组织为铁素体加少量贝氏体，分别见图 3 和图 4。

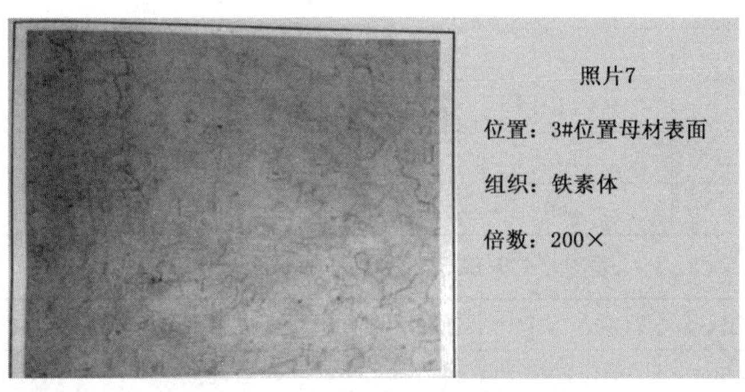

照片7
位置：3#位置母材表面
组织：铁素体
倍数：200×

图 3 C1 球壳板内表面金相图

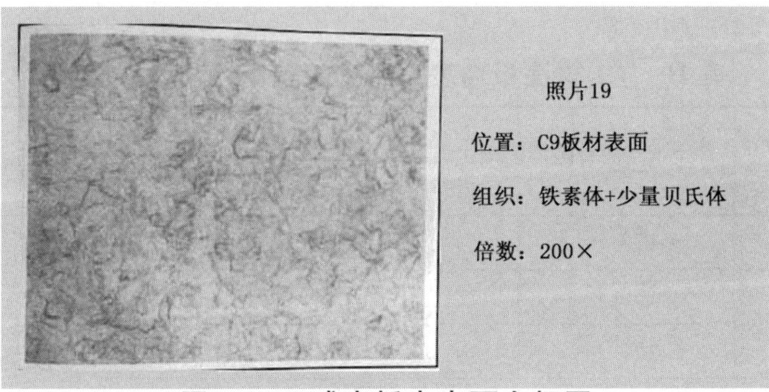

照片19
位置：C9板材表面
组织：铁素体+少量贝氏体
倍数：200×

图 4 C9 球壳板内表面金相图

4 检验发现问题的处理

为评价该球罐C1、C9两块球壳板硬度异常偏低对于球罐强度及安全性的影响，对两块球壳板在表面沿厚度方向打磨一定深度后进行硬度测定及金相分析，确定硬度异常偏低沿厚度方向的分布范围，一旦硬度值达到或者超过07MnNiCrMoVDR材料最低标称抗拉强度对应的硬度值，就确定了硬度偏低的边界。同时要求打磨形成的凹坑光滑、过渡平缓。

4.1 硬度偏低边界的确定

C1、C9内表面分别打磨0.75 mm、1.5 mm、2.0 mm后进行硬度测定，硬度值见表7和表8，C9外表面分别打磨0.8 mm、1.4 mm、1.9 mm、2.2 mm和2.5 mm后进行硬度测定，硬度值见表9。

表7 C1球壳板内表面硬度测定值 HB

位置	测点1	测点2	测点3	平均值
球壳板内表面	119	125	122	122.0
打磨0.75 mm	137	143	133	137.7
打磨1.5 mm	155	149	160	154.7
打磨2.0 mm	188	178	187	184.3

表8 C9球壳板内表面硬度测定值 HB

位置	测点1	测点2	测点3	平均值
球壳板内表面	132	137	140	136.3
打磨0.75 mm	130	131	133	131.3
打磨1.5 mm	137	139	140	138.7
打磨2.0 mm	160	157	159	158.7

表9 C9球壳板外表面硬度测定值 HB

位置	表层	打磨0.8 mm	打磨1.4 mm	打磨1.9 mm	打磨2.2 mm	打磨2.5 mm
硬度均值	136.5	141.0	164.0	179.0	184.5	190.0

按照GB/T 1172—1999《黑色金属硬度及强度换算值》，将硬度值转变为强度值[3]，转换后的材料抗拉强度见表10～表12。

表10 C1球壳板内表面不同深度材料抗拉强度值

位置	平均值/HB	按照标准GB/T 1172—1999确定的抗拉强度值/MPa	材料标称抗拉强度/MPa
球壳板内表面	122.0	455.0	610～740
打磨0.75 mm	137.7	516.5	
打磨1.5 mm	154.7	538.2	
打磨2.0 mm	184.3	646.8	

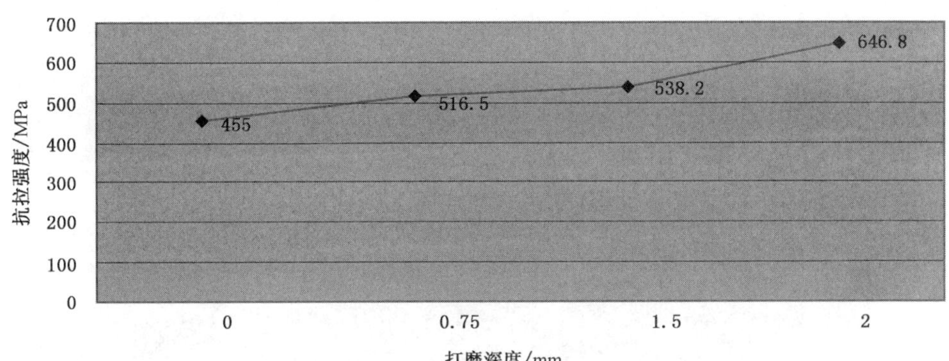

图 5　C1 球壳板内表面抗拉强度随打磨深度的变化趋势

表 11　C9 球壳板内表面不同深度材料抗拉强度值

位置	平均值/HB	按照 GB/T 1172—1999 确定的抗拉强度值/MPa	材料标称抗拉强度/MPa
球壳板内表面	136.3	509.5	610～740
打磨 0.75 mm	131.3	490.5	
打磨 1.5 mm	138.7	519.8	
打磨 2.0 mm	158.7	555.2	

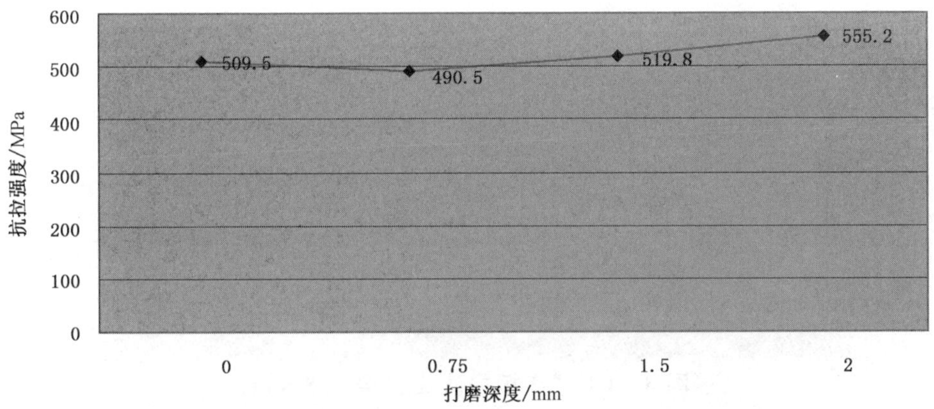

图 6　C9 球壳板内表面抗拉强度随打磨深度的变化趋势

表 12　C9 球壳板外表面不同深度材料抗拉强度值

位置	平均值/HB	按照 GB/T 1172—1999 确定的抗拉强度值/MPa	材料标称抗拉强度/MPa
球壳板内表面	136.5	510.5	610～740
打磨 0.8 mm	141.0	523.5	
打磨 1.4 mm	164.0	576.0	
打磨 1.9 mm	179.0	627.5	
打磨 2.2mm	184.5	646.7	
打磨 2.5 mm	190.0	664.7	

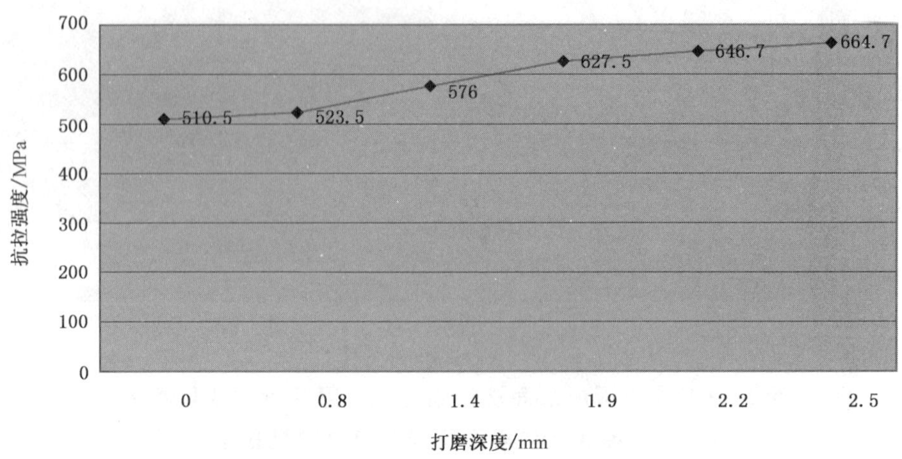

图 7　C9 球壳板外表面抗拉强度随打磨深度的变化趋势

由图 5～图 7 可知硬度异常偏低的球壳板表面损伤范围，C1 不超过表层 2.0 mm，C9 外表面不超过表层 1.9 mm，C9 内表面不超过表层 2.8 mm。

4.2　打磨后球壳板金相分检验

C1、C9 球壳板内表面打磨 2.5 mm 后进了金相检验，金相组织为铁素体＋贝氏体，未见异常劣化，分别见图 8 和图 9。

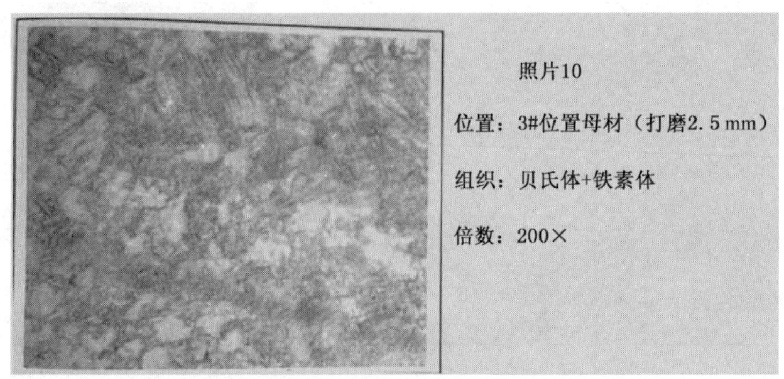

照片10
位置：3#位置母材（打磨2.5 mm）
组织：贝氏体+铁素体
倍数：200×

图 8　C1 球壳板内表面打磨 2.5 mm

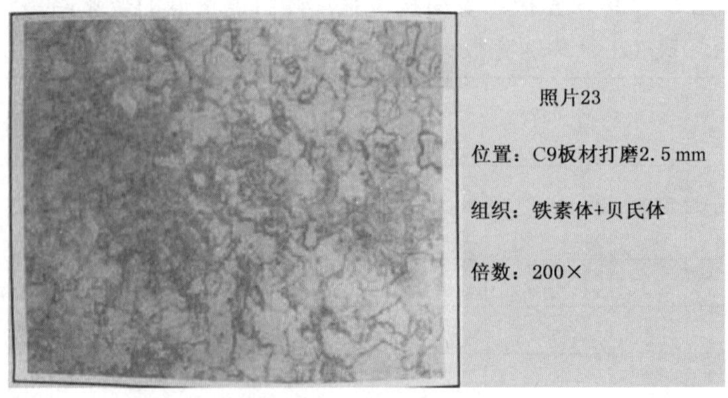

照片23
位置：C9板材打磨2.5 mm
组织：铁素体+贝氏体
倍数：200×

图 9　C9 球壳板内表面打磨 2.5 mm

4.3 硬度异常偏低原因分析

通过对两球壳板在厚度方向打磨一定深度后进行的硬度测定及金相分析，确认经过打磨后脱碳现象有逐步减少至最终消失的变化趋势，C1、C9 硬度异常减薄仅局限于球壳板内、外表面的沿厚度方向一定深度内，而不是整个厚度方向全部劣化。

球罐使用过程中未发生过受火等异常情况，排除使用过程中造成的材质劣化，推测可能是球壳板所用材料本身遭受过异常受热过程所导致的表层脱碳现象。

4.4 球罐整体强度校核

C1、C9 球壳板壁厚测定值见表 13。考虑到 C1、C9 两块球壳板硬度偏低的范围边界，保守地假设球罐球壳板内、外表面共 5.0 mm 厚度范围内材料不承压，以实测壁厚计算球罐有效壁厚为 33.43 mm，强度校核过程如下：

表 13 C1、C9 球壳板壁厚测定值 mm

位置	测点 1	测点 2	测点 3	测点 4	测点 5
C1	39.78	39.45	39.12	38.85	38.76
C9	39.39	39.61	38.61	38.80	38.43

强度校核选用标准：GB 150—1998[4]。

校核参数取值说明：

δ——球壳计算厚度(mm)；

P_c——计算压力(MPa)，取 2.0 MPa；

D_i——球壳内直径(mm)，取 ϕ12 300 mm；

$[\sigma]^t$——设计温度下球罐材料的许用应力(MPa)，取 203 MPa；

ϕ——焊接接头系数，取 1.0；

C——至下次检验周期的腐蚀量(mm)，取 0 mm。

校核计算厚度：$\delta = P_c \cdot D_i/(4[\sigma]^t\phi - P_c) = 2\times12\,300/(4\times203\times1-2) = 30.37$ mm

强度校核计算厚度小于估计球罐有效壁厚，满足强度要求。

该球罐由 8 根支柱支撑，C1 和 C9 球壳板均不带有支柱，因此不再对 C1 和 C9 球壳板与支柱连接最低点进行应力校核。

该球罐按照检验方案要求进行了宏观检查、内表面焊缝 100%荧光磁粉检测、内表面对接焊缝 100%超声检测、壁厚测定(强度校核)、硬度测定、金相分析、化学成分分析、耐压试验、气密性试验和安全附件检查，检验结论符合要求。

5 结论

(1) 建议 07MnNiCrMoVDR 球罐下次定期检验时对所有球壳板进行硬度测定，检验母材是否存在材质劣化。

(2) 硬度测定后，可以根据 GB/T 1172—1999《黑色金属硬度及强度换算值》，将硬度值转变为强度值，检验硬度值是否符合要求。

参 考 文 献

[1] TSG R7001—2004 压力容器定期检验规则.
[2] GB/T 17394—1998 金属里氏硬度试验方法.
[3] GB/T 1172—1999 黑色金属硬度及强度换算值.
[4] GB 150—1998 钢制压力容器.

2 000 m³ 丙烯球罐检验案例

王锋淮，徐峰，蔡鹏武，蔡刚毅，叶凌伟，吕文超
浙江省特种设备检验研究院，杭州　310020

摘　要：对某公司 2 000 m³ 丙烯球罐进行定期检验时，对球罐外表面环缝进行磁粉检测时发现焊缝焊趾部位存在大量纵向裂纹，对球罐进行内表面荧光磁粉检测时，发现内表面上、下两条环缝在焊缝焊趾部位也存在大量纵向裂纹。超声波和 TOFD 检测发现球罐存在多处埋藏缺陷，修磨后发现均为裂纹缺陷，对发现的缺陷均进行了消缺和返修。

关键词：球型储罐；定期检验；TOFD；裂纹

1　基本情况

近期对某公司一台 2 000 m³ 球罐进行定期检验，该球罐为混合式三带结构，由上、下混合带及赤道带构成，上、下混合带每带 7 块板，赤道带 20 块板，共有 10 只支柱。该球罐由甘肃蓝科石化高新装备股份有限公司设计、杭州盈达容器工程有限公司制造(球壳板)、江西江联重工股份有限公司现场安装。

该球罐设计压力为 2.0 MPa，设计温度为 50 ℃，工作介质为丙烯，主体材质为 Q370R，组焊选用 J557R 焊条，公称壁厚为 48 mm，腐蚀裕度 1.5 mm。该球罐于 2012 年 1 月安装完成，2012 年 4 月投入使用。查询该球罐安装资料得知该球罐焊接完成热处理后无损检测均合格，查询企业运行资料获知，投用至今，一直运行正常。本次检验为该球罐投用后的首次开罐检验。

2　检验方案及发现的问题

2.1　球罐检验方案

依据现行国家规程、规范和标准，结合球罐原始资料(包括设计资料、质量记录和制造安装资料及用户意见等)，考虑现场实际条件和工期，制定检验方案如下。

2.1.1　检验与评定标准

(1) TSG R7001—2013　压力容器定期检验规则；

作者简介：王锋淮，1985 年出生，男，硕士，工程师，主管，主要从事压力容器定期检验、安装监督检验、进口压力容器安全性能监督检验、压力管道定期检验工作。

（2）TSG R0004—2009　固定式压力容器安全技术监察规程；

（3）JB/T 4730—2005　承压设备无损检测；

（4）NB/T 47013.10—2010(JB/T 4730.10)　承压设备无损检测　第 10 部分：衍射时差法超声检测；

（5）图纸规定的设计制造的有关技术资料。

2.1.2　检验人员职责及资格要求

（1）检验人员必须履行职责，严守纪律，保证检验工作质量。对受检单位提供的技术资料等妥善保管，并以保密。

（2）项目负责人需持有压力容器检验师证书，其他检验人员需具有相应的检验资格，并持有效证上岗。

2.1.3　检验前准备工作要求

（1）将球罐内部介质排除干净，进行置换吹扫，确保球罐内部介质全部排除干净，并通风。

（2）用盲板隔断所有介质来源管线，并设置明显的隔离标志。

（3）对球罐内的氧含量及可燃气体含量应取样分析，并提供测试报告。分析结果应达到卫生安全标准的规定。

（4）为检验而搭设的内外脚手架应牢固可靠，每层铺设并列跳板，跳板必须牢固，并搭设二道护栏，外侧需有安全网保护，以保证检验和辅助人员的工作安全。

（5）球罐主体对接焊缝两侧各 250 mm 宽度范围内进行打磨，打磨部位以露出金属光泽为准。

2.1.4　检验项目及内容

（1）内、外部宏观检验

内、外部宏观检验主要包括以下内容：检查球罐内、外表面的状况；检查球罐内、外表面、开孔接管、应力集中部位有无介质冲刷、腐蚀、磨损、变形等情况；对球罐焊缝内外表面进行咬边检查；检查基础和球罐支柱情况；几何尺寸和结构检查：纵、环焊缝对口错边量、棱角度、焊缝余高、角焊缝腰高等，以及焊缝布置合理情况和开孔补强情况等。

（2）壁厚检测

壁厚检测主要集中在以下部位：对上、下温带及赤道带每一块球壳板选择 5 点进行壁厚测定，对上、下极带每一块球壳板选择 6 点进行壁厚测定；检验人员经宏观检查认为减薄、易腐蚀、冲刷等部位需要重点测定的部位；人孔、接管在同一截面的 0°、90°、180°、270°4 个方位测定，每个接管测 4 点；测厚时，如发现母材存在夹层缺陷应增加测厚点，或用超声波检测仪检查夹层分布情况。

（3）表面缺陷检测

表面缺陷检测包括：对球罐本体内表面对接焊缝进行100%荧光磁粉检测、外表面焊缝的100%进行非荧光磁粉检测。

（4）埋藏缺陷检测

埋藏缺陷采用超声波检测和TOFD检测结合，对球罐100%对接焊缝进行超声波检测；对球罐外表面对接焊缝范围内的"T"字缝部位、超声波检出缺陷部位进行TOFD检测。检测比例初定20%；检验中对超声波检测、TOFD检测发现的缺陷有怀疑，必要时用射线检测进行复查。

（5）硬度检测

硬度测定在内表面上下极带各测定4处，温带纵环焊缝上各测定8处，共计12处，每处应包括焊缝、热影响区、母材3个部位，每个部位测3点取平均值。对发现表面裂纹部位附近进行重点测定。

（6）气密性试验

在其他检验项目检验合格、安全附件装配齐全后进行气密性试验。试验介质为空气，试验压力为球罐最高工作压力。

2.2 检验发现的问题

2.2.1 表面裂纹缺陷

在对球罐进行外表面磁粉检测时，发现球罐上、下对接环焊缝存在8条表面纵向裂纹，裂纹位于焊缝焊趾熔合线部位，裂纹呈细长状，其中最长达到37 mm，裂纹打磨后形成的凹坑深度不一，最大深度达到6 mm，总体来看，裂纹集中分布在赤道带与上下极板相接的环焊缝上，裂纹延伸方向基本与焊缝平行。典型裂纹形态见图1。

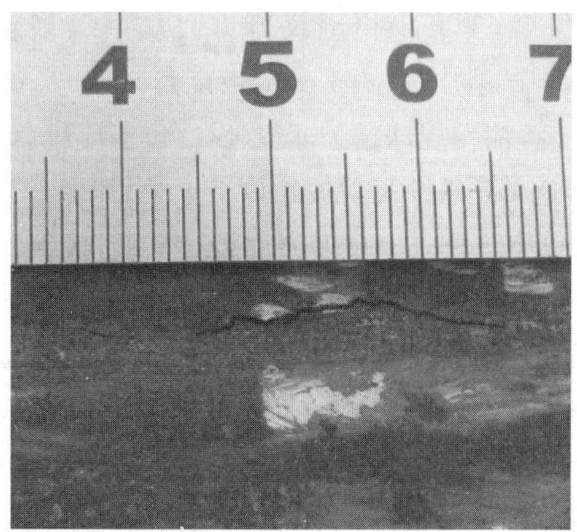

图1 外表面裂纹

对球罐进行内表面荧光磁粉检测时发现，内表面上、下两条环缝在焊缝焊趾部位存在6条表面纵向裂纹，裂纹延伸方向基本与焊缝平行，长度从5 mm到210 mm不等，裂纹打磨后形成的凹坑最大深度达到8 mm，裂纹形态见图2。

图2　内表面裂纹

2.2.2　焊缝埋藏缺陷

球罐对接焊缝埋藏缺陷检测采用A型脉冲发射法超声检测(UT)和超声波衍射时差法检测(TOFD)两种无损检测方法结合进行，其中A型脉冲发射法超声检测范围为外表面100%检测，采用K1和K2两种规格探头进行单面双侧检测，同时做探头与焊缝中心线成10°的斜向横向缺陷扫查，超声波衍射时差法检测(TOFD)抽查外表面上(BC缝)、下(CD缝)环缝、环缝与纵缝交叉口沿着纵缝1 000 mm范围内焊缝，其中A型脉冲发射法超声检测仪器为武汉中科创新技术股份有限公司的HS-620，探头型号2.5Z 10＊16K1和2.5Z10＊16K2，TOFD检测仪器为武汉中科创新技术股份有限公司生产的HS810，探头频率5 MHz，晶片直径ϕ6 mm，声束角63°。

检测发现球罐上环缝(BC)和下环缝(CD)存在7处埋藏缺陷，用脉冲发射法超声检测时，这7处缺陷反射波均位于Ⅲ区，其中1＃缺陷的反射回波高度最高，最大回波高度达到了SL＋15.9dB，5＃反射回波高度最低，最大回波高度为SL＋6.0dB。2＃，3＃，4＃缺陷脉冲发射法超声检测检测时，当探头前后移动时，其回波动态波形为Ⅲb，当探头左右移动时，其回波动态波形为Ⅱ，转动扫查时，回波高度逐渐下降，直至消失。不同K值探头检测时，回波幅度变化明显，可能为面积状缺陷。1＃，5＃，6＃，7＃缺陷脉冲发射法超声检测检测时，当探头前后移动时，其回波动态波形为Ⅲa，当探头左右移动时，其回波动态波形为Ⅲa，转动扫查时，回波高度迅速下降，直至消失。不同K值探头检测时，回波幅度略有变化，但不明显，可能为体积状缺陷。

超声波衍射时差法检测(TOFD)图谱显示，缺陷信号成上、下两条相位相反的衍射波。

其中1#,3#和4#缺陷两端和主线伴有不规则的抛物线,所有图谱表明缺陷均有一定的长度,上、下端点较明显,表明缺陷有一定的自身高度,与标准图谱比较,图谱显示的缺陷和裂纹、未熔合等高危缺陷的相似度高。

缺陷汇总见表1,根据缺陷的脉冲发射法超声检测和TOFD检测结果,我们首先对1#,2#,3#缺陷进行了碳弧气刨,当气刨到信号深度时,用渗透对缺陷进行复查,发现这3处均为裂纹缺陷,继续对3处缺陷进行修磨,即可看到宏观裂纹缺陷。然后,我们对所有脉冲发射法超声检测和TOFD检测发现的较大缺陷均进行了碳弧气刨消缺,其中4#缺陷埋经气刨后,刚开始看到为夹渣缺陷,继续修磨后,显示为裂纹缺陷,5#,6#和7#均为裂纹缺陷,我们对所有缺陷进行拍照,缺陷的TOFD图谱和照片对比图详见图3。

表1　TOFD和UT检测发现球罐埋藏缺陷汇总

编号	检测方法	缺陷位置	指示长度	缺陷高度或当量
1#	TOFD	BC上,BC与C10右1 430 mm~1 590 mm	160 mm	33 mm~40 mm
	UT	BC上,BC与C10右1 430 mm~1 590 mm	165 mm	SL+15.9 dB
2#	TOFD	BC上,BC与C14右2 010 mm~2 080 mm	70 mm	25 mm~31 mm
	UT	BC上,BC与C14右2 010 mm~2 080 mm	75 mm	SL+14.0 dB
3#	TOFD	BC上,BC与C17右1 340 mm~1 670 mm	330 mm	31 mm~43 mm
	UT	BC上,BC与C17右1 340 mm~1 670 mm	321 mm	SL+14.0 dB
4#	TOFD	BC上,BC与C19右1 760 mm~2 110 mm	350 mm	35 mm~41 mm
	UT	BC上,BC与C19右1 760 mm~2 110 mm	360 mm	SL+12.0 dB
5#	TOFD	CD上,CD与C11右620 mm~780 mm	160 mm	17 mm~22 mm
	UT	CD上,CD与C11右620 mm~780 mm	170 mm	SL+6.0 dB
6#	TOFD	CD上,CD与C1左20 mm~100 mm	80 mm	26 mm~29 mm
	UT	CD上,CD与C1左20 mm~100 mm	85 mm	SL+12.6 dB
7#	TOFD	CD上,CD与C19左70 mm~200 mm	130 mm	17 mm~25 mm
	UT	CD上,CD与C19左70 mm~200 mm	142 mm	SL+11.0 dB

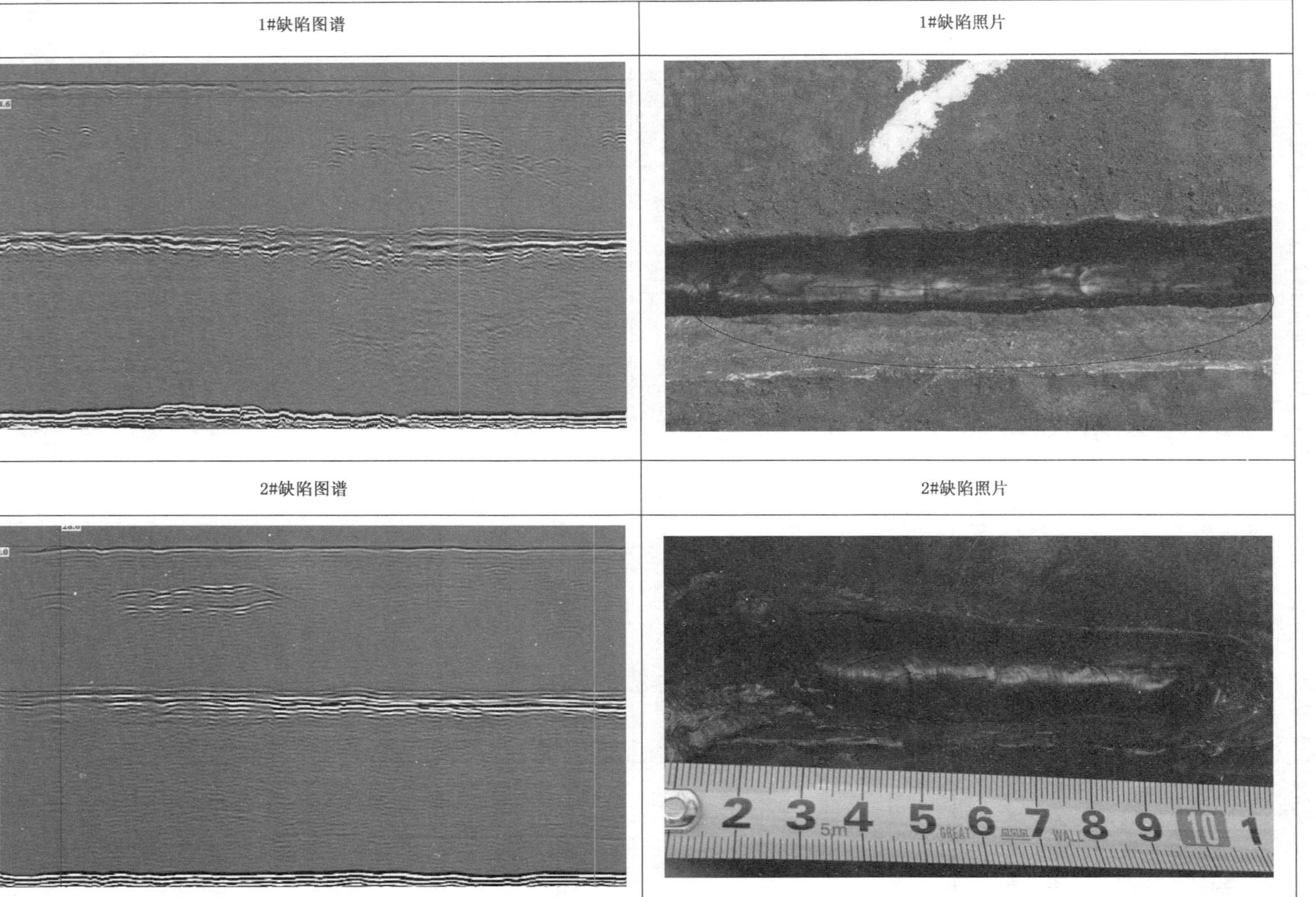

图 3　埋藏缺陷的 TOFD 图谱和照片对比

3#缺陷图谱 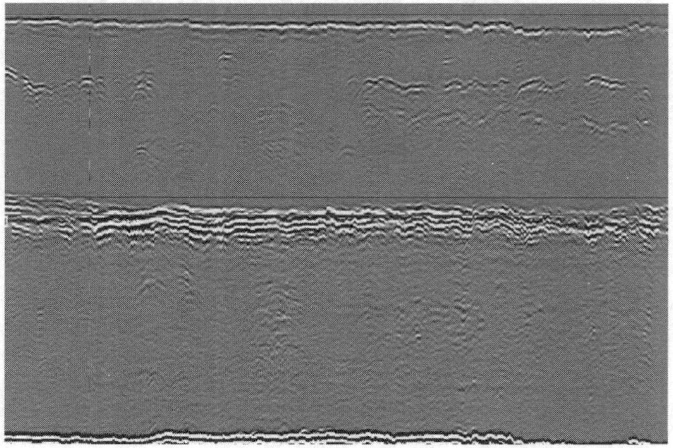	3#缺陷照片 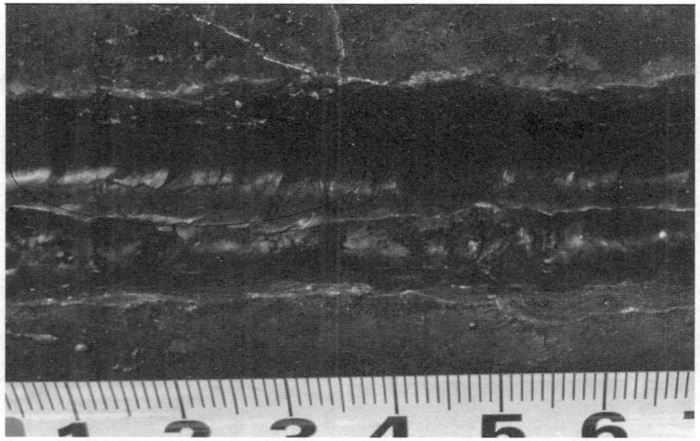
4#缺陷图谱 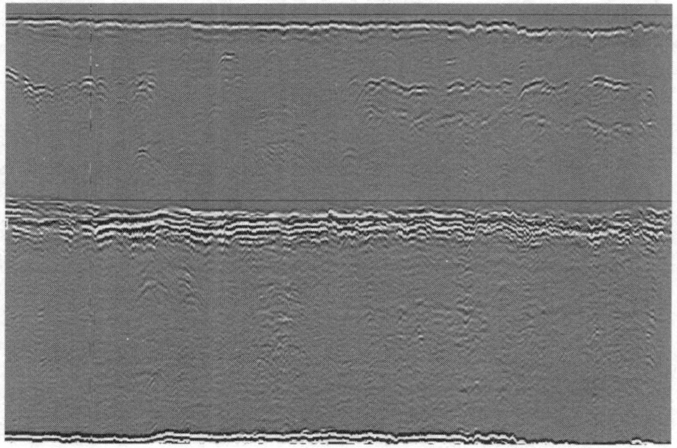	4#缺陷照片 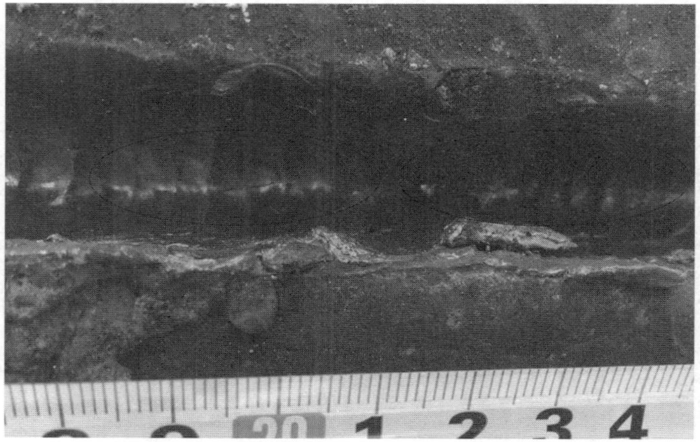

图3(续)

5#缺陷图谱	5#缺陷照片
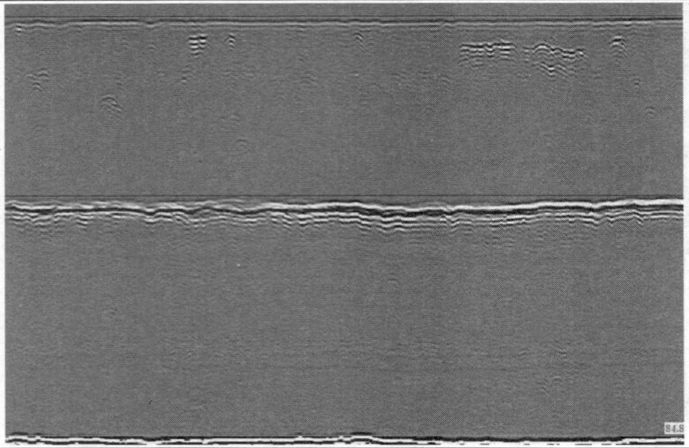	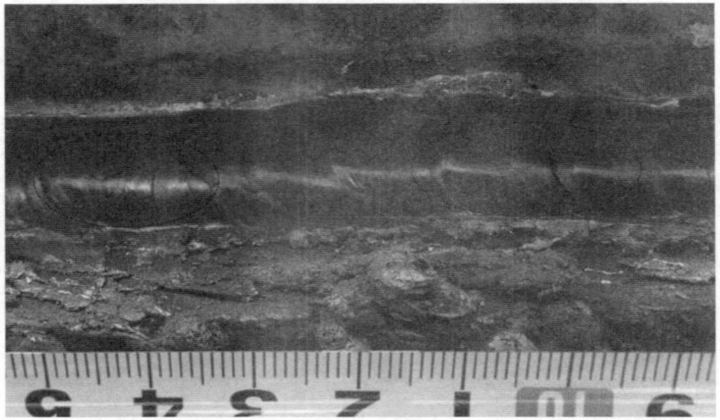
6#缺陷图谱	6#缺陷照片
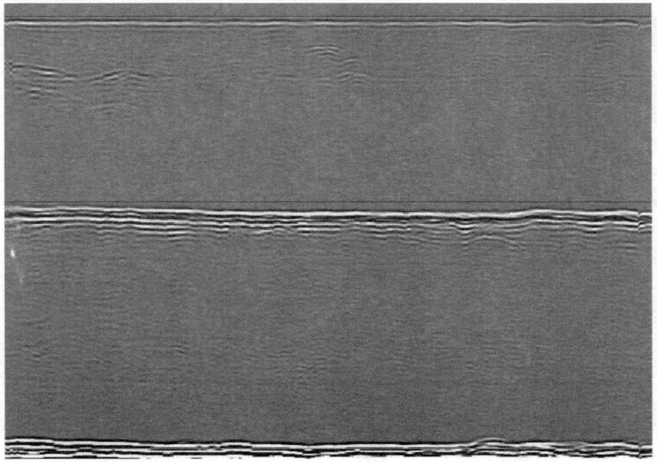	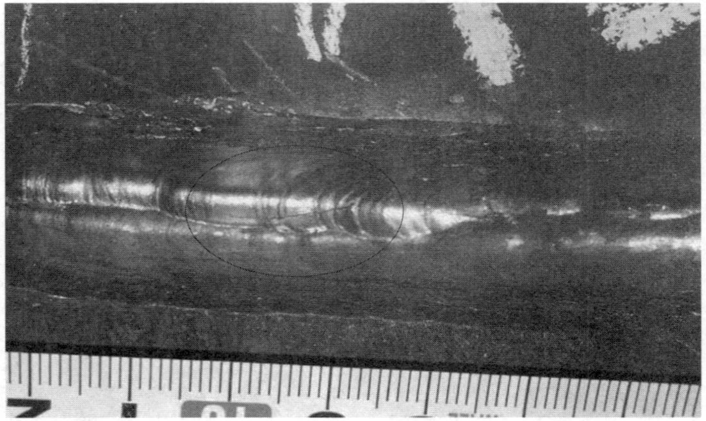

图 3(续)

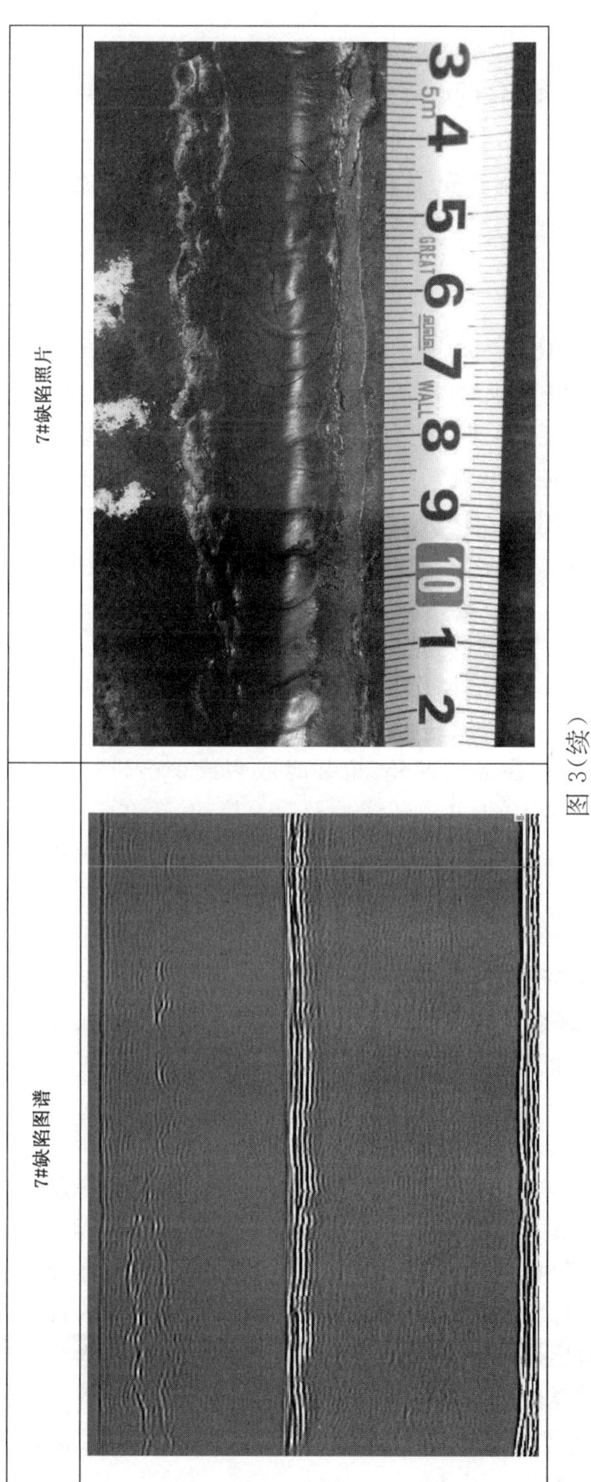

图3（续）

3 检验发现问题的成因分析

球型储罐的制造过程分为球壳板压制和现场组焊过程，尤其以现场组焊为主，大量焊接拼缝均为现场组焊，由于现场组焊施工环境复杂，焊接质量受施工条件影响大，易在组焊过程中产生多种缺陷。通过查阅该球罐球壳板压制和安装组焊资料结合并设备使用情况，分析导致该设备裂纹产生的原因如下：

3.1 焊接工艺存在问题

本次检验球罐现场组焊时，选用了J577R低氢焊条。虽然试验使用该焊条的焊接工艺评定合格。但是球罐现场焊接环境复杂，而该球罐又是11月份焊接，露天作业，浙江省11月份雨水较多，空气湿度较大，而现场湿度、温度、风速变化较大，对预热温度和层间温度控制有一定的影响，施焊过程中空气中的水分易进入电弧气氛，增加熔敷金属中扩散氢的含量。球壳板现场除锈、除油污和除水分较实验室困难，现场焊接位置多变，这些诸多因素影响焊接过程中产生的氢向焊缝表面及大气扩散。

3.2 拘束应力大

该球罐现场组焊时，球罐组装顺序为：赤道板—上极边板—上极中板—下极边板—下极中板。主体焊缝的焊接采用带装方式进行，即先焊纵缝，后焊环缝，这种方式是球罐安装普遍采用的组装及调整方式，由于球壳板尺寸存在形状偏差，组装时或多或少会进行强力组装。这种组装方式纵缝的残余应力不大，但是上、下两道环缝是最后焊接的，存在强力矫正、组装拘束过大的问题，造成了环焊缝的组装应力过大。焊缝坡口为X型，坡口焊接顺序为先焊接外缝(外表面)，后焊接内缝(内表面)，由于没有采用内外交叉焊接的顺序，也容易引起球罐焊缝焊接残余应力集中；另外，焊接时因焊接区和母材区存在较大的温度梯度而变形产生残余应力。在使用过程中，残余应力逐渐释放，容易在焊缝边缘几何不连续处产生应力集中，导致开裂。从检验结果也可以看出，球罐裂纹均集中在上、下环焊缝处。其中内、外表面的裂纹均位于焊缝边缘，这与球罐的应力分布情况基本一致。

3.3 焊后消应力热处理不够

Q370R的碳当量为0.43%，一般认为，当碳当量位于0.4%～0.6%时，钢材的淬硬倾向逐渐明显，本身具有一定的延迟裂纹倾向。同时，当钢板的厚度增加时，结构刚度变大，焊后残余应力也增大，这都需要施焊时应采取预热、后热措施，焊后及时进行消应力热处理。通过查询资料，该球罐焊后消应力热处理时，工艺规定的热处理温度为565 ℃±15 ℃，符合制造标准GB 12337—1998的要求，但在查阅热处理记录图时发现实际热处理温度基本往温度要求下限靠近，而热处理时间为2 h。这样容易导致某些部位热处理不够，因此分析认为该球罐由于焊后消应力热处理过程未能完全消除球罐焊接残余应力，在使用过程中，球罐焊缝残余应力逐渐释放，导致焊缝开裂。

3.4 安装后无损检测未有效实施

另外查询球罐安装资料发现，该球罐建造时对接焊缝采用 Ir192γ 射线 100％中心曝光检测加 20％超声检测复查，检测报告显示当时发现的缺陷大多为气孔、电渣等体积型缺陷，很少发现裂纹、未熔合等面积型缺陷，此外底片也模糊不清，一定程度上影响了缺陷判断，造成缺陷漏检。本台球罐发现的埋藏缺陷应该为安装过程采用的无损检测方法局限性而无法及时发现而遗留下来。

综上所述，在该球罐内、外表面发现的裂纹是在焊接残余应力、组装应力引导下，残留在熔敷金属内的扩散氢在焊缝内微观缺陷处聚集而形成的小裂纹沿着垂直于应力方向发展而形成的。属于应力导向氢致开裂，是延迟裂纹的一种形式。

4 检验发现问题的处理

对于发现的球罐表面裂纹进行打磨消除，打磨形成的凹坑进行圆滑过渡，如果凹坑深度超过允许范围，则进行补焊。对于发现球罐的内部缺陷，先用 UT 和 TOFD 定位深度和长度，长度以长的为准，利用碳弧气刨挖除缺陷，直至缺陷去除干净，加工出破口，打磨取出硬化层，采用 PT 确认破口处无裂纹后，用 J557RH 焊条进行补焊。当返修部位预热温度到位后，才能进行焊接，采用小线能量、多层多道焊接，焊接过程中道间温度应严格控制在 125 ℃～200 ℃。需要进行双面返修的缺陷，一面焊接完毕后采用砂轮机清根处理，且 MT 检测合格后才能进行焊接。

碳弧气刨深度不应超过钢板的 2/3，当缺陷仍未清除，应焊接修补后，从另一侧修磨，直至缺陷消除后，再焊补。对返修焊缝进行磁粉检测、超声检测、TOFD 检测和硬度检测复查合格后，进行热处理。必要时应对设备进行耐压试验，试验压力应符合图纸设计要求，耐压试验步骤应符合 GB 50094—2010《球形储罐施工规范》中的相关要求。

5 结论

通过本台球罐首次全面检验中发现的问题，结合近两年来我院在 10 多家企业球罐检验中发现的缺陷及原因分析，我们发现采用 Q370R 钢板制造的球罐，在使用后易产生裂纹缺陷。现就以后采用 Q370R 材料制造的球罐安装和检验提出以下对策：

(1) 在雨天等湿度大的环境下，安装单位应当严格执行焊接工艺规程，焊条要烘干、焊接时控制预热、层间温度，尽量降低焊缝含氢量。

(2) 球壳板焊接时，应选用合适的焊接顺序，不能一味求方便和工程进度，严格执行焊接工艺。球罐组对过程中，选用合适的工艺和组装机具，避免强力组对。

(3) 针对内部埋藏缺陷为制造安装过程中遗留下来的问题，在制造过程中要加强安装监督检验，监检单位在实施监督检验过程中，需严格要求施工单位和业主单位按照标准进行施工制造，对质量监督全过程执行严格标准。

(4) 使用单位需按时安排定期检验，检验过程中，球罐需开罐检验，对外表面进行 100％磁粉检测，内表面进行 100％荧光磁粉检测，提高检测手段的检验有效性。确保缺陷能够及

时发现并被修复。

(5) 鉴于 TOFD 检测技术对面积型等危害性缺陷的敏感性高、可记录性的特点，在球罐安装和定期检验过程中，应该提高 TOFD 检测技术的应用比例。

参考文献

[1] 李培中，苏玉虎，孙朝晖，等. 2 000 m^3 丙烯球罐在制时的焊接裂纹分析及修复[J]. 压力容器，2015，(32)，1，57-61.

[2] 彭国平，李洪刚. 15MnNbR 球罐裂纹的分析及修复[J]. 化工机械，2009，(04)：100-101，104.

[3] 陈虎，2 000 m^3 球罐组焊裂纹分析与修补[J]. 化工装备，2009，(04)：46-47.

[4] 董双巧，梁清香，王赟，等. 液化石油气球罐裂纹修复补强研究[J]. 太原科技大学学报，2013，34(5)：390-393.

[5] 王泽军，萧艳彤，黄长河，等. 液化石油气球罐裂纹成因分析与讨论[J]. 化工机械，2005，32(4)：237-240，242.

[6] 吴建平，陈汉华. 07MnNiMoVDR 钢制丙烯球罐缺陷分析及修复[J]. 石油和化工设备，2015，18(9)：5-8.

[7] 廉继康. 在用球罐焊缝缺陷原因分析及返修[J]. 石油和化工设备，2011，14(8)：44-46.

[8] 朱明东. 球形储罐冬季整体热处理[J]. 油气田地面工程，2006，25(5)：39-40.

[9] 郑连学. 一条几乎与焊缝方向垂直的横向裂纹的常规超声检测[J]. 无损探伤，2015，39(4)：44-46.

3 000 m^3 丙烯球罐内、外表面裂纹检验案例分析

赵盈国，邵冬冬，尹建斌
宁波市特种设备检验研究院，宁波　315048

摘　要：针对 3 000 m^3 丙烯球罐的首次定期检验，在按照检验方案开展检验工作的过程中，发现内表面有大量横向表面裂纹，外表面有大量纵向表面裂纹，进一步通过审查原始资料、调阅介质分析报告、裂纹形态比对、硬度测定、金相分析及调查焊接过程控制等方法对裂纹进行综合分析，最终确认裂纹产生的原因；针对裂纹的成因，由返修单位制定专门的返修方案，并严格把控整个返修质保体系的运行。

关键词：丙烯球罐；定期检验；表面裂纹；案例分析

1　3 000 m^3 丙烯球罐基本情况

本次检验的球罐为使用单位 4 台 3 000 m^3 丙烯球罐中的 4＃罐，本台球罐于 2011 年 10 月～11 月进行制造，2013 年 2 月投入使用，2015 年 4 月进行首次定期检验，具体技术参数详见表 1。

表 1　球罐技术参数

设计压力	2.2 MPa	工作压力	≤1.6 MPa
设计温度	－19 ℃～50 ℃	工作温度	－19 ℃～50 ℃
腐蚀裕度	1.5 mm	介质	丙烯
材质	Q370R	厚度	50 mm

2　3 000 m^3 丙烯球罐检验方案及发现的问题

2.1　检验方案

通过查阅出厂资料和运行记录，分析可能存在的损伤机理，结合球罐检验的经验，制定了重要设备检验方案；检验方案中涉及的检验检测项目为资料审查、宏观检验、壁厚测定、内、外表面检测（相应检测比例详见 2.1.1）、超声波检测（相应检测比例详见 2.1.2）、TOFD 检测（相应检测比例详见 2.1.3）、安全附件检验和气密性试验等。

2.1.1 表面检测

(1) 在满足光照度等条件的前提下对球罐对接焊缝的内表面进行100%黑磁粉检测;

(2) 对球罐对接焊缝的外表面进行不少于40%黑磁粉检测抽查;

(3) 内、外表面对接焊缝附近的安装工卡具焊迹、电弧灼伤等部位进行磁粉检测;

(4) 对所有柱腿(10个)与球罐连接焊缝进行100%黑磁粉检测;

(5) 外表面对接焊缝磁粉检测中发现裂纹,应当适当扩大检测比例或者区域,以便发现可能存在的其他缺陷;

(6) 对所有接管与球罐本体连接的角焊缝进行内、外表面渗透检测。

2.1.2 超声波检测

(1) 对球罐外表面对接焊缝进行40%超声波检测;

(2) 超声检测采用K_1、K_2两种K值进行单面双侧扫查,并使探头与焊接接头中心线成10°~20°做两个方向的斜平行扫查;

(3) 对制造过程中返修过的部位进行复查。

2.1.3 TOFD检测

(1) 对球罐外表面对接焊缝进行20%的TOFD抽查,重点检测丁字口部位;

(2) 对检测中发现的焊缝埋藏缺陷进行TOFD复验和自身高度测定。

2.2 检验发现问题描述

(1) 经内表面磁粉检测发现58条表面裂纹,其中56条为横向裂纹,2条为纵向裂纹;横向裂纹全部分布于上、下环缝和拼缝上,其中上极拼缝有16条,上环缝有13条,下极拼缝有8条,下环缝有19条;2条纵向裂纹分布于纵缝上;具体部位分布情况详见图1;对以上缺陷进行初步打磨消除,除2条纵向裂纹打磨约1 mm消除复检合格外,其他56条缺陷均无法在腐蚀裕量内消除。

(2) 对外表面40%的对接焊缝进行抽查发现37条表面裂纹,其中36条分布于上、下环缝上,1条分布于纵缝上,对外表面上、下环缝进行100%扩检又发现64条表面裂纹,外表面共发现101条表面裂纹,裂纹长度介于5 mm~240 mm之间,具体部位分布情况详见图2;以上裂纹经初步打磨全部打磨消除并复检合格,打磨深度小于1.5 mm(腐蚀裕量),不需要补焊处理。

(3) 经UT检测发现2处超标缺陷,经TOFD检测发现15处超标缺陷。经UT和TOFD发现埋藏缺陷可以确认为制造缺陷,本检验案例不进行分析。以下着重对内外表面裂纹产生的原因进行详细分析。

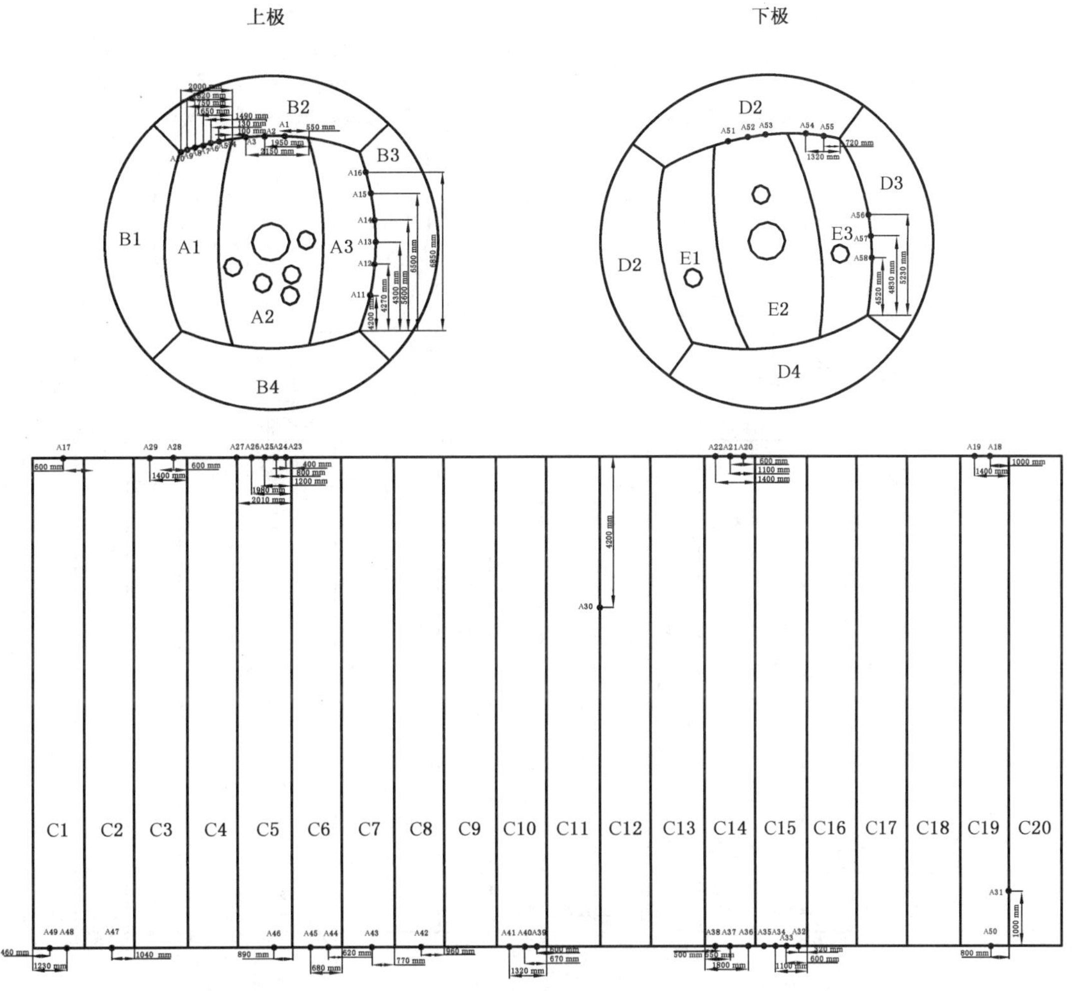

图 1　缺陷示意图一

3　裂纹成因分析

3.1　内表面横向裂纹成因分析

3.1.1　审查资料

查阅现场安装时的检测情况，发现检测比例为 100%，检测项目为磁粉、渗透、超声波和射线，其中射线为对超声波检测部位的附加局部检测，以上所有检测项目报告中均未体现存在超标缺陷，更无缺陷部位返修的相关记录；根据以往经验，球罐现场安装施工环境复杂，一般都有超标缺陷存在，针对此台球罐无损检测报告无任何超标缺陷存在的情况，怀疑无损检测实施过程中可能存在不规范现象。

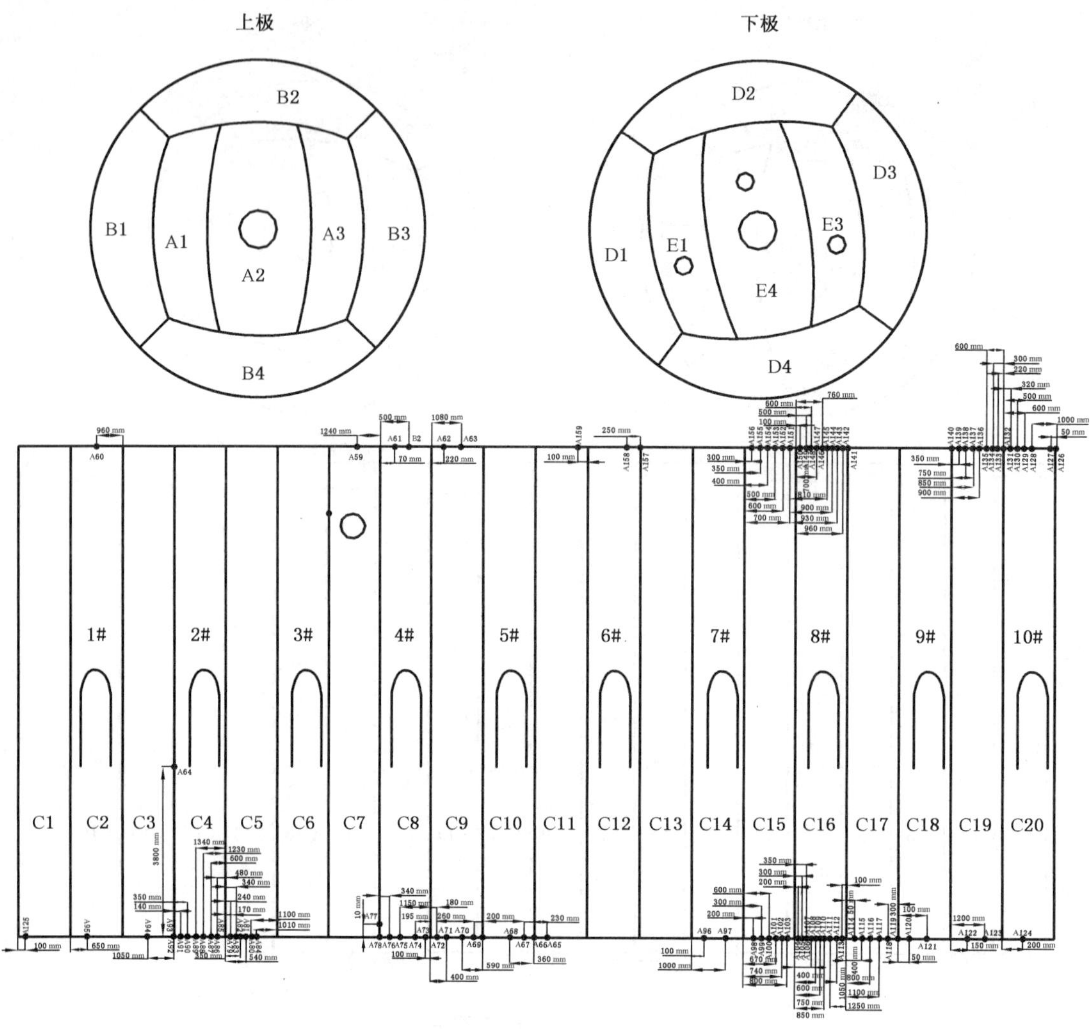

图 2　缺陷示意图二

3.1.2　材料性能分析

球罐用球壳板的材料为 Q370R(正火)，焊材选用的是 ϕ4 mm 的 J557R 焊条，结合相关文献的试验和研究[1,2]，两者具有良好的可焊性，具有良好的抗裂性，按照焊接工艺规程进行操作一般不会导致大量裂纹产生，排除用材不当导致裂纹产生的可能性。

3.1.3　介质化学成分及裂纹形态分析

查阅最近两年内介质的化学成分分析记录，主要成分为丙烯(大于 99.6%)，并含少量的丙烷、乙烯、氧气、氢气等，均在规定值范围之内，不存在硫化氢等可能导致应力腐蚀开裂的成分；本次发现的横向裂纹开口较大，基本无分叉，长度介于 8 mm～30 mm 之间(典型裂纹形态详见图 3 和图 4)，经打磨消缺发现裂纹深度方向上基本垂直于焊缝表面，最深处达到 32 mm，而湿硫化氢应力腐蚀开裂的裂纹形态一般为龟裂形式，断断续续[3]；通过介质分析数据和裂纹形态比较可以基本排除应力腐蚀开裂的可能性。

图 3　典型裂纹形态一

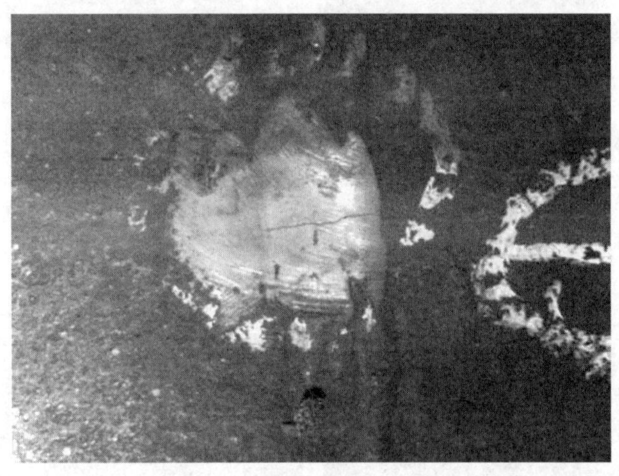

图 4　典型裂纹形态二

3.1.4　硬度测定及金相分析

抽查 3 处内部横向裂纹处的硬度值，均低于规定值 250 HV，详见表 2。

表 2　内部横向裂纹硬度值抽样

序号	缺陷编号	母材/HV	热影响区/HV	焊缝/HV
1	40	109	118	133
2	52	112	121	131
3	57	103	111	126

分别对 40，52，57 缺陷处进行金相检测，3 处缺陷位置的分析结果基本一致，具体组织情况详见表 3[4]。

表 3 缺陷金相检测结果

母材组织	焊缝组织	熔合区组织
铁素体+粒状珠光体，组织分布略不均匀，铁素体晶粒度 7.0～8.0 级	铁素体+珠光体+粒状贝氏体，少量铁素体沿原始晶界析出，呈网状分布	索氏体+块状、条状、针状铁素体

金相组织图片详见图 5。

a) 母材金相组织图熔合区金相组织图

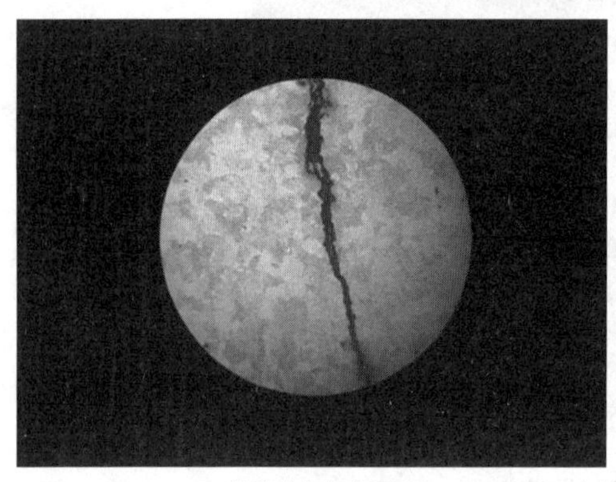

b) 焊缝金相组织图(1)

c) 焊缝金相组织图(2)

图 5 金相组织图

结合硬度测定和金相分析的结果，判定缺陷位置未出现明显材质劣化。

3.1.5 其他因素

球罐现场安装组焊时间基本在 10 月～11 月之间，查阅当时的天气状况发现两个月内有约 27 天处于阴雨天气，如果在阴雨天气中施焊过程各环节把控不严格，极易导致焊缝的含氢量超标[5]，而熔合区相对粗大的金相组织裂纹敏感性较铁素体大，扩散氢容易在此次聚集后产生裂纹，裂纹在焊接时组对拘束力[6,7]的影响下向焊缝方向发展，从而导致横向裂纹的产生。而球罐现场组焊顺序为先纵缝后环缝及拼缝，因此上、下环缝及拼缝拘束力相对纵缝较大，裂纹多集中在上、下环缝及拼缝上。

另外结合相同运行工况下的 1＃球罐，球罐现场组焊时间为 2012 年 9 月～10 月之间，天气多以晴朗为主，定期检验过程中未发现大量横向裂纹的出现，只发现 18 条内外表面纵向裂纹，并在腐蚀裕量范围能打磨消除。

综上所述，内表面横向裂纹形成的主要原因应为现场组焊过程中施焊过程把控不严，扩散氢聚集在熔合区部位，在组对拘束力的作用下向焊缝方向发展，从而导致大量严重横向裂纹产生。

3.2 外表面纵向裂纹成因分析

外表面发现的 101 条表面裂纹均已现场打磨消除并复验合格，打磨深度均在 1.5 mm 之内，可以判定为延迟裂纹；成因应为安装检测过程中漏检的细小裂纹在残余应力缓慢释放过程中扩大导致。

4 检验发现问题的处理

4.1 内表面横向裂纹返修

针对内表面横向裂纹，由原现场安装单位制定专门返修方案，任命专门的质量保证工程师、工艺责任工程师、焊接责任工程师、无损检测责任工程师、热处理责任工程师和耐压试验责任工程师等责任人员，监检单位严格监控返修过程中的整个质保体系运作情况，具体返修如下：

(1) 用砂轮机对裂纹部位进行打磨消缺，并利用磁粉或渗透检测确保缺陷完全消除；

(2) 对修补处中心半径 150 mm 范围内进行预热，预热温度为 150 ℃；

(3) 使用 ϕ4 mm 的 J557R 焊条进行焊接，整个焊接过程严格按照焊接工艺规程执行，具体参数为：电流 90 A～120 A，电弧电压 22 V～40 V，焊接速度 8 cm/min～13 cm/min，层间温度保持在 170 ℃左右；

(4) 焊后立即进行后热处理，后热处理温度为 200 ℃～250 ℃，时间为 0.5 h～1.0 h；

(5) 焊后 36 h 对缺陷返修部位进行无损检测，在返修单位自检合格的基础上，由检验单位对所有缺陷返修部位进行 100%复检，确认原缺陷完成消除，也未发现有新生缺陷产生；

(6) 对补焊部位进行局部热处理，热处理温度为 565 ℃±25 ℃；

(7) 返修完成并检测合格后进行耐压试验。

在返修单位按照返修方案完成所有返修工作并检测合格后，我方对所有缺陷返修部位进行了复查，发现所有缺陷均已消除，也未产生新生缺陷。

4.2 外表面裂纹处理

针对外表面裂纹的特点，由返修单位使用打磨机对裂纹进行初步打磨，打磨深度不得超过腐蚀裕量 1.5 mm，并对打磨部位进行圆滑过渡，消缺后经磁粉检测确认裂纹完全消除。

5 结论

(1) 外表面裂纹为残余应力缓慢释放产生的延迟裂纹以及现场组焊检测中漏检的细小裂纹在应力作用下扩大导致；

(2) Q370 焊接性能良好,经硬度和金相检测未发现材质劣化倾向;

(3) 介质中未检测出可能导致湿硫化氢等应力腐蚀开裂的成分,排除应力腐蚀开裂可能;

(4) 主要原因应为现场组焊过程中施焊过程把控不严,扩散氢聚集在熔合区部位,在组对拘束力的作用下向焊缝方向发展,从而导致大量严重横向裂纹产生。

参 考 文 献

[1] 向凯,李树勋,等. Q370R 钢板焊接冷裂纹敏感性试验[J]. 石油化工设备,2011,40(增 1):7-9.

[2] 陆戴丁,徐鹏程,等. 球罐用 15MnNbR 钢焊接接头力学性能试验研究[J]. 压力容器,2002,19(5):1-4.

[3] 陈伯蠡. 焊接冶金原理[M]. 北京:清华大学出版社,1991:560-562.

[4] 杜则裕,张德勤,等. 低碳低合金钢焊缝金属的显微组织及其影响因素[J]. 钢铁,1999,34(12):67-71.

[5] 张军. 潮湿天气中的焊接施工[J]. 焊接技术,1996,第 1 期:40.

[6] 蒋文春,王炳英,等. 焊接残余应力在热处理过程中的演变[J]. 焊接学报,2011,32(4):45-48.

[7] 游敏,郑小玲,等. 关于焊接残余应力形成机制的探讨[J]. 焊接学报,2003,24(2):51-58.

BFe10-1-1、BFe30-1-1与异种金属焊接工艺及裂纹分析

曹志明
上海市特种设备监督检验技术研究院，上海　200062

摘　要：本文简要介绍某海洋工程项目海水换热器中铁白铜BFe10-1-1、BFe30-1-1与异种金属的焊接工艺评定试验，分析了工程中焊接裂纹发生的原因，并从结构设计、工艺文件、质量保证等方面提出改进措施，保障在不预热的条件下焊接并得到优质的焊接接头，保证了工程的质量。铁白铜及其复合板容器制造的关键是防污染工作，严禁施焊过程中的杂质进入焊缝区。防污染工作应从容器设计开始并贯穿整个制造过程，焊接结构设计应考虑施焊时能最大限度避免焊接飞溅。

关键词：Bfe10-1-1；BFe30-1-1；异种金属；焊接；裂纹

0　引言

BFe10-1-1、BFe30-1-1具有很好的抗海水腐蚀的能力，价格比镍基合金低的多。目前，BFe10-1-1、BFe30-1-1越来越多地被应用于海洋工程及相关容器。

2000年起，某公司承接海洋工程制冷设备研制工作。该换热器由于海洋环境的限制，采用海水冷却，因海水有很强的腐蚀性，故设计单位决定海水侧采用BFe30-1-1材料制造。该换热器直接用海水冷却，海水侧压力为5.0 MPa，属类外容器。但因使用环境特殊，制造质量要求很高，焊接质量必须确保万无一失。该换热器制造中涉及铁白铜（BFe30-1-1、BFe10-1-1）、0Cr18Ni9、16MnR、TP2等材料，而有关BFe30-1-1及其复合板与异种金属焊接的技术资料和报道较少，因此，几年来我们进行了一系列焊接工艺评定和焊工考试，选择合理的工艺，并解决了生产过程中出现的焊接裂纹问题，使项目达到设计的要求。在设备研制过程中，曾出现过两次BFe10-1-1、BFe30-1-1与异种金属焊接裂纹。而且这两次裂纹都是出现在成功地焊接了数件产品之后，使人颇感疑惑。我们认为很有必要弄清产生焊接裂纹的原因，及时解决问题。

1　铁白铜与异种金属焊接工艺评定情况

1.1　铁白铜材料的性能简介

BFe30-1-1、BFe10-1-1系加入少量Fe的铜镍合金，也被称为铁白铜，其含镍量分别为30%、10%。镍无限固溶于铜，白铜具有单一的α相组织。其导热率稍大于碳钢，可焊性和抗裂性尚可，一般不需预热[1]。它具有很好的抗海水腐蚀的能力和较好的综合力学性能。

作者简介：曹志明，1965年出生，男，高级工程师，长期从事压力容器设计、焊接技术和质量保证工作。

因此，被应用于海洋工程，如用海水冷却的换热装置。该 BFe30-1-1 材料的化学成分及机械性能见表 1 和表 2。

表 1　BFe30-1-1 的化学成分

序号	Ni	Fe	Mn	Pb	S	C	Si	P	Zn	Sn	Cu
标准值	29.0～32.00	0.5～1.0	0.5～1.2	0～0.02	0～0.01	0～0.05	0～0.15	0～0.006	0～0.3	0～0.03	余量
1	31.04	0.61	0.76	0.004	0.005	0.028	0.006	0.001	0.002	0.005	余量
2	30.95	0.52	0.85	.0004	0.006	0.012	0.003	0.000	0.016	0.002	余量
3	30.79	0.66	0.89	0.005	0.002	0.019	0.005	0.006	0.005	0.003	余量

表 2　BFe30-1-1 的机械性能

序号	抗拉强度 R_m MPa	延伸强度 $R_{p0.2/0.5}$ MPa	断面收缩率 ψ %	硬度 HB
1	396	210	40	104
2	385	133	44	93
3	434	180	43	—

1.2　焊接方法和焊材的选择

对接焊缝、BFe30-1-1/16MnR 复合板对接焊缝及组合焊缝采用手工焊条电弧焊，BFe30-1-1 换热管与 BFe30-1-1/16MnR 复合板、TP2 换热管与 BFe30-1-1/16MnR 复合板角焊缝采用手工钨极氩弧焊。

铁白铜 BFe10-1-1、BFe30-1-1 与 16MnR 相比，熔点低，热导率和膨胀系数大，BFe10-1-1、BFe30-1-1 与 16MnR 异种金属焊接有热裂纹倾向。根据这一特点，16MnR 与 BFe30-1-1 异种金属焊接选用与 BFe30-1-1、16MnR 都具有良好焊接性的焊材作为过渡，而镍基焊条具备这一条件，选用 AWS A 5.11/ASME SFA 5.11 ENi-1 焊条焊过渡层。BFe30-1-1 材料的焊材选择主要考虑“等成分原则”[2,3]，以满足耐腐蚀要求，选用 AWS A 5.6/ASME SFA 5.6 ECuNi 焊条；BFe30-1-1/16MnR 复合板过渡层采用高镍焊条，选用 AWS A 5.11/ASME SFA 5.11 Eni-1 焊条；基层 16Mn 用“等强原则”，选用 E5015 焊条。焊条的化学成分、机械性能见表 3～表 5。

表 3　ECuNi 焊条的化学成分

规格	Ni	Fe	Mn	Pb	S	C	Si	P	Zn	Sn	Cu
ϕ3.2	32.3	0.59	1.1	0.014	0.003	0.026	0.015	0.002	0.002	0.004	65.5
ϕ4	32.6	0.62	1.1	0.014	0.003	0.02	0.016	0.001	0.002	0.005	65.2

表 4　ENi-1 焊条的化学成分

规格	Ni	Fe	Mn	Nb	S	C	Si	P	Ti	Al	Cu
ϕ3.2	96.1	0.05	0.33	0.01	0.001	0.028	0.08	0.002	3.2	0.006	0.01
ϕ4	95	0.25	0.43	0.01	0.003	0.04	0.016	0.001	3.18	0.27	0.01

表 5 焊条的机械性能

焊条	抗拉强度 R_m/MPa	延伸强度 $R_{p0.2/0.5}$/MPa	断面收缩率 ψ/%	冲击功(−30 ℃) A kv/J
ECuNi	420	270	57	115
ENi-1	420	240	30	140,170

1.3 焊接工艺评定标准和工艺评定项目的确定

BFe30-1-1 没有现成的工艺评定标准，根据我们掌握 BFe30-1-1 材料的焊接性，我们与设计方、业主研究商定，对接焊缝、组合焊缝及堆焊的工艺评定参照 JB 4708 进行，换热管与管板的工艺评定按照 GB 151 的附录 B 进行。进而确定工艺评定项目及试验要求、数量，有关异种金属焊接工艺评定详见表 6。

表 6 与 BFe30-1-1 相关的工艺评定项目及试验要求、数量

序号	母 材	厚度	焊缝类型	焊接方法	试验项目取样数量						
					外观	宏观金相	RT	抗拉	冷弯 (4S 180°)	冲击	化学成分
1	BFe30-1-1/ 16MnR 复合板	22/22	对接	SMAW	1	—	1	2	4	6	—
2	BFe30-1-1＋16MnR	19/40	对接	SMAW	1	—	1	2	4	6	—
3	TP 管＋BFe30-1-1 复合板管板	1/40	角焊缝	GTAW	1	8	—	—	—	—	—

1.4 焊接工艺评定简介

对 BFe30-1-1 之间、BFe30-1-1＋16MnR 等焊接工艺评定的细节已有专文详述[4,5]

1.4.1 BFe30-1-1/16MnR 复合板对接焊接工艺评定

(1) 简图(见图 1)

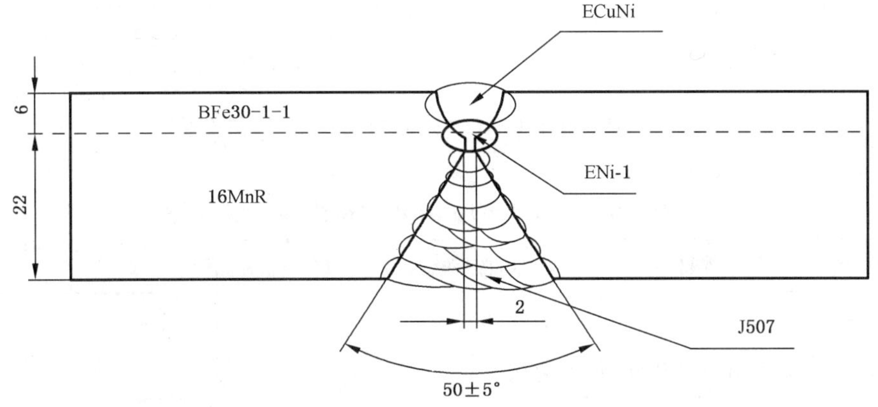

图 1 BFe30-1-1/16MnR 复合板对接工艺简图

(2) 焊接工艺参数(见表7)

表7 BFe30-1-1/16MnR 复合板对接焊接工艺参数

焊道	焊材	极性	I/A	U/V	v/(cm/min)
1～4	E5015 ϕ3.2	直流反接	120～130	19～21	13～16
5～7	E5015 ϕ4.0	直流反接	180～200	21～23	13～15
8～14	ENi-1 ϕ3.2	直流反接	90～105	18～20	13～15
15～21	ECuNi ϕ3.2	直流反接	95～105	19～21	14～16
22～23	E5015 ϕ4.0	直流反接	180～200	21～23	13～15

(3) 评定结果(见表8和表9)

表8 BFe30-1-1/16MnR 复合板对接焊接工艺无损检测测试结果

外观检查	无裂纹、未焊透、未熔合等缺欠	
NDT:100%RT	标准	JB 4730—1994
	结果	Ⅰ

表9 BFe30-1-1/16MnR 复合板对接焊接工艺力学性能测试结果

σ_b/MPa	断口部位	冷弯(4S 180°)		冲击 Akv/J 10×10×55	
		面弯	背弯	焊缝中心	HAZ
545,560	焊缝	2块,无裂	2块,无裂	81/95/95	63/67/64

1.4.2 BFe30-1-1+16MnR 对接焊接工艺评定

(1) 简图(见图2)

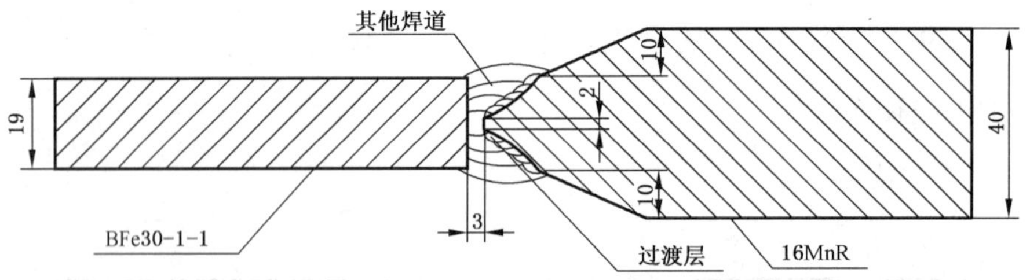

图2 BFe30-1-1+16MnR 对接焊接工艺简图

(2) 焊接工艺参数(见表10)

表10 BFe30-1-1+16MnR 对接焊接工艺参数

焊道	焊材	极性	I/A	U/V	v/(cm/min)
打底和过渡层	ENi-1 ϕ3.2	直流反接	90～100	18～20	13～15
第二过渡层	ENi-1 ϕ4.0	直流反接	115～130	18～20	14～16
其他填充焊道	EcuNi ϕ4.0	直流反接	120～135	19～21	14～16

(3) 评定结果(见表 11 和表 12)

表 11 BFe30-1-1+16MnR 对接焊接工艺无损检测测试结果

外观检查	无裂纹、未焊透、未熔合等缺欠	
NDT:100%RT	标准	JB 4730—1994
	结果	Ⅰ

表 12 BFe30-1-1+16MnR 对接焊接工艺力学性能测试结果

试样厚度	σ_b/MPa	断口部位	冷弯(4S 180°)		冲击 A kv/J 10×10×55	
			面弯	背弯	焊缝中心	HAZ
19	430,420	HAZ	2 块,无裂	2 块,无裂	158/138/130	190/184/190(Bfe30-1-1 侧) 50/52/58(16Mn 侧)

1.4.3 BFe30-1-1 换热管、TP2 换热管与 BFe30-1-1/0Cr18Ni9 复合板

采用不填丝 GTAW,按 GB 151—2000 的附录 B 评定合格,详情已另有专文叙述[6]。焊接工艺参数见表 13。

表 13 不同焊接工艺参数比较

换热管	焊接方法	极性	I/A	U/V	v/(cm/min)
TP2	不填丝 GTAW	直流正接	50~55	10~12	8~9
BFe30-1-1	不填丝 GTAW	直流正接	45~50	10~12	8~9

2 制造过程中出现的焊接裂纹及其对策

2.1 制造过程中出现的焊接裂纹的情况简介

在制造过程中,出现过两次焊缝开裂的情况。第一次是一根 BFe10-1-1 管子对接接头热裂纹,而采用同样工艺的其他 BFe10-1-1 管子对接接头均未出现裂纹。第二次是 BFe30-1-1 封头与 16MnR 法兰焊接,4 个部件中有 3 件完好,1 件出现裂纹。

2.2 焊接裂纹的原因

铁白铜是铜镍合金,显微组织为单一的 α 相组织,加热和冷却过程中不发生相变,不会产生淬硬组织,不易发生冷裂纹。铁白铜含有较多的合金元素,与铅、铋、硫等有害杂质易形成低熔共晶,在焊接熔池冷却过程中较为纯净的金属先结晶,低熔共晶则留于枝状晶交界处,形成“液态薄膜”,而铁白铜的热膨胀系数高于碳钢,焊接过程中变形较大,易产生较大的焊接应力,在较大的拉应力作用下,“液态薄膜”被拉开,形成焊接热裂纹。

经调查,BFe10-1-1 管子对接接头热裂纹的焊接工艺符合工艺规程,我们将裂纹一侧的管子取样,进行化学成分检测,结果显示 Pb 含量为 0.085%,远大于标准值 0.02%。研究表明 BFe10-1-1 管子对接接头热裂纹是由于管子 Pb 杂质含量过高,形成低熔共晶引起的。更换管子后焊接,焊缝质量良好,焊接接头符合设计要求。

BFe30-1-1 封头与 16MnR 法兰焊接裂纹是由于焊工操作不慎,在用 J507 焊接 16MnR

时，飞溅在 BFe30-1-1 侧又未清理干净，造成铁离子污染，使局部铁离了浓度过高，引起裂纹。此外，结构设计和焊接接头也未考虑异种金属焊接时应最大限度避免铁离子污染。

找出原因后，我们认真制定焊接返修工艺规程，采取合理措施，严禁施焊过程中的杂质进入焊缝区。返修后符合质量要求。

2.3 结构和工艺改进建议

我们提出了改进 BFe30-1-1 封头与 16MnR 法兰焊接结构的建议，使焊工施焊时尽量避免铁白铜的污染，收到较好的效果。通过这件事情，我们认为在一些压力容器结构设计时，应根据容器的特点、结合其材料特点进行，焊接工程师应参与焊接结构的设计或会审。目前，压力容器设计人员在焊接方面的知识往往比较欠缺，应加强与有经验的焊接工程师交流，可避免不少不必要的失误；焊接专业人员也应注意设计方面知识的学习，了解设计的意图、需求以及设计工作的特点，以更好地解决工程中的问题。

同时，修改工艺和质量文件。在投料前增加材料复验控制环节，增加对铁白铜的化学成分分析。

BFe30-1-1 与 16MnR 焊接工艺中明确基层焊接后焊后清理工序，并增加检验控制环节，合格后方可进行过渡层、覆层的焊接。

2.4 焊接工艺要点

(1) 铁白铜易产生热裂纹，必须严格控制 S、P、Pb 等杂质，认真做好焊前和焊后清理工作，工作场地要保持清洁干燥，要有专用场地工装，防止 BFe30-1-1 被污染。

(2) 铁白铜具有单一的 α 相组织，加热过程中晶粒长大，冷却过程中没有相变，不能用热处理细化晶粒，焊接时应尽量减少焊接热输入量，防止重复加热。

(3) 铁白铜复合板及与异种金属焊接时，过渡层用小直径焊条、小线能量焊接，过渡层至少焊两层，以降低熔合比，防止接头性能恶化。

(4) 铁白铜复合板与异种金属焊接时，应采取合理措施，严禁施焊过程中的杂质进入焊缝区。

3 结论

(1) 铁白铜及其复合板焊接前应严格控制母财和焊材的质量，尤其要严格控制材料中的 S、P、Pb 等杂质，必要时应进行复验。

(2) 铁白铜及其复合板容器制造的关键是防污染工作，严禁施焊过程中的杂质进入焊缝区。

(3) 铁白铜及其复合板容器制造的防污染工作应从容器设计开始并贯穿整个制造过程，焊接结构设计应考虑施焊时能最大限度避免焊接飞溅进入 BFe30-1-1 区域。

(4) 铁白铜及其复合板焊接应尽量减少焊接热输入量，防止重复加热。

(5) 只要采用合理的焊接工艺，严格控制材料中的 S、P、Pb 等杂质，BFe30-1-1 及其复合板可以在不预热的条件焊接并得到优质的焊接接头。

(6) 2000 年起，按经评定合格的焊接工艺制造的 8 台机组已在海洋工程中服役，焊接接头符合设计要求，说明经评定合格的焊接工艺是合理可行的。

参 考 文 献

[1] 中国焊接学会主编.陈剑虹等.《焊接手册》[M]，第二册，机械工业出版社.

[2] 全国压力容器标准化技术委员会编.戈兆文等. JB 4708—2000《钢制压力容器焊接工艺评定》标准释义[S].2000.

[3] 哈尔滨焊接培训中心.王林，徐林刚等.国际焊接工程师过渡期资格转换培训教材[M].2000.

[4] 曹志明，顾福明，虞菊生.海水换热器 BFe30-1-1 焊接工艺评定试验[J]. 焊接技术，2003(4).

[5] 张亚余，顾福明. 16MnR 低合金钢与 BFe30-1-1 异种材料的焊接[J].焊接，2005(8).

[6] 顾福明.换热器管子与复合板焊接工艺研究[J].焊接技术，2002.(3).

[7] 曹志明.容器质保中超出标准范围的若干问题之处理[C].第十次全国焊接会议论文集 H-Ⅶ-007-2001.

LPG 球罐焊接裂纹分析

谭伟[1],田丽芳[1],闫琪[1],艾婵[2]
1. 北京市特种设备检测中心,北京 100029
2. 武汉工程大学,武汉 430205

摘 要:依据 LPG 球罐焊接裂纹典型案例,以故障树的形式对 LPG 球罐焊接裂纹的影响因素进行分析,推断出 LPG 球罐细小的氢致延迟裂纹容易漏检,为避免氢致延迟裂纹产生,建议在 LPG 球罐制造安装时增加焊接性考核项目。

关键词:焊接裂纹;故障树;LPG 球罐;失效分析

0 引言

LPG 球罐属大型焊接结构,室外焊接组装要求球壳板钢材具有优良的焊接性能和低温韧性,在免预热或预热 50 ℃左右条件下能保证不产生焊接裂纹。列入 GB 150 中的球壳板钢材钢号包括国内的 Q345R(16MnR)、16MnDR、15MnNbR、07MnCrMoVR(WDL610D)、07MnNiCrMoVDR(WDL610E),国外的 CF-62、FG-43、SPV50Q 钢等。就焊接质量保证而言,要求球壳板具有低碳、微合金化、低焊接裂纹敏感性、免预热焊接等特征。

LPG 球罐球壳板厚度通常不低于 30 mm,从焊接角度看,属于厚板焊接;大型焊接结构的室外(野外)焊接施工条件相对比较恶劣,对焊工要求较高,难以做到百分百地严格执行焊接工艺要求。有鉴于此,实际施工过程中,在免预热或预热 50 ℃左右条件下保证不产生焊接裂纹实际上很难达到。

1 LPG 球罐焊接裂纹典型案例

1.1 案例一[1]

某地石油炼油厂有 1 台 400 m^3 液化气球罐,直径 9.2 m,板厚 40 mm,设计压力 22 kgf/cm^2(约 2.156 MPa),操作压力 16 kgf/cm^2(约 1.568 MPa),水压试验 30 kgf/cm^2(约 2.94 MPa)。采用西德蒂森公司生产的 FG43 钢板,球罐施焊后经过 25%探伤检查后,1977 年8 月 4 日进行水压试验(由于某些原因,在没有热处理前进行了水压试验,试验介质为生活用水,水温为常温),当升压至 24 kgf/cm^2(约2.352MPa)时,发生像小石子打到球壳板上的清脆声响,发现下温带环焊缝下部母材处有一点漏水,经超声波探伤发现该母材区有

基金项目:国家质量监督检验检疫总局科技计划项目“大型 LPG 球罐典型失效模式与风险分析方法研究”
作者简介:谭伟,1968 年出生,男,教授级高工,博士。

1 条90 mm长穿透裂缝产生，位置垂直于纵焊缝。后用碳弧气刨铲除裂缝，按焊接工艺补焊，焊缝长 200 mm，宽 45 mm，焊后进行超声波探伤，未发现问题。又于 1977 年 8 月 11 日进行第二次水压试验，当压力升至 14 kgf/cm^2（约 1.372 MPa）时，发生巨大响声，在球罐外面原补焊焊道附近又发现 3 处穿透裂缝，其长度分别为 30 mm、70 mm、90 mm，经过分析，发现裂纹产生于母材区，终止于焊道。该球罐停用，未造成严重后果。

1.2 案例二[1]

某地电机厂一台 1 000 m^3 LPG 球罐，设计压力 14 kgf/cm^2（约 1.372 MPa），工作压力 8 kgf /cm^2（约 0.784 MPa），材质采用 14MnVTiRe（C，Mn，Si 含量偏高），选用 J557 焊条施焊，焊接后未用 100%超声波探伤及磁粉检查，X 射线抽查后，认为质量合乎要求。当进行水压试验时（1.25 倍设计压力），球罐发生爆破，起爆点位于焊接组块部位（装配时对组装块施焊没有预热），裂缝长 3 m，两端终止于焊缝处。事故发生后，采用两块成型后的 14MnVTiRe 母材沿裂缝方向放置进行补焊，补焊尺寸为 6 m×1.5 m，焊后进行超声波探伤。由于起爆点为组装块搭焊处，对整个球罐的两千余个搭接处均作磁粉探伤，发现 80%的部位有裂纹产生。裂纹看来是焊后形成，经水压试验后向母材扩展，有的裂纹几乎要裂穿。

2 LPG 球罐焊接裂纹损伤故障树

根据焊接冷、热裂纹研究成果，结合 LPG 球罐实际使用过程中出现的焊接裂纹问题，确定了可能引起焊接裂纹的各种影响因素，建立 LPG 球罐焊接裂纹失效故障树，见图 1。

LPG 球罐焊接裂纹失效各中间事件和底事件见表 1 和表 2，LPG 球罐焊接裂纹失效事件与中间事件、底事件相互之间的逻辑关系表述如下：

M5＝M10＋M11

M10＝M18＋M19×M20×M21

M18＝X18×X19

M19＝X20＋X21

M20＝X22×X23×X24＋M32

M21＝（M33＋X25＋X26）×X27×X28

M19×M20×M21＝（X20＋X21）×（X22×X23×X24＋M32）×（M33＋X25＋X26）×X27×X28

M32＝X54＋X55＋X56

M33＝（X57＋X58＋X59）×X60×X61

M11＝M20×M22

M22＝M34×X29

M34＝X62＋X63

由上述逻辑关系可知，LPG 球罐焊接裂纹失效 M5 可分为两类：焊接冷裂纹 M10 和焊接热裂纹 M11。

研究表明，当 HAZ 最高硬度≥330 HV10（M18）时，根部冷裂纹将不可避免[2]，母材含碳量≥0.09Wt%（X18）和现场组焊时冷却速度过快（X19）是造成 M18 的两个重要原因。

焊接冷裂纹(M10)的产生通常是焊接接头脆化组织(M19)、拘束应力(M20)和氢含量高(M21)共同作用的结果。对于Q345R(16MnR)而言,脆化组织主要指过热区或熔合区中的魏氏体(X20);对于CF62等低合金高强钢而言,主要指HAZ中粗大的马氏体和贝氏体(X21)。拘束应力(M20)既与组装质量(M32)有关,又是坡口型式(X22)、厚板(X23)和环境温度(X24)的函数。氢含量(M21)受控于焊接材料扩散氢含量(M33)、是否进行了焊前清理(X25)、焊接施工时空气湿度(X26)、预热或层间温度是否达标(X28)、焊后是否进行了热处理或消氢处理(X27);其中,M33来源于焊条或焊剂或保护气体中的吸附水和结晶水(X57~X59)并受烘干温度(X60)和焊材库温湿度(X61)影响。

焊接热裂纹(M11)的产生取决于拘束应力(M20)和低熔点共晶薄膜(M22)。当液态焊缝金属中C、O、S等元素局部超标(M34)时,易与Fe或Ni形成低熔点共晶薄膜,在拘束应力(M20)的作用下,在低熔点共晶薄膜处开裂,焊接线能量越大(X29),低熔点共晶薄膜越容易形成并且存在时间越长,裂纹敏感性越高。

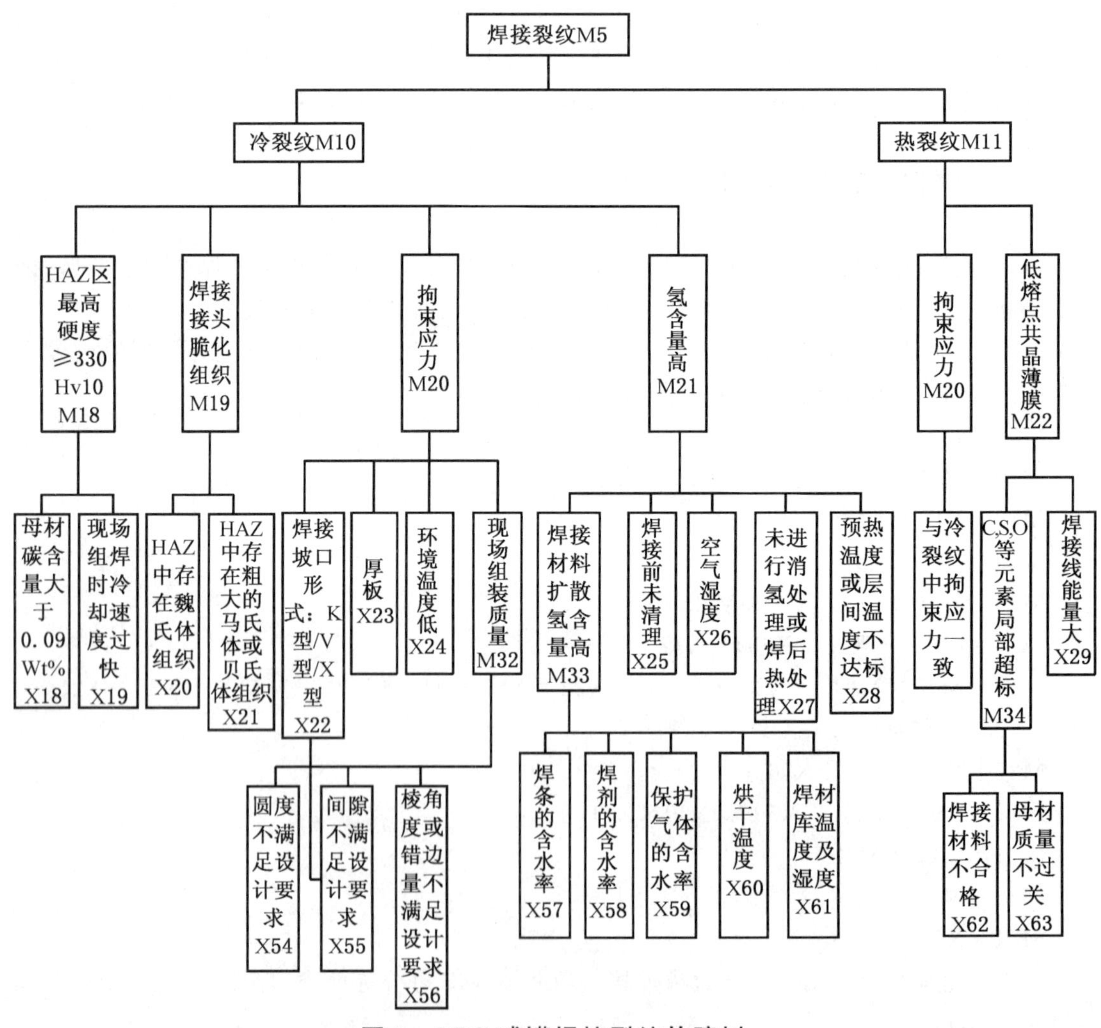

图1 LPG球罐焊接裂纹故障树

表 1 LPG 球罐焊接裂纹失效树中间事件

中间事件代号	中间事件	中间事件代号	中间事件
M10	冷裂纹	M21	氢含量高
M11	热裂纹	M22	低熔点共晶薄膜
M18	HAZ 最高硬度≥330HV10	M32	现场组装质量
M19	焊接接头脆化组织	M33	焊接材料扩散氢含量高
M20	拘束应力	M34	C、O、S 等元素局部超标

表 2 LPG 球罐焊接裂纹失效树底事件

底事件代号	底事件	底事件代号	底事件
X18	母材含碳量≥0.09Wt%	X35	介质未脱水
X19	现场组焊时冷却速度过快	X54	圆度不满足设计要求
X20	HAZ 中存在魏氏体组织	X55	间隙不满足设计要求
X21	HAZ 中存在粗大马氏体或贝氏体组织	X56	棱角度和错边量不满足设计要求
X22	焊接坡口形式 K 型/V 型/X 型	X57	焊条的含水率
X23	厚板	X58	焊剂的含水率
X24	环境温度低	X59	保护气体的含水率
X25	焊接前未清理	X60	烘干温度
X26	空气湿度	X61	焊材库温度及湿度
X27	未进行消氢处理和焊后热处理	X62	焊接材料不合格
X28	预热温度和层间温度不达标	X63	母材质量不过关
X34	水相中 Cl^- 含量高		

3 LPG 球罐焊接裂纹损伤模式分析

裂纹的形态和分布特征是很复杂的：有焊缝的表面裂纹；有热影响区(HAZ)的横向、纵向裂纹；有焊缝和焊道下的深埋裂纹；也有在弧坑处出现的弧坑裂纹，见图 2。

LPG 球罐焊接裂纹按裂纹产生的本质来分，大体上可分为冷裂纹和热裂纹两类，具体而言主要是指氢致延迟裂纹和结晶裂纹。下面主要就 FG43 钢制 LPG 球罐氢致延迟裂纹的形成机理进行分析。

FG43 钢系从德国(原西德)进口的含 C 量 0.16Wt%～0.18Wt%的 Mn-V-N 型正火细晶粒高强度钢，屈服强度 R_{eL} 不低于 400 MPa。有研究表明[3]：FG43 钢球壳板热成型温度 850 ℃～900 ℃为宜，高于 950 ℃，缺口冲击韧性显著恶化；FG43 钢在 200 ℃～300 ℃温度区间具有热应变脆化倾向；焊后消应力处理规范：(560 ℃±25 ℃)×1.5 h，625 ℃～427 ℃冷却速度 30 ℃/h～50 ℃/h，因应力松弛主要在缓慢加热过程中进行，保温期间应力释放较少，所以加热速率不宜过快。

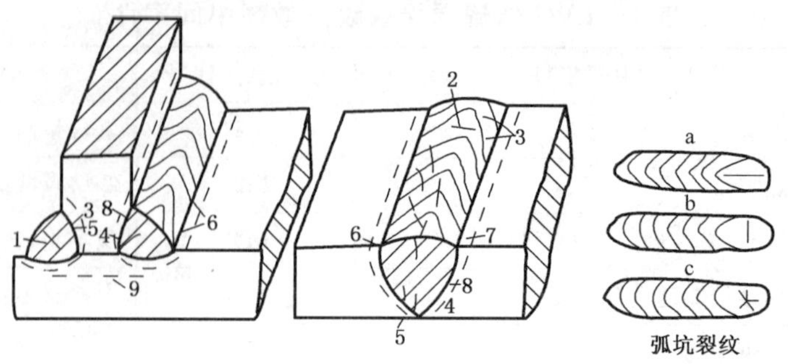

说明：

1——焊缝中的纵向裂纹与弧形裂纹；

2——焊缝中的横向裂纹；

3——熔合区附近的横向裂纹；

4——焊缝根部裂纹；

5——近缝区根部裂纹；

6、7——焊趾处纵向裂纹；

8——焊道下裂纹；

9——层状撕裂；

a——弧坑纵向裂纹；

b——弧坑横向裂纹；

c——弧坑星形裂纹。

图 2　焊接裂纹示意图

20 世纪 70 年代，我国采用该钢制造了相当多的 LPG 球罐。该钢的碳当量 $C_{eq}=0.495\%$，焊接性一般，钢材本身的冷裂倾向较大。下面主要结合案例一分析 FG43 钢制球罐氢致延迟裂纹产生的原因。

3.1　球壳板局部过热导致的脆化

通过破裂处取样检测，发现案例一中的球罐有 19 块球壳板过热并有局部过烧现象，球壳板内表面脱碳严重，金相组织改变，珠光体组织含量很少，晶粒粗大；冷弯试验呈 30°角断裂，断口平直[1]。

上述结果表明：FG43 球壳板在热成型过程中未能将温度控制在 850 ℃～900 ℃范围内，局部过热导致了 FG43 球壳板韧性显著降低。

3.2　拘束应力较大

钢板厚度 40 mm，属厚板焊接，母材对焊缝的拘束度大。即使在自由状态下焊接，焊接接头中的存在三向应力，局部甚至可能存在三向拉应力，处于平面应力状态。

施工中强制组装，在拼装过程中，为了减少错边量，往往使用千斤顶、倒链等生拉硬顶，进行强制组装，使焊缝出现了过大的角变形。案例一中球罐有的角变形竟达到 18 mm，大大超过了≤10 mm 的设计要求[1]。当角变形较大时，产生的附加弯曲应力接近材料的屈服强度。

案例二中的球罐组装块采用搭焊接头，应力集中显著，该处容易开裂。

3.3 氢的影响

为控制扩散氢含量,LPG 球罐焊接要求采用超低氢型焊接材料。在我国,采用高韧性超底氢的 J507B(含 Ni 的 E5015)或 J557(含 Ni 的 E5515)焊条居多。

案例一由于某些原因,没有按工艺要求进行焊后热处理,焊后残留在焊缝中的扩散氢未能通过焊后热处理逸出焊缝表面。

按照 Troiano[4] 提出的"氢的应力扩散理论":在焊接热应力、相变应力和外部拘束应力的作用下,在热影响区或焊缝上会出现一些微观缺陷(裂纹源),并形成应力集中的三向应力区,氢极力向这个区扩散,于是应力也随之提高。当三向应力区中氢的浓度达临界值时,裂纹又进一步扩展,这个过程是间隙式进行的。由此看来,氢所诱发的裂纹,从潜伏、萌生、扩展直至断裂是需要时间的,因此具有延迟特征。

案例一前后两次水压试验出现的裂纹具有低应力脆性断裂特征,并且非焊后立即出现,具有延迟性。上述特征与氢致延迟裂纹特征吻合。

3.4 缺陷漏检的影响

对 LPG 球罐裂纹等危害性缺陷检测,中高度有效以上的无损检测方法包括湿法荧光磁粉检测、射线检测、TOFD 等超声波检测以及宏观检测等。上述无损检测方法由于受灵敏度所限,目前主要用于毫米量级以上的宏观缺陷的探测;对于微米量级的细观裂纹的检测无能为力,漏检这部分细小裂纹不可避免。

研究表明[4]:对于具有较大拘束度的厚板焊接,即使是采用高韧性超低氢型焊接材料,如果工艺执行不到位,仍有可能产生细小的氢致延迟裂纹。

为避免细观层次的氢致延迟裂纹产生,仅靠焊接工艺评定合格是不充分的,需要增加焊接性考核项目,如斜 Y 坡口焊接裂纹试验、窗形拘束裂纹试验、焊后热处理再热裂纹试验等,以确保在球罐现场组焊条件下不产生焊接裂纹(含延迟裂纹)。

实际上,漏检的 LPG 球罐裂纹状缺陷在某些条件下(如空载等)不会扩展,仅作为隐患存在;但一旦达到临界条件,必然扩展,甚至断裂,造成灾难性严重后果。

4 LPG 球罐焊接裂纹预防措施

案例一和案例二中的球罐建造于 20 世纪 70 年代,受当时条件制约,对 FG43 等球壳板的焊接性、热处理特性、无损检测方法及其探伤比例确定,甚至水压试验等项目的认识不够深入,甚至存在偏差;质保体系不够完善,球罐在制造和使用过程中出现裂纹是大概率事件。

根据 LPG 球罐故障树和焊接裂纹模式分析结果,参考球罐制造安装最新研究结果,提出如下预防球罐焊接裂纹建议:

4.1 控制球罐组装质量,降低焊接拘束应力

拘束应力(M20)既与组装质量(M32)有关,又是坡口型式(X22)、厚板(X23)和环境温度(X24)的函数。在确定了坡口型式、板厚、环境温度等因素后,组装质量是决定拘束度的主要影响因素。按赤道带组装→下温带组装→上温带组装→极带组装→组装后精调的操作顺

序进行组装,不得强制组装,保证组装间隙(特别是环焊缝间隙)满足球罐组装质量要求。

4.2 增加现场安装焊接抗裂性试验项目

现场安装前,模拟实际焊接条件,增加斜Y坡口焊接裂纹试验、窗形拘束裂纹试验等较为严格的、能反映实际焊接条件的抗裂性试验项目,除对焊前预热温度进行进一步确认外,应对焊缝横截面进行金相检查,以确认无尺寸1 mm以下的细小裂纹产生。

4.3 现场组焊的焊接工艺评定与焊缝返修工艺评定

现场组焊的焊接工艺评定应充分考虑现场焊接条件,应该比工厂制造组焊的焊评更严格。

焊缝返修工艺评定应考虑立焊、横焊、平仰焊、仰平焊4种焊接位置。

4.4 球罐现场焊接

严格按照LPG球罐现场组焊焊接工艺规程和焊接工艺过程卡的规定执行。

确定焊接顺序的原则是先焊纵缝、后焊环缝,先从大面坡口侧焊接,清根渗透检测合格后,再从小面坡口侧焊接。具体焊接顺序:赤道带立缝→上温带立缝→上温带环缝→下温带立缝→下温带环缝→上极带环缝→下极带环缝。

因故中断焊接时,立即进行消氢后热处理,继续施焊前仔细检查确认无裂纹后再按原焊接工艺施焊。

4.5 球罐组焊后无损检测

MT、RT、UT、TOFD等无损检测方法按NB/T 47013有关规定执行。

(1) 磁粉检测(MT):对球罐内外表面焊接接头(包括接管角焊缝、柱脚角焊缝、支撑板角焊缝、建造时可见临时焊点、疤痕)等表面及两侧50 mm范围进行100%磁粉检测。发现的表面及近表面裂纹缺陷及相关磁痕堆积显示,均应揭膜或拍照存档,严重部位应进行金相分析和硬度测量。

(2) 射线检测(RT):球罐全部T、Y型焊接接头及返修部位。若发现超标缺陷,使用TOFD或超声相控阵方法进行记录。

(3) 超声波检测(UT):赤道带纵焊缝及建造时返修部位。若发现超标缺陷,使用TOFD或超声相控阵方法进行记录,并用射线检测复验。

由内表面对球罐柱腿与球壳板连接部位进行超声检查,检查此处是否存在层状撕裂。

4.6 裂纹的返修处理

在无损检测、焊后整体或局部热处理、水压试验与气密性试验等过程中发现的裂纹,一律按评定合格的焊缝返修工艺进行消除。

5 结论

(1) LPG球罐焊接裂纹分为冷裂纹和热裂纹两类;焊接冷裂纹是组织脆化、拘束应力较大和氢含量较高共同作用的结果;焊接热裂纹的产生取决于拘束应力和低熔点共晶薄膜。

(2) LPG 球罐焊接裂纹故障树可以清楚表述焊接裂纹失效事件与中间事件、底事件相互之间的逻辑关系,有助于深化对 LPG 球罐焊接裂纹的认识。

(3) LPG 球罐细小的氢致延迟裂纹容易漏检,需要引起高度重视。

参考文献

[1] 内部资料. LPG 球罐典型事故案例.

[2] 强天鹏著. 压力容器检验, 北京:新华出版社,2008,p351.

[3] 内部资料. FG-43 钢建造和修复球罐中的几个问题的研究, 1982.

[4] 铃木春义著,清华大学焊接教研组译. 钢材的焊接裂纹.

变压吸附(PSA)装置吸附塔泄漏原因分析

范楠子,郝伟
大连市锅炉压力容器检验研究院,大连　116013

摘　要:变压吸附(PSA)装置吸附塔是制氢装置中的关键设备,长期承受交变载荷,疲劳失效是主要的失效模式。近年来,国内多家石化及煤化工行业制氢装置 PSA 吸附器在远未达到设计寿命情况下发生开裂泄漏事故。本文针对某石油炼化厂一台 PSA 吸附器在定期检验后两个月发生开裂泄漏现象及其维修过程,结合多起变压吸附器开裂的事故分析,对 PSA 吸附器的定期检验工作提出了建议,并给出了维修监督检验中的注意事项,为吸附塔制造、使用、检验单位提供参考。

关键词:变压吸附;疲劳失效;开裂;定期检验

0　引言

变压吸附(PSA)装置吸附塔是制氢装置中的关键设备,其基本原理是利用吸附剂对不同气体的吸附容量、吸附力、吸附速度随压力的不同而有差异的特性,在吸附剂选择吸附的条件下,加压吸附混合物中的易吸附组分(通常是物理吸附),当吸附床减压时,解吸这些吸附组分,从而使吸附剂得到再生。采用两塔或多塔交替循环操作,实现工艺过程的连续[1]。

1　吸附塔泄漏情况

近年来发现,多数变压吸附塔在未达到设计使用寿命时就发生开裂泄露事故。某石油炼化厂一台 PSA 吸附器 2009 年 3 月投入使用,2012 年 7 月进行了首次检验,未卸剂,只进行了外检,未发现任何缺陷。2015 年 2 月末进行再次定期检验,未卸剂,宏观检验与测厚均未发现任何问题,对上、下封头与筒体连接的焊缝进行了 UT 检测,检测结果合格。两个月后下封头发生泄漏现象,去掉防火层之后,发现进气口外接接管 N2 与下封头嵌入式焊接的焊缝有一条长 260 mm 的裂纹,如图 1 所示。

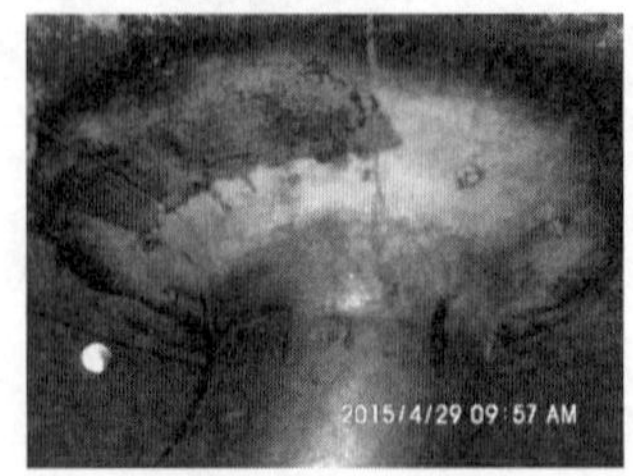

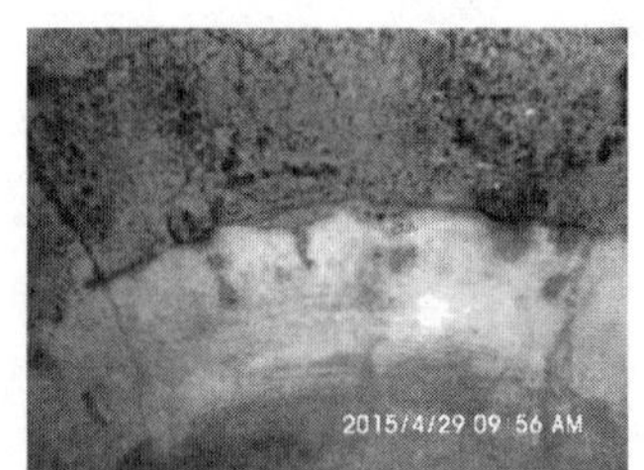

图 1　下封头裂纹情况

作者简介:范楠子,1985 年出生,女,硕士,工程师,检验员,主要从事压力容器监督检验工作。

2 变压吸附塔基本情况

此台吸附塔为裙座支撑的立式容器，容器类别为Ⅱ类(按 TSG R0004—2009 类别为Ⅲ类)[2]，壳体材料为16MnR(等同于 GB 713—2014 中的 Q345R)[3]。按照 JB 4732—1995[4]进行设计。其主要参数见表1。

表1 PSA吸附塔主要参数

主体规格	内径/mm	2 800
	壁厚/mm	30
	全容积/m^3	45.8
设计参数	设计压力/MPa	2.53
	设计温度/℃	70
	介质	重整气、尾气
运行参数	工作压力/MPa	−0.1～2.3
	最高/最低工作温度/℃	50/35
	操作总重/kg	70 465

3 泄漏原因分析

3.1 运行工况检查

根据设备操作手册及设计制造单位给出的相应操作规范，实际压力循环过程中的波动和压力周期频次都未超出操作规定的相应值，操作工况也未超出设计给出的限定值。基本可以排除是由于操作使用不当造成的失效。

3.2 材料分析

此台PSA吸附塔封头钢板为16MnR，材料标准为GB 6654—1996[5]，由舞阳钢铁公司生产，此材料标准已被新的材料标准GB 713—2014[3]代替，封头钢板化学成分分析见表2，力学性能指标见表3。

表2 封头钢板化学成分分析(质量分数) %

项目	C	Si	Mn	P	S
16MnR	0.2	0.2～0.55	1.2～1.6	0.02	0.03
Q345R	0.2	0.55	1.2～1.7	0.025	0.01
供应值	0.180	0.360	1.360	0.009	0.003

表 3　封头钢板力学性能指标

项目	抗拉强度 R_m/MPa	屈服强度 R_{eL}/MPa	断后伸长率 A/%	冲击功 Kv2/J
16MnR	470～600	305	21	0 ℃/31
Q345R	490～620	315	21	0 ℃/41
供应值	545	375	30	−20 ℃/253,211,264

可以看出，封头钢板材料符合新材料标准要求。这台设备的介质为重整气和尾气，重整气为氢气与一氧化碳的混合气体，在高温运行过程中，产生大量的氢。在交变应力的作用下，氢向高应力区扩散聚集。当氢浓度到达一定程度时，就会破坏金属原子的结合键，金属内就会出现一些微观裂纹。长期下去，在应力不断作用下，氢不断聚集，微观裂纹不断扩展，直至发展为宏观裂纹。根据 GB 150 的要求，对使用在富氢环境中的材料进行抗氢处理，此台设备材料未进行此项处理，为以后的失效埋下了隐患。由于现场生产的原因，未对此台设备裂纹附近的母材和焊缝部分进行硬度测试，所以并不能排除是因为在使用过程材料劣化导致的失效。

3.3　结构分析

变压吸附（PSA）装置吸附塔是制氢装置中的关键设备，长期承受交变载荷，疲劳失效是主要的失效模式。

疲劳分为高循环疲劳和低循环疲劳两类。在运行期间，应力循环次数超过 10^5 次的称为高循环疲劳或高周疲劳，循环次数在 $10^2 \sim 10^5$ 次范围内的称为低循环疲劳或低周疲劳。此台设备属于高应变、低循环的低周疲劳范围。

使用中的设备，在交变载荷作用下，经一定循环次数后产生裂纹和突然发生断裂失效的过程，称为疲劳断裂。由于 PSA 设备的工艺特点，在不断的吸附作用下，焊缝受到大小和方向都随时间周期性变化的载荷，产生疲劳断裂。裂纹源往往存在于高应力区或者缺陷部位。当局部高应力区中的应力超过材料的屈服点时，材料产生屈服变形，随着交变载荷反复作用次数的增加，微裂纹与滑移带或晶界处形成，这种微裂纹不断扩展，形成宏观疲劳裂纹并贯穿容器厚度，从而导致容器发生疲劳失效。

吕志全[6]认为，吸附塔外接不连续保温支撑圈结构会引起严重的应力集中，从而显著降低吸附塔的疲劳寿命。此台设备没有保温，故没有保温支撑圈结构。由于设备下封头接管属于嵌入式接管，根据GB 150[7]规定此类焊缝为 A 类焊缝。艾志斌等[8]认为，此类失效吸附器环焊缝采用 X 型坡口，内、外坡口均采用了药芯焊丝 CO_2 气保焊，此工艺产生较高裂纹产生概率较高。

3.4　制造原因分析

对于吸附器这种典型的疲劳容器，焊缝错边或棱角度超差、余高过高或过渡不圆滑、存在严重的焊接缺陷等，都是产生失效的源头。根据此台设备的原始射线检测报告可以看出，此条焊缝并无原始裂纹，只存在条渣，根据 JB/T 4730[9]，判定结果在合格范围内。因此，可以判断，此条焊缝在制造过程中的焊接质量是合格的。

在制定吸附器定期检验方案前应认真审查设备原始制造资料，对2000年以后制造能力较弱的制造厂制造以及采用药芯焊丝自动焊或气保焊的设备，除应重点检验应力集中部位外，对接焊缝也应进行UT或RT检测，并提高检测精度(如采用TOFD方法等)。

4 返修措施及检验注意事项

4.1 返修方案

(1) 采用渗透检测确定裂纹范围，对缺陷部位进行清理，使焊件露出金属光泽。

(2) 对缺陷部位两侧母材进行消氢处理，温度为250 ℃，保温1 h。

(3) 打磨彻底，清除裂纹，砂轮打磨坡口至见金属光泽、除去渗碳层。

(4) 严格按照焊接工艺进行焊接，清根全焊透。打磨补焊部位高度与母材保持一致。

(5) 补焊后根据JB/T 4730[9]要求对焊缝进行100%超声检测，检测技术等级为B级，Ⅰ级合格。

结果符合标准要求，硬度检测合格。

4.2 措施

根据产生原因，提出以下措施：

(1) 设计方面，应按疲劳设计，避免结构上的设计不良。

(2) 焊接方面，应采用低氢型碱性焊条，并在焊后及时进行消氢热处理，严格按照热处理工艺执行。

(3) 检验方面，在定期检验过程中，应重点检查此类设备接管根部焊缝，抽检时应尽量不回避此类焊缝。

参考文献

[1] 古共伟，陈健，魏玺群. 吸附分离技术在现代工业中的应用. 合成化学，1999，7(4)：345-353

[2] TSG R0004—2009 固定式压力容器安全技术监察规程.

[3] GB 713—2014 锅炉和压力容器用钢板.

[4] JB 4732—1995 钢制压力容器——分析设计标准(2005年确认).

[5] GB 6654—1996 压力容器用钢板.

[6] 吕志全. PSA装置吸附塔筒体疲劳失效分析及对策. 石油化工设备技术，2015，36(2).

[7] GB 150—2011 压力容器.

[8] 艾志斌，陈学东，李蓉蓉，等. 变压吸附器开裂原因分析及失效预防. 安全分析，2013，30(4).

[9] JB/T 4730—2005 承压设备无损检测.

不锈钢液态氯化氢储罐封头开裂失效分析

宋雪,张冰,宋明大,李彦桦
山东省特种设备检验研究院,济南 250101

摘　要:某化工厂一台液态氯化氢储罐在现场放置1年后,投用前气压试验时,封头直边段发现泄漏。本文通过对其化学成分、金相组织、硬度、断口形貌等进行分析,并结合热处理试验,确定封头开裂原因为封头在残余应力以及氯离子联合作用下的应力腐蚀开裂。

关键词:不锈钢;氯化氢储罐;应力腐蚀;磁记忆

0　引言

石油化工行业中奥氏体不锈钢设备的应力腐蚀问题引起了普遍关注,氯离子被认为是奥氏体不锈钢发生应力腐蚀的主要原因之一。某化工厂一台液态氯化氢储罐在现场放置1年后,投用前气压试验时,封头直边段发现泄漏,本文对泄漏原因进行分析,确定应力腐蚀开裂为该设备泄漏的原因,并提出了避免此类设备产生应力腐蚀开裂的措施和建议。

1　基本情况

液态氯化氢储罐技术参数:主体材质:S30408,封头厚度:25 mm,筒体厚度:22 mm,封头热压成型后固溶处理。

2　检验过程及结果

2.1　宏观检测

液态氯化氢储罐外表面锈蚀严重,罐体锈蚀部位呈现从上到下液体流动过的痕迹,罐体上还存在很多铁锈状腐蚀点(见图1)。出现裂纹的部位主要集中在封头的直边段,裂纹的位置靠近封头与筒体的环焊缝侧边缘2 mm~4 mm,焊缝上没有裂纹。贯穿裂纹多达47处,长度30 mm~40 mm不等,方向垂直于环缝(见图2)。封头上分布有大量直径1 mm~1.5 mm、深度约1.5 mm的蚀坑(见图3)。大部分腐蚀坑周围存在腐蚀产物堆积,腐蚀产物基本处于液体流动痕迹区域。

图 1 储罐外观

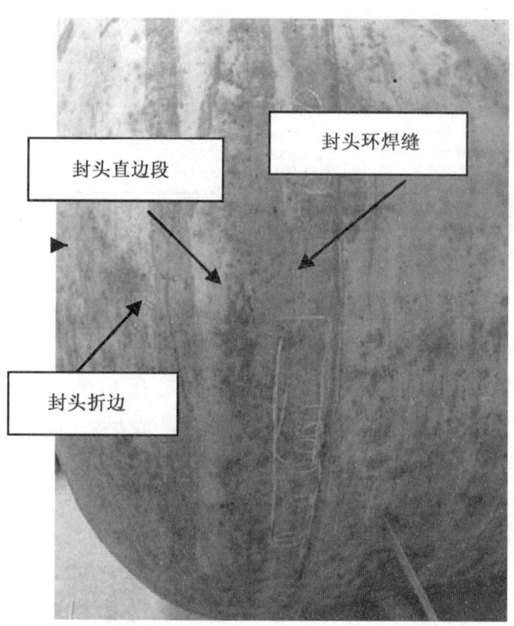

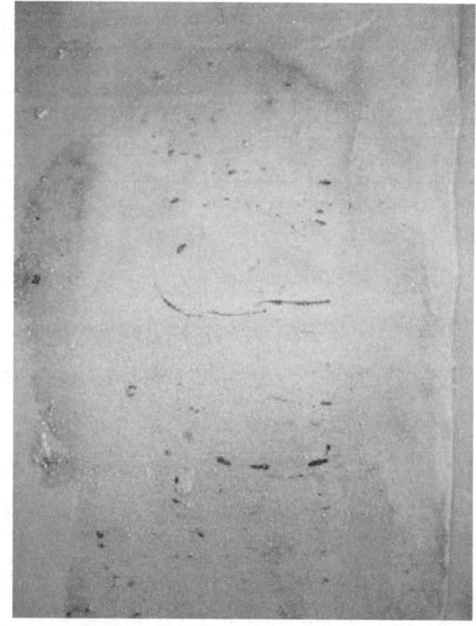

图 2 封头处穿透裂纹

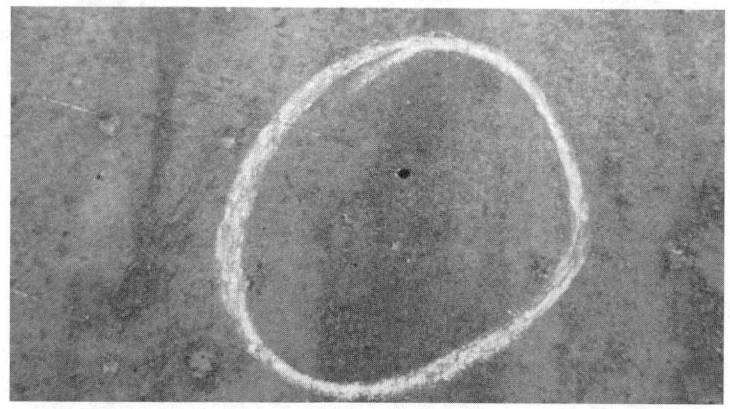

图 3 封头腐蚀坑

2.2 金相检验

对封头裂纹部位进行了金相检验。结果显示，封头直边段的裂纹主要是沿晶开裂为主，呈树枝状分布，显示应力腐蚀开裂的特征，晶粒内存在滑移线（见图4）。

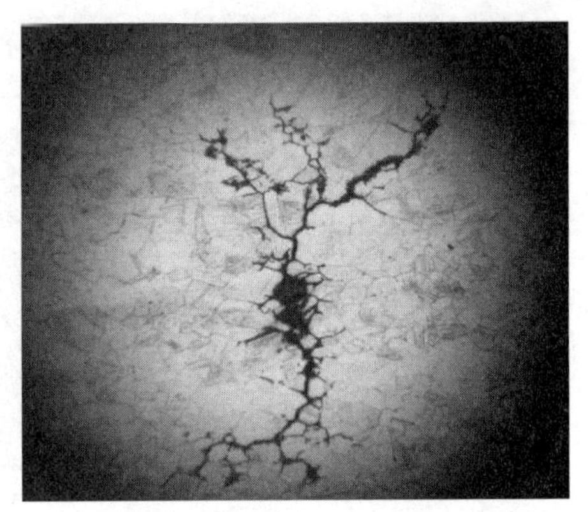

图4 封头直边段金相组织

2.3 化学成分分析

对封头取样，进行化学成分分析（见表1），结果符合标准要求。

表1 封头部位化学成分 %

项目	C	Si	Mn	P	S	Cr	Ni
检测值	0.057	0.34	0.83	0.039	0.004	18.43	8.20
标准范围	≤0.08	≤0.75	≤2.00	≤0.035	≤0.020	18.00～20.00	8.00～10.50

注：参考标准 GB 24511—2009《承压设备用不锈钢钢板及钢带》。

2.4 金属磁记忆检测

从封头中心至封头与罐体环焊缝进行金属磁记忆检测（见图5）。结果发现除封头拼缝与环焊缝部位外，封头大部分部位磁场强度较小，显示应力水平较低。但是在封头折边部位及直边段磁场强度急剧上升，显示了很高的应力水平。由于该储罐制造完成后一直没有投用，直边段较高的应力水平应为封头旋压及制造组对后形成的残余应力。

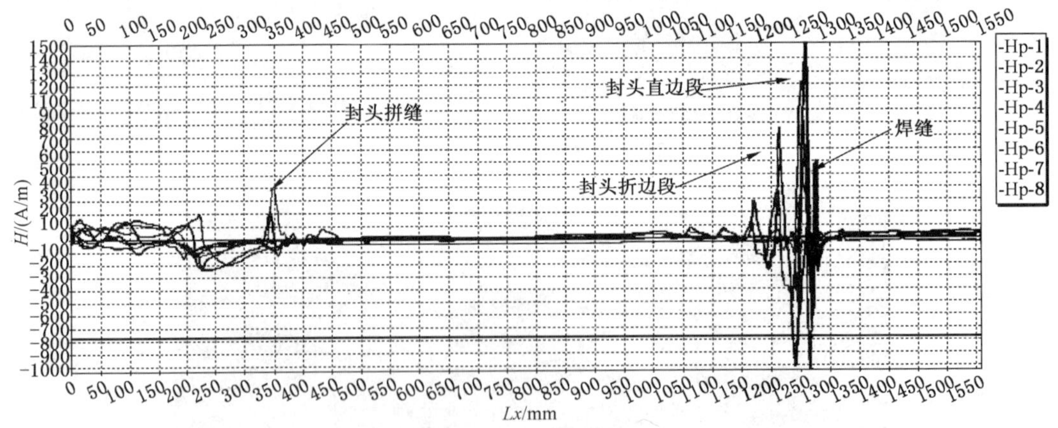

图5 金属磁记忆检测数据

2.5 硬度检测

以封头圆心为中心，径向向封头与筒体环焊缝测量封头中硬度值的分布情况（见图6）。从结果图中可以看出，从内到外硬度值呈现由低到高的趋势，尤其从封头折边段到直边段，硬度值迅速升高，越过焊缝到达筒体母材后迅速降低，说明封头直边段存在加工硬化现象。

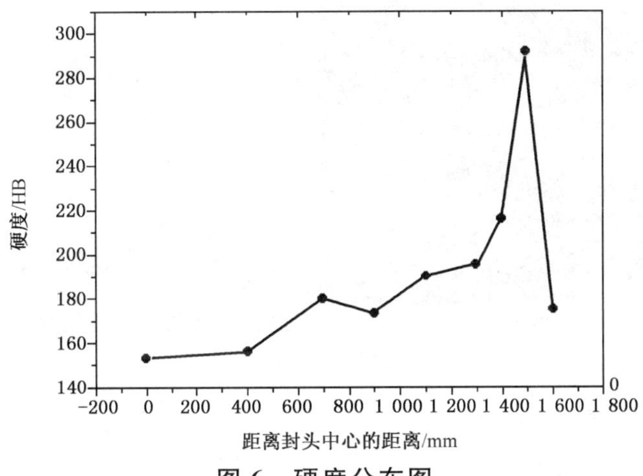

图 6 硬度分布图

2.6 残余应力测试

从封头中心至环焊缝进行了表面应力测试。圆周方向的应力分布见图。从图中可以看出封头中心与封头直边段的拉应力较高,接近材料的屈服强度。从封头中心至环焊缝应力值先降低,呈现交替拉压的应力状态。接近封头直边段时,拉应力值又迅速升高,达到324 MPa。该处拉应力值与环焊缝开裂部位相对应。跨过环焊缝后又降低(见图 7)。

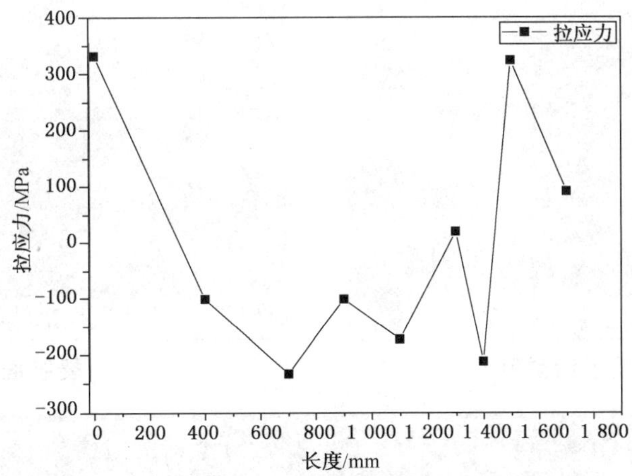

图 7 封头中心至环焊缝拉应力变化规律

2.7 能谱分析

2.7.1 腐蚀产物粉末

刮取罐体上残存的腐蚀产物粉末,在扫描电镜下进行能谱分析(见图 8)。结果发现腐蚀产物粉末中除有罐体目材的化学成分外,还存在含量较高的 O、Na、Mg、Si、S、Cl、Ca 等化学元素。其中 Cl 元素的含量达到 12%重量百分比。

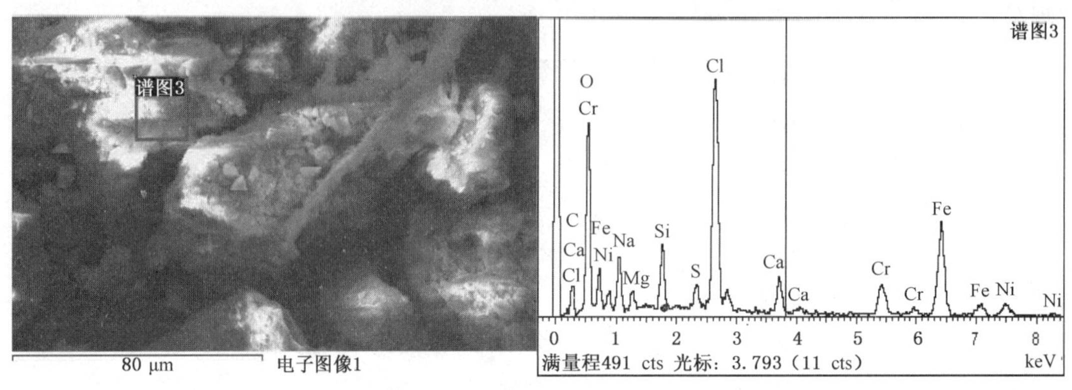

图8 腐蚀产物能谱分析

2.7.2 裂纹面能谱分析

对封头直边段存在裂纹部位取样，将裂纹打开，利用扫描电镜对裂纹面进行形貌分析，并对裂纹面腐蚀产物进行能谱了分析。裂纹表面大部分区域覆盖一层腐蚀产物，部分区域腐蚀产物较少，断面呈现沿晶断裂的特征，靠近外表面处发现二次裂纹(见图9、图10)。对裂纹面表面覆盖的腐蚀产物进行能谱分析，发现裂纹面Cl元素含量明显偏高，含量达到8.11%重量百分比(见图11)。

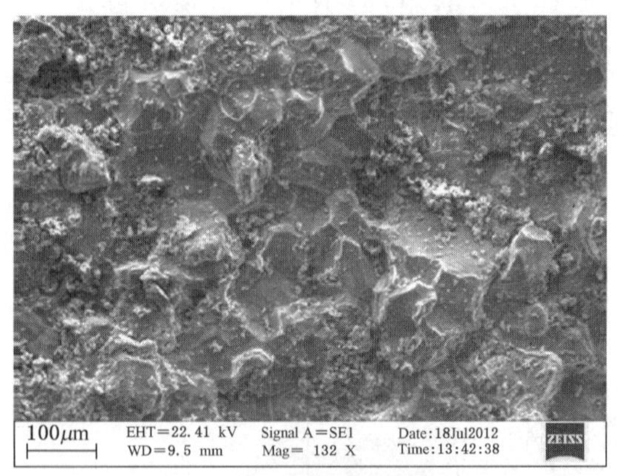

图9 裂纹面上沿晶断口

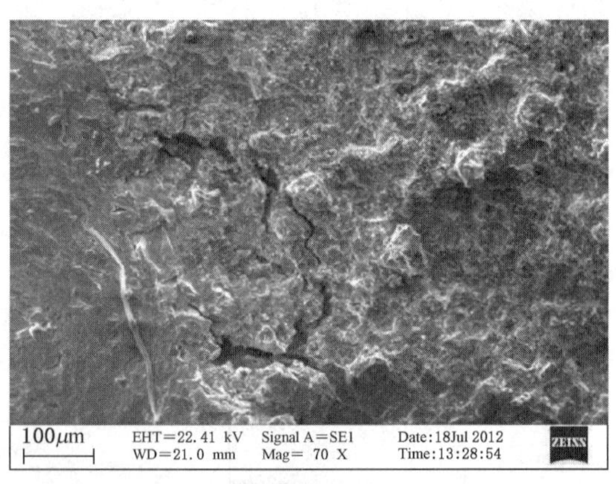

图10 裂纹面上二次裂纹

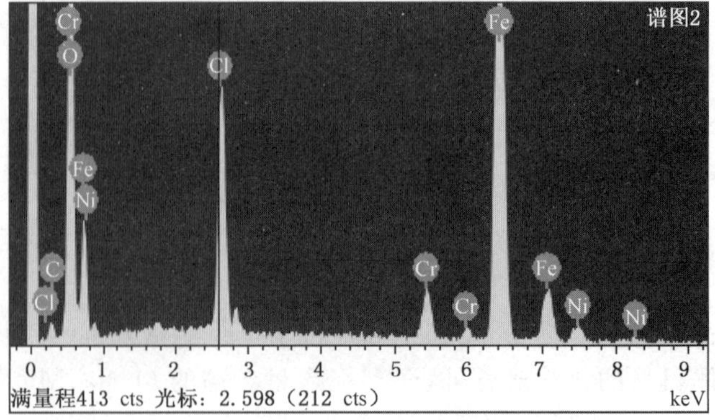

图11 裂纹面能谱分析

2.8 热处理试验

从封头直边段取对其进行固溶处理，并在固溶前后对其进行金相检验，发现固溶前样品存在大量滑移线等形变组织[见图12a)]，固溶后滑移线消失[见图12b)]。

a) 固溶处理前

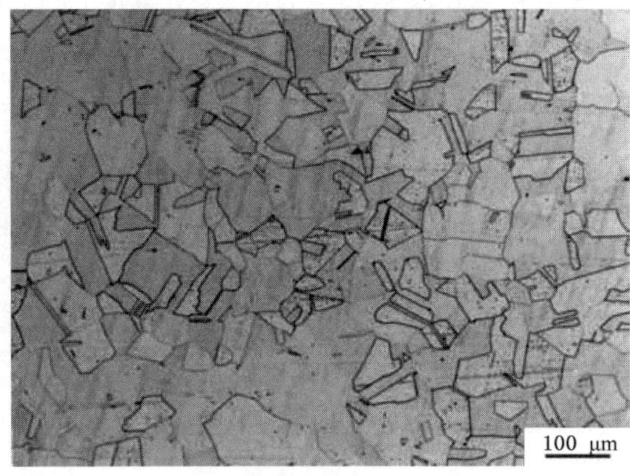

b) 固溶处理后

图12 固溶处理前后金相结果

3 综合分析

从金相检验结果判断，该液态氯化氢储罐封头直边段产生的裂纹为应力腐蚀裂纹。硬度、金属磁记忆检测、X射线残余应力检测结果显示该处存在较大的残余拉应力。封头在制作过程中会产生残余应力，此外，封头与筒体在组装以及焊接过程中，也会产生较大的残余应力。两者都会造成不锈钢封头产生应力腐蚀开裂的应力条件。产生不锈钢应力腐蚀的另一个重要条件是腐蚀性介质。由于罐体腐蚀产物中能谱检测出大量的氯元素，而且封头开裂部位取样裂纹面也存在含量很高的氯元素，结合罐体与封头上液体流动痕迹以及流动痕迹下的腐蚀坑，主要是溶解在流动液体中的氯离子，形成了氯离子应力腐蚀开裂的环境条件。

因此，该液态氯化氢储罐封头直边段开裂是储罐在周围含有高浓度氯离子腐蚀性环境与封头部位较高残余应力作用下形成的。此外从该封头固溶前后组织的变化情况来看，该封头不是正常的固溶态组织。

4 结论及建议

该封头金相组织不是正常的固溶态组织，该液态氯化氢储罐封头直边段开裂原因为敏感材料在高浓度氯离子腐蚀性环境中，在较高残余应力作用下的应力腐蚀开裂。建议设备设计选材时充分考虑材料与介质的适应性；加强材料的验收，保证材料成分符合要求；封头压制严格按照工艺要求进行并做好热处理，不锈钢材料需要按照标准进行固溶处理，严格控制热处理参数，并对成型后硬度指标进行控制；使用中严格控制水分进入。

参 考 文 献

[1] 陈晓东.压力容器应力腐蚀及其控制分析[J].中国机械,2015,6:152-153.
[2] 赵景星,宋雪.换热器管箱封头开裂原因分析[J].山东冶金,2013,35(2):71-72.
[3] 胡海波.奥氏体不锈钢管道中弯头开裂共性原因分析[J].装备制造技术,2015,6:298-300.

承压设备典型缺陷的低频电磁检测技术研究

陆新元[1],李光海[2]

1. 北京化工大学,北京 100029

2. 中国特种设备检测研究院,北京 100029

摘 要:文章主要探究了承压设备典型缺陷的低频电磁检测技术,理论上,文章阐述了低频电磁检测方法的原理,采用 ANSYS Maxwell 软件建立其二维有限元模型,对不同尺寸的缺陷进行模拟,得到了缺陷处的磁场信息;实际实验中,采用 PS2000 低频电磁检测系统对加工的人工缺陷进行了检测,在一定程度上验证了仿真结果,同时对缺陷进行了定量分析,证明了低频电磁检测方法在承压设备典型缺陷的检测中有较好的实用性。

关键词:低频电磁检测;有限元;承压设备;实验检测

0 引言

承压设备由于其盛装着易燃、易爆、剧毒或腐蚀介质,长期承受高温和压力,在生产和使用中的失效形式比较复杂,易发生事故。近几年来,国内外的承压设备爆炸事故屡有发生,给国家和人民生命财产造成了巨大的损失。为了避免和减少承压设备失效事故的发生,最有效的措施就是对其进行监测和定期检验[1]。

因为能够满足某些特定条件下承压设备的状态诊断、全面检验、在线监测、寿命评估、可靠性分析、安全评定等要求,电磁无损检测技术近年来在承压设备检验检测领域逐渐成为研究热点。低频电磁检测方法[2](Low Frequency Electromagnetic Technique)简称 LFET,是近年来出现的一种新型电磁无损检测方法,在常规的电磁无损检测技术的基础上发展而来。

文章阐述了低频电磁检测原理,采用 ANSYS Maxwell 有限元仿真软件对低频电磁检测原理进行仿真建模,探究了磁场信号在缺陷直径与深度改变时的规律;采用 PS2000 低频电磁检测仪对 20 钢材料制成的带有特定人工缺陷的的试板进行实验检测,并与仿真结果进行对比分析。

1 低频电磁检测方法理论分析

1.1 低频电磁检测方法原理

低频电磁技术(Low Frequency Electromagnetic Technique)是一种采用低频交流激励的快速电磁检测新技术[3]。低频电磁检测系统由电磁激励部分和信号拾取部分构成,如图 1 所示。利用 U 型磁轭绕制线圈作为励磁元件,接收元件(一般为线圈)置于 U 型磁轭的正下

作者简介:陆新元,1990 年出生,女,硕士研究生在读,电磁无损检测研究。

方，用于拾取漏磁场信号[4,5]。励磁线圈中施加正弦电流（一般为 5 Hz～100 Hz）时，磁轭中将产生一定强度的交变磁化场，在被测试件形成磁回路[6]。当被测试件中无缺陷时，磁力线均匀、连续地通过；当被测试件中存在裂纹等缺陷时，磁路中的磁阻增大，缺陷附近的磁场产生泄漏，磁力线发生弯曲，部分磁力线从试件泄漏到空气中，产生漏磁场如图 2 所示。

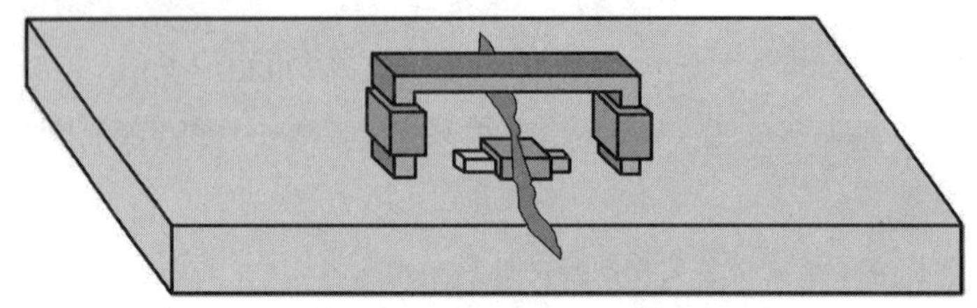

图 1　低频电磁检测原理图

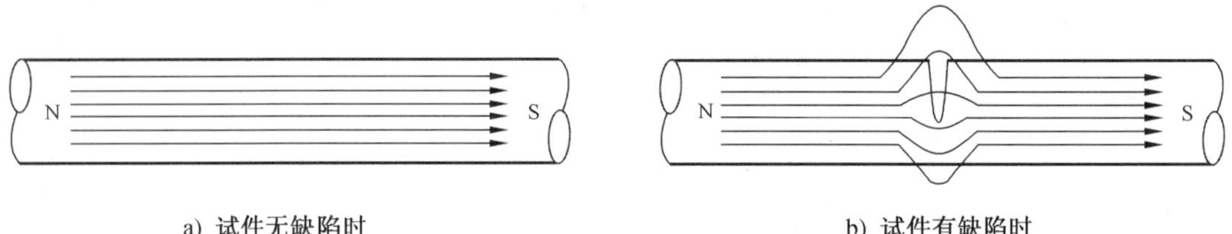

a) 试件无缺陷时　　b) 试件有缺陷时

图 2　被测试件中的磁场分布

若用磁感应强度 B 表示试件有缺陷时漏磁场强度，如图 3 所示。则 B 可以分解为与被测试件轴向平行的水平分量 B_x 和垂直于被测试件表面的垂直分量 B_y。

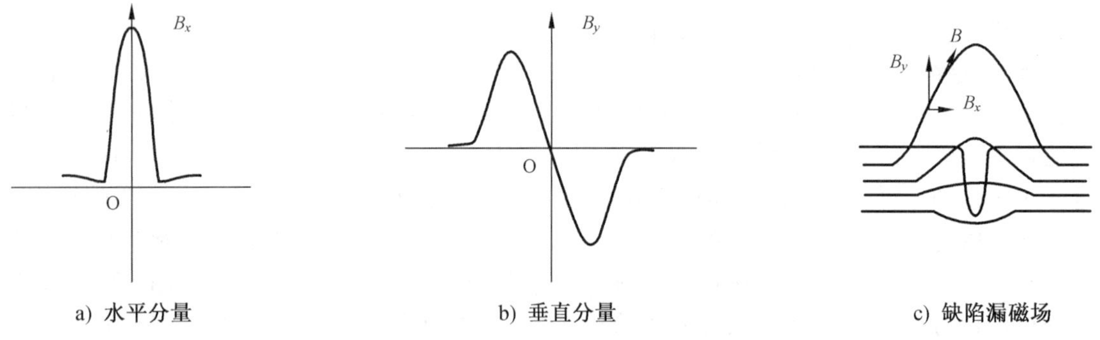

a) 水平分量　　b) 垂直分量　　c) 缺陷漏磁场

图 3　缺陷漏磁场分布

从图 3 中可以看出，水平分量 B_x[图 3a)]呈左右对称，并且在缺陷中心处达到最大值；垂直分量 B_y[图 3b)]呈中心对称，并且在缺陷与试件表面交界处达到最大值，将二者合成后就能得到缺陷漏磁场的分布情况[图 3c)]。

1.2　低频电磁检测方法的特点

1.2.1　涡流效应

因为低频电磁检测技术采用交流激励，所以检测过程中会在被测试件中产生电涡流。因此，可以认为，被检测到的磁场信号是漏磁与涡流的耦合信号。在常规涡流检测中，其涡流密度的分布随着距导体表层的垂直深度呈指数衰减，标准渗透深度即趋肤深度[7]，其表达式见式(1)。

$$\delta = \frac{1}{\sqrt{\pi f \mu \sigma}} \qquad \cdots\cdots (1)$$

式中：

f——电流频率；

μ——磁导率；

σ——电导率。

低频电磁检测中，被测试件中涡流的分布规律与常规的涡流分布有一定的差异[8,9]，但是目前，关于低频电磁检测中涡流的分布规律以及其对漏磁场的影响的研究较少，因此，在研究低频交流磁化条件下漏磁场和涡流场分布及两者耦合作用规律方面，还存在一定的研究空间。

1.2.2 低频电磁检测方法的优点

总的来说，低频电磁检测方法具有以下优良的特性：

(1) 无需饱和磁化、弱激励、探头与试件间无牵制力(对在役部件的吸力)、扫描很轻松。采用交流激励的磁化方式，具有检测设备体积小、重量轻和电量消耗小等优点。

(2) 使用较低的激励频率能够增加交变磁场的渗透深度，特别适用于管壁较厚或带有外包层的承压管道检测。

(3) 在检测信息获取上，与直流激励得到的信号相比，检测信号不仅包含有幅值信息，还包含有相位、频率等信息，有利于缺陷的判识。

(4) 对试件表面清洗程度及不平整度要求不高，单通道有效扫描宽度可达 10 mm 以上，且易设计成阵列探头。

2 基于不同尺寸缺陷的低频电磁检测仿真建模

2.1 电磁场基本理论

根据电磁学原理，应用麦克斯韦方程构建电磁场理论模型，是解决各种电磁场问题的出发点[10,11]。麦克斯韦方程组的微分形式为：

$$\begin{cases} \nabla \times H = J \\ \nabla \times E = -\dfrac{\partial B}{\partial t} \\ \nabla \cdot B = 0 \\ \nabla \cdot D = 0 \end{cases} \qquad \cdots\cdots (2)$$

式中：

H——磁场强度；

E——电场强度；

B——磁感应强度；

D——电位移矢量；

J——电流密度。

引入矢量磁势，令 $B=\nabla\times A$，并带入麦克斯韦方程组的第二个方程可得：

$$\nabla\times\left(E+\frac{\partial A}{\partial t}\right)=0 \qquad \text{(3)}$$

根据它的无旋性，定义标量位函数，令：

$$E+\frac{\partial A}{\partial t}=-\nabla\varphi \qquad \text{(4)}$$

再将本构方程和式(3)带入麦克斯韦方程组的第一个方程，可得：

$$\nabla\times\left(\frac{1}{\mu}\nabla\times A\right)=J-\sigma\left(\nabla\varphi+\frac{\partial A}{\partial t}\right) \qquad \text{(5)}$$

考虑到$\nabla\cdot A=0$，式(4)可以简化为：

$$\frac{1}{\mu}\nabla^2 A=-J+\sigma\left(\nabla\varphi+\frac{\partial A}{\partial t}\right) \qquad \text{(6)}$$

根据式(6)可建立低频电磁场的基本理论模型，通过数值计算方法对其求解，得到低频电磁场的仿真分布情况。

2.2 基于有限元分析的仿真模型

ANSYS Maxwell 是用于求解电磁场问题的有限元分析软件，其 Maxwell 2D 涡流场模块用于分析导体中时变电流或外界交变磁场源所引起的时变磁场，它利用自适应分析法进行网格剖分，可使求解问题的速度和精度得到提高[12]。涡流场计算的基本量为磁场强度和磁通密度，导出量包括力、转矩、能量、损耗和阻抗等，这对于低频电磁检测原理的仿真分析较为方便。

基于 Maxwell 软件建立的低频电磁检测仿真模型，如图 4 所示，模型取圆孔型缺陷最大截面处进行仿真。采用 U 型结构励磁元件进行激励，被检测钢板材料为 20 钢，钢板厚度 12 mm，从左到右有 3 个圆孔型缺陷，直径为 5 mm，深度分别为钢板厚度的 20%，40%，60%，每个缺陷之间间隔 100 mm，探头与钢板的提离距离为 1 mm。在探头扫描行进过程中，整个磁场也跟着移动。

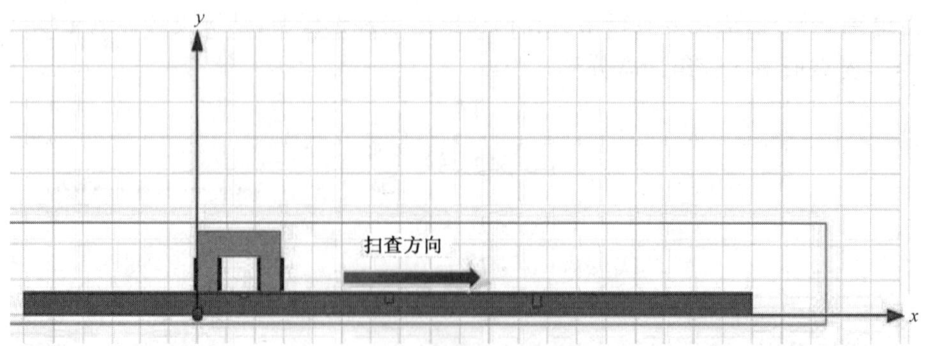

图 4　低频电磁检测仿真模型

模型中磁轭与钢板的几何结构参数见表 1。

表 1　几何数据

参数名称	数值/mm	参数名称	数值/mm
磁轭外矩形	58×14×34	线圈匝数	140×2
磁轭内矩形	30×14×20	线圈直径	0.7
钢板	440×50×12	输入电流峰值	0.5

低频电磁仿真模型中包括缠绕在磁轭上的线圈、磁轭、钢板、磁轭与钢板之间的介质(一般为空气),其材料参数见表 2。

表 2　材料参数

材料	电导率/(S/m)	相对磁导率
20 钢	8.4×10^{6}	129
锰锌铁氧体	10	300～5000
空气	0	1

网格划分采用自适应方法,模型求解过程中,采用参数化的方式,对将位置进行参数化。磁轭在钢板上以变步长的方式进行移动,靠近缺陷处步长小,无缺陷处步长设置比较大。分别采用 5 Hz,8 Hz,10 Hz的激励频率对线圈施加正弦交流激励,采用点提取的方式查看缺陷附近漏磁场的分布情况。输出的电磁场磁力线分布如图 5 所示。

由图 5 可以看出在钢板表面磁力线比较密集,有明显的趋肤效应。在无缺陷处,磁力线平滑连贯;有缺陷处,由磁力线从缺陷处漏出。

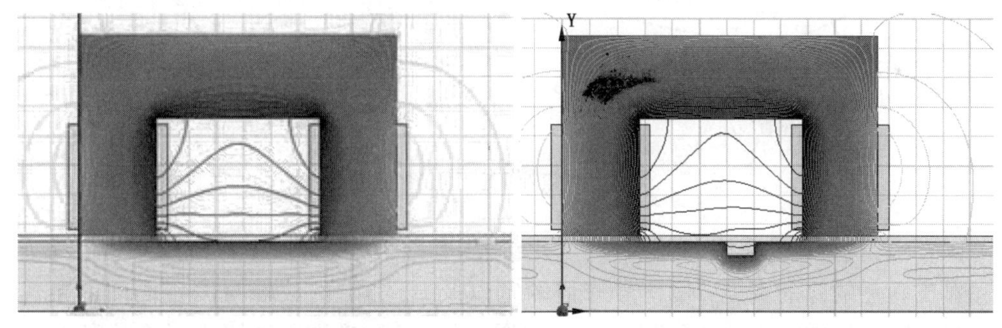

a) 无缺陷处的磁力线　　b) 缺陷处的磁力线

图 5　模型的磁力线分布

2.3　缺陷参数对仿真结果的影响

本文的 Maxwell 2D 有限元仿真基于孔型缺陷最大截面,因此选取缺陷的直径与深度作为变化量来分析磁场分量的变化。

2.3.1　缺陷直径对检测结果的影响

在缺陷深度(钢板厚度的 40%)、激励频率等不改变的情况下,得到图 6 为缺陷直径变化时磁场分量 B_x,B_y 相应的变化情况,图 7 为不同参数随缺陷直径变化规律图。

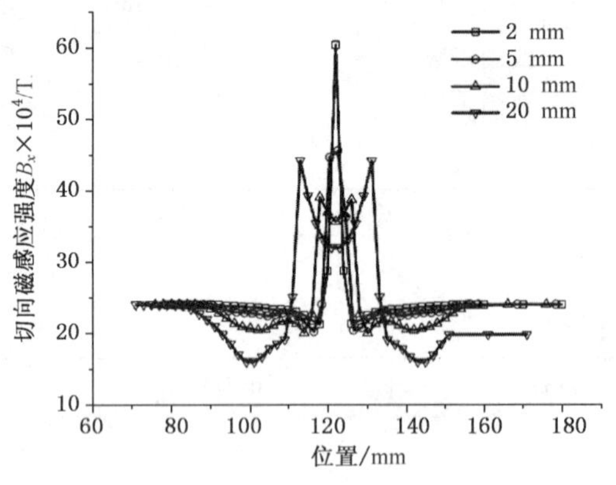

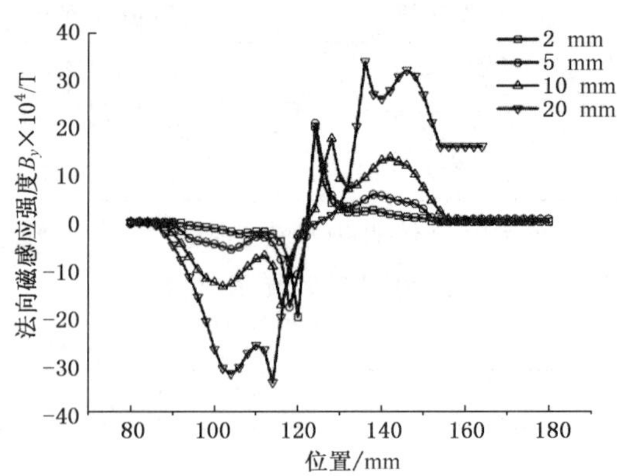

图 6　不同直径缺陷对应的磁感应强度分量信息

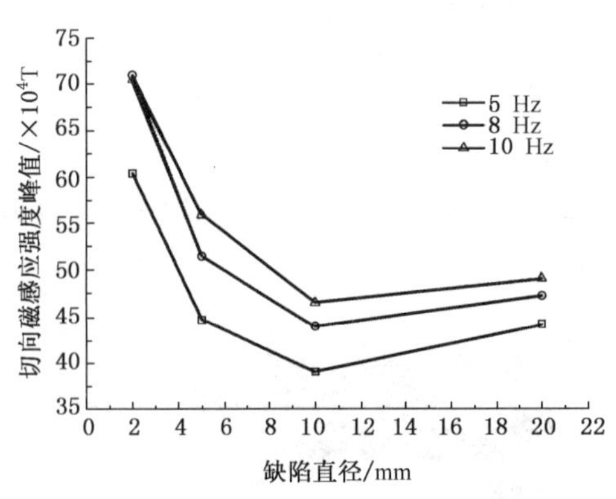

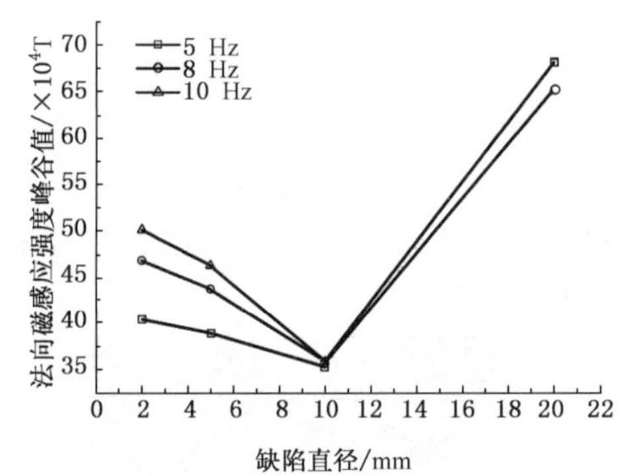

图 7　不同参数随缺陷直径变化规律

可以看出，检测线圈远离缺陷时，B 变化缓慢，当磁力线走到缺陷处时，在其边缘处就会溢出。对于孔型缺陷的宽度，B_x 信号峰值的宽以及 B_y 分量的波峰与波谷之间的距离均可以大致对缺陷宽度进行判断。根据变化规律图可以看出，参数随缺陷直径变化的规律不明显，直径由 2 mm 变化到10 mm的范围内，信号的切向与法相的分量是逐渐减小的，而在 10 mm～20 mm 的变化范围内，信号是逐渐增大的。

在实际的检测中，检测线圈采用的是阵列式的排列方式，即多个线圈排成一列。当有多个线圈探头感应到漏磁信号时，通过感应个数也可以判断缺陷的宽度信息。同时，可以看出，当缺陷直径较大时，响应信号的幅值比较小。

2.3.2　缺陷深度对检测结果的影响

在缺陷直径(5 mm)、激励频率等不改变的情况下，得到图 8 为缺陷深度变化时磁感应强度分量 B_x，B_y 的变化情况，图 9 为不同参数随缺陷直径变化规律。

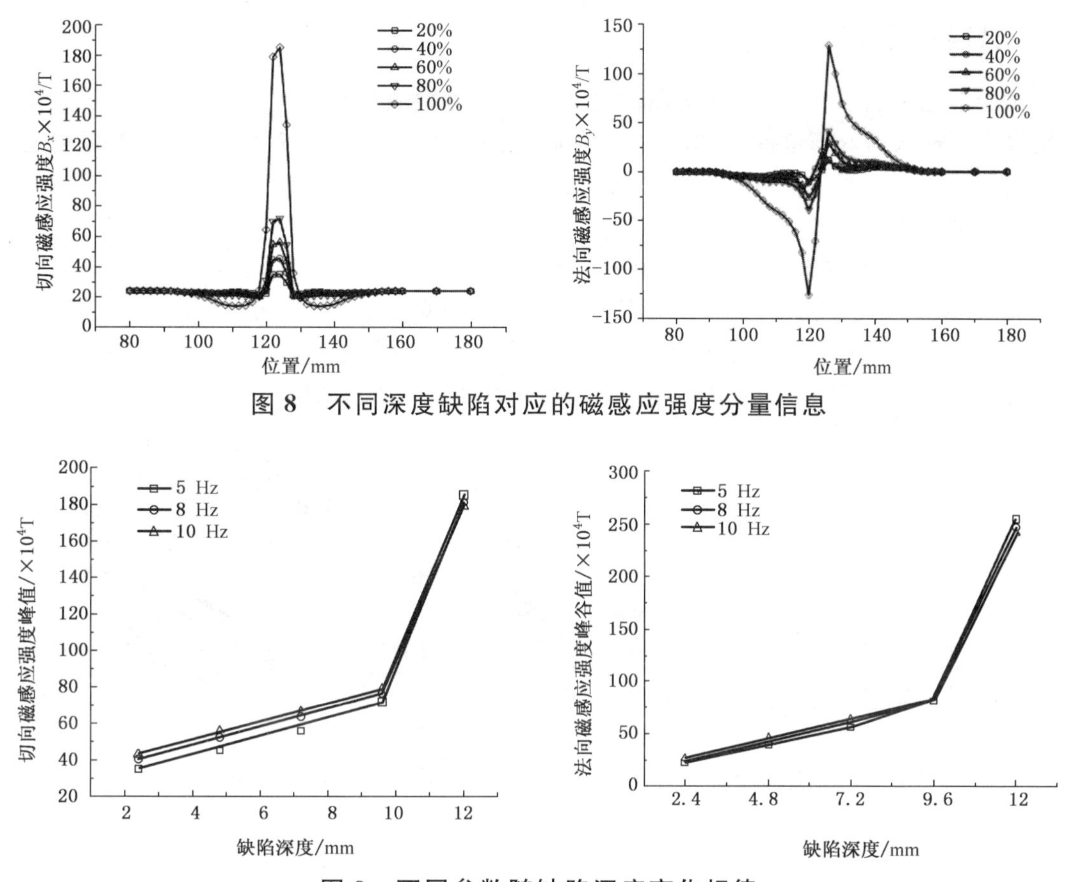

图 8　不同深度缺陷对应的磁感应强度分量信息

图 9　不同参数随缺陷深度变化规律

缺陷深度的判断是确定承压设备能否继续使用的最重要的一种判断依据。因此，缺陷深度的量化十分的重要。由图可以看出，缺陷深度变化对漏磁信号的幅值特征参数有明显的影响。不同深度缺陷产生漏磁信号的幅值特征参数空间分布规律具有相似性，即切向磁感应强度分量为在缺陷范围内呈单峰凸起，法向磁感应强度分量形状近似 N 形，即有一个波峰，一个波谷。

我们选用切向磁感应强度分量的单峰值作为参数，选用法向磁感应强度的峰谷值作为参数，分别用于缺陷深度的定量评价。经过简单的计算发现，在缺陷深度由 2.4 mm～9.6 mm变化时，两个参数的检测灵敏度分别为 5.08×10^4 T/mm 和 8.20×10^4 T/mm。同时发现，当缺陷为通孔时，磁感应强度分量发生突变，有一个突然的增大。仿真采用了 5 Hz，8 Hz，10 Hz 3 种不同的激励频率，由图 9 可以看出，在 5 Hz～10 Hz 的变化范围内，激励频率越高，信号幅值越大。

3　基于不同尺寸的缺陷低频电磁检测试验

为了探究孔型缺陷尺寸对检测结果的影响，试验制作了材料为 20 钢，厚度为 12 mm 的带有人工缺陷的钢板。加工直径分别为 2 mm，5 mm，10 mm，深度分别为钢板厚度的 20%，40%，60%的孔型缺陷。试验采用 PS2000 低频电磁检测系统。

3.1 试验仪器概述

试验采用美国 TesTex 公司研制的基于低频电磁检测原理的 PS2000 检测系统。检测系统采用的探头为八通道探头，即有 8 个接收线圈阵列，用于接收磁场信号，以覆盖更宽的检测范围。仪器的探头包括平板探头以及专用于管道外检测的曲面探头，在试验中，我们主要使用了平板探头。

PS2000 低频电磁检测系统包含有 PS2000 低频电磁检测仪器，八通道扫描仪，扫描仪连接电缆，HASP 安全密匙，专用串口电缆及一台 IBM-PC 兼容机，检测系统的模块及连接方式如图 10 和图 11 所示。其配套软件可以显示所收集到的数据经过一系列处理后的相位值以及幅值信息，同时可以通过 3D 影像的显示，来判断缺陷的形状以及深度。

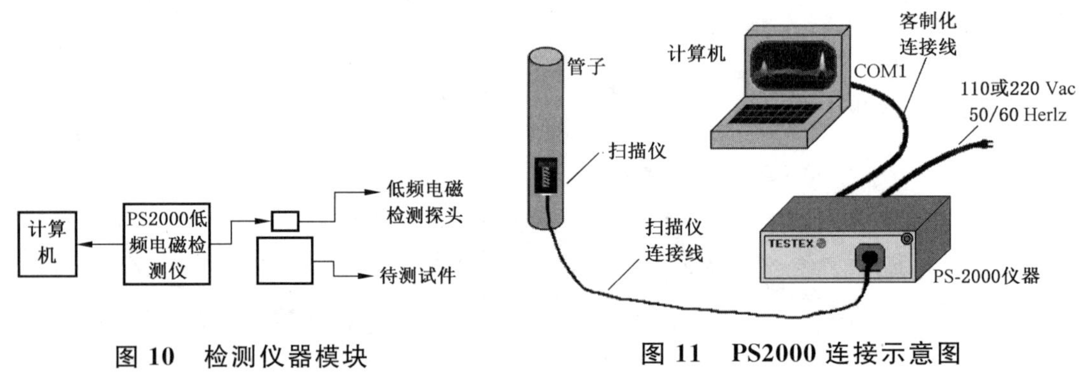

图 10 检测仪器模块

图 11 PS2000 连接示意图

3.2 试验结果

PS2000 自带的数据读取软件界面如图 12 所示，窗口 1 位原始数据窗口，此窗口不会显示经过处理后的数据，仅显示从收集程序储存的实际数据。窗口 2 是经过数据处理后的窗口，此窗口会显示所有通道和经过处理后的数据。窗口 3 呈现的是扫查区域的俯视图(C 扫类型)，用不同颜色编码表示信号的大小。窗口 4 显示的是所有通道中信号最大的一个通道。窗口 5 显示的是检测区域的 3D 彩图，可以通过鼠标点击和拖动对彩图进行旋转，以便更加直观地对缺陷进行判断。

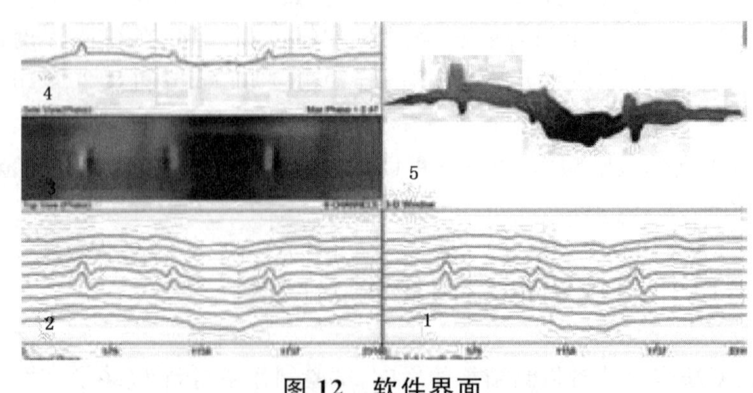

图 12 软件界面

为了比较清楚直观地表示不同尺寸的缺陷对应的磁场信息，截取了信号最强的通道信号图对缺陷处信号进行表示。

3.2.1 缺陷直径对低频电磁检测结果的影响

试验的检测对象为20钢材料的孔型缺陷，试板厚度为12 mm，缺陷深度为钢板厚度的40%，缺陷直径分别为2 mm，5 mm，10 mm，激励频率分别为5 Hz，8 Hz，10 Hz的低频。试验的检测结果如图13所示。

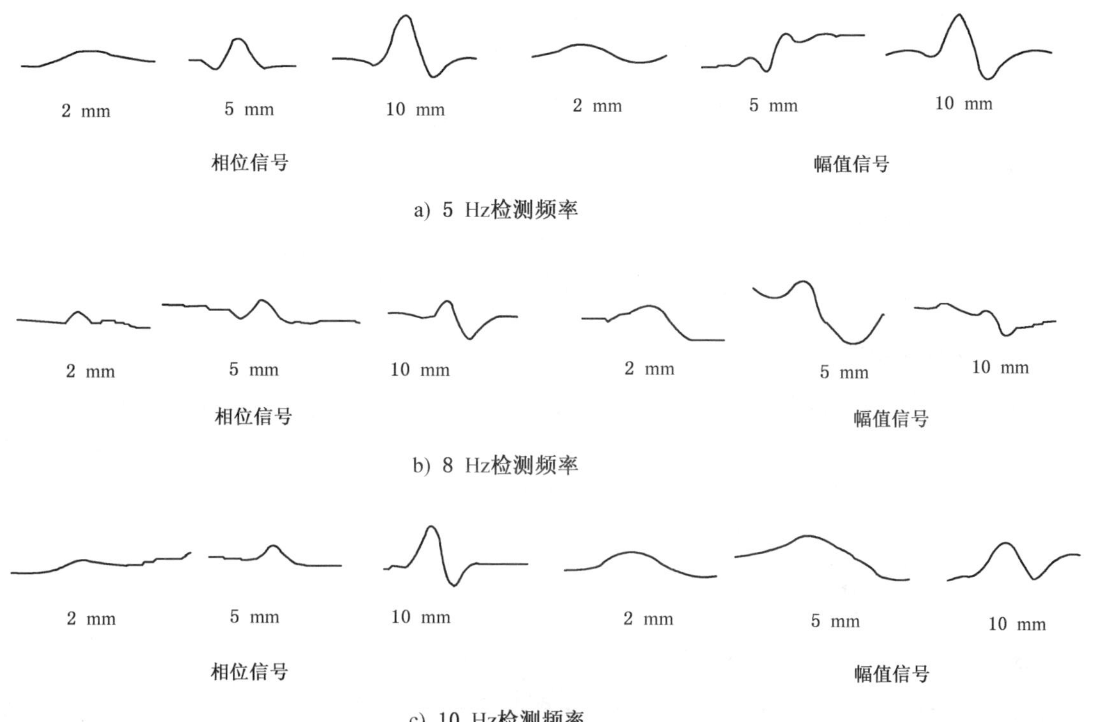

a) 5 Hz检测频率

b) 8 Hz检测频率

c) 10 Hz检测频率

图13 不同直径缺陷试验结果

由检测结果可以看出，对于最小的2 mm直径，40%深度的缺陷，检测仪器也能从背景噪声中分辨出缺陷的信号，但由于信号比较微弱，定量分析意义不大。与仿真结果的趋势相同，试验中，PS2000检测仪的检出信号随着缺陷直径的增大，信号峰值也逐增加，峰的形状也更加清晰。同时，也可以看出，总体上相位信号的峰比幅值信号的规范，能够更清晰地对缺陷进行判断。

3.2.2 缺陷深度对结果的影响

试验的检测对象为20钢材料的孔型缺陷，试板厚度为12 mm，缺陷直径为5 mm，深度分别为钢板厚度的20%、40%、60%，激励频率分别为5 Hz，8 Hz，10 Hz的低频。检测结果如图14所示。

由试验结果可以看出，试验信号与仿真结果的趋势一样，试验中，PS2000检测仪的检出信号随着缺陷深度的增加，信号强度也逐渐增加。随着缺陷深度的增加，缺陷的信号峰值也更加清晰。

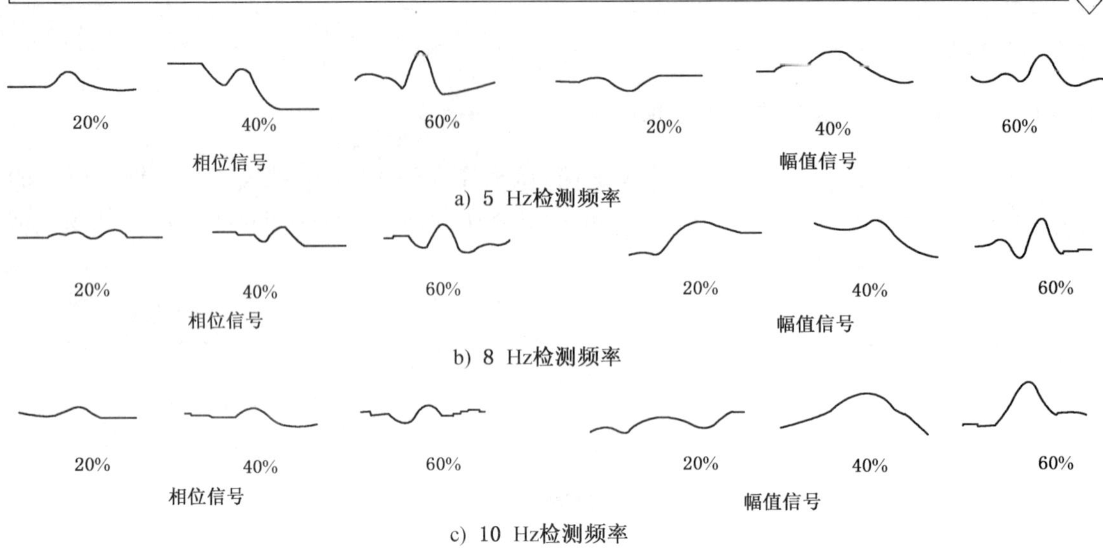

图 14　不同深度缺陷试验结果

3.2.3　采用校正方法对缺陷进行定量分析

PS2000 低频电磁检测系统自带的 WinData Viewer 数据显示与处理软件可以通过对标准缺陷的检测，标定，得到一条校准曲线（见表 3）。将直径 5 mm，深度分别为钢板厚度的 20％，40％，60％的缺陷的检测相位值与校准曲线值进行比较（见表 4）。

表 3　校准曲线

壁厚损失率/％	相位值/(°)	剩余壁厚/mm
5	1.48	11.4
10	1.57	10.8
15	1.66	10.2
20	1.76	9.6
25	1.86	9
30	1.97	8.4
35	2.08	7.8
40	2.2	7.2
45	2.33	6.6
50	2.47	6
55	2.61	5.4
60	2.77	4.8
65	2.93	4.2
70	3.1	3.6
75	3.28	3

续表 3

壁厚损失率/%	相位值/(°)	剩余壁厚/mm
80	3.47	2.4
85	3.67	1.8
90	3.88	1.2
95	4.11	0.6
100	4.35	0

表 4 数据对比

缺陷深度/%	校准值/(°)	试验值/(°)
20	1.76	1.66
40	2.60	1.88
60	2.77	2.60

由表 4 可以看出,试验时的数据与校准值存在一定的误差,实际检测过程中,相位差值要比校准相位差值小。

4 结束语

本研究运用有限元方法,借助 ANSYS Maxwell 软件对不同尺寸缺陷的漏磁场分布进行了研究。漏磁场的切向分量 B_x 和法向分量 B_y 都含有缺陷的宽度和深度信息。仿真模型模拟了传感器移动检测的过程,这有利于进一步开展低频电磁技术的定量研究。通过对人工缺陷进行的实际检测试验结果表明:低频电磁技术检测设备进行承压设备的缺陷检测不仅方便快捷,而且高效准确。若给 PS2000 低频电磁检测系统配以合适的探头,就能够很好地运用于储罐底板,管数众多、管道布置复杂的锅炉水冷壁、换热器、再热器等的检测。若辅以传统的超声测厚等技术手段,可以进一步提高检测的准确性。

参考文献

[1] GOTOH Y,TAKAHASHI N. Three-dimensional FEM analysis of electromagnetic inspection of outer side defects[J]. IEEE Transactions on Magnetic,2007,43(4):1733-1736.

[2] 林俊明,曲民兴,李同滨. 低频电磁/涡流无损检测技术的研究[J]. 无损探伤,2002,26(1):30-32.

[3] 王亚东, 戴光. 钢管漏磁检测技术研究[D]. 大庆:大庆石油学院, 2004.

[4] Singh W S, Rao B P C, Vaidyanathan S, et al. Detection of leakage magnetic flux from near-side and far-side defects in carbon steel plates using a giant magneto-resistive sensor [J]. Measurement Science and Technology,2008,19(1):1-8.

[5] Sophian A,Tian G Y, Zairi S. Pulsed magnetic flux leakage techniques for crack detection and characterisation [J]. Sensors and Actuators A:Physical,2006,125(2):186-191.

[6] Park G S,Park S H. Analysis of the velocity-induced eddy current in MFL type NDT [J]. IEEE Transactions on Magnetics,2004,40(2):663-666.

[7] 王春兰,张钢,董鲁宁,等. 电涡流传感器的有限元仿真研究与分析[J]. 传感器与微系统,2006,25(2):

41-43.

[8] 宋凯，陈超，康宜华，等. 基于U形磁轭探头的交流漏磁检测法机理研究[J]. 仪器仪表学报，2012，33(9)：1980-1985.

[9] 宋凯，康宜华，孙燕华，等. 漏磁与涡流复合探伤时信号产生机理研究[J]. 机械工程学报，2009，45(7)：233-237.

[10] 李俊儒，钟舜聪，杨晓翔，等. 基于低频电磁技术的管道缺陷检测方法研究[J]. 机电工程，2012，29(2)：155-158.

[11] 罗承刚. 电涡流位移传感器线圈电磁场仿真分析[J]. 传感器与微系统，2008，27(3)：24-26.

[12] 窦建华，王英，李长凯，等. 基于CPLD和DSP的线阵CCD数据采集系统设计. 合肥工业大学学报：自然科学版，2010(5)：56-59.

在役尿素合成塔检验案例分析

杜卫东，邹石磊，王春茂，王海龙，姚东峰，孟祥海，于茜
山东省特种设备检验研究院，济南 250101

摘 要：通过目视、壁厚测定、磁粉检测、渗透检测、铁素体分析和声发射检测等方法，对某在役层板包扎尿素合成塔进行了定期检验，以检验中发现的典型缺陷为例，分析了尿素合成塔运行过程中缺陷产生的原因，总结了造成尿素合成塔腐蚀的影响因素和定期检验经验，对尿素合成塔的定期检验和保障尿素合成塔的安全运行提供了帮助。

关键词：尿素合成塔；定期检验；腐蚀；缺陷

1 在役尿素合成塔基本情况

某台在役 14 年的尿素合成塔为多层层板包扎结构，高压容器，塔壁由多层层板材构成，由内向外分成两部分。内层为耐腐蚀衬里板，由单层尿素级超低碳不锈钢板构成，材料为 X2CrNi18143Mod，板厚为 8 mm；外层由盲层板（单层）、内筒板和层板（多层）构成，育层板材料为 16MnR，内筒板和层板材料为 15MnVR。塔体内径 1 400 mm，塔壁总厚度达 116 mm。每层层板的纵焊缝呈一定角度相互错开。塔体由每筒节环焊缝连接而成，环焊缝开双 U 型坡口，坡口面由手工堆焊层覆盖，厚度约为 2 mm～3 mm。

以下为某型号尿素合成塔的结构参数：

塔结构型式：多层内衬式高压容器，塔内径：ϕ1 400 mm，塔高：26 690 mm，塔容积：37.5 m^3，主体结构形式为单腔，支座为裙座，立式安装型式。外筒：多层包扎（17 层层板＋1 层盲层板，17×6＋6＝108 mm），共 10 个筒节组成。封头：上封头为大型锻件，下封头为厚板热冲压球封头。

设计参数如下：设计压力 21.6 MPa，设计温度≤190 ℃，工作介质为尿素、氨基甲酸铵溶液，工作压力≤19.6 MPa，工作温度≤190 ℃。1999 年 11 月制造完成，2000 年 7 月安装完成后投入使用。

2 检验方案及发现问题

根据上次检验报告的基本情况和设备使用情况，制定了该尿塔的检验方案。定期检验主要包括资料审查、宏观检验、不锈钢衬里壁厚测定、表面无损检测、M36 以上主螺栓检查、安全附件检验等检验项目，必要时可进行塔外检验、堆焊层铁素体分析、声发射检验等项目。

2.1 资料审查

审查制造单位提供的技术文件和资料是否符合有关规定，内容包括：产品竣工图、产品

质量证明书以及设计、安装、使用说明书、主要受压元件的强度计算书等。审查尿素合成塔使用技术档案是否齐全并符合有关规定，内容包括：了解尿素合成塔投用后的技术状况，压力、温度的变化，开、停工以及介质情况。检查历年的检验报告和修理报告(含检验、检测、修理记录、有关事故的记录资料和处理报告等)，对以前进行过修理、改造过的部位在检验过程中应重点进行检查。

2.2 宏观检查

该项检验主要通过目视检查，目的是检查设备外观、结构及几何尺寸，目测检查设备表面状况，是否存在明显的裂纹和其他缺陷。

2.3 内衬壁厚检测

该项检验主要采用超声波测厚仪，重点检测不锈钢内衬的易腐蚀、易冲蚀、制造工艺减薄、变形、修磨后的部位及设备气液相交界部位及宏观检查发现的可疑部位的壁厚检测。

2.4 内衬渗透检测

对尿素合成塔内部渗透检测的部位为尿素合成塔内部通体纵横焊缝、上下封头的堆焊层，检测比例100%。执行标准：按照NB/T 47013.5《承压设备无损检测　第5部分：渗透检测》进行评定和记录。检测设备：DPT5。被检表面要求：需要检测的部位应清洁、干燥并打磨露出金属光泽。按照NB/T 47013.5《承压设备无损检测　第5部分：渗透检测》进行评定和记录。

2.5 外部磁粉检测

该项检验的目的是检查尿素合成塔外部筒体焊接接头表面和近表面是否存在缺陷。探伤部位：被检设备对接焊缝磁粉检测抽查，检测长度不少于每条对接焊缝长度的20%。执行标准：NB/T 47013.4《承压设备无损检测　第4部分：磁粉检测》。被检表面要求：被检测部位应清洁、干燥并露出金属光泽，不能有油脂及其他粘附磁粉的物质，表面粗糙度 $Ra \leq 12.5\ \mu m$。按照NB/T 47013.5《承压设备无损检测　第5部分：渗透检测》进行评定和记录。

2.6 M36以上主螺栓检查

M36以上主螺栓检查时，以检查其损伤和裂纹情况为主，必要时进行无损检测，重点检查螺纹及过渡部位有无环向裂纹。可根据现场环境及检测条件，选择磁粉、渗透等无损检测方法。

2.7 安全附件

对于与尿素合成塔本体相连的安全阀、爆破片装置、压力表(适用于有检定要求的压力表)，检验其是否在检定、校准、检验有效期内。

2.8 其他检测

现场检验人员根据具体情况确定是否需增加声发射、焊缝内部检测、铁素体含量测定、金相检查、光谱检测、衬里层贴合度测量等项目。

通过对该尿素合成塔的定期检验，采用了目视、内衬壁厚测定、磁粉检测、渗透检测、铁素体分析和声发射检测等方法，发现其内衬不锈钢板和对接焊接接头以及上、下封头的堆焊层的点腐蚀，如图 1 所示。

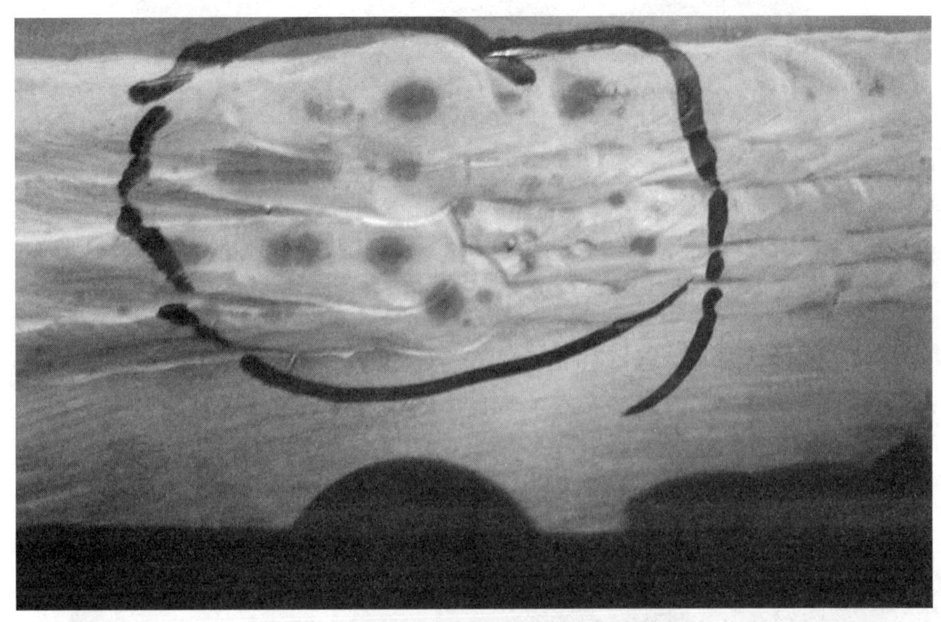

图 1 尿素合成塔内衬堆焊层点腐蚀

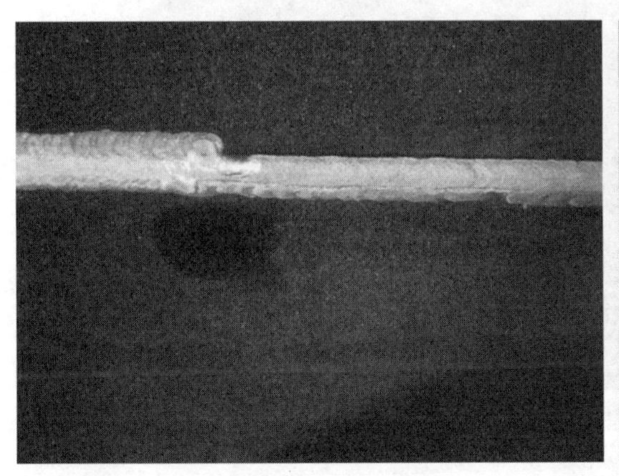

图 2 尿素合成塔内衬层筒节的环、纵焊缝上的沟槽腐蚀

该尿素合成塔内衬层筒节的环、纵焊缝上均存在沟槽腐蚀，如图 2 所示。

尿素合成塔筒体内部的液氨进口管的周圈发现裂纹缺陷，如图 3 所示。

对其外层板的检测，发现位于检漏进气孔附近的外层板有一处裂纹，其长度为 55 mm，贯穿了第一层板，如图 4 所示。通过磁粉检测在尿素合成塔外层板的环焊缝发现一处垂直于焊缝的裂纹长约 20mm，经打磨消除。

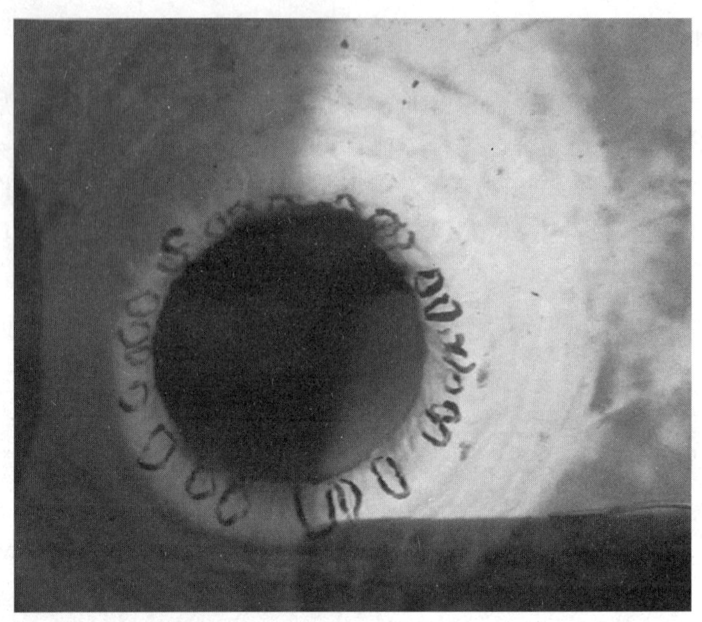

图 3　尿素合成塔内液氨进口管的周圈腐蚀裂纹

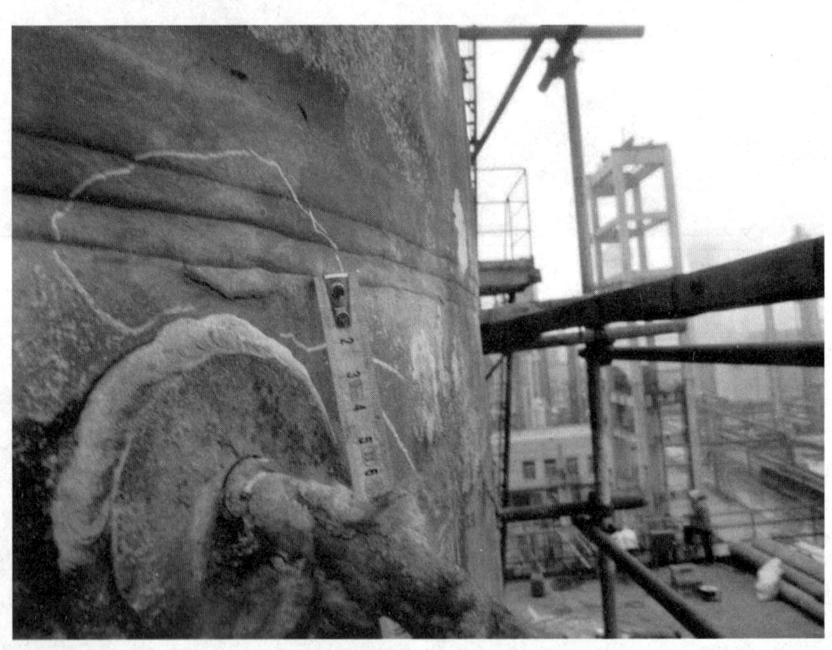

图 4　尿素合成塔外部筒节的裂纹

3　发现问题的成因分析及解决措施

针对发现的在役尿素合成塔内部不锈钢衬板的典型腐蚀缺陷，结合尿素合成塔运行工艺和相关文献[1-4]，分析了内衬缺陷形成的原因，发现尿素合成塔工艺参数的控制是减缓内衬的腐蚀的主要原因。通过对外部承压筒体磁粉检测发现的裂纹缺陷进行分析，认为尿素合成塔主要受压元件层板的裂纹和焊接接头裂纹，可以归纳为层板内部腐蚀裂纹和层板外裂纹。

分析以上缺陷的成因和查阅相关文献[5,6]，分以下情况采取相应的解决措施：对于尿素合成塔内衬板腐蚀，应从尿素合成塔运行工艺控制出发，控制塔内介质反应最高温度一般不宜超过 188 ℃，压力不大于 19.6 MPa。严格控制系统加氧量和硫含量及氯离子含量，系统在高氨碳比、低水碳比的状况下运行。定期分析出料口的镍含量，控制在 0.18 ppm 以下。对于尿素合成塔外层板的裂纹，应注意分析其形成原因，如是由于检漏蒸汽含腐蚀介质引起的层板内部腐蚀，应采用氮气或仪表空气作为检漏介质，以避免层板间产生贯穿性应力裂纹的环境；如是外层板焊接接头处裂纹应是应力引起的表面裂纹，一般应打磨消除，避免其扩展。

4 结论

(1) 对于长期服役的尿素合成塔不锈钢内衬板，外层板的检漏孔部位和环焊缝应在定期检验中重点检测，并严格控制尿素合成塔运行工艺和系统加氧量和硫含量及氯离子含量。

(2) 在尿素合成塔检验中应重视检漏系统的检查，采用氮气或仪表空气作为检漏介质，以避免层板间产生贯穿性应力裂纹的环境。

(3) 尿素合成塔的定期检验应该同使用单位的运行生产工艺和日常巡检相结合方能保障尿素合成塔的安全运行。

参考文献

[1] 王春茂，祝卫国，袁涛，等．层板包扎尿素合成塔典型缺陷及其成因 [J]．中国特种设备安全，2009，25(7)：63-66.

[2] 唐泉，颜东洲，安海静，等．对某尿素合成塔腐蚀控制措施的安全评估 [J]．石油和化工设备，2012，15(1)：57-64.

[3] 魏宝明．金属腐蚀理论及应用 [M]．北京：化学工业出版社，2008.

[4] 王春茂，祝卫国，袁涛，等．尿素合成塔全面检验中的典型缺陷 [J]．无损检测，2009，31(11)：906-909.

[5] 崔玉良，王威强，曹怀祥，等．尿素合成塔风险分析[J]．腐蚀科学与防护技术，2008，20(5)：371-380.

[6] 顾晨阳，王天曜，沈东奎，等．尿素合成塔常见缺陷及对应检测方法[J]．山东化工，2012，41(1)：58-61.

对一套加氢裂化装置压力容器湿硫化氢损伤检验的几点总结

邹斌，王杜

宁波市特种设备检验研究院，宁波　315048

摘　要：本文通过对某石化企业的一套加氢裂化装置压力容器的检验过程中发现的几例湿硫化氢损伤案例分析，针对湿硫化氢损伤的产生机理和特点，从检验前的筛选、检验方案的制定、检验方法的选择等几方面提出了今后的一些检验对策。

关键词：加氢裂化；湿硫化氢损伤；氢鼓泡

0　引言

我院承压部门在2013年8月拟对某石化炼油企业几套装置压力容器进行定期检验，其中包括了一套加氢裂化装置。

加氢裂化是重质油轻质化的一种工艺方法。以减压馏分油为原料，与氢气混合在温度400 ℃左右，压力约17 MPa和催化剂作用下进行裂化反应，生产出干气、液化石油气、轻石脑油、重石脑油、航空煤油、轻柴油等产品[1]。

加氢裂化工艺的主要特点是高温、高压、临氢，且物流中含有硫、氮等腐蚀性物质，要求设备耐高温、高压，耐氢蚀、硫腐蚀。基于苛刻的工艺特点，目前已知的加氢裂化装置主要的损伤机理有高温氢和硫化氢腐蚀、氢脆、高温硫腐蚀、铬钼钢的回火脆性、堆焊层氢致裂纹、连多硫酸应力腐蚀开裂、氯离子应力腐蚀开裂、湿硫化氢腐蚀开裂、硫氢化铵的腐蚀、氯化铵的腐蚀、MDEA腐蚀[2]。

其中湿硫化氢腐蚀开裂是指在湿硫化氢环境中，压力容器的钢材在腐蚀作用下产生的开裂，主要有氢鼓泡(HB)、氢致开裂(HIC)、应力导向氢致开裂(SOHIC)、硫化物应力腐蚀开裂(SSCC)。其中氢鼓泡是由于金属表面硫化物腐蚀产生的氢原子扩散进入钢中，在钢中的不连续处(夹杂、裂隙等)聚集并结合成氢分子，当氢分压超过临界值时会引发材料的局部变形，在钢材表面形成鼓泡；氢致开裂则是氢鼓泡在材料内部不同深度形成时，鼓泡长大导致相邻的鼓泡不断连接形成台阶状裂纹，一般与表面平行，并沿轧制方向扩展；应力导向氢致开裂是指在焊接残余应力或其他应力作用下，氢致开裂裂纹沿厚度方向不断相连并形成穿透至表面的开裂，一般发生在焊接接头的热影响区；硫化物应力腐蚀开裂是由于金属表面硫化物腐蚀过程中产生的原子氢吸附，在高应力区(焊缝、热影响区和高硬度区)聚集造成的一种开裂，一般在表面起裂，并沿厚度方向扩展。

由于3月份对该企业一套加氢装置的检验过程中发现一台循环氢脱硫塔底部筒节存在大面积氢鼓泡(HB)，再加上我院正在进行氢损伤检验的课题研究，因此本次检验从制定检

作者简介：邹斌，1974年出生，男，大学本科，高级工程师，主要从事压力容器压力管道检验、安全评估工作。

验方案开始就对加氢裂化装置中的湿硫化氢应力损伤给予了重点关注。

1 检验重点设备筛选

相关文献对湿硫化氢应力腐蚀易产生的条件描述主要有以下几点：

(1) pH 值：溶液的 pH 值小于 4，且溶解有硫化氢时易发生湿硫化氢破坏。此外溶液的 pH 值大于 7.6，且氢氰酸浓度＞20 ppm 并溶解有硫化氢时湿硫化氢破坏易发生。

(2) 硫化氢分压：介质中含液相水或处于水的露点以下；溶液中溶解的硫化氢浓度＞10 ppm时湿硫化氢破坏可能发生(＞50 ppm 时容易发生)，或潮湿气体中硫化氢气相分压大于 0.000 3 MPa 时，湿硫化氢破坏容易发生，且分压越大，敏感性越高。

(3) 温度：氢鼓泡、氢致开裂、应力导向氢致开裂损伤发生的温度范围为室温到 150 ℃，有时可以更高，硫化物应力腐蚀开裂通常发生在 82 ℃以下，尤其高发于 0 ℃～65 ℃范围内。

(4) 硬度：硬度是发生硫化物应力腐蚀开裂的一个主要因素。炼油厂常用的低强度碳钢应控制焊接接头硬度在 HB 200 以下。氢鼓泡、氢致开裂和应力导向氢致开裂损伤与钢铁硬度无关。

(5) 钢材纯净度：钢中 MnS 夹杂物也是产生 HIC、HB 的主要原因之一，提高钢材纯净度能够提升钢材抗氢鼓泡、氢致开裂和应力导向氢致开裂的能力。

(6) 焊后热处理：焊后热处理可以有效地降低焊缝发生硫化物应力腐蚀开裂的可能性，并对应力导向氢致开裂起到一定的减缓作用，但对氢鼓泡和氢致开裂不产生影响。

(7) 如果溶液中含有硫氢化铵且浓度超过 2%(质量比)，会增加氢鼓泡、氢致开裂和应力导向氢致开裂的敏感性。

(8) 如果溶液中含有氰化物时，会明显增加氢鼓泡、氢致开裂和应力导向氢致开裂损伤的敏感性[3-5]。

根据以上条件(主要是温度、介质、材质、硫化氢分压、pH 值)，对本次加氢裂化装置待检的 128 台压力容器进行了筛选，从中挑出 15 台列为可能发生湿硫化氢应力损伤的设备，详见表 1，其中序号为 73、92、105、109 的设备介质中硫化氢含量较高，本次检验应重点关注。

在制定了相关检验方案后，对该加氢裂化装置的压力容器进行了全面检验，检验内容包括宏观检验及结构检查、壁厚测定、磁粉检测、渗透检测、超声波检测、TOFD 检测、硬度检测、金相检测等。对上述可能发生湿硫化氢应力损伤的设备加强了宏观检验和测厚的力度。

表 1 筛选出的可能发生湿硫化氢应力损伤的设备参数表

序号	容器名称	容器编号	操作条件(管/壳)			主体材质(管/壳)	硫化氢分压，或液相的硫化氢含量	介质中是否含液相水	介质pH值
			温度℃	最高工作压力MPa	介质				
64	富胺液一级过滤器	FI305	80	1.2	富胺液/蒸汽	Q245R	35 mg/L	有	3
65	富胺液二级过滤器	FI306A	80	1.20	富胺液/蒸汽	Q245R	35 mg/L	有	3

续表 1

序号	容器名称	容器编号	操作条件(管/壳)			主体材质(管/壳)	硫化氢分压，或液相的硫化氢含量	介质中是否含液相水	介质pH值
			温度℃	最高工作压力MPa	介质				
66	富胺液二级过滤器	FI306B	80	1.2	富胺液/蒸汽	Q245R	35 mg/L	有	4
73	干气脱硫吸收塔	T306	75	1.37	H_2S、干气、DEA	20 钢	100 000 mL/m^3	有	3
75	液化气脱硫抽提塔	T308	75	1.9	液化气、DEA、H_2S	20 钢	30 000 mL/m^3	有	4
76	循环氢脱硫塔	T313	82	16	循环氢	锻钢 20	30 000 mL/m^3	有	4
81	高压分离器	V303	150	15.4	油、氢气、轻烃、H_2S、水	Q345R(R-HIC)	30 000 mL/m^3	有	4
82	低压分离器	V304	69	1.96	H_2、H_2S、生成油	20R	30 000 mL/m^3	有	3
89	脱丁烷塔顶回流罐	V308	60	1.55	H_2、H_2S、液化气	20R	30 000mL/m^3	有	4
92	干气气液分离罐	V312	58	1.6	干气、H_2S	20R	100 000 mL/m^3	有	3
94	闪蒸罐	V314	118	0.4	富液、烃	20R	35 mg/L	有	3
105	低分气分液罐	V338	2.07	1.46	烃类、H_2S	20 钢	100 000 mL/m^3	有	4
106	循环氢脱硫塔入口分液罐	V339	69	16	循环氢	锻钢 20	30 000 mL/m^3	微量	4
107	循环氢压缩机入口分液罐	V340	74	16.5	H_2、H_2S	锻钢 20	5 000 mL/m^3	微量	4
109	脱后干气分液罐	V341B	50	1.8	干气	20 钢	100 ppm	有	4

2 发现的问题

2.1 对筛选表中编号为 73 的设备(T306 干气脱硫吸收塔)进行检验

(1) T306 主要参数见表 2。

表 2 T306 参数表

容器名称	干气脱硫吸收塔	工作介质	干气、一乙醇胺、富胺液
操作压力	1.37 MPa	主体材质	20 钢

续表 2

容器名称	干气脱硫吸收塔	工作介质	干气、一乙醇胺、富胺液
操作温度	49 ℃	有否保温	无
公称壁厚	20 mm/18 mm	长度	26 946 mm
内径	1 200 mm/1 600 mm	容积	33 m^3

(2) 结构示意图见图 1。

(3) 检验过程

外部宏观、无损检测未发现可记录缺陷,可测厚部位(由于该塔外部未搭架子,测厚只能选择平台可够到部位)测厚数值未发现异常。从底部人孔进入设备后,在底部封头及相连筒节 T1 也未发现问题,内部未搭架子,用手电直接向上观察可看到距底部 5 m~6 m 的锥段及锥段以下各筒节表面,未发现明显问题。但用手电贴着筒体内壁向上照射时,可十分清楚的看到锥段以下第一、第二筒节(T3、T2)内表面分布有大量鼓泡,形态见图 2。

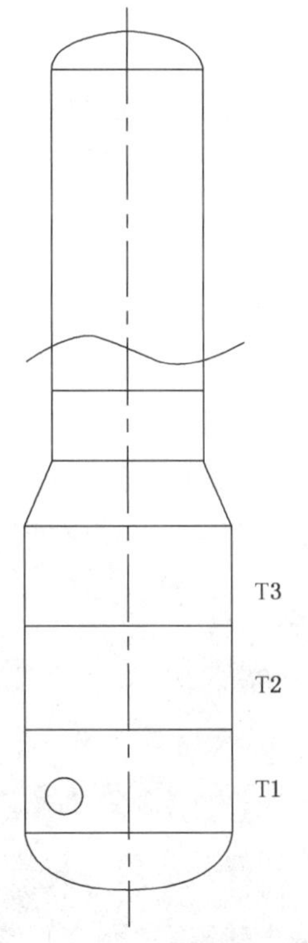

图 1 T306 结构示意图

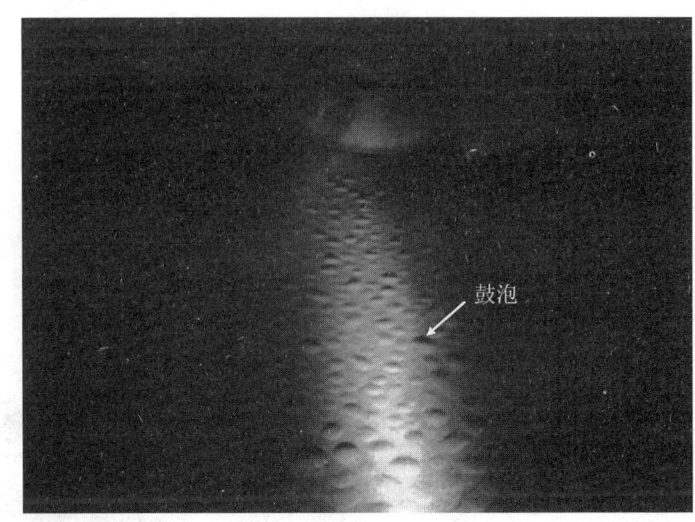

图 2 T3 筒节内鼓泡形貌

搭设内架后,就近观察 T2、T3 筒节内表面,发现 T3 筒节的鼓泡分布密集,且直径较大,部分鼓泡表面已经开裂(见图 3)。第二个筒节为分布较为均匀的鼓泡,且鼓泡直径较小,基本在 10 mm~35 mm 之间,相邻鼓泡之间的距离处于 10 mm 左右。

搭设外架后,从外表面对 T2、T3 筒节密集测厚,发现 T3 筒节鼓泡密集区域厚度变化较大,厚度值在 8.0 mm~14.0 mm 之间,即氢鼓泡深度范围较大,经超声波检测判断内部可能存在倾斜裂纹或是台阶状裂纹,T2 筒节鼓泡区域测厚厚度值集中在 12.4 mm~13.5 mm 之间，即鼓泡主要深度在 4.5 mm～5.6 mm之间，深度范围较小。

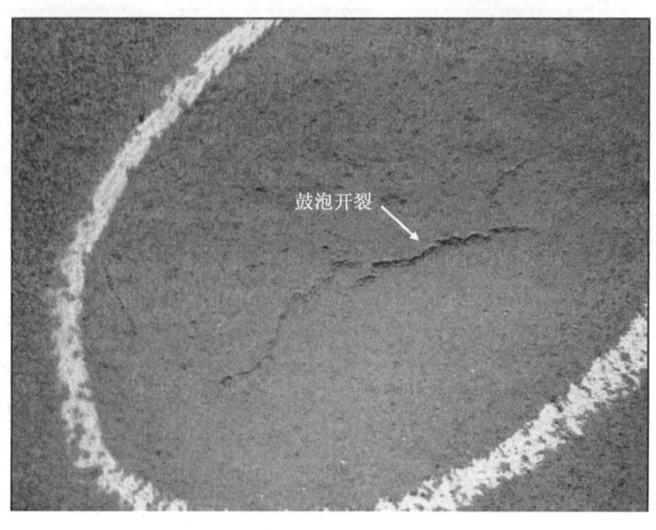

图 3　T3 筒节部分鼓泡开裂形貌

搭设外架后，从外表面对 T2、T3 筒节密集测厚，发现 T3 筒节鼓泡密集区域厚度变化较大，厚度值在 8.0 mm～14.0 mm 之间，即氢鼓泡深度范围较大，经超声波检测判断内部可能存在倾斜裂纹或是台阶状裂纹，T2 筒节鼓泡区域测厚厚度值集中在 12.4 mm～13.5 mm 之间，即鼓泡主要深度在 4.5 mm～5.6 mm之间，深度范围较小。

逐个进入从锥段以上各人孔，对设备可见内表面进行了细致的宏观检查和测厚，再未发现类似缺陷。

(4) 缺陷分析

T306 是检验前即已筛选出来的易发生湿硫化氢应力损伤的重点关注设备，对应参数表，并查询具体工艺信息(塔上部介质为干气、一乙醇胺，下部介质主要为富氨液)，可判断塔上部的损伤机理主要为均匀减薄＋外部腐蚀，而下部的损伤机理主要为均匀减薄＋湿硫化氢损伤＋外部腐蚀，这点与检验发现鼓泡发生在下部筒节的检验结果相符合。此外由于鼓泡全部位于母材部位，且从 T3 筒节鼓泡密集区域的超声波检测判断内部可能存在倾斜裂纹或是台阶状裂纹的结果看，符合 HIC 的特征，可基本判断该区域存在氢鼓泡(HB)和氢致开裂(HIC)。在最终缺陷处理时，从 T2 筒节割下的部分板材断面可见氢致开裂典型的的台阶状开裂形貌，见图 4。

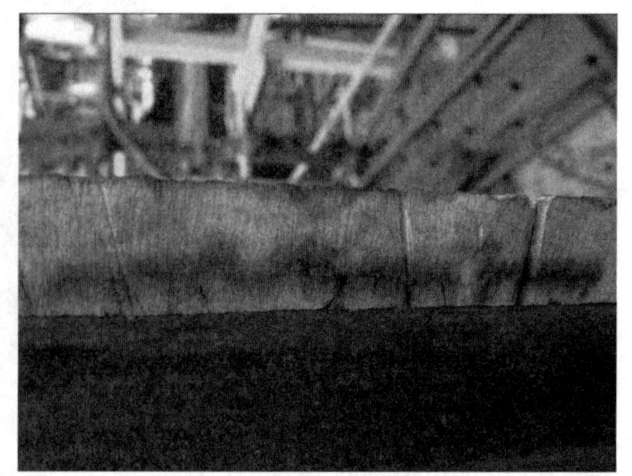

图 4　氢致开裂形貌

(5) 缺陷处理及评定

根据检验结果决定对 T3 筒节的鼓泡密集处进行修复，修复方式为更换缺陷密集区域的板材及对部分分散区域的鼓泡进行挖补。对 T2 筒节的鼓泡进行泄压处理，并对处理后的缺

陷进行合于使用性评价，以确定该设备继续服役的适应性。

缺陷处理完毕后，由中国特种设备检测研究院进行了合于使用评价，评价结果为通过，但是鉴于 RBI 评估出的设备风险总体处于一个较高的水平（主要是失效可能性较高），建议自评估时间起运行满 6 个月时，推荐采用 C 扫描技术检测分层或氢致开裂（钢板平行方向）的扩展情况。

2.2 对筛选表中编号为 105 的设备（V338 低分气分液罐）进行检验

（1）V338 主要参数见表 3。

（2）结构示意图见图 5。

（3）检验过程

本次检验之前的使用过程中使用单位就已经发现该容器出现鼓泡。宏观检验发现端盖大法兰以下筒体外表面密布大量鼓泡，形貌见图 6。鼓泡尺寸约为 ϕ5 mm～15 mm，鼓泡区域测厚数值在 2.5 mm～3.5 mm 之间。

表 3 V338 参数表

容器名称	低分气分液罐	工作介质	烃类、H_2S、H_2
操作压力	1.46 MPa	主体材质	20 钢
操作温度	58 ℃	有否保温	无
公称壁厚	8 mm	内径	500 mm
长度	2 216 mm	容积	0.36 m^3

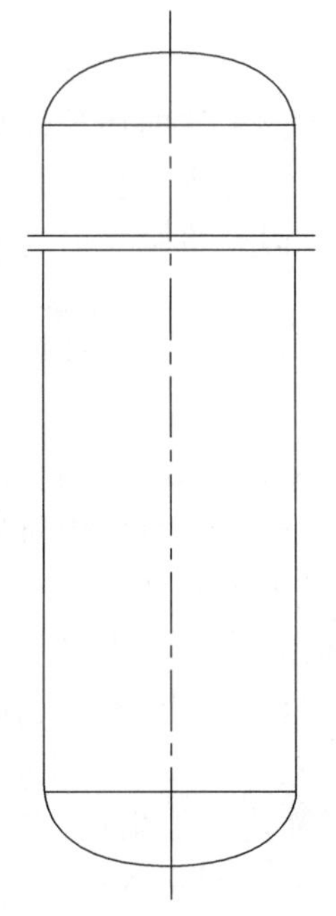

图 5 V338 结构示意图

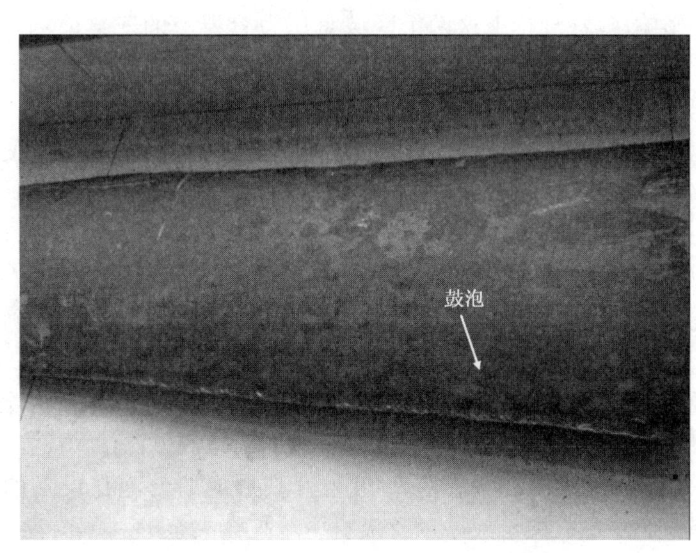

图 6 V338 解体后的部分筒体（外部）

(4) 缺陷分析

V338是检验前即已筛选出来的易发生湿硫化氢应力损伤的重点关注设备,对应参数表和具体工艺信息,可判断损伤机理主要为均匀减薄+湿硫化氢损伤+外部腐蚀。从鼓泡产生部位及检测结果可基本判断鼓泡区域存在氢鼓泡(HB)及氢致开裂(HIC)。鼓泡深度较均匀。

(5) 缺陷处理

使用单位决定更新设备,对原设备进行报废解体处理。

3 总结

本次对该套加氢裂化设备的全面检验,共发现两台设备存在明显的湿硫化氢腐蚀开裂(HB和HIC),经过对整个检验过程的梳理总结,得出以下几点关于湿硫化氢损伤的检验要点:

(1) 重视检验之前的重点设备筛选工作,对照本次检验结果,查出的两台存在湿硫化氢应力腐蚀开裂的设备均在筛选出来的名单之中,说明该筛选方法切实有效。做好筛选工作可做到有的放矢,提高检验方案的合理性,集中检验力量,也减少过度检验的发生。

(2) 检验方案可进一步细化,针对同一台设备(尤其是大型设备)的不同相态区间(液相、气相)、不同介质分布区域、不同腔体(本体、夹套,管程、壳程)应根据各自的损伤模式分别制定相应的检验方案。比如对T306设备,上部与下部的介质不一样,损伤模式因此也不一样,湿硫化氢应力腐蚀开裂主要发生在下部,因此对下部的检验方法自然与上部侧重点不同。

(3) 目视检查和测厚是发现氢鼓泡(HB)和氢致开裂(HIC)的有效方法。因为这两类损伤主要发生在母材部位,而目前我们定期检验中的无损和理化检测主要关注的还是焊缝和热影响区域(理论上这两个区域是压力容器上的安全薄弱环节),而且在工程现场无损检测对这两类损伤的检出效率不高,这两项检查目前仍是最有效的方法。因此检验之前的准备工作一定要为这两项检查提供方便,比如脚手架应搭到位,检测部位如有保温应全部拆除,尤其对筛选出的重点设备应做到检验全面细致,不能图方便只检查平台附近或容易检查的部位。

(4) 注意检验方法,宏观检验时针对氢鼓泡(HB)正面目视很难发现轻微的鼓起,这时如采取用手电贴着筒壁照射的方法会更有效果。密集测厚(或采用电磁超声测厚)则对发现还未鼓起的氢致开裂(HIC)较为有效,并可辅助UT进行确认。而对于应力导向氢致开裂(SOHIC)和硫化物应力腐蚀(SSCC)开裂,由于主要发生在焊缝和热影响区,且沿厚度方向开裂,可加强UT或TOFD检测,由于SOHIC很大一部分会穿透至表面,SSCC是从表面起裂,因此表面无损检测也是很有针对性地检测方法。

(5) 根据检验结果可知,氢致开裂形成的鼓泡在设备的内、外表面均可能出现,发生在哪一面主要取决于板厚以及板材中不连续夹杂的具体位置,一般认为夹杂靠近内壁的,鼓泡会形成于内壁,反之会形成于外壁。因此实际检验中对可能发生湿硫化氢损伤的设备必须要求打开进入,并拆除外保温,内、外表面均应详细检查。

参考文献

[1] 钱伯章.含硫原油加工工艺研究[J].石油规划设计,2005,16(3):1-5.

[2] 吕运容.大型成套石化装置检验知识[M],2011.

[3] HGJ 15—1989 钢制化工容器材料选用规定.

[4] 巩建鸣,蒋文春,唐建群,等.湿 H_2S 环境下 16MnR 钢氢鼓泡的试验研究与数值模拟[J].压力容器,2007,24(2):9-14.

[5] 王维宗,晁怀瑞,于凤昌,等.炼油常用钢材的抗 HIC 性能及评价方法的研究[J].炼油技术与工程,2005,35(8):39-42.

多层包扎尿素合成塔外层板开裂检验案例分析

王春茂，邹石磊，韩明，王淑杰
山东省特种设备检验研究院，济南 250101

摘 要：采用化学成分、金相、扫描电镜、水质等多种方法，对多层包扎结构尿素合成塔外层板开裂进行了分析，最终确定外层板开裂是由于检漏蒸汽不纯等导致的应力腐蚀开裂。该案例对于尿素合成塔的定期检验和管理使用都有很好的借鉴意义。

关键词：多层包扎；尿素合成塔；层板；开裂

1 多层包扎尿素合成塔基本情况

该多层包扎尿素合成塔为化工部第四设计院设计，西南化机股份有限公司制造，十三化建安装，于 2000 年 12 月投用。容器内径 1 200 mm，容积 23 m^3，设计压力 21.56 MPa，设计温度为 190 ℃。主体结构为多层包扎机构，最内层为8 mm厚 X2CrNiMo18143Mod 材质内衬，再向外为 6 mm 厚 Q235 材质的盲板层，然后是 12 mm 厚 16 MnR 材质第一层层板，再向外为 6 mm 厚 15MnVRc 材质的多层层板，共有 14 层，筒节总厚度为 110 mm。具体结构见图 1。

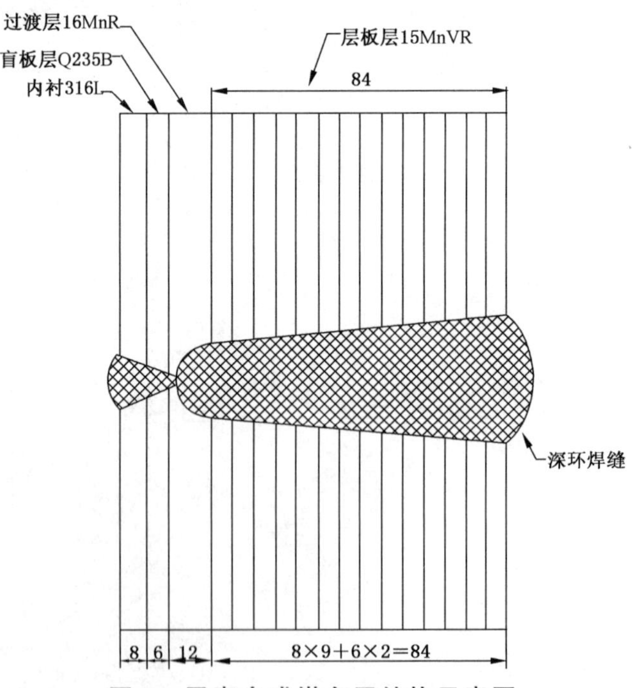

图 1 尿素合成塔多层结构示意图

作者简介：王春茂，1978 年出生，男，硕士，高级工程师，主要从事压力容器和压力管道检验及其相关研究工作。

2 多层包扎尿素合成塔检验方案及发现的问题

尿素合成塔为高温、高压、强腐蚀工况，虽然内衬为超低碳奥氏体不锈钢，耐蚀性较好，但使用中不可避免的存在晶间腐蚀、冷凝腐蚀、应力腐蚀和均匀腐蚀等多种情况。特别是如果在操作过程中出现超温、断氧、硫化氢超标等情况，则使钝化膜受到破坏，腐蚀速度成数倍增加。对于外壁而言，由于处于高压工况，加之氮肥企业空气、检漏蒸汽冷凝液、跑冒滴漏等多种情况都会造成应力腐蚀环境，外层板开裂也是威胁尿素合成塔安全使用的一大重点安全隐患。

针对以上情况，尿素合成塔检验方案中采用内部渗透检测、超声测厚、涂层测厚为主的常规检测方式，外壁以磁粉检测为主。必要时，采用声发射检测对埋藏缺陷等进行整体安全评估。

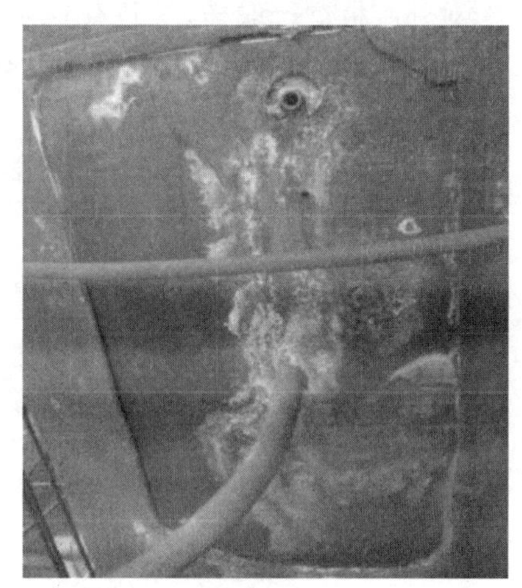

图 2 外层板开裂第二层存在白色结晶物

检验中内衬检测发现从下向上数第五环焊缝发现整圈沟槽腐蚀，其余部位共发现点蚀等缺陷约 60 处。外部检测发现外表面从下向上数第三环焊缝下侧东面最外层板开裂，开裂长度超过 800 mm；该筒节纵缝中部发现裂纹一处，长度 150 mm。对外层板开裂区域拆除第一层层板 1 000 mm×400 mm 区域，发现第二层处检漏孔周围区域存在白色结晶物(见图 2)。第二层板左侧裂纹由左向右逐渐变细，且向上延伸至第三环焊缝。右侧裂纹起源于第三环焊缝，且由右向左逐渐变细，并贯穿层板纵焊缝。裂纹一直裂穿 4 层层板(见图 3)。靠近第三环焊缝位置裂纹裂穿 7 层层板(见图 4)，环焊缝刨开长 240 mm、宽 48 mm、深 55 mm 后渗透检测裂纹消除。

图 3 拆除第四层层板后靠近环焊缝仍有裂纹

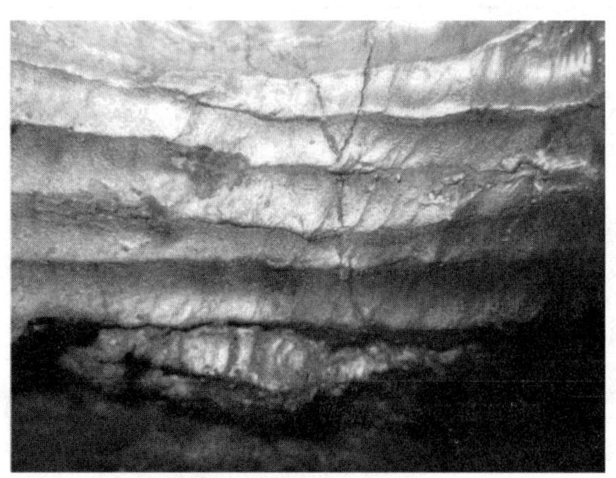

图 4 第三环焊缝处裂纹深度达到 55 mm

3 检验发现问题的成因分析

尿素合成塔内部腐蚀主要是不锈钢内衬焊缝晶间贫铬耐蚀性变差，在高温尿素氨基甲酸胺溶液强腐蚀性下导致腐蚀，本次检验内部缺陷都为常规缺陷，且在停车工况下未见明显腐蚀产物，故未进行进一步分析。现重点对外层板开裂进行分析和研究。

3.1 化学成分分析

对外层板进行取样，进行化学成分分析，结果见表1。与原材料制造标准GB 6654—1996《压力容器用钢板》对比，各种化学成分中除S元素的含量超出标准要求外，其余各元素含量未见明显异常。

表1 外层板化学成分

元素	C	Si	Mn	P	S	V
GB 6654—1996	≤0.18	0.20～0.55	1.20～1.60	≤0.030	≤0.020	0.04～0.12
样品	0.16	0.39	1.52	0.021	0.021	0.096

3.2 力学性能测试

从合成塔外层板取2个拉伸试样。试验结果见表2。与原材料制造标准GB 6654—1996《压力容器用钢板》对比，2个拉伸试样的屈服强度、断后伸长率和抗拉强度都满足相应标准的要求。

表2 力学性能测试结果

项目	屈服强度/MPa	抗拉强度/MPa	断后伸长率/%
GB 6654—1996	390	530～665	19
试样1	518.16	669.57	25
试样2	522.88	673.10	25.33

3.3 金相检测

对合成塔外层板平行轧制方向及垂直轧制方向两个部位取样进行金相检测。金相组织见图5。由图可知，外层板金相组织为铁素体＋珠光体。珠光体在铁素体中均匀分布，没有其他相的出现。对其进行晶粒度评级，晶粒度为9级。

3.4 扫描电镜分析

对取下的第二层层板裂纹区域其中一裂纹内部进行扫描电镜断口分析。见图6a)，断口颜色比较灰暗，部分地方呈颗粒状。见图6b)，断口处有韧窝出现，为沿晶断裂。在韧窝边缘还有分叉的小裂纹出现，见图7。在部分断口处残留有腐蚀产物，见图8。部分断口处呈现解理状，为穿晶断裂。

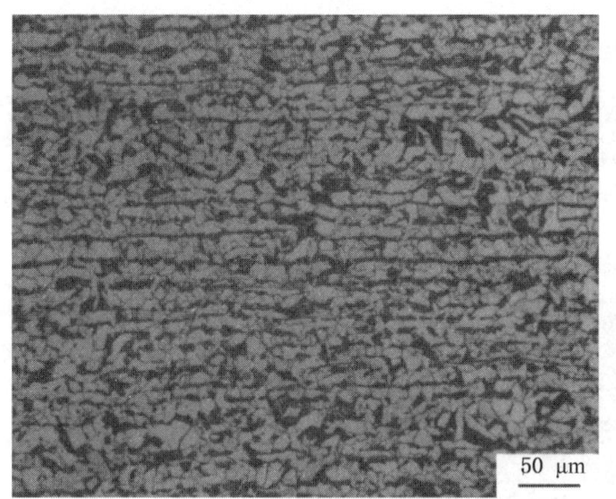

a）平行轧制　　b）垂直轧制

图 5　外层板金相组织

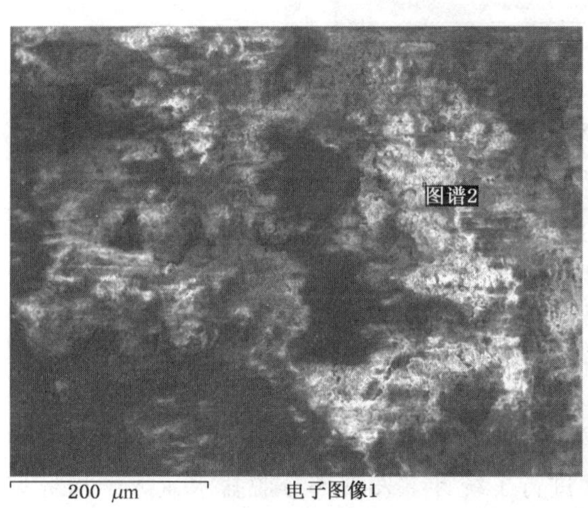

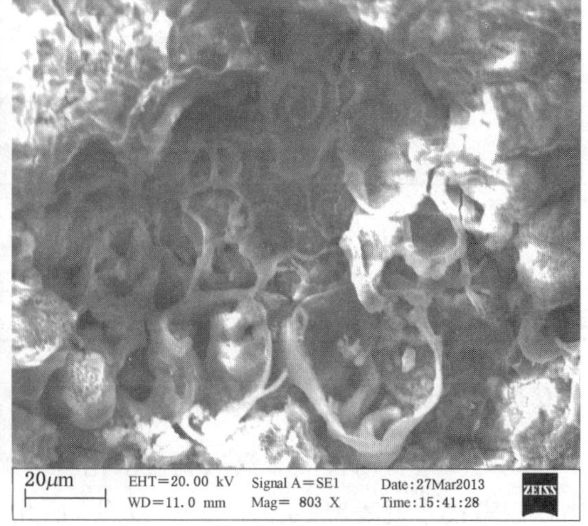

a）断口颜色　　b）断口韧窝

图 6　外层板断口形貌

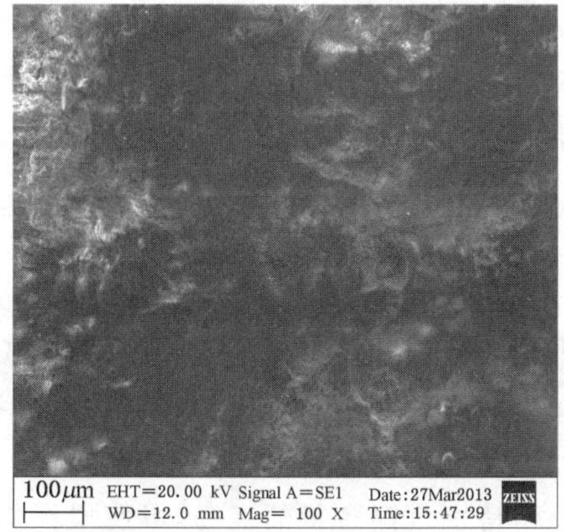

图 7　断口处腐蚀产物

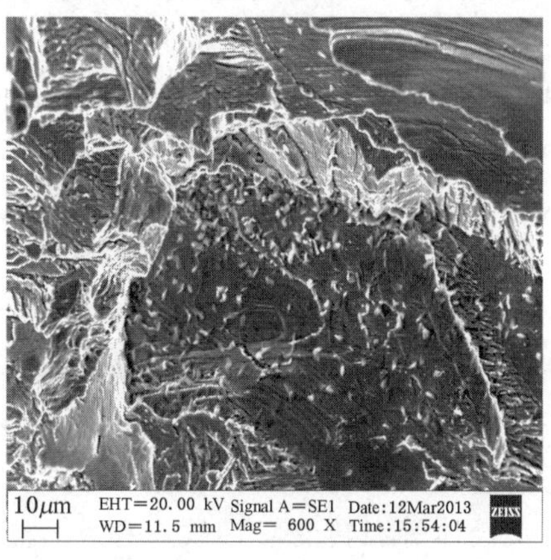

图 8　解理状断口

3.5 能谱分析

对断口处腐蚀产物进行能谱分析，结果见图 9 和表 3。腐蚀产物中含有 S、Na、Mg、Si、Ca 等元素，可能造成尿素合成塔外层板的应力腐蚀开裂。

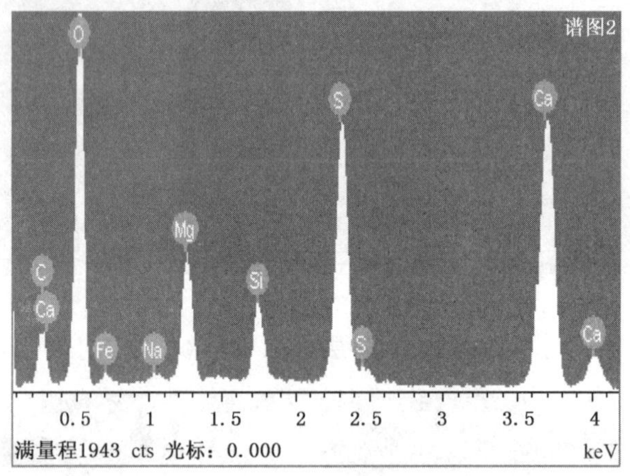

图 9　腐蚀产物能谱分析

表 3　腐蚀产物能谱分析结果

元素	C	O	Na	Mg	Si	S	Ca	Fe
腐蚀产物（质量百分比）	14.16	57.08	0.39	4.19	2.14	8.08	12.2	1.77

3.6 水质分析

调阅 6 个月内检漏蒸汽用脱盐水化验结果进行了统计。发现部分脱盐水氯离子指标偏高（《尿素技术规程》规定 $Cl^- \leqslant 5$ mg/L，而化验结果其中大于 5 mg/L 的占 26.62%，大于 6 mg/L的占 13.38%）。

综上所述，该台尿素合成塔外层板开裂主要是由于检漏蒸汽不纯，由尿塔检漏孔进入层板的检漏蒸汽往往会在层板之间产生凝聚，长时间浓缩形成含有 S、Na、Mg、Si、Ca 等元素的腐蚀性产物，对层板形成腐蚀性环境。同时外层板 15MnVRc 材质的力学性能抗拉强度偏高，材料的应力腐蚀敏感性增高，最终导致了外层板的应力腐蚀开裂。

4 检验发现问题的处理

对于内衬腐蚀坑、孔、沟槽等缺陷以焊补为主，即可修复。尿素级不锈钢为单相奥氏体组织，焊材的熔敷金属应满足母材的所有技术要求，因此必须使用纯奥氏体焊材进行焊接。考虑合金元素的烧损以及焊缝冷却方式的复杂性，为了控制焊缝熔敷金属的铁素体含量，必须使奥氏体等温转变 C 曲线右移。合金元素含量越高，特别是镍含量的提高，可使奥氏体等温转变 C 曲线右移，使奥氏体组织更加稳定，在焊缝冷却过程中，奥氏体组织转变成铁素体组织的机率降低。因此尿素合成塔内衬修理时选择比母材合金含量更高的焊材，一般采用

25-22-2LMn 型焊接材料，可以取得比较理想的焊接效果。

但对于层板裂纹，由于开裂层数较多，深度较大，且塔体各个筒节都使用同一来源检漏蒸汽，都具备了该应力腐蚀环境，只是程度轻重不同，不排除其他筒节内部层板也存在开裂的较大可能性，安全起见，该台尿素合成塔定为 5 级，予以报废停用。

5 结论

(1) 对于尿素合成塔的检验不应局限于对具有强腐蚀介质的内部检测，外部强度层的检测同样不可忽视；

(2) 对尿素合成塔使用单位而言，一定要重视检漏蒸汽的纯度，最好采用更为清洁的氮气等介质作为检漏载体，杜绝筒体层板间产生应力腐蚀的环境；

(3) 尿素合成塔定期检验只能针对停车时状况的一个评估，保障尿素合成塔的安全要从使用做起，加强巡检和工艺控制才是安全之本。

钢制闸阀关闭件强度试验案例分析

符明海

上海市特种设备监督检验技术研究院，上海　200333

摘　要：TSG D7002—2006 要求对钢制闸阀关闭件强度进行型式试验，用以验证产品设计的合理性、制造工艺的正确性、产品功能的完整性。针对该要求，本文介绍了钢制闸阀关闭件在型式试验过程中经常会出现的强度不够、断裂位置不符合要求的典型案例。结合案例对试验失败的原因进行了分析，并提出了具体改进措施。

关键词：闸阀；关闭件；强度；型式试验

1　钢制闸阀关闭件强度试验的情况描述

钢制闸阀（如图 1 所示）在石油、石化、电力系统中广泛应用，在这些系统中使用的闸阀通常处于常开或常闭状态。当一个长期处于关闭状态的闸阀需要开启时，可能会由于长期未使用而发生闸板被阀座“卡死”的情况。若强行用力开启（例如使用电动装置），力矩较大，在闸板被卡死的情况下，会把阀杆拉断。如果阀杆断裂部位位于阀腔内部，从外部无法发觉阀杆已断，会产生闸阀还能正常操作的假象，这将给整个系统的运行带来极大危害。

API 600—2015《法兰和对焊连接端的用螺柱连接阀盖的钢制闸阀》中的 5.8.8[1] 和 GB/T 12234—2007《石油、天然气工业用螺柱连接阀盖的钢制闸阀》中的 4.10.5[2] 均要求：若发生闸板卡死事故时，阀杆的损坏应出现在闸阀承压区域之外。在闸阀承压区域之内的阀杆与闸板的连接头和阀杆各部分的强度应大于螺纹根部的强度。这两个标准中均要求当阀杆与闸板在进行拉断试验时，断裂失效部位应在阀杆螺纹根部。拉伸时若其他部位产生失效，则表明产品的设计制造不符合规定。

为避免闸阀在系统运行中出现上诉风险，2006 年国家质检总局颁布了 TSG D7002—2006《压力管道元件型式试验规则》，该规范附录 D《压力管道用金属阀门典型产品型式试验项目及其内容、方法和要求》中对钢制闸阀关闭件强度（公称直径 DN≤200）[3] 提出了检验与试验的要求。对闸阀产品进行钢制闸阀关闭件强度的型式试验，用以验证产品设计的合理性、制造工艺的正确性、产品功能的完整性。

本案例源自特种设备——压力管道元件（钢制闸阀）型式试验。针对型式试验中钢制闸阀关闭件强度试验（俗称阀杆和闸板拉断试验）中经常出现强度不够、断裂位置不对等问题进行了分析。

钢制闸阀关闭件（如图 2 所示）是指闸板与阀杆的组合件。

作者简介：符明海，1969 年出生，女，高级工程师，主要从事金属阀门型式试验工作及其研究。

2　钢制闸阀关闭件强度试验基本情况

2.1　关闭件强度试验设备的准备

关闭件强度试验设备应考虑试验时可能遇到的两种极限情况：一是阀杆和闸板所需的最大拉断力值；二是阀杆和闸板的装夹高度及拉伸行程。

以公称直径DN200公称压力PN420的闸阀为例：查GB/T 12234—2007中表7[2]，可知阀杆最小直径为59.54 mm，阀杆材料选用38CrMoAlA，阀杆螺纹根部的理论承载力 P_N 可按式(1)计算。

$$P_N=\frac{(d_{中}+d_{内})^2\pi\sigma_b k}{16} \qquad \cdots\cdots(1)$$

式中：

σ_b——阀杆材料抗拉强度834 MPa；

$d_{中}$——梯形螺纹中径55.3 mm；

$d_{内}$——梯形螺纹内径50.6 mm；

k——应力集中系数0.98。

经计算，P_N=1 800 kN。

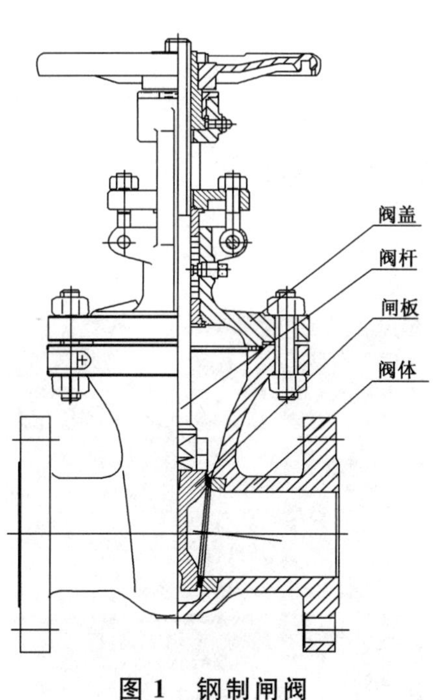

图1　钢制闸阀

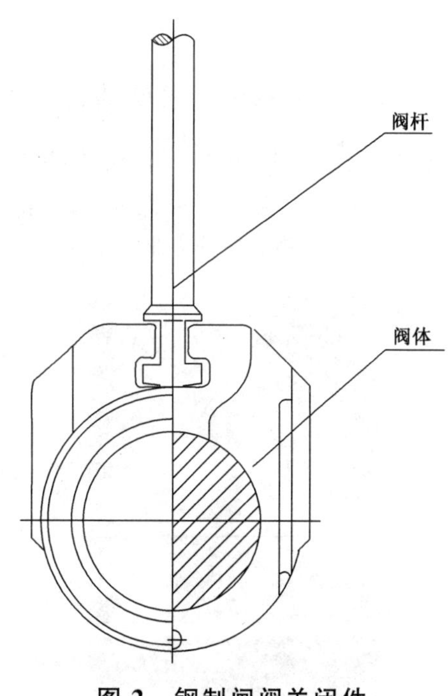

图2　钢制闸阀关闭件

故阀杆和闸板拉断试验在一般的拉伸试验机上无法完成。

我单位定制的拉伸试验机最大拉力值为2 200 kN，装夹空间尺寸为100 cm，最大行程为75 cm，能满足试验要求，如图3所示。

图 3　2 200 kN 的拉伸试验机

2.2　被试的钢制闸阀关闭件基本情况

某厂钢制闸阀规格型号：Z40Y-64-200，DN200 mm，PN6.4 MPa，阀杆直径 38 mm，阀杆材料 20Cr13。图 4 为该阀的关闭件，图 5 为该阀的关闭件装夹在拉伸试验机上准备试验。

根据式(1)，计算可得阀杆螺纹根部的理论承载力 $P_N=542$ kN。其中：$\sigma_b=647$ MPa，$d_{中}=35.0$ mm，$d_{内}=31.0$ mm，$k=0.98$。

2.3　钢制闸阀关闭件强度的合格评定

钢制闸阀关闭件强度的合格评定，应同时满足以下两个条件：

(1) 关闭件实际拉断力应大于或等于阀杆螺纹根部的理论承载力 P_N；

(2) 断裂失效部位应在阀杆螺纹根部。

图 4　关闭件

图 5　关闭件装夹在拉伸试验机上

3 事故现场勘查情况

闸板阀杆关闭件在拉伸过程中，当力矩达到 304 kN 时(小于 542 kN)，闸板 T 形槽口首先发生断裂。关闭件断裂部位如图 6 所示，断口截面如图 7 所示。

图 6　关闭件的断裂部位

图 7　断口截面

根据 2.3 的规定，该关闭件实际拉断力小于阀杆螺纹根部的理论承载力 P_N，且断裂的部位不在阀杆螺纹根部，同时不符合两个合格评定，故该关闭件型式试验判定为不合格。

4 事故产生原因分析

(1) 闸板为铸件，结构复杂。从图 7 断口截面照片可以看到，闸板 T 形槽口材料有明显的未熔合缺陷，这是由于铸造工艺不合理造成的。

(2) 钢制闸阀关闭件(闸板与阀杆)的设计不合理。在设计计算时将闸板与阀杆单独考虑，只对闸板与阀杆连接部位——闸板 T 形槽口的剪切强度、弯曲强度进行了考虑，而忽视了剪切和弯曲同时作用的合成力矩的作用。

(3) 钢制闸阀关闭件(闸板与阀杆)的制造过程不合理。在闸板与阀杆连接部位采用直角或弧度很小的倒角，造成局部应力集中，在强度试验时从应力集中部位产生破坏。

(4) 钢制闸阀关闭件(闸板与阀杆)材料热处理不够或未做热处理。

5 结论

(1) 改进闸板的铸造工艺，在闸板 T 形槽口的位置适当增加浇冒口。

(2) 严格控制制造工艺和过程。加工注意避免在闸板与阀杆连接部位采用直角或弧度很小的倒角严格控制零部件的尺寸和公差。

(3) 选择适当的热处理工艺。

通过上述措施，很好地解决了钢制闸阀关闭件强度试验中经常出现强度不够、断裂位置不符合要求的问题，使得金属闸阀的型式试验顺利通过。

参考文献

[1] API 600—2015　法兰和对焊连接端的用螺柱连接阀盖的钢制闸阀.
[2] GB/T 12234—2007　石油、天然气工业用螺柱连接阀盖的钢制闸阀.
[3] TSG D7002—2006　压力管道元件型式试验规则.

国储大型油罐群优先首检方案及典型案例分析

徐彦廷[1,2],许皆乐[2],王翔[2],郑建勇[2],赖中腾[2]
1. 浙江省特种设备检验研究院,杭州 310020
2. 浙江赛福特特种设备检测有限公司,杭州 310015

摘 要:国储大型油罐群为重大安全危险源,其首次全面检验对其长期安全运行至关重要。本文针对于此类储罐群基本为同期建造而难以短期内均开罐检验的特点,提出了基于国内外先进标准和技术手段的优先检验计划,并对优先开罐检验的储罐制定了科学合理的首次全面检验方案,对关键部位和部件做重点检验和检测,以发现建造时漏检和首个周期内新生的危险性缺陷。我们在 10 万 m^3 油罐全面检验的案例中发现了多处严重超标缺陷,证明了大型储罐首次全面检验的重要性和所提出检验方案的科学合理性。

关键词:大型储罐群;首次全面检验;优先检验;漏磁检测;超声导波检测

0 引言

作为国家能源安全的重要举措之一,我国已经建立了 4 个国家石油战略储备基地(其中 2 个在浙江省,还有众多在建或扩建的大型储罐)。这些油罐群通常由数十个单台容积 10 万立方米及以上的储罐组成,若发生严重安全事故,可能造成的财产损失与环境污染是难以想象的,因此这些储罐成为了重大危险源。国内外均有这样的灾难案例。

近年来,我国第一批建造的国储油罐群已经到了首检周期。由于库存和检修费用或日程安排等客观原因,无法做到对所有达到首检期的储罐都及时进行开罐全面检验。因此,如何采用有效的在线评估手段,制定科学合理的储罐群优先开罐检修计划是至关重要的。同时,对于开罐全面检验的储罐,应采用国内外先进可靠的较成熟检验检测技术,并结合储罐使用期间出现的实际问题,同时兼顾安全和高效与经济性原则,制定出科学合理的首检方案,以发现储罐首个周期内的危险性新生缺陷和建造时的漏检缺陷。根据首批储罐开罐全面检验的结果,可对今后这类大型储罐的全面检验方案进一步完善。

1 优先检修计划

每个国储油罐群通常是同一时期建造的(有的分为一期和二期),大批储罐几乎同时达到首次全面检验周期。由于库存及检修计划安排等原因,难以做到对所有到期的储罐都及时进行开罐全面检验。为此,我们认为可采用有效的在线检验评估手段,筛选出那些安全状态相对较差的储罐优先开罐检修,即制定出储罐群的优先开罐检修计划。在线评估手段可包括:

作者简介:徐彦廷,1965 年出生,男,研究生,高级工程师,主任,主要从事储罐检验与研究工作。

(1) 声发射在线监测技术[1]。可对各个储罐底部腐蚀的安全状态进行等级划分。

(2) 外部宏观检查。包括基础开裂、罐体局部变形、渗漏痕迹、罐壁及浮舱超声测厚等。

(3) 基础沉降观测。包括测量储罐整体和局部沉降的情况。

(4) 罐体倾斜度测量。

(5) 操作运行参数分析。包括液位等参数是否异常、罐底积水情况变化等。

通过以上这些在线评估手段综合制定出储罐群的优先开罐检修检验计划,从而解决了大批储罐无法同期开罐检验的安全难题,以后的全面检验周期将不存在过于集中的情况。

2 首次全面检验方案

2.1 制定检验方案的总体原则

采用国内外较为成熟且先进可靠的检验检测技术与标准,制定科学合理的国储油罐群首检方案,兼顾安全、高效、经济的原则。宏观检查与无损检测相结合,关键部件或区域重点检验检测。对罐底板的腐蚀采用漏磁扫描检测,对重要焊缝采用常规无损检测抽检,对重要管道采用超声导波检测。

2.2 主要检验检测依据与标准

(1) SY/T 6620—2014　油罐的检验、修理、改建和翻建

(2) GB 50128—2005　立式圆筒形钢制焊接储罐施工及验收规范

(3) NB/T 47013—2015　承压设备无损检测

(4) JB/T 10765—2007　无损检测　常压金属储罐漏磁检测方法

(5) SY/T 5921—2011　立式圆筒形钢制焊接油罐操作维护修理规程

(6) API Std 653—2014　Tank Inspection, Repair, Alteration, and Reconstruction

(7) API Std 650—2013　Welded Tanks for Oil Storage

(8) 设计和施工图纸及有关技术资料

2.3 检验前的准备工作

2.3.1 资料审查

检验前应审查:①设计图纸和安装与验收资料、强度计算书等;②运行周期内的检查报告和修理报告;③运行记录、操作条件变化情况以及运行中出现异常情况的记录等。

2.3.2 检验现场应具备的条件

(1) 对罐内介质置换并清洗干净,满足检验需要;

(2) 所有连接管道隔离或拆除;

(3) 罐内气体含氧量应当在18%~23%,且有毒有害或可燃气体含量不超标;

(4) 按要求对需要无损检测的焊缝进行打磨;

(5) 为检验而搭设的脚手架、轻便梯等设施必须安全牢固;

(6) 有安全用电措施；

(7) 检验和检测设备和器具为防爆型，且在有效检定或校准期内；

(8) 检验时有专人监护，并且有可靠的联络措施，其他满足 HSE 要求。

2.4 检验检测项目

参照相关标准，并结合特大型油罐的结构特点及储罐运行情况和罐区地质特点等，采取对罐体总体(含连接的管道和接管及人孔等)进行宏观检查，对关键部位和区域重点检测的方式。参照 API 653，具体项目如表 1 所示[2]。

表 1 检验检测项目

检验检测部位或项目	检验检测方法	检验检测部位或比例	检验检测的缺陷
罐体宏观检查	肉眼、辅助工具等	a	b
罐壁、罐顶及接管等	超声波测厚	c	腐蚀减薄
罐底板(除焊缝外)	漏磁检测	可检测的区域 100%	底板上下表面腐蚀缺陷
罐底板焊缝	磁粉检测	丁字焊缝 100%，其余焊缝 20%抽查	焊缝表面和近表面缺陷
罐内外大角焊缝	渗透检测	100%	焊缝表面缺陷
罐壁板焊缝	超声、磁粉检测	d	焊缝内外部缺陷
中央排水管	超声导波检测	2 根，各 30 m	排水管内外部腐蚀
中央排水管焊缝	渗透检测	2 根，排水管及与罐壁和集水箱的焊缝	焊缝表面缺陷
沉降观测(必要时)	水准仪或经纬仪	整体或局部	整体或局部沉降
倾斜度测量(必要时)	全站仪或重锤等	至少 8 个方向，局部可加密	罐体的倾斜度

[a] 100%，包括基础、罐体、接管、浮舱、附件等，共 120 余项。详见 API 653 等标准。

[b] 开裂、腐蚀、剥落、脱落、变形、破损、鼓包、倾斜等。详见 API 653 等标准。

[c] 每个接管测 4 点；下 3 层壁板每块测 5 点，其余每层沿盘梯测 3 点；抽查 9 个浮舱(外圈 8 个方向及中心各 1 个)，每个浮舱的壁板测 2 点，底板测 3 点；宏观检查认为有减薄、易腐蚀、冲刷等部位。

[d] 下三层壁板之间的丁字缝 100%检测；第一、二层的纵缝抽查 20%，第三层的纵缝抽查 10%。

2.5 本检验方案的要点及亮点

立式常压储罐失效的最常见和隐蔽区域为罐底部，尤其是罐底板。底板的失效形式通常是腐蚀穿孔，以及焊缝的穿透性气孔或开裂。针对铁磁性材料的底板腐蚀，推荐采用先进可靠的漏磁扫描检测技术，可同时对底板上下表面的腐蚀定量和定位检测，克服了传统检测技术经常漏检的不足。

此外，针对大型外浮顶储罐内部的中央排水管，其在使用中的受力特点使得排水管与积水箱及罐壁的连接焊缝承受弯曲应力的作用，且存在低周疲劳的影响，因此决定对这些焊缝做 100%表面检测。同时，由于排水管内长期存有雨水，容易引起腐蚀穿孔，故我们采用了先进的超声导波技术进行检测。

无论罐底板由于腐蚀造成的穿孔或焊缝缺陷引起的介质泄漏，还是中央排水管焊缝开裂与管道腐蚀穿孔，都会造成大型储罐运行周期内意外停用并紧急维修的事故。1 台 10 万立方米油罐的倒罐和清洗要历时一个半月，费用 100 万元左右，经济损失巨大。若未及时发

现和处理这些事故，很可能引起较大的环境污染甚至灾难性事故。因此，这两个重要的区域和部件应作为重要的检验检测对象。

2.6 返修与复检

2.6.1 罐底板腐蚀超标缺陷

通常需要对当量深度达到板厚40%以上的点状或湖坑腐蚀部位进行修复。对于下表面的腐蚀超标缺陷，一般采用在上部贴板的方式修复，贴板的厚度通常可选 6 mm 的钢板，但修补区域修复后的最小有效厚度不应低于未修补区的最小有效厚度；当下表面存在较大区域的腐蚀时(如数平方米以上)，可考虑局部换板，换板的材料和厚度应与原底板相同。对于上表面的腐蚀超标缺陷，单点坑腐蚀可采用填补焊，较密集的多点腐蚀可采用贴板修补。贴板的位置一般要求避开原来的焊缝(一般为 100 mm 以上)，若缺陷靠近原来的焊缝时，贴板应跨越原焊缝。无论贴板、换板或点焊，焊接完成后都应对焊缝再次检测，复检的方法有宏观检查、磁粉或超声检测、真空测漏等。

2.6.2 焊缝上的缺陷

对于发现的焊缝表面缺陷，先进行打磨处理，若较浅且不影响强度，可不进行补焊；若较深，一直打磨到无缺陷时，再进行补焊。焊缝缺陷补焊完成后，仍需采用原来的检测方法进行复检。

2.6.3 罐壁和罐顶的腐蚀

可参照罐底板的腐蚀进行修补，必要时需要进行强度校核。

2.6.4 其他缺陷

如基础开裂、防腐漆皮脱落，局部鼓包、变形等，按照相应的规定做出维修或暂时保留的决定。

3 案例及分析

3.1 储罐的主要参数及检验检测项目

该储罐位于浙江省内某国家石油储备基地，2005 年 8 月竣工，2006 年 10 月投用，本次为首次开罐全面检验，已使用 8 年。该储罐的主要参数如下：

(1) 结构尺寸。公称容积：100 000 m^3；罐体规格：ϕ80 000 mm×20 200 mm；罐壁厚度：32 mm/27.5 mm/21.5 mm/18.5 mm/15 mm/12 mm/12 mm/12 mm/12 mm；底板厚度：边缘板 20 mm，中腹板 11 mm；罐顶厚度：5/6 mm；腐蚀裕量：1 mm。

(2) 罐体材质。罐壁 SPV490Q/16MnR/Q235-B，底板 SPV490Q/ Q235-B；罐顶 Q235-B。

(3) 操作条件。常温、常压；原油。

该储罐的检验检测项目及比例基本按照表 1 进行。

3.2 储罐的检验检测及结果

3.2.1 储罐的宏观检查及结果

通过肉眼观察,或借助于辅助工具,如手电、焊缝尺、放大镜、测深尺、棱角规等,参照 API 653 等标准规定的项目,共对 127 个项目做了宏观检查。

宏观检查结果:罐壁顶端外伸条局部油漆破损,罐壁顶部两个环形通道上表面局部有腐蚀麻坑,环形通道上的部分绿色喷淋管卡扣脱落,盘梯入口右侧基础环墙 1 处开裂,其他无异常。

3.2.2 储罐的超声测厚及结果

对罐壁板、罐顶板(浮舱)及接管按照表 1 的位置,采用可带涂层的金属测厚仪(TT900)进行了超声波测厚。

超声测厚结果:罐壁板、罐顶板(浮舱)及接管测厚无异常。根据 API 653,罐壁板和罐顶板的最长检验周期为 15 年。

3.2.3 储罐底板的漏磁检测及结果

对罐底板(除焊缝外)进行了漏磁扫描检测,其中采用国产的 TMS-08T 漏磁检测仪对边缘板(板厚为 20 mm)进行了自动模式扫描检测,采用英国的 Floormap VS2i 对中幅板(板厚为 11 mm)进行了自动模式扫描检测,采用英国的 HandScan 便携式漏磁扫描仪对边角和狭小空间的区域进行了补充检测。

罐底板漏磁检测结果:扫描结果显示中幅板上的最大腐蚀当量为板厚的 39%,超声测厚复验为剩余厚度为 7.5 mm;边缘板的最大腐蚀当量为板厚的 38%,超声测厚复验为剩余厚度为 14.7 mm。两处均为点腐蚀,对罐体强度影响很小,且均未超过 40%,按约定本次可不做修补。该罐为具有泄漏探测和控制设计,根据 API 653 的表 4-4 规定,可取下次检验时罐底板的最小剩余壁厚为 0.05 in,即 1.27 mm。寿命计算时的剩余厚度取超声测厚复验值。

中幅板最长检验周期=(7.5−1.27)mm/[(11−7.5)mm/8 年]=14.2 年

罐底边缘板最长检验周期=(14.7−1.27)mm/[(20−14.7)mm/8 年]=20.3 年

罐底板最长检验周期取二者中的较小者,则罐底板最长检验周期为 14.2 年。

3.2.4 储罐底板焊缝的磁粉检测及结果

对罐底板的中幅板焊缝按照表 1 的位置和比例进行了磁粉检测,检测长度共为 690 m。

磁粉检测结果:未发现超标缺陷,Ⅰ级,合格。

3.2.5 储罐底板焊缝和中央排水管焊缝的渗透检测及结果

对储罐底板与罐壁板的内、外大角焊缝进行了 100%渗透检测(检测长度共 502 m);对东侧和西侧的 2 根中央排水管与罐壁和集水箱的 2 条对接焊缝和 4 条角焊缝进行了 100%渗透检测。

渗透检测结果：在大角焊缝内表面发现1处表面密集气孔，评定为Ⅳ级；在大角焊缝外表面发现1处横向密集裂纹（周向总长度约150 mm，最大深度超过10 mm），评定为Ⅳ级，渗透检测的照片如图1所示；在东侧和西侧中央排水管与集水箱角焊缝上分别发现多处气孔及裂纹，分布长度约占环焊缝长度的1/3～1/2，评定为Ⅳ级，缺陷位置如图2所示。

图1　罐底板大角焊缝外表面密集裂纹及气孔的渗透检测照片

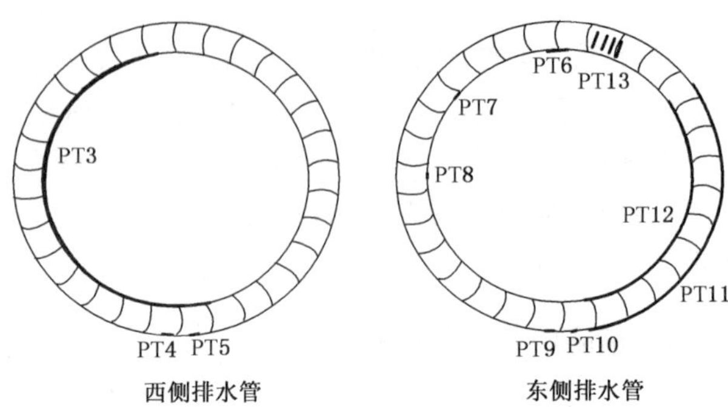

图2　中央排水管角焊缝的多处气孔及裂纹分布

3.2.6　储罐壁板焊缝的超声检测及结果

按表1的位置和比例对罐壁板的焊缝进行了单探头横波接触法的单面双侧超声波检测（检测长度共111 m）。

超声检测结果：未发现超标缺陷，Ⅰ级，合格。

3.2.7　储罐两条中央排水管的超声导波检测及结果

采用美国的MsSR3030超声导波仪对东、西两侧的两条中央排水管内、外壁的腐蚀情况进行了超声导检测，每条管道的检测长度为30 m。

超声导波检测结果：超声导波检测出现的高值回波经验证均为法兰、焊缝或支架，未发现超标缺陷。

3.3　处理建议及复检结果

（1）对罐壁顶端外伸条、环形通道上表面腐蚀麻坑处加强防腐；对喷淋管脱落的卡扣进行修复；对基础环墙开裂位置记录在案，重点观察。

（2）对渗透检测发现的超标缺陷进行返修。

（3）经返修和复检：Ⅰ级，合格。

虽然上述按照API 653计算的下次检验时间为本次检验后的14.2年，但国内储罐的检验周期通常参照SHS 01012—2004的规定，一般不超过6年，故建议下次检验日期为2020年12月23日。

4　结论

（1）国储大型油罐群是特别重大的危险源，为保证储罐的长期安全运行，首次全面检验是至关重要的。应兼顾安全和经济性原则制定科学、合理的首检方案，采用最先进可靠的较成熟检验检测技术。

（2）针对同批建造的国储油罐群难以对所有达到首检期的储罐都及时进行开罐检验的实际情况，本文提出了科学有效的在线评估技术手段，通过制定储罐群的优先开罐检修计划解决了这一难题。

（3）我们在一台10万立方米油罐的实际检验案例中发现了多处严重超标缺陷，验证了所制定的大型储罐首次全面检验方案的合理性及所采用先进技术的有效性，为国内业主或检验同行提供了一定的借鉴。

参考文献

[1] Yanting Xu, etc. Effectiveness of AE On-line Testing Results of Atmospheric Vertical Storage Tank Floors, ASME Pressure Vessels and Piping Conference, 2012, Toronto, Canada.

[2] API Std 653—2014 Tank Inspection, Repair, Alteration, and Reconstruction.

精制四氯化硅贮槽检验案例分析

陈小宁，赵荣

新疆维吾尔自治区特种设备检验研究院，乌鲁木齐　830011

摘　要：精制四氯化硅贮槽，材质为0Cr18Ni9，运行中受介质成分影响有应力腐蚀倾向，且介质易燃易爆。检验中通过渗透检测，发现多处裂纹，消除后，经扩探合格。由于目前检测手段通常为局部抽查，容易漏检。若因此而对该容器出具合格报告，后期使用中容器本体泄漏将可能引发燃烧、爆炸事故，后果较为严重。因此，对于类似设备，运行前应先做泄漏性试验以确保其安全运行。

关键词：四氯化硅；贮槽；检验；泄漏性试验

1　设备基本情况

某企业原料车间有6台精制四氯化硅贮槽，该贮槽由中国船舶重工集团公司第七二四研究所设计，江苏民生特种设备制造有限公司2008年7月制造，同年由中国化学工程第三建设公司安装完成，并于2009年5月投入使用。该精制四氯化硅贮槽材质为0Cr18Ni9，筒体壁厚14 mm，封头壁厚16 mm，容积106 m^3，设计压力1.0 MPa，设计温度55 ℃/－15 ℃，使用中最高工作压力0.5 MPa，工作温度－10 ℃～40 ℃，岩棉保温，储存介质四氯化硅。使用初期设备外表面未做保温防腐，上风向100 m处有残液池，残液成分有氯化氢、氯气等含有氯离子的混合气体。

2　四氯化硅贮槽检验方案

该类四氯化硅贮槽检验方案概述如下：检验前资料审查，检验现场准备工作由使用方完成，检验单位与使用单位检验前现场验收。检验人员进入现场检验应先做宏观检验，检查设备结构、几何尺寸、外观和隔热层检查。然后对设备丁字口、液位波动部位用超声波测厚仪抽查壁厚，运用渗透手段检测表面缺陷。因贮槽所储存介质为四氯化硅，有刺激性气味，易潮解，产生氯化氢，四氯化硅遇火燃烧产生氯化氢且易爆炸。氯化氢为剧毒介质，所以设备在使用前先做泄漏试验，并检查设备安全阀、压力表等安全附件是否在校验期内且外观完好。

3　检验发现的问题

在对该台四氯化硅贮槽进行首次定期检验时，选择从焊缝内表面进行局部渗透检测，检验过程中发现多处细小裂纹，通知使用单位安排修复，修复后从容器外表面进行扩探。在对该贮槽内表面进行处理后，使用单位选择充氮置换并做泄漏性试验。

经对外表面焊缝渗透检测，发现焊缝与母材表面上到处都是裂纹。在残液槽侧罐体环缝喷渗透剂，发现焊缝上有冒泡，气体从罐内冒出。去除渗透剂肉眼可见裂纹，为穿透性开裂。

4 裂纹原因分析及处理

对该批精制四氯化硅贮槽检验发现内检状况比外检要好得多，内检个别地方有裂纹经打磨后都消除了并扩探合格。该台有穿透性裂纹的贮槽正对残液槽且残液槽在上风向，经了解该贮槽在使用初期未做保温防腐。该企业所处位置常年多风，含有氯化氢、氯气等含氯离子的腐蚀性物质顺风飘向运行中的贮槽外表面，四氯化硅潮解产生氯化氢，造成氯离子应力腐蚀开裂。该台贮槽数处表面裂纹经打磨 2 mm 也未消除，且外表面均布大小不一的裂纹，该台四氯化硅贮槽做报废处理。残液池停用另选它址。

5 结论

(1) 经现场考察和检验，该台设备表面裂纹为应力腐蚀裂纹；

(2) 如 0Cr18Ni9 材料制压力容器不能长期暴露在含氯化氢的腐蚀环境里；

(3) 若在氯化氢腐环境中，罐体表面应做保温防腐处理；

(4) 残液池应建在下风向，以免对在用容器造成环境腐蚀。

炼油设备复合板复层焊缝开裂成因

陈明

武汉市锅炉压力容器检验研究所，武汉　430024

摘　要：在某炼油厂脱硫化氢汽提塔定期检验中，发现塔顶部封头复合层拼缝开裂。为分析缺陷形成的原因，从加氢装置的工艺原理、汽提塔的作用和工作特点、塔顶封头的材质和封头的制造工艺3个方面进行，得出了该缺陷属"应力腐蚀开裂"的结论。通过对该案例的分析总结，为今后炼油厂压力容器的定期检验积累一定的实际经验。

关键词：应力腐蚀开裂；汽提塔；工艺原理

1　案例概述

在某炼油厂脱硫化氢汽提塔定期检验中，发现塔顶封头复合板的复合层焊缝开裂，见图1。

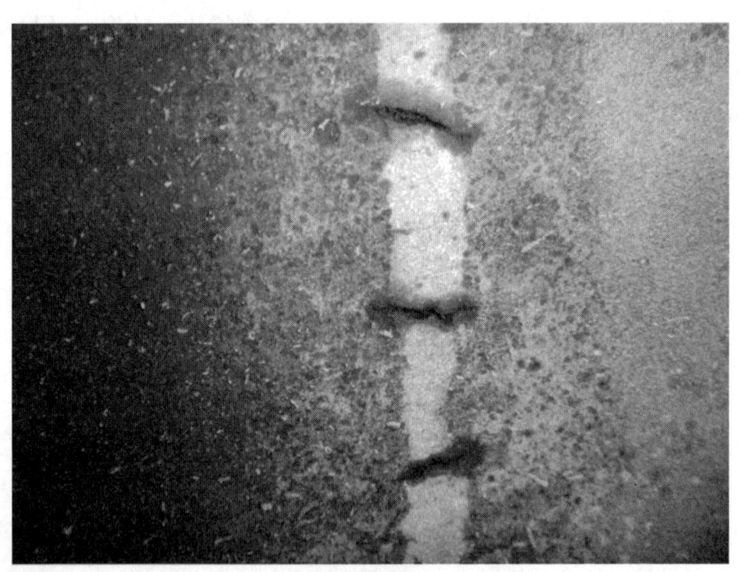

图1　封头复合层焊缝开裂

脱硫化氢汽提塔技术特性：工作压力0.6 MPa；工作温度：下部180 ℃，上部120 ℃；工作介质：柴油和含H_2S的烃类。顶部封头材质采用20R+1Cr13复合板。该设备使用8年，在第一个检修期检验未发现封头复合层焊缝开裂。

2　案例分析

该缺陷是定期检验第2个周期发生的，说明其产生与工作时间、工艺、介质、材质和封头加工密切相关。

2.1 加氢装置的工艺原理

催化生产的柴油中含有有机 N、O、S 杂质元素，除去这些有害元素需要进行加氢处理。催化柴油在加氢反应器中，有机 N、O、S 杂质元素与 H 元素在催化剂参与的高温高压下存在如下化学反应：

$$3H_2+N_2=2NH_3$$

$$H_2+S=H_2S$$

$$2H_2+O_2=2H_2O$$

H 与 N 可反应生成 NH_3，与 S 反应生成 H_2S，与 O 反应生成 H_2O。这样，催化柴油中就含有了 NH_3 和 H_2S。加氢反应器出来的柴油经过高压分离罐和低压分离罐分离出大部分的 NH_3 和 H_2S，但是柴油中仍含有少量的 NH_3 和 H_2S。一般原油中 S 比 N 的含量高，因此，主要杂质为 H_2S。为了进一步脱出 H_2S，则采用了脱 H_2S 汽提塔。

2.2 汽提塔的作用

脱 H_2S 汽提塔的主要作用就是脱出 H_2S。它采用塔底通低压蒸汽对低分采用进行汽提，塔顶油气经空气冷却器和后冷却器冷却进入回流罐，闪蒸出 H_2S 气体排至脱硫装置。因此，塔顶油气中含有少量 H_2S 气体和水蒸气。

2.3 塔顶封头腐蚀环境的形成

塔底通入的 180 ℃蒸汽对低分油加热形成油气，油气由塔底到塔顶过程中，温度逐渐降低，到塔顶温度会低于水蒸气的露点，油气中的水蒸气会冷凝成水，而 H_2S 易溶于水，凝结于顶部封头表面形成H_2S+H_2O的腐蚀环境。

2.4 封头复合板复层焊缝应力的来源

由于封头采用复合板材料，且复合层又经过焊接拼接，封头在加工过程中又经过较大的拉伸变形，因此封头拼缝存在焊接应力、封头加工变形应力、复合层约束应力和由工作压力产生的轴向应力、环向应力、径向应力，受力情况比较恶劣。

2.5 应力腐蚀开裂

金属材料在拉应力和特定的腐蚀介质的共同作用下发生的开裂破坏，称为应力腐蚀开裂。发生应力腐蚀开裂的条件有两个，一是金属材料或焊缝中存在拉应力，二是特定材料在特定的腐蚀介质环境中。资料表明，1Cr13 低合金钢在 H_2S+H_2O 的腐蚀环境中符合产生应力腐蚀开裂的条件，其焊缝中存在较大的焊接应力和封头加工的加工应力，因此，完全具备产生应力腐蚀开裂的条件。

从缺陷形成过程看，经过 8 年的运行时间。符合应力腐蚀开裂通常需要一个或长或短的孕育期。

发生 H_2S 应力腐蚀开裂不需要很高的浓度，只要达到 1 mg/kg 就足够了，因此，顶部封头表面的 H_2S 浓度完全满足发生应力腐蚀的要求。

从开裂的外观特征看(如图 1),符合应力腐蚀开裂裂纹较粗、分支较少的外观特征。

2.6 缺陷定性

综上所述,缺陷是应力腐蚀开裂。这是 1Cr13 低合金钢焊缝在脱硫化氢汽提塔顶部封头在 H_2S+H_2O 的腐蚀环境中发生的典型应力腐蚀开裂。

3 结论

发生应力腐蚀开裂的时间有长有短,有几天开裂的,也有经过数年才开裂的,说明应力腐蚀开裂有一个或长或短的孕育期。应力腐蚀开裂是炼油设备中隐蔽性强、危害性很大的隐患之一,也是我们在检验中必须重点检验的缺陷。检验中,首先要弄清设备的工作原理,找出与特定腐蚀介质匹配的应力集中部位,有针对性的制定检验方案,不让这种缺陷漏检,保障设备安全工作。

实验室气体钢瓶安全使用与管理

李勇

乌海市特种设备检验所，乌海　016000

摘　要：实验室气体钢瓶种类多，常涉及易燃易爆、有毒气体，管理不善易造成重大经济损失及人员伤亡。该文介绍了实验室气体使用情况及存在的问题，提出了气体钢瓶的安全使用与管理办法。

关键词：气体钢瓶；安全使用；管理

实验室使用的气体种类较多，主要有氢气、氮气、氩气、氯气、氧气、二氧化碳、压缩空气、氨气及乙炔等，它们通常储存于钢瓶内。这些气体有些属于可燃气体、助燃气体、有毒气体等，在使用过程中存在大量的不安全因素，需对气体钢瓶进行安全使用与管理。

1　实验室气体钢瓶管理存在的隐患

近年来，有关实验室气体钢瓶安全事故时有发生，主要表现在以下几个方面：

(1) 气体钢瓶没有醒目标志，甚至出现以专用气瓶盛装其他气体的现象。

(2) 忽略了有些气体混合在一起会发生反应，反应剧烈甚至会产生爆炸。如乙炔与氧气、氢气与氧气、氯气与乙炔等。

(3) 对气瓶的安全使用规范操作重视不够，对气体钢瓶的使用未能正确掌握。

(4) 实验室防爆设施不健全。如通风不良、气瓶带静电、气瓶泄漏检测等问题，未及时处理而存在安全隐患。

(5) 气瓶管理规章制度不健全。管理人员责任分工不明确，缺少专人监督和处理，导致一些问题无人发现，出了问题也无法及时处理，因而存在安全隐患。如气瓶附件丢失、气瓶气体泄漏、气瓶的残存气体及空瓶处理等都需要有专人经常检查处理。

2　实验室气体钢瓶的安全使用、运输与存放

2.1　气体钢瓶的安全使用

(1) 压力气瓶上选用的减压器要分类专用，安装时螺母要旋紧，防止泄漏；开、关减压器和开关阀时，动作必须缓慢；使用时应先旋动开关阀，后开减压器；用完后，先关闭开关阀，放尽余气后，再关减压器。切不可只关减压器，不关开关阀。

(2) 使用压力气瓶时，操作人员应站在与气瓶接口处垂直的位置上。操作时严禁敲打

作者简介：李勇，1974年出生，男，大学，高级工程师，主任，特种设备检验。

撞击，并经常检查有无漏气，应注意压力表读数。

(3) 氧气瓶或氢气瓶等，应配备专用工具，并严禁与油类接触。操作人员不能穿戴沾有各种油脂或易感应产生静电的服装手套操作，以免引起燃烧或爆炸。

(4) 可燃性气体和助燃性气体瓶，与明火的距离应大于 10 m(确难达到时，可采取隔离等措施)。

(5) 瓶内气体不得用尽，必须留有剩余压力或重量，永久气体气瓶的剩余压力应不小于 0.05 MPa；液化气体气瓶应留有不少于 0.5%～1.0%规定充装量的剩余气体。

2.2 气体钢瓶的运输

气瓶在运输或搬运过程易受到震动和冲击，可能出现瓶阀撞坏或碰断而造成安全事故。为确保气瓶在运输过程中的安全，气瓶在运输时应注意以下几点：

(1) 装运气瓶的车辆应有“危险品”的安全标志。气瓶必须配戴好气瓶帽、防震圈，当装有减压器时应拆下，气瓶帽要拧紧，防止瓶阀摔断造成事故。

(2) 气瓶应直立向上装在车上，妥善固定，防止倾斜、摔倒或跌落，车厢高度应在瓶高的 2/3 以上。

(3) 所装介质接触能引燃爆炸，产生毒气的气瓶，不得同车运输。易燃品、油脂和带有油污的物品，不得与氧气瓶或强氧化剂气瓶同车运输。

(4) 搬运气瓶时，要旋紧瓶帽，以直立向上的位置来移动，注意轻装轻卸，禁止从钢瓶的安全帽处提升气瓶。近距离(5 m 内)移动气瓶，应用手扶瓶肩转动瓶底，并且要使用手套。移动距离较远时，应使用专用小车搬运，特殊情况下可采用适当的安全方式搬运。

2.3 气体钢瓶的存放

气瓶存放时应注意以下几点：

(1) 存储场所应通风、干燥、防止雨(雪)淋、水浸，避免阳光直射，严禁明火和其他热源，不得有地沟、暗道和底部通风孔，并且严禁任何管线穿过。

(2) 存储可燃、爆炸性气体气瓶的库房内照明设备必须防爆，电器开关和熔断器都应设置在库房外，同时应设避雷装置。

(3) 气瓶应分类存储，并设置标签。空瓶和满瓶分开存放。氧气或其他氧化性气体的气瓶应与燃料气瓶和其他易燃材料分开存放，间隔至少 6 m。氧气瓶周围不得有可燃物品、油渍及其他杂物。严禁乙炔气瓶与氧气瓶、氯气瓶及易燃物品同室储存。

(4) 气瓶应直立存储，用栏杆或支架加以固定或扎牢，禁止利用气瓶的瓶阀或头部来固定气瓶。支架或扎牢应采用阻燃的材料，同时应保护气瓶的底部免受腐蚀。禁止将气瓶放置到可能导电的地方。

(5) 气瓶(包括空瓶)存储时应将瓶阀关闭，卸下减压器，戴上并旋紧气瓶帽，整齐排放。实验室对高压气体钢瓶必须分类保管，直立固定并经常检查是否漏气，严格遵守使用钢瓶的操作规程。

3 实验室气体钢瓶的管理

气体钢瓶属于危险品，使用和贮存者应加强安全防范意识，在确保安全的前提下方能使用。为了加强气体钢瓶使用者的安全责任意识，因此需进行制度化管理。

(1) 按气体的性质制定相应的管理制度和操作规程，并在实验室张贴气体钢瓶使用制度。钢瓶使用管理按“谁使用，谁负责；谁管理，谁负责”的原则执行，用气单位和个人对所领用钢瓶负有维护和保养的责任，操作要认真仔细，按操作规程执行，远离明火，如因使用不当发生事故，或因保管不善损坏、丢失造成不良后果的，要追究领用人的责任。

(2) 为防止压缩气体钢瓶安全事故发生，学校对实验室使用气体钢瓶实行登记管理制度，凡是需要使用气体钢瓶的教师职工，必须到实验室填写“钢瓶使用登记表”，登记使用日期、气体名称、钢瓶编号、领用单位名称、领用人等。

(3) 建立安全教育制度，营造实验室安全氛围。组织实验室各技术人员、学生相互参观和学习，在实验室张贴各种安全标志和警示语，编写与发放安全学习材料，举办讲座，定期或不定期进行检查，营造实验室安全文化氛围。

(4) 建立气体钢瓶存放规则制度，并在气体钢瓶存放室张贴“气体钢瓶存放规则”。气瓶管理人员应将气体钢瓶进行正确的存放、定期技术检查、更换，严禁气体钢瓶超期服役，并记录相关检查项目和时间。气瓶入库储存前，应认真做好气瓶入库前的检查验收工作，对检查验收合格的气瓶，应逐只进行登记。气瓶发放时，库房管理员必须认真填写气瓶发放登记表，内容包括：气体名称、序号、气瓶编号，入库日期、发放日期、气瓶检验日期，领用单位、领用者姓名、发放者姓名，备注等。

(5) 建立气瓶日常检查制度。如检查气瓶的外表涂色和警示标签是否有清晰可见；气瓶的外表是否存在腐蚀、变形、磨损、裂纹等严重缺陷；气瓶的附件(防震圈、瓶帽、瓶阀)是否齐全、完好；气瓶的使用状态(满瓶、使用中、空瓶)。检查气瓶是否超过定期检验周期，盛装腐蚀性气体的气瓶(如二氧化硫、硫化氢等)，每 2 年检验 1 次；盛装一般气体的气瓶(如空气、氧气、氮气、氢气、乙炔等)，每 3 年检验 1 次；盛装隋性气体的气瓶(氩、氖、氦等)，每 5 年检验 1 次。气瓶在使用过程中，发现有严重腐蚀、损伤或对其安全可靠性有怀疑时，应提前进行检验。超过检验期限的气瓶，启用前应进行检验。

4 结束语

气体钢瓶是危险品，涉及易燃、易爆以及有毒气体，如果安全防范不到位，规章制度的操作规程不健全，会影响教学、科研的正常进行，严重的会造成贵重仪器的损坏及人员伤亡等。因此应重视气体钢瓶运输、使用、储存等环节的管理，加强日常检查制度的完善，提升安全理念，建立健全各项管理制度，确保气体钢瓶的安全使用。

参考文献

[1] 程世红，马旭炅，白德成. 高校实验室气体钢瓶的安全管理探讨[J]，实验技术与管理.

[2] 李玉萍，实验室气体钢瓶的安全使用与维护[J]，石油化工安全技术.

某硫化罐失效原因及有限元分析

刘延雷，汪宏，李伟忠，杨象岳，陈涛，余兵

杭州市特种设备检测研究院，杭州　310051

摘　要：针对硫化罐齿块在使用过程中出现裂纹等使用缺陷甚至导致失效的问题，采用有限元方法，对一台硫化罐的齿块啮合强度进行了校核和应力分析，基于各个危险截面的应力水平计算结果对该设备快开门结构强度进行了评价。进一步结合了该设备在定期检验的过程中发现的缺陷形式，对缺陷产生的原因进行了分析，结果表明在满足啮合强度计算的条件下，该设备的齿块在非危险截面的齿块根部出现了疲劳裂纹，该缺陷的产生和扩展与制造环节和设备使用过程中的疲劳有关。基于分析结果提出了在用硫化罐定期检验的关键位置并推荐了合理的检验周期。本文的研究内容可以为该类容器的制造和定期检验提供参考。

关键词：硫化罐；齿块；啮合强度；有限元；使用缺陷

1　硫化罐检验工作现状

硫化罐是轻工业生产中广泛使用的典型快开门设备，由于硫化工艺的需要，硫化罐都设有快开门结构。能否确保这类设备长期安全地运行，直接关系到生产单位的正常生产、经济效益和人民群众的生命财产安全。但由于违章操作或在用设备的两项功能（容器未释放压力不能开门，快开门未完全关闭不能升压）不能正常发挥等原因，导致失效爆炸的安全事故时有发生，其中有的还造成了重大的人身伤亡和财产损失，受到了政府及各级主管部门的高度重视[1,2]。

2014 年度杭州地区的 80 多台硫化罐和蒸压釜的全面检验结果显示，其中 35 台的啮合齿都存在裂纹，并且其中较为严重的一台设备的 96 个啮合齿中共发现长度40 mm以上裂纹 83 条，基本分布于啮合齿根部两侧，起裂点位于内侧，沿着剪切力方向扩展，如图 1 所示。从图中存在裂纹的标记可以看到，该设备几乎每一个啮合齿的两侧均存在裂纹缺陷，说明啮合齿处于长期循环载荷的疲劳状态，局部啮合齿的失效断裂可能导致容器釜头的快速弹开，破坏力巨大，存在严重的安全隐患。

图 1　硫化罐检测出的齿根裂纹

项目基金：国家质量监督检验检疫总局科技计划项目（No. 2014QK158）

作者简介：刘延雷，1980 年出生，男，工学博士，高级工程师，主要从事压力容器及管道等特种设备检验及相关科研工作。

当前，我国橡胶制品、纺织、建材工业非常发达，各类快开门式压力容器的使用量大面广，分析与研究爆炸事故的原因，提出有效对策，对进一步有效预防和减少快开门式压力容器爆炸事故的发生具有重要意义。

近年的相关文献多针对平推式硫化罐的卡箍强度分析和优化[3,6]，对于硫化罐的齿块啮合强度分析以及齿块根部缺陷的研究较少[7,8]。本文采用有限元分析的手段[9]，对某硫化罐齿块的啮合强度进行校核计算，基于计算结果和设备实际使用缺陷的情况对该硫化罐的使用缺陷进行了分析。

2 硫化罐基本情况及快开门啮合强度校核

2.1 物理模型及计算方法

本文分析计算的硫化罐设计压力为 1.0 MPa，设计温度为 187 ℃。主要元件的材料性能及规格如表 1所示。

表 1 部件材料性能及规格

元件	参数				
	材料	许用应力 S_m	弹性模量 E	泊松比 v	厚度/mm
筒体	Q345R	196	209 GPa	0.28	16
封头	Q345R	196	209 GPa	0.28	16
盖缘	ZG 230-450H	101	175 GPa	0.3	60
罐环	ZG 230-450H	101	175 GPa	0.3	60

在快开式封头啮合的情况下对封头周围区域进行分析，内部为设计压力。计算考虑工作情况下盖缘和罐环之间的接触和摩擦作用，分析结构的应力应变状态。

2.2 计算模型及边界条件

采用结构分析软件 ANSYS ，对硫化罐缸盖啮合结构的强度进行计算。由于设备总体模型尺寸很大，考虑到计算资源的限制，将整个模型进行了一定的简化。考虑硫化罐罐体及罐体法兰在结构上可看作是一个广义的回转轴对称壳体与块体组成的三维弹性体结构，内部受均布内压作用。硫化罐罐体从结构到载荷均是轴对称的。在有限元计算分析时，计算模型可按轴对称结构处理，只需分析釜体法兰其中一个完整的齿体，及和该齿体对应的釜体部分。因此取整体结构的 1/40 进行建模，计算所采用的模型网格如图 2 和图 3 所示，模型划分选取应用较为广泛的实体单元 SOLID45。有限元计算模型包括 32 538 个单元，31 182 个节点。

边界条件的施加参考设计计算说明中的容器操作及设计条件，将硫化罐模型的内表面压力载荷大小设置为容器的操作压力，封头与法兰内部受均布内压，封头顶部沿直径方向位移为 0 ，啮合齿块的接触处受均布载荷。

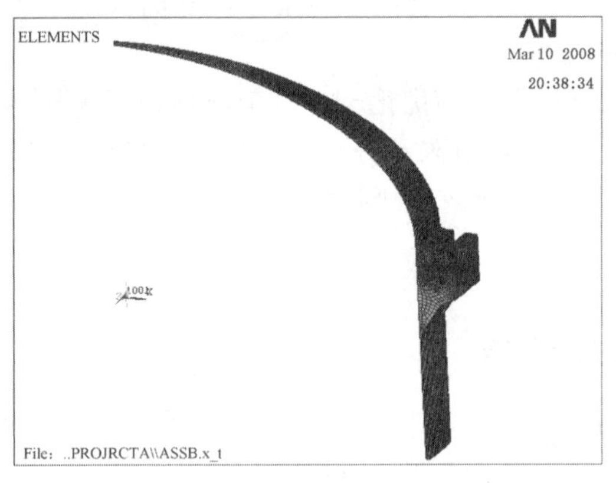

图 2 计算模型总体网格图

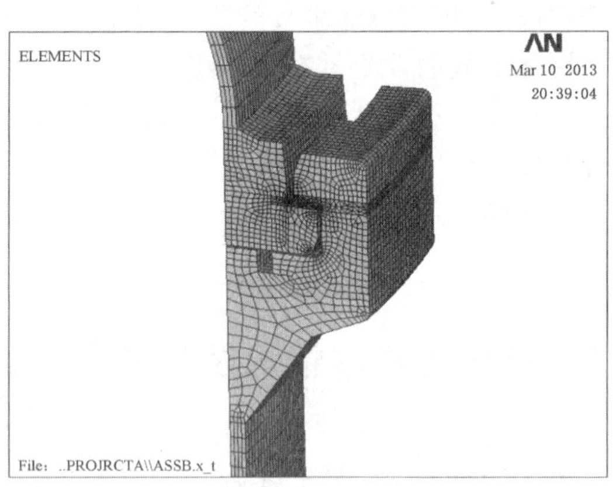

图 3 局部三维模型网格图

2.3 计算结果分析

2.3.1 强度分析准则

一次总体薄膜应力强度 $P_m \leqslant 1.0\ S_m$；一次局部薄膜应力强度 $P_L \leqslant 1.5\ S_m$；一次薄膜应力(总体或局部)+弯曲应力强度 $P_m + P_b \leqslant 1.5\ S_m$；一次+二次应力强度 $P_m + Q \leqslant 3.0\ S_m$；峰值应力强度 $P_m + P_b + Q + F \leqslant 2.0\ S_a$。

2.3.2 计算分析结果

设计压力下计算所得 Mises 等效应力和变形分布如图 4 和图 5 所示，其实变形被放大了 20 倍，由图中可见，齿块接触面及其根部的计算应力较大。

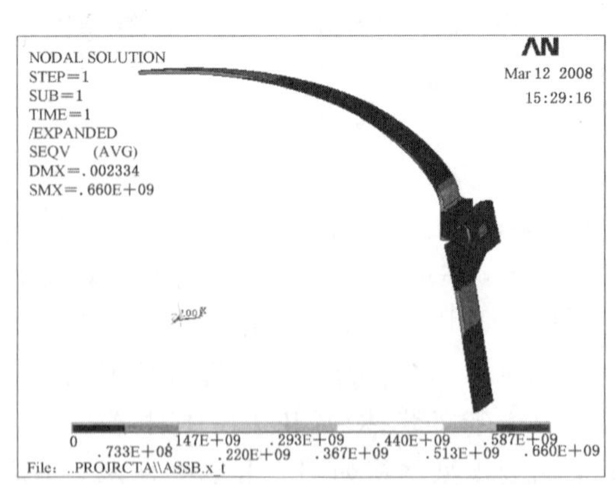

图 4 结构计算应力和变形分布图

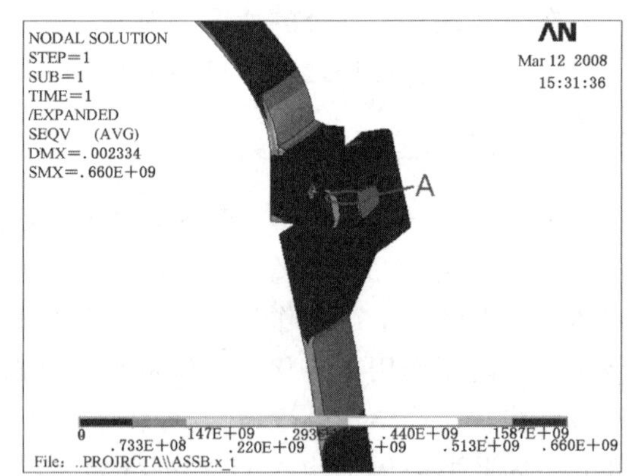

图 5 结构计算应力和变形分布局部放大图

图 6 按照对称边界条件还原了硫化罐整体结构的计算应力和变形情况分布，从图中可以看到，计算压力下硫化罐应力较大的位置除啮合齿块的根部以外，还有盖缘和罐环与容器主体连接过渡的区域以及封头的顶部，过渡区应力较高主要由于承压部件厚度发生变化，在变化较大的截面产生了应力集中。

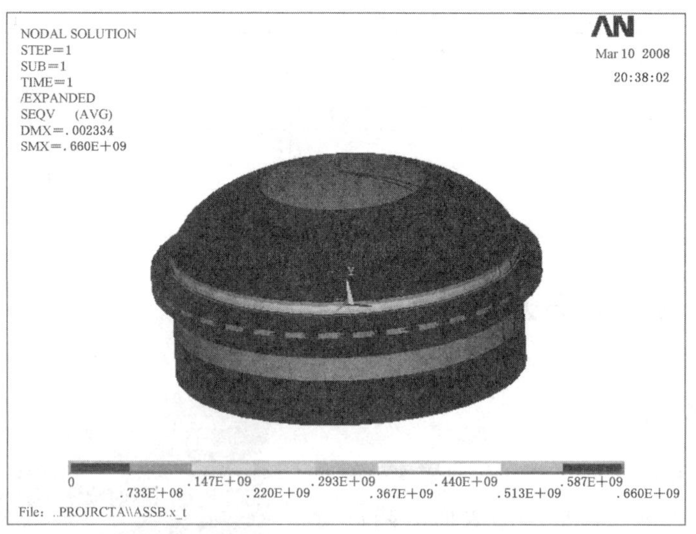

图 6 还原整体结构计算应力和变形分布图

由于图中对啮合齿块内部的应力分布较难显示，因此参考了分析设计相关标准要求对计算部位的应力作了详细的计算[10]。按应力的性质、影响范围及分布状况将应力分类，并在各个不同的位置确定危险截面，当量线形化后进行应力分类评定。图 7 为危险截面的示意图，最终的应力评定情况列于表 2。计算结果表明各危险截面上的应力均符合分析设计的要求，通过强度评定。

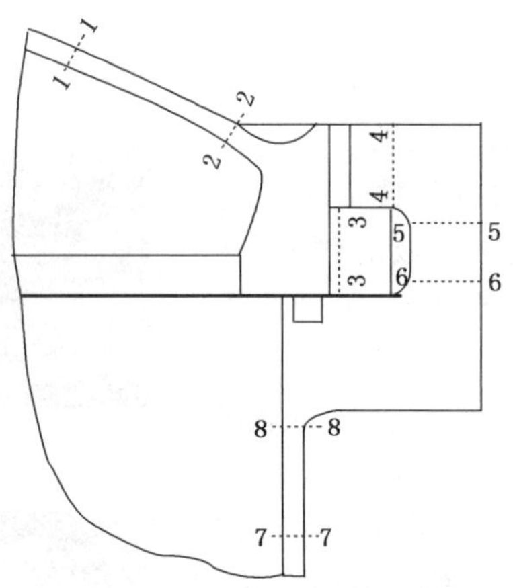

图 7 截取危险截面示意图

表 2 危险截面应力评定结果

强度	封头 16MnR		盖缘 ZG 230-450H		罐环 ZG 230-450H		筒体 16MnR	
	1—1	2—2	3—3	4—4	5—5	6—6	7—7	8—8
薄膜应力强度/MPa	P_m	P_L	P_m	P_m	P_m	P_m	P_m	P_L
	94.45	161.9	98	100.8	93.2	94.1	89.08	81.83
薄膜+弯曲应力强度/MPa	P_m+Q	P_L+Q	P_m+P_b	P_m+P_b	P_m+P_b	P_m+P_b	P_m+Q	P_L+Q
	114.7	250.2	117.1	127.1	122.9	150.3	99.24	82.05

续表 2

强度	封头 16MnR		盖缘 ZG 230-450H		罐环 ZG 230-450H		筒体 16MnR	
	1—1	2—2	3—3	4—4	5—5	6—6	7—7	8—8
峰值应力强度/MPa	P_m+Q+F	P_L+Q+F	P_m+P_b+F	P_m+P_b+F	P_m+P_b+F	P_m+P_b+F	P_m+Q+F	P_L+Q+F
	114.7	250.2	117.1	127.1	122.9	176.1	99.24	82.05

3　齿块缺陷检测结果及分析

3.1　缺陷检测结果

该硫化罐使用 6 年时进行了定期检验，重点使用磁粉检测方法对齿块根部的表面缺陷进行了检测。检测结果显示近 4 成的齿块根部出现裂纹缺陷，大多数呈细长型，中间较粗，两端尖锐，如图 8 所示。

图 8　齿根裂纹

经打磨处理发现多数裂纹由材料本身的制造缺陷（夹渣、气孔等）扩展而来，如图 9 所示。

a）表面磁痕显示

b）打磨后发现埋藏气孔

图 9　埋藏气孔引起的齿根裂纹

3.2　缺陷分析

通过应力分析结果和设备使用缺陷分析结果的对比可以看出，硫化罐啮合齿块的使用缺陷并非静力学应力分析中指出的危险截面中应力最大处，而是位于齿块应力最大区域的侧面，如图 5 中 A 位置所示。该处齿根承受环向冲击载荷。

硫化罐快开门结构的齿块在制造时多采用整体切割的方式，在切割过程中，齿块表面材料存在淬硬效应，材料性能变差。设备投用后，每天随着工作周期（开、停车）节奏不断循环变化，尤其是罐体法兰和端盖法兰经常启闭，经受应力、变形、间歇操作及升温升压、降温降压的周期循环影响，承受着交变应力作用，再加上齿块由于几何结构的不连续性，在开关门时强行组对啮合造成的环向冲击力使得齿块根部产生较大的局部应力集中现象，容易引起低周疲劳载荷导致的疲劳裂纹扩展。

由于环向冲击载荷基本来自开关门强行组对造成的冲击力，而不同的使用环境、不同设备规格、不同工艺要求下，该冲击力的大小和频率也是随机出现的，因此难以利用有限元的方法进行数值仿真和使用寿命的预测，应在设计和制造工艺制定环节予以考虑，并且在设备的使用过程中加强监管，在全面检验时重点对易发生扩展性缺陷的部位进行检测和排查。

目前，在硫化罐、蒸压釜类设备的安全性能检验工作中，针对该类缺陷处理方式是打磨消除，对于扩展严重的裂纹缺陷，打磨深度可达到 5 mm 左右，因此对于啮合强度具有一定的影响。由于之前的设计余量较大，目前的打磨深度基本能够保证强度要求，但对于更为严重的情况，检测单位应与设计单位进行沟通，基于必要的强度校核结果出具检验结论。

4 结论

针对硫化罐齿块的啮合强度进行了计算，并结合设备使用中的检验结果进行了对比分析，由对比结果可见，硫化罐快开门齿块的设计完全符合强度要求，但从设备实际使用中出现的问题来看，齿块根部出现裂纹是最普遍的缺陷形式。

硫化罐齿块制造时采用整体切割方式，齿块表面材料被淬硬，在存在先天缺陷（气孔、夹渣等）的位置缺陷容易形成扩展。快开门设备的齿块承受交变疲劳载荷，是裂纹缺陷扩展迅速的另一重要原因。

在设备的安全性能监管方面，建议适当缩短检验周期，特别是服役年限超过 10 年的快开门设备，一般检验周期不宜超过 3 年。

参考文献

[1] 沈建民，竺国荣，黄宏彪，等. 蒸压釜爆炸事故分析[J]. 化工机械，2011，38(4):486-488.

[2] 李宁. 硫化罐安全性的探讨[J]. 化工装备技术，2006，27(6):34-35.

[3] 郭吉林，程正米，管诚伟，等. 平推式门盖硫化罐安全性分析[J]. 化工机械，2010，37(2):225-227，242.

[4] 周国发，于继凯，刘岑. 硫化罐卡箍的质量优化设计[J]. 压力容器，2010，27(9):31-37.

[5] 罗凡，许林涛，刘浩波，等. 平推式门盖硫化罐开盖过程安全性分析[J]. 压力容器，2010，27(8):51-56.

[6] 金伟娅，陈冰冰，方德明，等. 硫化罐卡箍结构的分析计算[J]. 压力容器，2002，19(2):18-20.

[7] 郑津洋，苏文献，徐平，等. 基于整体有限元应力分析的齿啮式快开压力容器设计[J]. 压力容器，2003，20(7):20-24.

[8] 王乐勤，黄旅生，朱国娜，等. 大型蒸压釜法兰计算与使用寿命分析[J]. 压力容器，1990，7(4):41-47.

[9] 陈涛，吴斌，李伟忠，等. 基于有限元的重载自动扶梯桁架及梯级的安全性能分析[J]. 中国安全生产科学技术，2014，10(10):62-67.

[10] TSG R0004—2009 固定式压力容器安全技术监察规程.

非重复充装钢瓶安全附件设计选型分析

袁奕雯[1],严雅君[2]

1. 上海市特种设备监督检验技术研究院,上海 200333

2. 上海市质量监督检验技术研究院,上海 201114

摘 要:针对非重复充装钢瓶设计阶段对气瓶阀门及安全附件选型可能产生的困惑,结合我国《特种设备安全法》等法律法规的要求进行重点分析。提出落实企业主体责任遵守法律法规、修改瓶阀标准中部分条款、安全附件计算公式选择及爆破片是否应当保留等四点建议。

关键词:非重复充装;瓶阀;安全附件;设计鉴定;选型

0 引言

工业用非重复充装焊接钢瓶,俗称"一次性钢瓶"(见图 1),被广泛用于盛装工业制冷剂、家用电冰箱与空调器的制冷剂、清洗剂、发泡剂、气雾剂等。由于用于钢瓶制造的钢板经深冲拉伸后直接成型,不再进行热处理,材料脆性较大,不能多次承受反复压力载荷和运输使用过程中的颠簸、震荡和撞击,出厂前又无需进行较高压力的耐压试验,因此在欧美国家都有法规法令明文规定禁止重复充装。在我国,除了在产品标准中有明确规定外,TSG R0006—2014《气瓶安全监察规程》[1]中 5.2.1.1(4)也明确规定,工业用非重复充装焊接气瓶瓶阀设计成不可重复充装结构,瓶阀与瓶体的链接采用焊接方式。

图 1 工业用非重复充装钢瓶

根据《中华人民共和国特种设备安全法》[2]第二十条规定,我国对于气瓶实行的是设计文件鉴定制度,即制造单位自行设计,由国家质检总局授权机构进行设计鉴定。但由于 GB 17268《工业用非重复充装焊接钢瓶》、GB 17878《工业用非重复充装焊接钢瓶用瓶阀》及 GB 16918《气瓶用焊破片技术条件》在编制中有些问题尚未达成统一,因此工业用非重复充装焊接钢瓶(以下称"非重复充装瓶")设计人员往往面临选型的两难境界,本文就此进行具体比较和解析。

作者简介:袁奕雯,1982 年出生,女,硕士,工程师,主要从事气瓶设计文件鉴定、气瓶及气瓶阀门及型式试验工作及其研究。

1 气瓶安全附件选型分析

1.1 安全附件市场较为混乱

虽然国家法规和标准都规定了非重复充装瓶的瓶阀“应采用非重复充装瓶阀，瓶阀与瓶体应采用焊接连接(见图 2，图左为粘结式瓶阀，图右为焊接式非重复充装瓶阀)，以保证钢瓶的非重复使用”[3]，但是根据国家气瓶阀门质检中心统计，截止到 2013 年年底，国内仅有 3 家企业具有“非重复充装钢瓶阀”特种设备制造许可资质，取得气瓶用爆破片资质的单位就更少了，大量无证制造企业充斥市场。根据《中华人民共和国特种设备安全法》第三十二条规定，“特种设备使用单位应当使用取得许可生产并经检验合格的特种设备”，由此，非重复充装瓶制造企业如果选用无证企业的瓶阀及安全附件就触犯了我国法律，对于未经型式试验取得资质的非重复充装瓶阀及气瓶用爆破片制造企业应当按照第七十六条的规定“应责令限期改正；逾期未改正的，处三万元以上三十万以下罚款”。

图 2 瓶阀

此外，从理论上来说，非重复充装瓶阀一经关闭即不能回复到充灌状态，但是市场中诸多无证厂家的瓶阀形似非重复充装瓶阀(见图 2)，实则可以反复充装，这对安全使用造成了重大隐患。为了规范使用，建议在设计文件鉴定阶段，强制要求气瓶设计制造单位在设计文件中明确“仅使用取得特种设备制造许可资质并经检验合格的非重复充装瓶阀及气瓶用爆破片”这一要求，使气瓶制造厂家自身具有法律意识，提高企业自身责任意识，从而杜绝市场上隐患产品的流通。

1.2 瓶阀及爆破片选型要求不够明确

GB 17268 中选用的压力参数主要以试验压力 P_T 为依据，钢瓶爆破压力 $P_b=2P_T$，爆破片焊装后的爆破压力应在 $1.05P_T \sim 1.6P_T$ 范围中，钢瓶产品型号命名中的特征数也是指试验压力 P_T。而 GB 17878《工业用非重复充装焊接钢瓶用瓶阀》[4]所规定的瓶阀压力参数则主要以公称工作压力 P 为主要依据，但没有明确瓶阀具体的公称工作压力取值或取值范围，这使得钢瓶设计者在瓶阀的选型上找不到对应关系。而非重复充装钢瓶在实际充装中以充装重量为计量单位，对压力也并无具体限定。

根据 GB 17268，气瓶试验压力 $P_T \leqslant 6.2$ MPa，但是，在实际情况中，根据 REFRIGERANT REFERENCE GUIDE《制冷剂使用指南》[5]，R 410A 在 60 ℃时饱和蒸汽压力为 3.72 MPa，是目前笔者所知制冷剂介质中压力最高的；根据 GB 14193《液化气体气瓶充装规定》[6]，R 22 在 60 ℃时饱和蒸汽压力为 2.32 MPa，是国内有标准可查制冷剂介质中压力最高的，因此，一般说来，工业用非重复充装钢瓶的试验压力不会超过 4.0 MPa。目前，市场上的非重复充装瓶阀的公称工作压力一般为 2.7 MPa。

在 TSG RF001《气瓶附件安全技术监察规程》[7]附件 D 的 D4 款及 GB 17878 的 7.1 中均规定，“瓶阀的耐压性试验在 2.5 倍公称工作压力下进行”，这往往会导致“瓶阀的试验压

力即为 2.5 倍公称工作压力”的理解，但这明显与相关标准不相适应。因此建议 GB 17878 能够出具修改单，将公称工作压力固定为某个值或某几个值，以便钢瓶设计人员选取。

1.3 爆破片标准与实际需求偏离

GB 17268 中 7.9 规定选用的“爆破片应符合 GB 16918 规定”。对于这个问题，业内历来存在两种看法，一种看法认为安全泄压装置对非重复充装气瓶的有效保护作用，概率甚微[8]，另一种看法认为为了防止超压充装，非重复充装钢瓶上应当配装安全泄压装置，即爆破片。笔者姑且不去讨论这两种看法孰是孰非，但能够确认的是 GB 16918 与 GB 17268 的实际配合使用性并不甚佳。

按照 GB 16918[9] 的要求，气瓶爆破片的泄放面积应当根据附录 B 计算而来。结合制冷剂的特性，应当选取爆破片泄放面积公式，参见式(1)。

$$A=\frac{W_S}{7.6\times10^{-2}C\lambda P\sqrt{M/ZT}} \qquad \cdots\cdots(1)$$

式中：

A——爆破片泄放面积；

W_S——气瓶安全泄放量；

C——气体的特性系数；

λ——额定泄放系数，$\lambda=0.62$；

Z——气体压缩因子，由图表查得；

T——气瓶内泄放介质的绝对温度。

此外，关于 W_S 和 C 的计算公式分别为式(2)和式(3)。

$$W_S=0.352P\cdot\sqrt{M}\cdot V \qquad \cdots\cdots(2)$$

$$C=520\sqrt{K\left(\frac{2}{K+1}\right)^{\frac{K+1}{K-1}}} \qquad \cdots\cdots(3)$$

式中：

P——爆破片的设计爆破压力；

K——气体的绝热指数。

但是，由于目前国内对于大多数制冷剂的绝热指数均未出台相应的标准规划或指导手册，最终导致上述公式都无法进行准确计算，只能进行估计。

笔者以环丙烷为介质，选取 13 L 的非重复充装钢瓶进行试算，其爆破片泄放面积约为 2.7 mm^2。同时，根据 GB 17268 中 7.9.2 的要求，爆破片安全泄放面积为每升钢瓶容积不小于 0.34 mm^2，代入 13 L 钢瓶计算可得，13L 的钢瓶爆破片泄放面积应为 4.42 mm^2；但在实际选用中，钢瓶设计单位一般会选用DN 20的爆破片，泄放面积可达 314 mm^2，分别是 GB 16918和 GB 17268 要求的 116 倍和 71 倍。

由于非重复充装气瓶主要充装介质为制冷剂，很多制冷剂都是《蒙特利尔协定书》(及其修正案)明令建议逐步取消的对臭氧具有破坏性作用的介质，爆破片泄放面积过大，会导致瓶内一旦超压，介质立即全部流失，排入大气。这不但造成不必要的经济损失，更严重的是对环境造成污染。

另一方面，可重复充装的充装制冷剂的钢瓶上均不设爆破片，非重复充装钢瓶在火灾条件、碰撞条件或充装条件下可能发生超压，导致爆破片泄放。在火灾条件下，温升压力不可控，爆破片设定爆破压力 1.05P_T～1.6P_T，这和钢瓶设计爆破压力 2.0P_T 相比，差距较小，并不能提供安全防护；在碰撞条件下，往往使用方是不希望爆破片在此时泄放；在充装条件下，由于不同介质的充装量不同，爆破片在大多数时候也不能起到安全防护的作用。因此非重复充装钢瓶上是否安装安全附件是一个值得讨论的话题。

2 结论

通过上述分析，可以归纳得出以下 4 个解决措施和建议：

(1) 应在非重复充装钢瓶设计文件鉴定阶段明确设计制造企业对我国相关法律法规的要求，切实落实企业主体责任；

(2) 建议 GB 17878 能够出具修改单，将公称工作压力固定为某个值或某几个值，或按照市场通行的非重复充装钢瓶的几种试验压力(如 2.3 MPa，3.0 MPa，4.0 MPa 等)确定压力，以便钢瓶设计人员选取；

(3) 对于非重复充装钢瓶爆破片建议直接参照 GB 17268 中 7.9.2 简化选取；

(4) 建议 GB 17268 修订时能够探讨爆破片保留是否还具有保留意义。

参考文献

[1] TSG R0006—2014　气瓶安全监察规程.

[2] 中华人民共和国特种设备安全法.

[3] GB 17268　工业用非重复重装焊接钢瓶.

[4] GB 17878　工业用非重复充装焊接钢瓶用瓶阀.

[5] REFRIGERANT REFERENCE GUIDE [S],2004.

[6] GB 14193　液化气体气瓶充装规定.

[7] TSG RF001　气瓶附件安全技术监察规程.

[8] 吴粤燊.工业用非重复充装焊接钢瓶的安全与环保问题[J].中国特种设备安全,2008,第 24 卷第 11 期:1-5.

[9] GB 16918　气瓶用爆破片技术条件.

酸性水汽提装置富氨气系统鼓包原因分析及对策

朱君君，傅如闻，李绪丰，胡华胜
广东省特种设备检测研究院，广州 510655

摘　要：酸性水汽提装置非加氢型Ⅰ系列和加氢型Ⅱ系列工艺流程相同，但在首次检验中结果迥异。通过分析酸性水介质、工艺流程及设备材质得知，Ⅱ系列酸性水中的硫化物和氨氮含量比Ⅰ系列高，经冷换设备冷凝作用形成湿硫化氢腐蚀环境而产生湿硫化氢及硫氢氨腐蚀，是造成Ⅱ系列富氨气系统出现鼓包及开裂等缺陷的主要原因。采取监控使用并进一步通过材质升级等措施解决湿硫化氢破坏及硫氢氨腐蚀等问题，保证安全生产。

关键词：富氨气系统；湿硫化氢；鼓包

1　概述

某炼化企业采用“常减压蒸馏＋延迟焦化＋加氢裂化”路线加工高酸重质原油。其酸性水汽提装置采用双塔汽提工艺处理各个装置排出的酸性水，硫化氢塔顶富含 H_2S 的酸性气送至硫磺回收装置，脱氨塔顶的富 NH_3 气体经两级定压定温冷凝、结晶、脱硫剂精制脱除 H_2S 后，经压缩冷凝成液氨送出装置[1,2]。该装置分两个系列，工艺流程完全相同，共用一套氨精制系统：Ⅰ系列处理常减压、催化裂化及硫磺回收等非加氢型装置来酸性水，Ⅱ系列处理重油加氢、蜡油加氢、柴油加氢等加氢型装置来酸性水。两个系列富氨气系统流程均如图1所示。

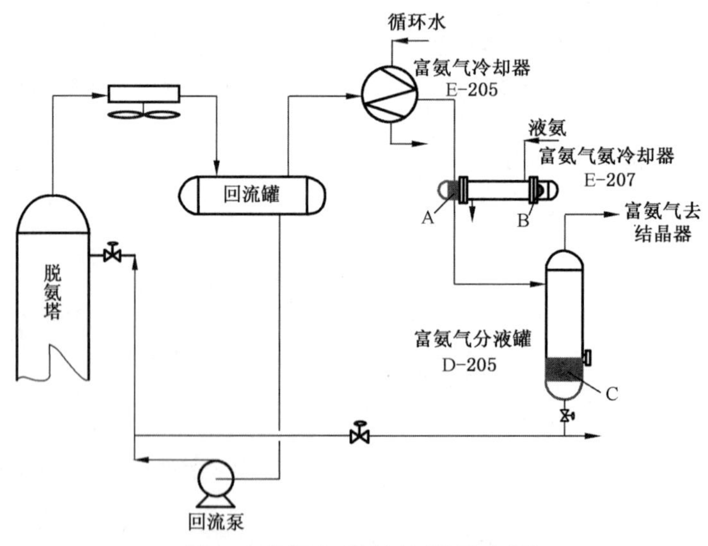

图1　富氨气系统流程示意图

作者简介：朱君君，1985年出生，男，工程师，主要从事承压设备检验检测工作和安全评估研究。

投用后，Ⅰ系列未见异常，Ⅱ系列多次发生腐蚀泄漏。首次停产大修定期检验发现：

(1) Ⅰ系列富氨气分液罐及其他压力容器未见明显腐蚀，且无氢鼓包发生；

(2) Ⅱ系列其他压力容器未见异常，但富氨气分液罐D-205、富氨气氨冷却器E-207有多处氢致鼓包开裂及腐蚀减薄等缺陷(如图1，A、B和C显示为问题设备及出现问题部位)。

2 Ⅱ系列富氨气系统定检概况

首次定期检验方案以装置工艺原理为主，兼顾物流及腐蚀流等特点，通过分析腐蚀及损伤机理，做到针对设备及部位，突出重点，避免出现部分设备检验过量或检验不足的情况。在审查随机技术资料及分析检验重点基础上，如图2、图3所示逐台制定检验方案。

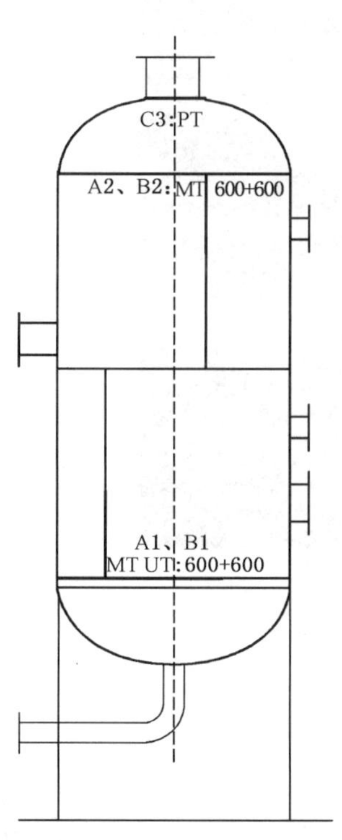

图2 富氨气分液罐D-205检验方案附图

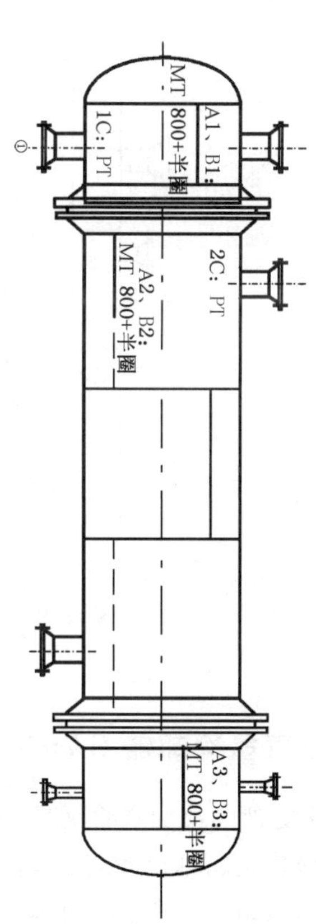

图3 富氨气氨冷却器E-207检验方案附图

Ⅱ系列问题设备富氨气分液罐D-205、富氨气氨冷却器E-207基本参数见表1。

表1 富氨气分液罐D-205、富氨气氨冷却器E-207基本参数

设备位号	设备名称	主体材质	厚度/mm	操作压力/MPa	操作温度/℃	工作介质
D-205	富氨气分液罐	20R	10	0.25	80	富氨气富氨液
E-207	富氨气氨冷却器	20R 321	10	壳程:0.55 管程:0.24	壳程:40/0~8 管程:37/20	壳程:液氨 管程:富氨气

富氨气分液罐 D-205、富氨气氨冷却器 E-207 主要问题如下：

2.1 富氨气分液罐 D-205

宏观检验发现人孔中心线以上无明显腐蚀，但人孔中心线以下，下封头与第一筒节连接焊缝两侧各 500 mm 范围内发现多处氢致鼓包开裂缺陷，最大开裂长度 12 mm，开裂深度超过壁厚一半，如图 4 所示。超声测厚发现未鼓包处筒体、封头厚度无明显减薄，最小壁厚9.3 mm。

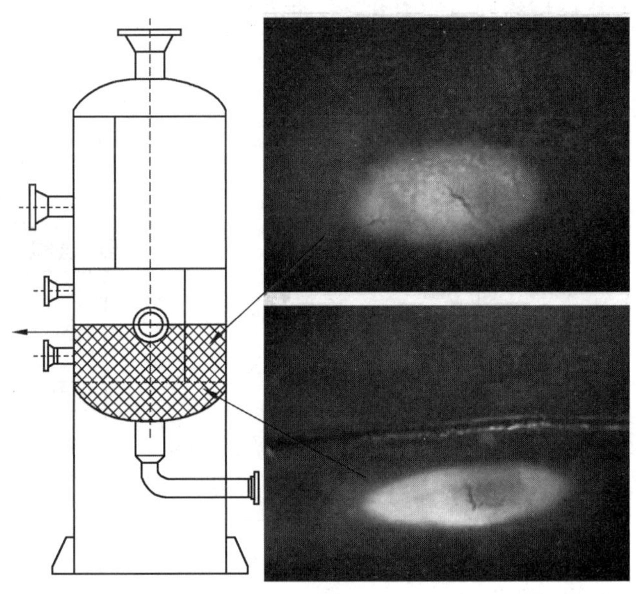

图 4 鼓包部位

2.2 富氨气氨冷却器 E-207

检验发现管束及加强管无明显腐蚀，其主要问题如下：

a) 管程管箱腐蚀严重，且内壁有多处氢致鼓包开裂缺陷，最大开裂长度 28 mm，开裂深度最大值5.3 mm，并进一步向基体腐蚀掏空，如图 5 所示；

b) 使用超声相控阵进行氢致开裂检测[3]，东侧浮头端盖内发现大量氢鼓包，粉笔所圈位置，氢鼓包距离内表面 5.5 mm，如图 6 所示；

c) 管箱隔板腐蚀严重，减薄呈刀刃状，如图 7 所示；

d) 经宏观及 PT 检验发现固定端管板有两处裂纹，一条环绕在边部换热管角焊缝外侧管板上，另一条在隔板密封槽根部，如图 8 所示。

图 5　管程管箱盖内壁

图 6　东侧浮头端盖

图 7　管箱隔板腐蚀

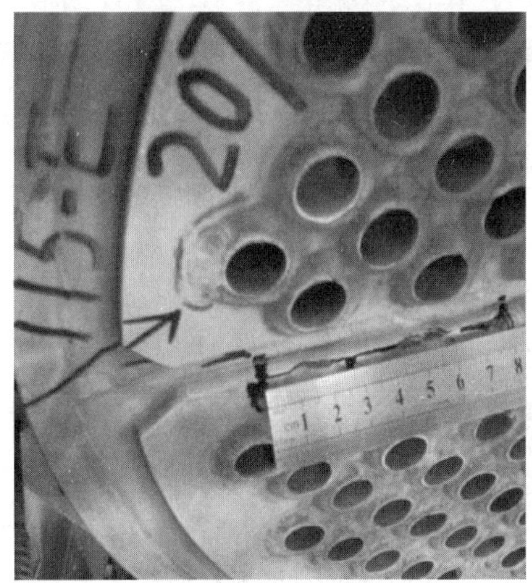

图 8　管板裂纹

3　缺陷成因分析

NACE RP0296—2004《炼油厂压力容器在湿 H_2S 环境下发生的开裂的检测，修补和缓解指南》指出，试验结果表明在以下环境中会产生氢损伤和开裂：

(1) H_2S 浓度大于 50 mg/L；

(2) 溶液含 H_2S，且 pH<4；

(3) 溶液 pH>7.6 以上，水中至少存在 20 mg/L 的氰化物；

(4) 气相 H_2S 分压>0.000 3 MPa(绝压)。

酸性水汽提装置介质含有硫化物、CN^-、NH_3、CO_2、硫醇、酚类、有机酸和无机盐等，腐蚀遍布整个装置。在石油炼制过程中既有在 pH 值超过 9 的碱性环境中有 HIC 的事例，也有在氨和硫化氢混合存在的环境中或者氰基和硫化氢混合存在的环境中有发生 HIC 的经验[4]。

实际运行过程中，Ⅰ系介质富氨气硫化物含量均值达到 1 300 ppm，pH 均值为 9.7，而Ⅱ系介质富氨气硫化物含量均值达到 13 000 ppm。

工艺流程分析：从脱氨塔分离出的Ⅱ系介质经富氨气冷却器 E-205 水冷后，管道内富氨气气液两相存在，并经富氨气氨冷却器 E-207 管程进一步冷却至 37 ℃～40 ℃后进入富氨气分液罐 D-205。富氨气氨冷却器 E-207 管束材质为 321，出口管箱材质 20R，管程进/出口温度 37 ℃/20 ℃，压力 0.24 MPa。富氨气分液罐 D-205 材质 20R，操作温度 80 ℃，压力 0.25 MPa。操作温度 80 ℃时底部会有凝结水，形成湿硫化氢腐蚀环境。因此富氨气氨冷却器 E-207 进口、出口管箱和富氨气分液罐都存在湿硫化氢腐蚀环境。

硫化氢对钢的腐蚀，一般情况下，随着温度提高腐蚀增加。在 80 ℃时腐蚀速率最高，在 110 ℃～120 ℃时腐蚀速率最低。富氨液携带的 Cl^-、CO_3^{2-}、CN^- 离子对硫化物应力开裂起到促进有害的作用。而且审查随机文件发现分液罐及冷却器管箱选材也没有选用抗 HIC 钢板。特别是Ⅱ系介质的硫化物含量比Ⅰ系介质的要高 10 倍。当分液罐底部的凝结水中有 CN^- 存在，有硫化氢溶解，且 pH 均值为 9.7(大于 7.6)，极容易出现湿硫化氢破坏，表现为鼓包及开裂等形式。同时，如果硫氢氨浓度超过 2%(质量分数)，会增加氢鼓包的敏感性。

冲刷腐蚀：富氨气中含有较多的杂质，设计组成为：3 022 kg/h 氨、320.2 kg/h 硫化氢、364.3 kg/h 水，因此腐蚀属于含有硫氢氨的酸性水腐蚀，腐蚀特征为设备和管线均匀减薄或者局部腐蚀穿孔。硫氢氨腐蚀对流速非常敏感，当流速大于 6 m/s 时，碳钢容易发生严重冲蚀。虽然 pH>6 时，钢的表面为 FeS 所覆盖，有较好的保护作用，但同时考虑到富氨气氨冷却器 E-207 管箱进口流体冲刷原因(经计算得知进入管箱内流速达到 6.2 m/s)，使隔板失去 FeS 保护作用，最终隔板严重腐蚀减薄呈刀刃状。

4 缺陷的处理

由于大修时间紧，该两台压力容器未有替换设备。经超声波测定最薄壁厚和核算剩余有效壁厚发现强度满足现有使用要求。冷却器壳程、管程介质相似，大修期间对管板裂纹进行了修复。查清起因后，经采取合于使用评价，定为监控使用 1 年，业主制定可靠的安全保障措施。监控方法：在容器最薄处外壁设置活动保温套，定期测厚。如发现异常，立即停止生产。但此两台容器存在不少氢鼓包等缺陷，应立即定制新设备，并应在运行周期结束后尽快更换。

5 结论

该两台设备首次检验就发现严重缺陷，应进一步分析缺陷产生原因，从根本上寻求解决问题的方法。对于严重的湿硫化氢环境宜采用等级更高的材料，建议采取如下措施：

(1) 重新设计富氨气分液罐 D-205，下封头和筒体底部采用奥氏体复合板。

(2) 增加分液罐。在 E-205 和 E-207 间增加分液罐分凝液相，基本消除经 E-205 水冷却后的富氨气液相，减少冷凝液与气体对 E-207 管板的高速冲蚀、汽蚀。

(3) 富氨气氨冷却器 E-207 管板整体更换为 316 L，管箱材质更换为镇静钢或对氢渗透低的奥氏体不锈钢。

参考文献

[1] 孙广雨,伍习初. 关于酸性水汽提装置设备腐蚀问题及对策[J]. 石油化工腐蚀与防护,2000,17(2):20-21.

[2] 周威,花飞,龚朝兵等. 污水汽提装置富氨气系统腐蚀原因及对策[J]. 石油化工腐蚀与防护,2013,30(1):40-43.

[3] 李绪丰,李越胜,邵春文等. 压力容器氢致开裂的超声相控阵监控[J]. 中国特种设备安全,2012,28(11):24-25.

[4] 侯艳宏,孙亮. 汽提装置富氨气系统腐蚀分析[J]. 石油化工腐蚀与防护,2013,30(6):19-23.

天津市2014年压力容器定期检验状况综述

司永宏，段瑞，苏哲，刘子方
天津市特种设备监督检验技术研究院，天津　300192

摘　要：压力容器定期检验是一项为安全生产服务的特殊工作，认真做好压力容器定期检验工作是生产单位、使用单位、检验检测单位的共同责任。本文根据2014年度天津市压力容器定期检验报告，用计算机数据统计方法总结了定期检验过程中常见的主要问题，分析说明了这些问题的主要原因和应对策略，对今后压力容器定期检验中检验方案及策略制定提供了一定的指导价值。

关键词：压力容器；定期检验；数据统计

0　引言

压力容器是具有爆炸危险性的承压类特种设备，它承载着高压、高温、易燃、易爆、剧毒或腐蚀介质，一旦发生爆炸或泄漏将会给社会经济、企业生产和人民生活带来损失和危害，直接影响社会安定。随着我国国民经济的发展，我国压力容器的数量日益增多[1]。天津特检院运用系统工程和计算机处理技术，收集整理了2014年度天津市在用压力容器定期检验数据4 000余条，总结了在用压力容器定期检验中一些常见问题，对压力容器定期检验方案及策略制定[2]提供了一定的指导价值。

1　在用压力容器定期检验统计分析

1.1　在用压力容器总体类别统计

天津特检院2014年度共出具压力容器定期检验报告4 168份，较2013年略有增加，其中固定式压力容器定期检验报告3 465份，年度检验报告140份，汽车槽罐车报告509份，氧舱检验报告54份。其中固定式压力容器从类别上划分，共检验了Ⅰ类压力容器2 354台，Ⅱ类容器677台，Ⅲ类容器434台。按照固定式压力容器品种分类，共检验了储存压力容器(C)1 907台，换热容器(E)612台，分离容器(S)782台，反应容器(R)共164台。

1.2　安全状况统计分析

(1) 氧舱定期检验情况总体良好，未出现不合格报告；

(2) 固定式压力容器定期检验报告中，基本符合要求155台，不符合要求1台，所占比例

作者简介：司永宏，1981年出生，男，硕士，高级工程师，主要从事压力容器检验工作。

分别为4.49%和0.03%，总体安全形势较好；

(3) 移动式压力容器无检验结论为基本符合和不符合的报告。

1.3 检验发现的主要问题及说明

经过统计，固定式压力容器定期检验中发现的主要问题及数量如图1所示。

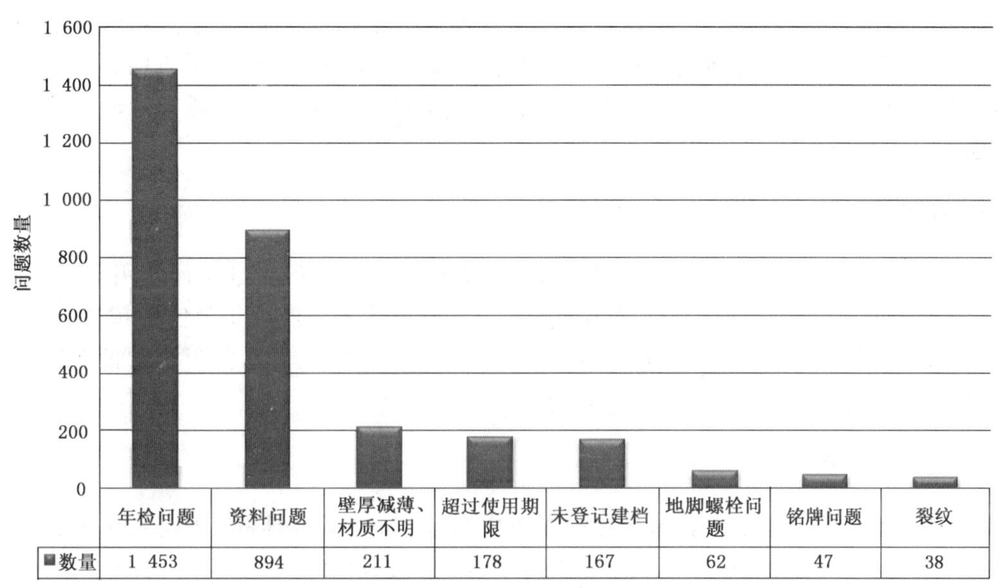

	年检问题	资料问题	壁厚减薄、材质不明	超过使用期限	未登记建档	地脚螺栓问题	铭牌问题	裂纹
■数量	1 453	894	211	178	167	62	47	38

图1 定期检验中固定式压力容器存在的问题

1.3.1 年度检查问题

在2014年度定期检验的3 465份固定式压力容器中，共有1 453份存在年度检查方面的问题，占出现问题总数的48%。在检验过程中核对年度检查信息资料时，发现受检单位一般很少按照《压力容器使用登记管理规则》的要求对压力容器进行年度检查，绝大多数单位都没有开展此项工作。要么是压力容器管理和操作人员不知道有此规定，要么是容器数量太多，管理人员忙不过来。虽然年度检查不属于强制性检验，但由于压力容器定期检验周期普遍较长，设备使用单位的常规年度检查对保障设备安全运行有重要作用，因此设备使用单位应加强年度检查的执行力度。

1.3.2 资料问题

在2014年度定期检验的固定式压力容器中，共有894份存在资料缺失等问题[3]，占出现问题总数的29%。压力容器原始资料原始丢失，尤其对于首次检验的设备，将直接影响容器定级，不得不缩短检验周期，增加了企业运营成本和检验人员的工作量。出现资料缺失问题其主要原因包含3个方面：①出厂时未带。这种情况较少，一般发生在一些小厂制造的产品中，或者是运输过程中遗失。②由于转岗、离职、退休等原因，管理人员更替时没有说明资料存放位置，这种情况导致资料遗失的较多。③部分单位档案管理工作混乱，导致资料流失。容器出厂时资料齐全，由于相关人员没有保存意识，随便乱放或有人借出后未及时归还等原因导致需要查阅原始资料时找不到，这种情况很普遍。

1.3.3 壁厚减薄、材质问题

在2014年的固定式压力容器的定检报告中共有211份报告中存在壁厚减薄或材质不明的问题，占出现问题总数的7%。在检验过程中，被检验的固定式压力容器如果存在材质不明、腐蚀(磨损)深度超过腐蚀裕量、结构不合理(并且已经发现严重缺陷)或检验人员对强度有怀疑的情况时，就需要进行壁厚校核。当发现材质存在问题时，对于无特殊要求的钢制压力容器，应当进行相关的强度校核。对于有特殊要求的压力容器，必须查明材质。各设备使用企业单位应加强对材质信息等资料的管理，避免产生由于丢失资料等管理上的差错造成定检过程中材质不明，信息有误等问题。

1.3.4 超过设计使用年限

在2014年的固定式压力容器的定检报告中共有178台设备超过设计使用年限，占出现问题总数的6%。已经达到设计使用年限的压力容器或未规定使用年限使用超过20年压力容器，如果继续使用，需要填写压力容器检验委托书并经过单位主要负责人的批准后方可继续使用。

1.3.5 未登记建档

在2014年的固定式压力容器的定检报告中共有167台设备未按《固定式压力容器安全技术监察规程》6.4的要求建立压力容器技术档案并交由所在区县管理部门统一保管，占出现问题总数的5%。压力容器的使用单位，在压力容器投入使用前或者投入使用后30日内，应当按照要求到直辖市或者设区的市的质量技术监督部门逐台办理登记手续。登记标志的放置位置应当符合有关规定。压力容器使用单位也应当逐台建立压力容器技术档案，应当包括：特种设备使用登记证，压力容器登记卡，压力容器设计制造技术文件和资料，压力容器年度检查、定期检验报告，以及有关检验的技术文件和资料，压力容器维修和技术改造方案、图样、材料质量证明书、施工质量证明文件等技术资料，安全附件校验、修理和更换记录，有关事故的记录资料和处理报告。这些技术档案应交由其管理部门统一保管。

1.3.6 地脚螺栓未安装到位

在2014年的固定式压力容器的定检报告中，共有62份报告中提到地脚螺栓未安装到位，占出现问题总数的2%。地脚螺栓是固定压力容器的重要部件，如果地脚螺栓未安装到位，将会对压力容器的使用造成很大的安全隐患。

1.3.7 铭牌问题

在2014年的固定式压力容器的定检报告中，共有47份报告中存在铭牌丢失、被包裹等问题，占出现问题总数的2%。铭牌主要用来记载生产厂家及额定工作情况下的一些技术数据，以供正确使用而不致损坏设备。容器铭牌应固定于明显的位置，其中低温容器的铭牌不能直接铆固在壳体上。如果铭牌不能按相关规定要求设置，则在设备使用过程中会造成不必要的安全隐患。

1.3.8 缺陷裂纹问题

在2014年的固定式压力容器的定检报告中，共有38份报告中存在缺陷裂纹问题，占出现问题总数的1%。裂纹是压力容器中最危险的一种缺陷，它是导致容器发生脆性破坏的因素，同时又会促进疲劳裂纹和腐蚀裂纹的产生。当发现压力容器有裂纹缺陷时，应根据裂纹所在部位、数量、大小、分布情况及容器的工作条件等分析裂纹产生的原因。对于出现裂纹设备的相关企业，应积极进行修复处理，做好可靠的监护措施，严密监视裂纹的发展情况。

1.4 在定检过程中发现的其他问题

1.4.1 管理人员配置问题

在检验过程中，我们发现大部分单位容器管理人员都是兼职的，且大部分人员对设备管理及设备运行情况以及规范要求情况不熟悉，导致检验工作效率下降，发现问题整改过程缓慢拖沓。

1.4.2 安全附件校验

安全附件是否灵敏有效，定期校验是最有效的检测手段。但在检验过程中，安全附件不定期校验的情况普遍存在。部分安全阀外表锈蚀斑斑，甚至锈死无法正常开启，校验时间很多都还停留在上次定期检验日期附近。受检单位对安全附件的校验不及时，会导致检验报告问题关闭时间延长，影响定期检验时间。希望这种情况能够引起有关企业的高度重视，做好安全附件的定期校验和维修更换，以确保压力容器安全稳定运行。

1.4.3 高参数压力容器会检出重要缺陷

现场组焊的大型压力容器，定期检验过程中发现多是裂纹缺陷，主要原因是制造过程中由于是现场组焊，制造质量受现场施工条件影响，不如工厂制造完成的容器，且高参数容器往往使用工况恶劣，也会在运行中产生缺陷。

1.4.4 移动式压力容器管理有待加强

移动式压力容器使用者多为民营企业，管理意识和管理水平相对较差，个别企业车辆不按时检验。同时设备信息尚未并入监察网，各个区县特监科无法及时掌握车辆检验信息，形成了部分监管真空。

1.4.5 检验数据统计结果发现的一些趋势需引起重视

检验数据统计结果表明，本年度虽无检验结果为不合格的移动式压力容器，但一些趋势性问题却也应引起足够的重视，主要问题包含以下几个方面：①LNG低温罐车在首次检验中发现有60辆车的真空度不合格，占移动式压力容器报告总量的11.79%；②紧急切断装置未按规程要求进行配置，共15辆车，占移动式压力容器报告总量的2.95%；③罐车安全阀检修过程中有5只出现严重损坏，占移动式压力容器报告总量的0.98%；④罐内防波板开裂损坏2辆，占移动式压力容器报告总量的0.39%；⑤罐体封头检查出重皮1辆，占移动式压力

容器报告总量的0.19%；⑥长管拖车符合使用性服务检验检查中发现有安全附件未按期定检，阀门、快充接口渗漏等问题。

2 结束语

通过对2014年度天津市压力容器定期检验状况统计分析，针对今后的定期检验工作应注意的事项给出以下几点建议：

（1）检验中出现的问题多源于使用单位管理人员配备不到位和使用单位日常管理不到位，建议应加强相关政策宣传，增强管理人员的安全意识。

（2）加强日常执法检查过程中对压力容器技术档案、年度检查情况和安全附件校验情况的检查。

（3）检验人员应加强业务学习，严格质量管理，避免或消除影响检验正确性的各种不利因素，从而有效地控制检验质量。

参考文献

[1] 强天鹏.压力容器检验[M]，新华出版社，2008.

[2] TSG R7001—2013，压力容器定期检验规则.

[3] GB 150—2011，压力容器.

天然气球罐检验案例分析

刘祚平
绵阳市特种设备监督检验所，绵阳 621051

摘 要：在用天然气球罐开罐检验中发现多处表面裂纹，根据设备的制造、使用和定期检验情况，分析裂纹产生的原因，并提出缺陷处理办法，并给出在以后工作中对相同情况的建议。

关键词：定期检验；球形储罐；应力；裂纹

1 天然气球罐基本情况

某燃气公司一台 2 000 m^3 天然气球罐，主要用于民用燃气压力峰值调节。2007 年 7 月设计制造，11 月安装完毕，当年 12 月投入使用。设备技术参数见表 1。

表 1 球罐技术参数

公称容积	2 000 m^3	介质	净化天然气
内径	ϕ15 700 mm	主体材质	16MnR
壁厚	28 mm	结构型式	混合二极三带
设计压力	1.05 MPa	支座结构	赤道正切柱式支座
设计温度	60 ℃	支柱高度	9 800 mm
工作压力	1.0 MPa	设计制造标准	GB 12337—1998

此球罐由张家港圣汇气体化工装备有限公司负责设计和球壳板制造，中国化学工程第四建设公司负责现场安装。其设计文件未对球罐安装热处理作出要求。该球罐设计、制造以及现场组焊均经过了特种设备监督检验机构的过程监检，符合相关安全技术规范和标准的要求。2008 年“5.12”汶川特大地震后曾停用半年，地震使部分支柱拉杆脱落、地脚螺母松动、连接管道移位，后经原安装单位检修恢复正常使用。2011 年 9 月首次开罐定期检验中发现球罐内表面的赤道带与北温带连接环缝上和北温带与北极连接环缝上共发现 16 处表面裂纹，后经打磨全部消除。此球罐中储存的天然气由中国石油西南油气田分公司川西北气矿供应（该气源天然气硫化氢含量较高），已经进行了脱水、脱硫等处理，为二类民用天然气，总的硫含量实测为 110 mg/m^3～135 mg/m^3，实测硫化氢含量有轻微波动，实测范围为 8 mg/m^3～13.5 mg/m^3。使用期间未出现超压、硫化氢含量超标等异常情况，运行工况稳定。

该球罐使用管理制度健全。设备技术档案齐全，并随日常巡检情况不断更新；球罐设有专人负责管理，管理人员和作业人员都持有特种设备作业人员证，并能定期进行安全培训教

作者简介：刘祚平，1973 年出生，男，压力容器检验师，容器室主任，主要从事压力容器检验检测工作。

育；有较完备的事故救援预案，并定期组织演练。

2 天然气球罐检验方案及发现的问题

2.1 壳体外观检验

主要采用目视方法，按 TSG R7001—2013《压力容器定期检验规则》第二十四条的要求，包括对铭牌和标志，容器内、外表面的腐蚀，主要受压元件及其焊缝裂纹（特别是现场安装组焊时多次返修的部位）、泄漏、鼓包、变形、机械接触损伤，法兰、密封面及其紧固螺栓，支承、支座或者基础的下沉、倾斜、开裂，地脚螺栓的松动、断裂进行检验。焊缝和热影响区表面不得有裂纹、气孔、夹渣、凹坑、未焊满等焊接缺陷等。被检件表面照度应符合《目视检测》的要求。

2.2 结构检验

包括球壳板与球壳板的连接，开孔位置与补强，纵（环）焊缝的布置及型式，支撑或者支座的型式与布置，排放装置的检查等。

2.3 几何尺寸检验

包括纵（环）焊缝对口错边量、棱角度、咬边、焊缝余高等；错边量应小于或等于 3 mm，棱角度不大于 10 mm，焊缝余高应小于或等于 3 mm，焊缝和热影响区表面不得有咬边。

2.4 支柱垂直度和非均匀沉降检查

使用激光经纬仪在周向和径向两个方向对所有支柱进行垂直度检测，按照 GB 50094—1998《球形储罐施工及验收规范》规定，垂直度允许偏差小于或等于 2 mm 为合格。检查企业的球罐沉降观测记录，了解该球罐沉降情况，一般要求非均匀沉降检查时，相邻支柱沉降不超过±3.2 mm，对角线两端最大沉降差值不大于±26.1 mm 为合格。

2.5 壁厚测定

用数字直读式超声波测厚仪对球壳板、上下极板进行厚度测定。每块球壳板、极板的测厚点数不少于 5 点，每块板的 4 个角测厚点距离相邻焊缝为 200 mm，中间一点在板的对角线的交点上。如测厚有异常再增加测厚点数。壁厚测定时，如遇壁厚减薄超过设计的腐蚀余量时，应对其进行强度校核。壁厚测定时，如果遇母材存在夹层缺陷，应当增加测定点或超声检测，查明夹层分布情况以及母材表面的倾斜度，同时做记录。

2.6 磁粉检测

采用交叉磁轭法对球罐内、外表面对接焊缝及热影响区、工卡具焊迹（特别是现场安装组焊时多次返修的部位及磁粉检测发现缺陷的部位特别注意）进行 100%磁粉检测；采用磁轭法对支柱角焊缝、接管角焊缝、人孔凸缘进行 100%磁粉检测；采用轴向通电法和线圈法对所有人孔螺栓进行逐个检测，重点检查螺纹根部、光杆和螺纹过渡等部位是否存在环向裂纹。检测方法按 NB/T 47013.4—2015《承压设备无损检测　第 4 部分:磁粉检测》执行,对发现的缺陷按 TSG R7001—2013《压力容器定期检验规则》评定安全状况等级。

2.7 超声波检测

对球罐对接焊缝及其热影响区采用脉冲反射法和衍射时差法(TOFD)超声波进行抽查检测,抽查比例大于 20%,主要抽查丁字焊缝、制造残余应力和使用应力较集中的赤道带与北温带相交的环缝,现场安装组焊时多次返修的部位和表面检测发现缺陷的部位。发现超标缺陷,应采用超声波衍射时差法(TOFD)检测方法进行进一步检测,确定缺陷的高度,检测标准按 NB/T 47013.3—2015《承压设备无损检测　第 3 部分:超声检测》和 NB/T 47013.10—2015《承压设备无损检测　第 10 部分:衍射时差法超声检测》执行,对发现的缺陷按 TSG R7001—2013《压力容器定期检验规则》评定安全状况等级。

2.8 安全附件检验

按照《固定式压力容器安全技术监察规程》8.3、8.4 的要求对压力容器所使用的安全阀、压力表进行检查,重点查看是否处于校验合格期内。进出口截止阀、安全阀与球罐之间的截止阀能保证有效切断,不泄漏。安全阀与球罐之间的截止阀处于常开状态。

2.9 防雷接地电阻检查

按照 GB 50028—2006《城镇燃气设计规范》要求使用接地电阻测试仪对球罐接地电阻值进行测量,实测接地电阻值小于 10 Ω 为合格。同时,应查对气象局对该球罐出具的防雷检测报告,检查报告是否处于有效期内的。

2.10 泄漏性试验

气密性试验时间选取在完成所有其他检验项目后,封罐时进行。试验要求:试验用气体的温度应不低于 5 ℃;气密性试验所用气体为干燥、清洁的空气。试验后球罐必须用氮气进行置换,并且经过取样分析合格。

检验情况的汇总,宏观检查中,结构检验和几何尺寸检验未发现问题,外观检验中球罐外表面局部防腐漆脱落,有局部表面腐蚀,其他未发现问题。壁厚测定中,测得的厚度范围为 27.5 mm~28.2 mm,未发现异常。磁粉检测时,在球罐内表面的赤道带与北温带连接环缝上发现 46 处表面裂纹,北温带与北极连接环缝上发现 9 处表面裂纹。裂纹产生的部位主要在焊缝中心线以下的焊缝与母材的融合线上,裂纹方向无规律,裂纹深度 1 mm~6 mm,长度 10 mm~25 mm(注:这次裂纹产生的部位与首次检验的裂纹部位没有重合)。脉冲反射法和衍射时差法(TOFD)超声波进行检测时,未发现超标埋藏缺陷。安全附件检验,安全阀、压力表已拆除送检,与管道相连的阀门已拆除检修和校验。防雷接地电阻检测,符合要求。气密性试验,在球罐维修合格后,投用前进行试验合格。

3 检验发现问题的成因分析

在这 2 次定期检验中,在相同焊缝,不同部位分别发现了性质相同的表面裂纹 16 处和

55处。经硬度检测，焊缝硬度值比母材高10 HB～32 HB，这说明焊缝的淬硬倾向是存在的。该球罐在制造时未做消除应力热处理，制造中产生的应力不能大量消除。设备在组对时，该产生裂纹部位有可能因强制组对，产生应力集中。焊接时，因焊缝与母材产生焊接残余应力。球罐长期波动的内压力及自身的重力等综合作用，而导致应力开裂。

4 检验发现问题的处理

根据TSG R7001—2013《压力容器定期检验规则》第三十八条，对检验中发现的所有裂纹缺陷进行打磨直至裂纹全部消除。打磨后形成的凹坑的深度如果小于壁厚余量，可以不做处理；或将凹坑按照其外接矩形规则化为长轴长度、短轴长度及深度分别为2A(mm)、2B(mm)及2C(mm)的半椭球形凹坑，计算无量纲参数G_0，如果$G_0<0.10$，则该凹坑在允许范围内，否则打磨的部位应进行补焊处理，焊补长度应大于50 mm，需按照相关标准规范进行维修。打磨缺陷时凹坑表面应光滑、过渡平缓，凹坑半宽B不小于凹坑深度C的3倍，并且其周围无其他表面缺陷或者埋藏缺陷。凹坑不靠近几何不连续或者存在尖锐棱角的区域。

5 结论

球罐在设计时应尽可能提出消除应力热处理的要求。球罐在组对时应监督安装单位，杜绝强力组对，减少球罐安装产生的应力。建议使用单位在球罐使用过程中，尽可能的保持球罐压力的平稳，不要频繁的大幅波动。

参考文献

[1] TSG R7001—2013　压力容器定期检验规则.

[2] TSG R0004—2009　固定式压力容器安全技术监察规程.

[3] GB 12337—1998　钢制球形储罐.

[4] GB 50094—1998　球形储罐施工及验收规范.

[5] NB/T 47013.3—2015　承压设备无损检测　第3部分:超声检测.

[6] GB 150—2011　压力容器.

三甘醇吸收塔塔盘支撑圈角焊缝开裂原因分析

支泽林，梁鑫亮，乌永祥
陕西省锅炉压力容器检验所，西安　710048

摘　要：某企业制造的三甘醇吸收塔，在运行一年后发现有三甘醇泄漏现象。针对三甘醇吸收塔塔盘支撑圈角焊缝开裂的失效情况，从几个方面进行分析研究，找出开裂及腐蚀产生的原因和失效机理，提出解决对策。
关键词：三甘醇吸收塔支撑圈角焊缝；泄漏；开裂及腐蚀

0　引言

由西安核元非标有限公司2014年制造的三甘醇吸收塔，在鄂尔多斯市乌审旗苏东第五采气厂运行一年后，于2015年2月在排污口发现有三甘醇泄漏现象。三甘醇吸收塔主要是利用三甘醇净化天然气中的水分，由于三甘醇价格昂贵，所以三甘醇的泄漏给使用者和国家会造成重大的经济损失，和严重的环境污染。

1　三甘醇吸收塔事故情况概述

三甘醇泄漏后该设备被运回制造单位西安核元非标有限公司进行返修。

1.1　设备参数

该三甘醇吸收塔由西安长庆科技工程有限公司设计，西安核元非标设备有限公司制造，产品标号13HY-076-0，设计压力6.8 MPa，工作压力6.1 MPa，设计温度80 ℃，工作温度60 ℃，工作介质为天然气，筒体材质为Q245R，壁厚26 mm，塔盘材质为06Cr19Ni10，壁厚12 mm。

1.2　基本情况

该三甘醇吸收塔于2013年2月完成设计，由高新产品研制中心委托西安核元非标设备有限公司进行制造，2013年6月完成制造，2013年11月正式投产运行。据苏东-4集气站工作人员描述：2015年2月左右，出现三甘醇消耗量突然增大的情况(每天补充加注量达到了60 L～80 L)，在吸收塔底部集液包发现有泄漏的三甘醇。初步判断为吸收塔下部隔板附近发生泄漏。

2　事故产生原因分析研究

我所在对第五采气厂提供的苏东-4站三甘醇脱水一体化集成装置的检验中发现了三甘

醇吸收塔塔盘支撑圈角焊缝有开裂(有的吸收塔仅使用一年),导致吸收塔下部隔板附近发生三甘醇泄漏。该吸收塔筒体材料为 Q245R,壁厚 26 mm,塔盘材料为 06Cr19Ni10,壁厚 12 mm。为找到吸收塔塔盘支撑圈角焊缝开裂原因,选取具有代表性的开裂部位进行理化检验,对开裂原因进行了分析。

2.1 塔盘支撑圈角焊缝裂纹及腐蚀的宏观形貌

经过 PT 检测发现在底部塔盘支撑圈角焊缝处出现裂纹两处共计约 350 mm。检测结果如图 1 所示。从图中可以看出,在底部塔盘支撑圈角焊缝处有明显的两处裂纹,筒体壁的点状腐蚀也是比较严重的。

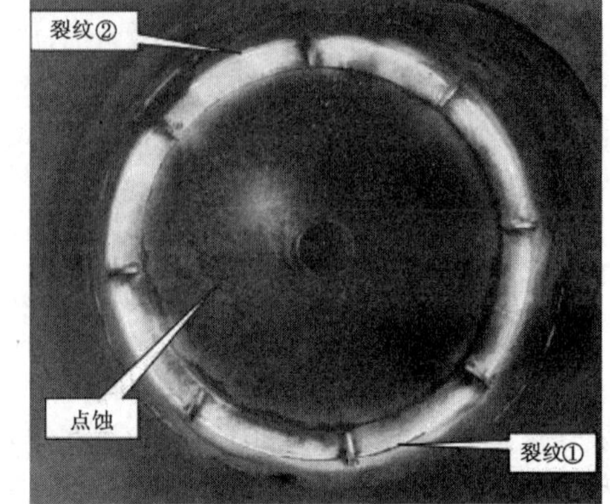

图 1 焊缝渗透检测图

2.2 化学成分及介质成分

对未加工剩余原材料进行光谱分析,测得化学成分其结果如表 1、表 2 所示,符合该材料成分要求。

表 1 Q245R 筒体化学成分表 %

合金元素	C	S	P	Si	Mn	Al
标准含量	≤0.20	≤0.015	≤0.025	≤0.35	0.50～1.00	≥0.020
含量	0.150	0.002	0.006	0.290	0.670	0.031

表 2 06Cr19Ni10 塔盘化学成分表 %

合金元素	C	S	P	Si	Mn	Cr	Ni	Cu	N	Mo
标准含量	≤0.08	≤0.030	≤0.045	≤0.75	≤2.00	18.00～20.00	8.00～10.50	—	—	—
含量	0.05	0.001	0.030	0.41	1.12	18.40	8.10	0.017	0.05	0.105

2.3 金相组织分析

在开裂附近的塔盘上截取一个金相试样,经打磨抛光、氯化铁、盐酸酒精侵蚀后置于金相显微镜下观察金相组织,06Cr19Ni10 奥氏体不锈钢的金相组织为奥氏体+δ 铁素体,开裂部分的金相组织为树枝状,既有沿晶,又有穿晶,典型的应力腐蚀,如图 2 所示。

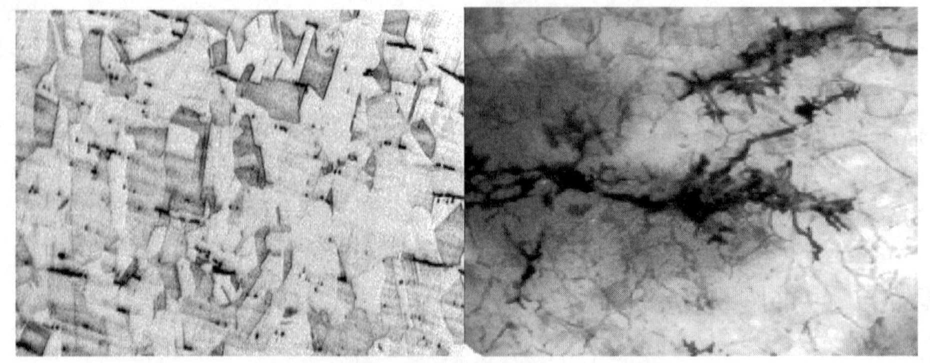

图 2 塔盘奥氏体不锈钢的金相图

2.4 能谱分析

在塔盘上截取一个小块试样进行能谱分析，表 3 的元素分析结果表明：主要元素是 Fe、Cr 和 Ni，还含有一些 Si 和 Cl，由此可见，腐蚀产物中含有氯元素，说明了奥氏体不锈钢发生了氯元素的腐蚀。

表 3 腐蚀部位能谱分析结果

元素	Cr	Fe	Ni	Si	Cl
含量(at%)	20.31	69.32	6.54	1.51	2.32

2.5 扫描分析

06Cr19Ni10 奥氏体断口为粗糙表面，呈现脆性断裂特征；微观特征则可见撕裂棱和微小的二次裂纹，属于应力腐蚀断裂，电镜扫描结果如图 3 所示。

图 3 06Cr19Ni10 奥氏体断口扫描电镜图

3 综合分析

3.1 介质分析

该装置液体中氯离子含量分别达到 52 699.26 mg/L、34 606.64 mg/L 和34 586.79 mg/L，

氯离子含量超标,如表 4 所示。分析氯离子含量超标的主要原因可能有以下两个方面:一是从井口经过脱水、脱杂质等深度处理工艺未处理干净的氯离子;二是天然气未净化干净、化验误差、分离器泄漏、排污不畅等问题造成的氯离子含量超标。

表 4　液体中氯离子含量

JH	QYRQ	FXRQ	QYDD	Cl_2(体积含量)/(mg/L)	pH
苏东-4X 站	2015/2/4	2015/2/5	分离器取样口	34 586.79	5.67
苏东-4X 站	2014/1/4	2014/1/6	分离器取样口	34 606.64	5.90
苏东-4X 站	2014/12/5	2014/12/7	分离器取样口	52 699.26	5.47

3.2　腐蚀发生原因及失效机理

将设备切割开后发现,在底部塔盘表面有明显的大面积的点状腐蚀痕迹,如图 4 所示。从图中可清晰的看出塔盘底部有大面积的腐蚀斑点,这可能是水中氯离子含量超标所引起的奥氏体不锈钢的腐蚀。钝化膜的不完整部位(露头位错、表面缺陷)作为孔蚀源,在某一段时间内呈现活性状态,点位变负,与其临近表面之间形成微电池,并且具有大阴极小阳极面积比,小孔内积累了过量的正电荷,引进外部的氯离子迁入以保持电中性,继之孔内氯化物浓度增高。由于氯化物水解使孔内溶液酸化,又进一步加速了孔内阳极的溶解。这种自催化作用的结果,使孔蚀不断地向深处发展。

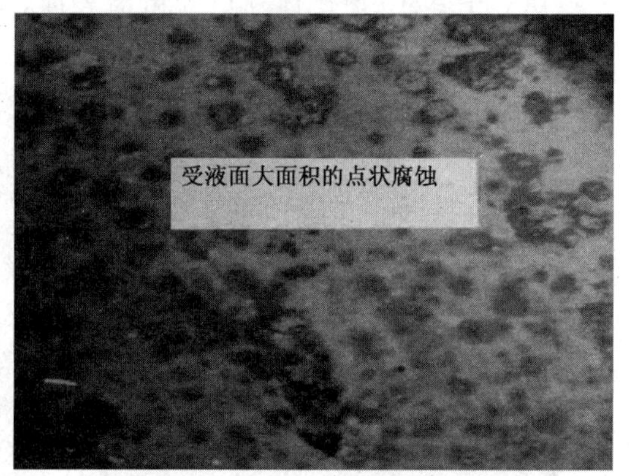

图 4　塔盘底部切割图

3.3　开裂原因分析

06Cr19Ni10 奥氏体不锈钢的应力腐蚀开裂受多方面因素的影响,主要与应力状态、介质环境、材料的合金成分等有关。除应力因素外,材料方面有金属合金的化学成分、显微组织等因素,溶液方面有浓度、温度及 pH 值等因素。

3.3.1　应力因素

主要有 4 部分组成:设备和部件工作过程中受到强烈的震动载荷产生的工作应力;残余应力,如冷轧、机械加工、焊接等过程中;热应力,设备周期性加热和冷却引起的应力;结构应力,是设备在安装和装配过程中引起的应力。此台设备在制造及运行过程中,由于设计及结构的因素,这 4 种应力都是存在的,在三甘醇吸收塔塔盘支撑圈角焊缝处,应力是比较集中的。

3.3.2　环境因素

金属合金的 SCC 对介质都有一定的选择性,即 SCC 只在特定的合金环境中发生,如奥氏体不锈钢-氯离子溶液,氯离子浓度愈高,愈易发生应力腐蚀开裂,但是氯化物浓度与材料的应力腐蚀敏感性之间不是一个简单的关系。由介质分析可以知道，该装置液体中氯离子含量严重超标。

在决定材料是否发生氯化物 SCC 的环境因素中，温度是影响 SCC 的重要因素之一。对于奥氏体不锈钢来讲，在室温下较少有发生氯化物开裂的危险性。从经验上看大约在 60 ℃～70 ℃以上，长时间暴露在腐蚀环境中的材料易发生氯化物开裂。从设计参数及运行记录来看，该装置长时间暴露于易发生氯化物 SCC 的温度条件下。

对不锈钢而言，pH 升高会减缓应力腐蚀，溶液整体 pH 越低，断裂的时间越短，但整体溶液 pH 过低（pH＜2）可能造成全面腐蚀。当 pH 在 6～7 时，不锈钢对应力腐蚀最敏感。根据表 3 中的数据可以知道，pH 也是在应力腐蚀最敏感范围内。

3.3.3 材料因素

在奥氏体不锈钢中添加少量镍，特别是镍含量在 5%～10%时，可以增加材料的应力腐蚀敏感性。由能谱分析可以知道，6.54%是在材料的应力腐蚀敏感区域范围内。

由材料的金相组织可以看到，06Cr19Ni10 奥氏体不锈钢是金相组织奥氏体＋δ 铁素体，由文献资料可知，应力腐蚀裂纹的扩展是由于奥氏体枝晶间的 δ 铁素体被优先溶解而形成的孔洞和裂纹，然后裂纹穿过奥氏体基体，并使大量孔洞和裂纹连接起来，最后导致焊缝完全断裂，奥氏体枝晶间的 δ 铁素体是产生 SCC 预先存在的活性通道。

综上所述，06Cr19Ni10 奥氏体不锈钢是在应力状态、敏感介质环境和易发生腐蚀的材料合金成分下，三者协同作用发生应力腐蚀开裂。

4 结束语

（1）分析结果可以看出，底部塔盘表面有氯离子含量超标引起的明显的奥氏体不锈钢大面积的点状腐蚀及应力腐蚀开裂，建议严格控制介质中的氯离子含量。

（2）由于在设计、制造及操作过程中设备存在潜在的一些安全问题，致使吸收塔底部焊接接头处出现应力腐蚀开裂导致泄漏，建议设计单位，重新考虑一些风险因素，比如减少应力集中的问题、增加必要的热处理工艺等，进行改进。

（3）根据以上腐蚀及产生裂纹的原因，并结合现场介质中氯离子含量过高导致对奥氏体不锈钢的腐蚀严重相关性，建议制造商通过设计单位更改塔盘材质为碳钢材料（Q245R），制造厂已经采纳，并且经过设计单位同意。

参考文献

[1] P. P. Psyllakia, G. Pantazopoulos, H. Lcfakis. Metallurgical evaluation of creep-failed superheater tubes [J]. Engineering Failure Analysis, 16(5), 2009, 1402-1431.

[2] 王建，陈虎，褚孟县. 电站锅炉异种钢焊接接头结构完整性研究分析. 2011 年特种设备安全与节能学术交流会.

[3] 李胜利. 大型塔器塔盘安装问题分析及解决办法. 石油化工设备技术，2009，30(3)，14-16.

[4] 强天鹏. 压力容器检验，新华出版社，2008.

[5] 康欢举. 316LN 奥氏体不锈钢焊接接头应力腐蚀开裂研究[D]，2012.

氧化锌脱硫反应器返修监检案例

杨博，黄奕昶，钱耀洲
上海市特种设备监督检验技术研究院，上海 200333

摘　要：在进行某炼油改造工程氧化锌脱硫反应器全面检验期间，发现反应器本体焊缝处有疑似裂纹的缺陷。因该设备本体材料为15CrMoR，焊接时极易产生淬硬的显微组织，再加上焊缝区足够高的扩散氢浓度和一定的焊接残余应力共同作用，焊接接头易产生氢致延迟裂纹。使用单位和原制造单位制定了返修方案，对裂纹进行了科学合理的修复，经无损检测确认合格后使用。

关键词：脱硫反应器；裂纹返修；热处理；无损检测

1　基本情况

某公司炼油改造工程中使用的5.5万t/年制氢装置氧化锌脱硫反应器，主体材料为15CrMoR(H)，规格为ϕ2 200 mm×52 mm×17 820 mm，设计压力为4.5 MPa，设计温度为420 ℃，工作介质为原料气，该设备属于Ⅲ类压力容器。于2012年3月出厂，2012年12月正式投入使用。

2　检验发现的缺陷

根据TSG R7001—2013《压力容器定期检验规则》[1]第六条，压力容器一般于投用后3年内进行首次定期检验。

2015年9月，在对该设备进行首次全面检验期间，在本体焊缝B2处，超声检测到一处Ⅲ区反射，其位置位于B2上，距A2丁字缝1 370 mm处，如图1所示。根据查阅原始制造资料及现场焊缝外观，判定该处为制造时进行过2次返修的部位。通过TOFD及相控阵对该处反射进行了复核，并调阅制造时射线底片，判定该缺陷为疑似裂纹。缺陷长度15 mm，自身高度12 mm，显示深度39 mm。

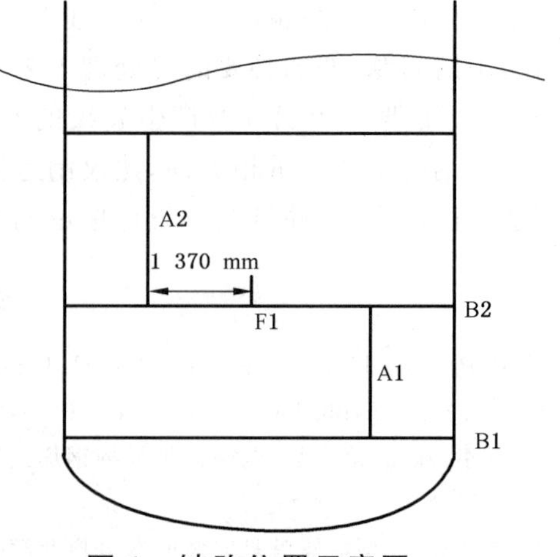

图1　缺陷位置示意图

项目基金：上海市质量技术监督局系统项目(No. 2013-54)

作者简介：杨博，1983年出生，女，硕士，工程师，检验师，主要从事压力容器、压力管道检验工作。

3 缺陷原因分析

3.1 15CrMoR 钢的焊接性能分析

该设备本体材料 15CrMoR(H)，其合金元素的质量分数在 1.33%～3.13%之间，属于低合金耐热钢，主要合金元素 Cr 和 Mo 能显著地提高钢的淬硬性，这些合金元素推迟了钢在冷却过程中的转变，提高了过冷奥氏体的稳定性，不易分解，而在较低温度时才发生马氏体的转变[2]。

材料焊接时，在较高的冷却速度下极易形成淬硬的显微组织，再加上焊缝区足够高的扩散氢浓度和一定的焊接残余应力共同工作，焊接接头易产生氢致延迟裂纹[3]，此种裂纹比较容易在热影响区和焊缝金属中产生。这类冷裂纹是 Cr-Mo 钢焊接中存在的主要危险，生产实践和理论研究均表明[4]：钢材的淬硬倾向、氢含量及其分布，拘束应力的状态是高强钢产生冷裂纹的三大主要因素。

另外，焊缝具有形成热裂纹的倾向，是因为窄而深的梨形焊道，低熔点共晶聚集于焊道中心，在焊接应力作用下，导致焊道中心出现热裂纹。因此，在焊接时要采取适当的工艺措施和选择合适的焊材，避免此种裂纹的出现[3]。

3.2 制造遗留问题

根据原始资料，出厂制造时在发现裂纹的部位，曾检测到裂纹的存在，其原因为未按方案执行热处理规程。后经二次返修，且在返修后、热处理后、水压后都进行了 RT、UT、MT 等无损检测，当时均未发现缺陷，经检验合格出厂。

3.3 缺陷产生的原因

通过对材料焊接性能及制造原始资料的分析得出，材料本身的性能及制造过程中遗留的隐患造成了反应器在使用 3 年后再次在同一部位出现裂纹。

4 返修方案及处理

4.1 编制依据

根据 TSG R0004—2009《固定式压力容器安全技术监察规程》、GB 150—2011《钢制压力容器》、NB/T 47014—2011《承压设备用焊接工艺评定》、NB/T 47015—2011《压力容器焊接规程》、NB/T 47013—2015《承压设备无损检测》、HG 20584—2011《钢制化工容器制造技术要求》、GB/T 30583—2014《承压设备焊后热处理规程》的有关规定，使用单位和原制造单位制定了返修方案。

4.2 焊前消氢处理

为了保证消氢处理的效果，采用对 B2 焊缝整圈加热的方式进行。外侧整圈铺设电加

热片，电加热片宽度为 300 mm。内圈缺陷部位铺设电加热片，电热板长、宽均不小于 300 mm。外侧整圈及内侧电加热片覆盖部位再用保温棉覆盖，保温棉宽度为 600 mm，厚度为100 mm。消氢温度为 350 ℃～400 ℃，保温时间为 4 h。消氢处理后，在温度降至 180 ℃～200 ℃后对整条焊缝进行保温。保证开始消除缺陷时缺陷部位预热温度为 180 ℃～200 ℃。

4.3 消除缺陷

采取从内表面打磨方式去除缺陷，打磨深度为 15 mm～20 mm，打磨至缺陷部位及其周围区域露出金属光泽，进行目视检测，确认清楚缺陷后，再进行 MT 检测，检测标准为 NB/T 47013—2015，Ⅰ级合格。打磨的整个过程要求保证预热温度控制在 180 ℃～200 ℃。

4.4 补焊

补焊采用焊条电弧焊，焊接材料选用威尔公司的 15CrMoR(H)钢专用焊条 R307C，焊材规格选用 ϕ3.2 及 ϕ4.0 焊条，焊接规范见表 1。

表 1

规格	电流	电压	焊速
ϕ3.2	90A～120A	20 V～24 V	100 mm/min～200 mm/min
ϕ4.0	140A～170A	22 V～26 V	120 mm/min～200 mm/min

焊接预热温度 180 ℃～200 ℃，道间温度 180 ℃～250 ℃。为了保证焊接质量，选择具有丰富经验的熟练焊工进行返修，焊工具有相关资质，焊工上岗项目为 SMAW-FeⅡ-2G(K)-12-Fef3J。

焊工在补焊过程中，测量每道焊缝的道间温度，保证符合工艺要求。

焊后在目视检测合格后，马上进行 MT 检测，检测标准为 NB/T 47013—2015，Ⅰ级合格。

4.5 焊后消氢处理

焊后检测合格后，立即消氢处理。消氢温度为 350 ℃～400 ℃，保温时间为 2 h。焊后消氢处理的加热片、保温棉布置及覆盖要求与焊前消氢处理相同。

4.6 探伤

探伤需在消氢后 24 h 后进行检测，对返修部位进行无损检测，要求 RT100％Ⅱ级合格，MT100％Ⅰ级合格。

4.7 热处理

无损检测合格后，对 B2 焊缝进行整圈局部热处理。返修部位及对面焊缝处均布 2 个热电偶，并按以下热处理曲线进行热处理。热处理时的加热片、保温棉布置及覆盖要求与焊前消氢处理相同，热处理工艺如图 2 所示。

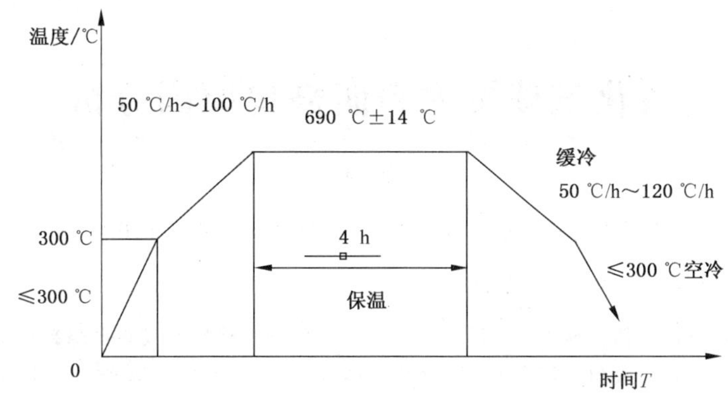

图2 热处理工艺

最后，对返修部位进行无损检测，执行100%UT、100%MT、Ⅰ级合格的标准，检测结果为合格。

5 结论

分析出现缺陷的原因是制定返修方案的前提，通过该脱硫反应器返修的监检案例，可从两个方面进行总结：

(1) 焊接方面：在进行15CrMoR(H)钢施焊时，控制焊接接头的氢含量是控制焊后15CrMoR(H)钢产生冷裂纹的重要措施之一[5]。这就要求压力容器在制造时，选择相匹配的焊材来保证焊缝的化学成分、焊接头的力学性能尤其是－10 ℃的冲击韧性，具体的工艺措施要采取焊前预热、焊接过程中控制层间温度、焊后缓冷消氢及合理的热处理工艺[6]。

(2) 使用管理方面：使用单位应建立科学合理的管理制度，落实日常检修、检查的管理要求，严格执行国家关于压力容器年度检验和定期检验的规定，及时发现隐患、缺陷，防患未然，保证设备使用的安全；同时，进行压力容器重大维修的过程，必须经过具有相应资格的特种设备检验检测机构进行的监督检验，未经监督检验合格的压力容器不得投入使用[7]。

参考文献

[1] TSG R7001—2013 压力容器定期检验规则.

[2] 柯玉雄，廖勇，王玉荣.15CrMoR钢材的焊接[J]，焊接技术.2004，33(3)：70.

[3] 李大军.15CrMoR耐热钢压力容器的焊接修复[J]，金属铸锻焊技术. 2009，38(11)：160-161.

[4] 王丽，黑鹏辉，阳震等.加氢装置15CrMoR(H)抗氢钢的埋弧焊[J]，压力容器.2010，27(1)：35-37.

[5] 熊腊森.焊接工程基础[M].北京：机械工业出版社，2002.230-232.

[6] 齐淑改.15CrMoR反应器的焊接[J]，焊接技术.2004，33(6)：64-65.

[7] TSG R0004—2009 固定式压力容器安全技术监察规程.

液化气球罐内表面鼓包原因分析

李刚

大连市锅炉压力容器检验研究院，大连　116013

摘　要：某石化公司球罐，其材质为16MnR，板厚为28 mm，检修时发现此球罐内表面有鼓包现象，对鼓包的凸起部位、鼓包边缘分别提取试样，进行相应的检测分析，综合分析结论为此球罐内表面鼓包为氢鼓包，裂纹为氢致延迟断裂。罐底残液H_2S水溶液为阴极吸氢反应提供了介质条件，钢板中非金属夹杂物超标是导致氢鼓包的材质原因。

关键词：氢鼓包；阴极吸氢反应；非金属夹杂物

1　液化气球罐内表面鼓包情况描述

某石化公司一个400 m^3球罐，其材质为16 MnR，板厚为28 mm，工作压力为1.30 MPa，2006年检修时发现此球罐内表面有鼓包现象，共有32处鼓包，大部分分布在下极板，其中7个已开裂，随后停止了球罐的使用，为查明鼓包形成的原因，做出相应分析并提出改进措施。

2　液化气球罐基本情况

（1）此400 m^3液化气球罐材质为16MnR，板厚为28 mm，工作压力为1.30 MPa，工作介质为石油液化气。

（2）此液化气球罐从1991年投入使用，一直工作正常，2006年检修时发现此球罐内表面有鼓包现象，共有32处鼓包，大部分分布在下极板，其中7个已开裂。

3　液化气球罐鼓包现场勘查情况

经现场勘查，此液化气球罐鼓包主要分布在下极板处，其中下极板G1G2F6F3和G1G3F10F3鼓包数量最多，占总数的75%，在这两下级板中鼓包不均匀分布，大部分都集中在一个区域，鼓包最大直径为89 mm，最大高度为5 mm，最大厚度为11 mm。其内、外表面鼓包形貌见图1。

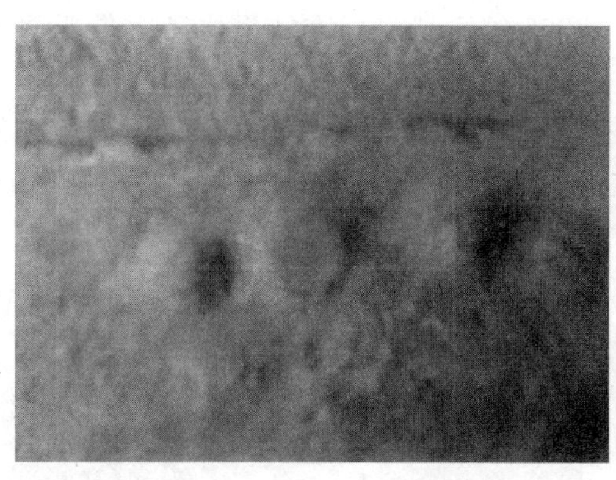

图1　内、外表面鼓包形貌

4　液化气球罐鼓包产生原因分析

为了研究鼓包形成的原因，对鼓包处及其周围进行了取样分析，共截取5件试样，分别在已开裂鼓包突起部位、未开裂鼓包突起部位、开裂鼓包边缘、未开裂鼓包边缘、正常部位等5处截取，进行相应的检验分析。

对内壁鼓包进行宏观检查，发现多集中在下极板母材处，且分布不均匀，大多呈椭圆状，长轴方向与钢板轧制方向同向。

对鼓包部位和正常部位进行硬度检测，结果表明鼓包部位的顶部和侧面与未发生鼓包的部位及外壁的硬度基本一致。测试结果见表1。

表1　硬度检测结果

检测部位	鼓包1	鼓包2	其他
内壁鼓包顶部	121 HB～128 HB	119 HB～127 HB	—
内壁鼓包侧面	120 HB～131 HB	117 HB～128 HB	—
内壁未鼓包处	—	—	126 HB～132 HB
外壁	—	—	124 HB～135 HB

对内壁鼓包处用超声波测厚仪检测其厚度，鼓包厚度为8 mm～11 mm。分层距内表面4 mm～6 mm。

从内壁对鼓包进行磁粉检测，发现有的鼓包有龟裂状裂纹。从外壁对鼓包处进行磁粉检测，未发现有裂纹存在。

能谱分析的结果显示，鼓包表面除了金属本体外，还有Ca、S和Si。钢中的这些非金属夹渣为MnS和Al_2O_3。罐体内表面也有局部腐蚀，但不是很严重。

金相检验结果表明，以上部位组织基本正常，都是铁素体+珠光体，晶粒度为8级，但鼓包部位的晶粒度较粗，并且珠光体分布不均匀。有明显的偏聚现象。详见图2，编号为G1G2F6F3的下极板

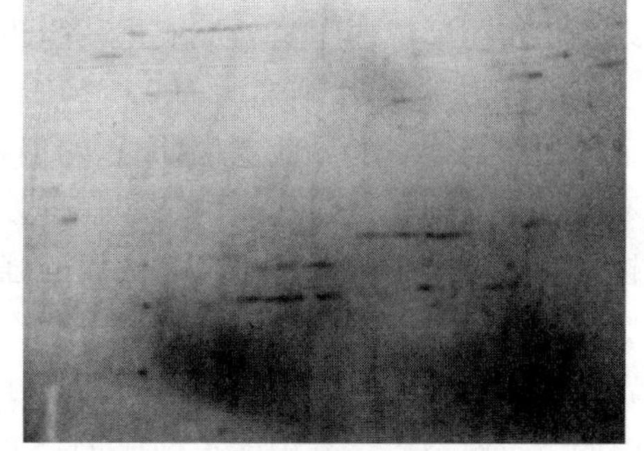

图2　×100 μm

中非金属夹渣物含量很大，按照 GB/T 10561—2005 国家评定标准结果样品中最严重的为 4 级，最轻的也为 3 级。

用低倍镜观察鼓包内表面，鼓包内表面都有金属光泽，而且内表面在低倍镜下看有分层状态显示，见图 3。用高倍镜观察其内表面，整个内表面分布了 MnS 的条形夹杂。MnS 的条形夹杂之间为准解理断裂面。具体状态见图 4。

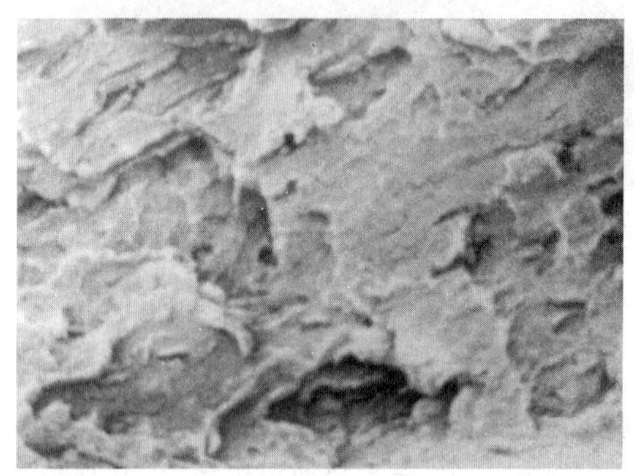

图 3 ×1 mm

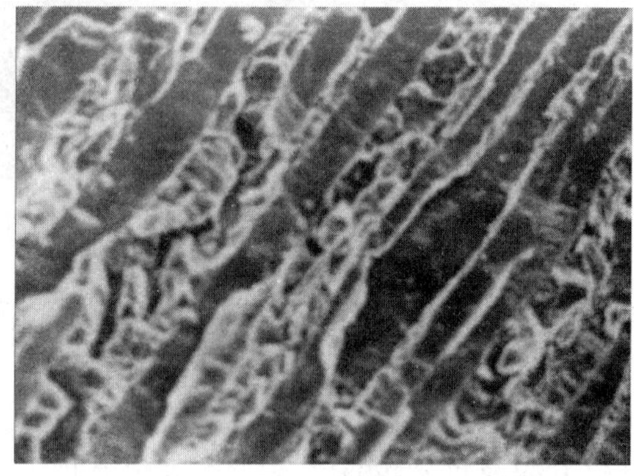

图 4 ×20 μm

对检验数据的综合分析，6 号罐鼓包里的气体为氢气。

对液化气和罐底凝结水取样分析，结果表明液化石油气中含有较高的 H_2S 气相(280 mg/L～1 405 mg/L)和液相(90 mg/L～873 mg/L)。对罐底凝结水进行硫化物测定，硫化物的含量为14.5 mg/L。

钢板化学成分分析，分别对鼓包处和对应外壁处取样进行全定量光谱分析，结果见表 2。结果显示两组化学成分基本相同，均符合 GB/T 6654—1996 对 16MnR 化学成分的要求。但对于盛装含有290 mg/L～1 400 mg/L 的高浓度 H_2S 储罐而言，钢板中的 H_2S 含量明显偏高。

表 2 化学成分分析结果 %

取样部位	C	Si	Mn	S	P
内壁鼓包	0.15	0.41	1.46	0.027	0.016
对应外壁处	0.16	0.39	1.43	0.023	0.017

当碳钢与含有 H_2S 的水溶液相接触时，碳钢表面的自由电子会与 H_2S 的水溶液中的氢离子相作用形成原子氢。反应进一步进行，原子氢复合成气态氢，从液体中逸出。这部分气态氢的压力不大，大概压力为 0.1 MPa 左右。另一部分的原子氢扩散到金属内部，当扩散到金属夹杂与金属的界面空位处时，它们就复合成气态氢成为气体。由于氢气分子的体积大，不能在金属内扩散，只能在夹杂与金属之间的空隙处不断聚集，使得此处的氢气压力和浓度越来越大。如果压力超过金属的屈服强度，就会使金属产生塑性变形，最终形成鼓包。

阴极吸氢反应是通过溶液的电离作用使金属表面的氢离子得到持续的供给。所以金属表面必须有离解出氢离子的介质条件才能保证阴极吸氢反应的持续进行。只有液化石油气中的硫不断溶于球罐中的水形成 H_2S 的水溶液时才能提供这样的反应环境。6 号球罐的鼓包形成原因就在于此。

根据金相检验结果表明，试样中的非金属夹杂比较严重，且球罐各张钢板不同点处金相结果基本一致，说明原材料中就存在比较严重非金属夹杂。按照 GB/T 10561—2005 国家评定标准结果，样品中最严重的为 4 级，最轻的也为 3 级。用倍镜观察其内表面，整个内表面分布了 MnS 的条形夹杂。渗入到金属里的氢扩散到金属和夹杂界面的缺陷处时，它们就结合为氢分子。氢分子体积大，不能在金属内部扩散，就在缺陷处聚集，直到产生氢鼓包。所以说钢板中非金属夹渣物是形成氢鼓包的重要原因。如果钢板质量良好，即使存在阴极吸氢反应的条件，也不一定会产生氢鼓包。

5 结论

检测分析结果如下：

(1) 此球罐内表面鼓包为氢鼓包。

(2) 鼓包表面裂纹为氢致延迟断裂。

(3) 罐底残液 H_2S 水溶液为阴极吸氢反应提供了介质条件。

(4) 钢板质量差，钢板中非金属夹杂物超标，这是导致氢鼓包的材质原因。

针对以上问题解决措施如下：

(1) 建议及时清理容器内的 H_2S 溶液，消除发生阴极吸氢反应条件。

(2) 建议在容器内部采用适合的涂层，防止氢分子的渗入。

(3) 提高钢板质量，减少非金属夹渣物的含量，以提高钢板的耐氢鼓包性。

(4) 使用单位按照以上建议执行，在下一检验周期内未发现氢鼓包问题。

参 考 文 献

[1] 张承忠. 金属腐蚀与保护. 北京：冶金工业出版社，1995.

液化石油气钢瓶热处理技术分析

徐维普，李昱，符明海，袁骥千，袁奕雯，李前，罗晓明
上海市特种设备监督检验技术研究院，上海　200333

摘　要：液化石油气钢瓶是应用广泛的特种设备，液化石油气钢瓶在制造过程中的关键过程是热处理。一旦控制好热处理，则产品出现质量问题的概率将大大降低。本文通过对行业的调研，对热处理工艺进行了综合的论述和分析，为 GB 5842—2006《液化石油气钢瓶》的修订提供了技术参考。

关键词：液化石油气钢瓶；热处理；中频；天然气

1　液化石油气钢瓶热处理情况描述

液化石油气钢瓶是应用广泛的特种设备。由于使用范围广，且主要用于民用，因此其产品质量对人民的生命财产安全具有非常重要的影响。同时，液化石油气钢瓶也是事故最多的特种设备，每年造成大量的人员伤亡及财产损失。上海市特种设备监督检验技术研究院作为国家质检总局核准的气瓶型式试验机构，开展了大量的液化石油气钢瓶型式试验、委托检验及事故分析。通过大量的数据积累，我们发现，很多不合格的液化石油气钢瓶，其源头就是热处理存在一定问题。

2　液化石油气钢瓶不合格分析

通过对多个型式试验不合格产品及各地政府机构送检的问题产品及事故瓶进行试验后，我们总结发现，很多产品存在两个不符合项。一是产品的水压爆破不合格，常规的 15 kg 液化石油气钢瓶产品一般水压爆破压力在 10 MPa 左右，其容积变形率在 30%左右。而部分不合格产品其水压爆破压力达到了18 MPa左右，容积变形率只有 5%左右。这种情况明显是没有经过热处理或者热处理时间非常短。二是产品的机械性能方面，很多从成品瓶上切割下来的力学性能样板，其抗拉强度高，但延伸率很低，也说明该产品的热处理不到位。

3　调研情况

液化石油气钢瓶制造企业目前有 60 余家，生产比较正常的有 50 余家。本次调研选取了国内包括广东、浙江、江苏、山东及河南在内的 10 家企业，包括了国内产量最大的前 3 家企业，也调研了多年生产的中坚力量，国内目前唯一的国有企业及新取证制造的企业。企业

作者简介：徐维普，1977 年出生，男，博士，教授，主任，主要从事特种设备型式试验工作。

规模从全国最大到中型和小型企业。同时，这些企业包含了国内热处理的两种类型，一种是中频热处理，一种是天然气热处理。

（1）中频热处理

应该按照设备的功率及加热时间来衡量热处理工艺。目前大部分企业还是采用中频热处理炉。这种炉子只有一个测温点，且测温点根本不在恰当的位置，各家企业也没有规定和统一。所以目前所有企业的温度测量不能反映任何问题。

规律是随着炉子功率的提高，其加热时间相应缩短。

总体加热时间在 20 s～38 s 之间。

同时，目前尚无企业保存全部热处理数据曲线图，如果完整保留，则曲线图数量惊人。因此对于数据的保存需要一个有合理的界定。

部分厂家采用中频热处理炉的图片见图 1。

图 1　某厂家中频热处理炉

从热处理现场可以看出，热处理现场比较脏乱，生产条件比较恶劣，工人防护较差，总体能耗等各方面较差。不过由于中频热处理炉是电控，因此温度相对比较容易控制。

（2）天然气热处理

目前浙江的企业主要使用天然气热处理，其他地区企业较少。天然气热处理首先是炉子长度增加了，因为加热升温速度没有中频热处理炉那么快。其次是加热均匀性的问题，如何实现底部受热温度，避免最后水压爆破出现孕妇肚样式的气瓶。见图 2。

图 2　天然气热处理炉

对于天然气热处理炉,燃烧器数量及加热段长度与加热时间是关联的。由于测温点较多,因此天然气热处理炉的温度相对中频热处理炉更能反映实际。不过其测温点均不在瓶体,而火焰又有飘忽性,因此也无法准确反映炉膛温度。

天然气热处理现场的总体环境相对较好,由于是一次能源,相对能耗比较小。

4 解决措施

最终结果还是在不同的环境下选择经过热处理工艺评定。因此建议对每台热处理炉都要针对该型号的产品开展一次热处理工艺评定。

综合要求:绝热材料、控温仪表、测温仪表和记录仪表应符合相关标准。产品出厂应有质量证明书和使用说明书。热电偶等应计量合格,使用前应校准。各类控温仪表、测温仪表和记录仪表使用前均应进行检查、调试。

通过调研及分析。主要原因是目前很多气瓶制造企业为新入行企业,对热处理完全不了解。为了能服务好行业,本次我们在 GB 5842—2006 修订时,特意对液化石油气钢瓶制造行业进行了深入的调研和试验验证。对于两种热处理方式分别进行了规定。使用中频热处理炉进行热处理的,应根据中频热处理炉的功率,在试验验证的基础上确定加热时间。使用天然气热处理炉进行热处理,则应根据热处理炉的长度及火焰喷枪数量确定瓶子的移动速度及加热时间。

通过在强制性国家标准中进行具体规定后,指导企业进行生产,可以提高产品质量,降低热处理隐患。

5 结论

通过对液化石油气钢瓶的热处理工艺研究,在 GB 5842—2006《液化石油气钢瓶》的修订过程中,将会对行业的热处理工艺进行规范性指导,对于行业产品质量提升将起到积极作用。

参考文献

[1] GB 5842—2006 液化石油气钢瓶.

液化石油气球罐检验案例分析

吕锋杰[1]，夏会芳[2]
1. 武汉市锅炉压力容器检验研究所，武汉 430074
2. 武汉理工大学华夏学院，武汉 430020

摘 要：某液化石油气储配公司一台液化石油气球罐，进行开罐定期检验，在检验中用超声波探伤仪、TOFD和荧光磁粉对焊缝进行检测，发现有两处埋藏缺陷和大量的表面裂纹，对缺陷进行定性定量分析，确定缺陷为制造过程中产生，制定适合的返修工艺，对缺陷进行处理，消除了事故隐患。

关键词：球罐；埋藏缺陷；定期检验；TOFD

1 液化石油气球罐基本情况

该台液化石油气球罐设计单位为中国五环化学工程公司，设计日期为 1999 年 03 月 01 日，设计和制造标准为 GB 12337—1990，制造单位为大连金州重型机器厂，制造完成时间为 1999 年 05 月 01 日，由中国化学工业第四建设公司负责现场组焊安装，投入使用日期为 2000 年 05 月 02 日。

球罐容积为 2 000 m^3，内径为 15.7 m，设计压力为 1.77 MPa，设计温度为 50 ℃，球壳材质选用 16MnR，公称厚度为 48 mm，腐蚀余量为 2 mm，盛装介质为液化石油气，焊缝坡口型式为 X 型，焊接方法采用手工电弧焊，焊缝宽度为 35 mm。

该设备 2003 年进行了首次开罐检验，随后 2008 年进行了第二次开罐检验，均未发现超标缺陷。

查阅本次检验周期内使用情况，操作压力最高不超过 1.3 MPa，夏季高温时采用喷水降温，最高操作温度未超过 50 ℃，装载系数未超过 0.9。

2 液化石油气球罐检验方案及发现的问题

2.1 本球罐的检验方案

根据该设备特点、使用状况和历次检验情况制定检验方案，检验方法和要求按照 TSG R7001—2013《压力容器定期检验规则》[1]执行，对于重点项目说明如下：

2.1.1 壁厚测量

壁厚测量分为固定点和非固定点两种测量方式。

作者简介：吕锋杰，1979 年出生，男，硕士，高级工程师，主要从事锅炉压力容器检验和检测工作。

（1）固定点每块球壳板测量至少5点；

（2）非固定点检测的重点部位（气液波动区，卡具焊疤修磨部位，修理部位，腐蚀部位）相应增加测厚点；

（3）对测厚怀疑球壳板有分层的部位，增加钢板的超声波探伤检查。

2.1.2 硬度测定

（1）对球壳板、焊缝及热影响区进行硬度抽检；

（2）测定硬度，每台球罐各测6组，每组测5点，总共30点；

（3）硬度测定情况均应进行记录，分析材质是否有劣化倾向。

2.1.3 金相检验

对下极带焊缝、母材及热影响区各做微观金相检验1点，共3点，重点观察是否出现微观裂纹。

2.1.4 表面探伤

（1）球罐内、外表面焊缝和热影响区磁粉检测至少20%；

（2）电弧损伤处、卡具、焊疤、T型接头、罐体支柱与球壳板连接角焊缝的可检部位，宏观检查有怀疑的部位进行100%磁粉探伤；

（3）进出接管角焊缝进行100%表面探伤；

（4）对于球罐内表面焊缝采用荧光磁粉，对于球罐外表面采用湿法黑磁粉，其中对接接头采用交叉磁轭法，而角接头采用磁轭法。

2.1.5 超声波探伤

对球罐对接焊缝采用K2探头，对焊缝双面双侧进行不少于20%超声探伤，同时考虑横向裂纹的检测。

2.1.6 TOFD检测

（1）对球罐环向对接焊缝进行TOFD非平行抽查，长度不少于对接焊缝的10%。

（2）对反射式超声波检测的怀疑部位进行TOFD检测。

2.2 检验发现的问题

检验人员按照检验方案检验后，发现如下问题[2]：

2.2.1 埋藏缺陷

采用超声波探伤仪对下极带纵向焊缝进行探伤时，发现有两处埋藏缺陷，缺陷①位于焊缝边缘熔合线附近，长度为80 mm，深度为18 mm，超声波检测中回波高度处于Ⅲ区；缺陷②位于偏离焊缝中心10 mm附近，长度为950 mm，深度为20 mm，超声波检测中回波高度处于Ⅲ区。

按照JB/T 4730.3—2005进行评判，上述两处埋藏缺陷应评为Ⅲ级。由于该缺陷为定期检验中发现的,应按照 TSG R7001—2013《压力容器定期检验规则》进行评定,以判断该缺陷是否需要返修,在该检验规则中需要对缺陷进行定性(裂纹、未熔合、未焊透、条渣)、定量(长度和高度)。

2.2.2 表面裂纹

由于球罐内部铁锈和附着物较多,焊缝打磨困难,所以焊缝内表面处理效果不太好,相对于该容器前两次全面检验,本次检验中首次对内表面焊缝采用荧光磁粉检测,检测中在上半球大环焊缝上发现十几处表面裂纹,最长 400 mm,最大深度为 3 mm。这些裂纹都分布在焊缝熔合线上,为沿着焊缝的纵向裂纹,基本无分叉,其缺陷形貌见图 1。

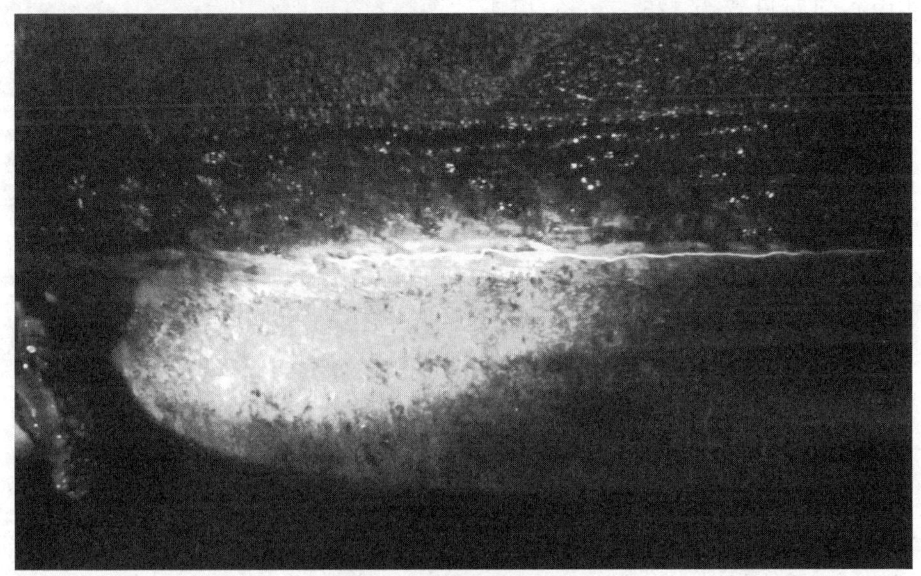

图 1 内表面裂纹

3 检验发现问题的成因分析

3.1 脉冲反射式超声波检测

对埋藏缺陷用 K1 和 K2 两种探头从球罐外表面对缺陷①进行超声波探伤,两个 K 值的探头都为2.5P13X13,用 K2 探头在一侧探伤时,发现缺陷最高波的位于Ⅲ区,峰值为 SL+14 dB 左右,在另一侧探伤时,发现缺陷最高波的高度刚超过Ⅱ区,缺陷深度为 18 mm 左右,探头前后移动时,波高迅速降低,波型为Ⅰ型,探头左右移动时,波型为Ⅱ型;用 K1 探头在一侧探伤时,发现缺陷最高波的高度刚达到Ⅲ区,峰值为 SL+9 dB 左右,另一侧探伤时,发现缺陷最高波的高度为Ⅰ区,探头前后和左右移动时,波型和 K2 探头检测时基本相同。而对缺陷②进行超声波探伤,除缺陷深度为 20 mm 左右外,不同 K 值探头下缺陷波形态与缺陷①检测情况类似。

3.2　超声衍射时差法(TOFD)检测

为了对埋藏缺陷性质和高度进行准确定性和定量，采用 TOFD 对缺陷处进行非平行扫查，仪器采用中科创新的 HS810 型号 TOFD 仪，由于检测对象板厚小于50 mm，采用一对频率为 5 MHz 的纵波探头，其晶片尺寸为 ϕ6 mm，并选用 63°倾角楔块。耦合剂选用水，试块采用完好的工件本体，扫查装置采用三通道扫查器。

探头中心间距设置为 125.5 mm，探头入射点间距为 31.5 mm，时间窗口设置起点为直通波之前0.5 μs，终点为工件底波后 0.5 μs，信号处理次数为 8 次，灵敏度调至直通波为满屏高度的 40%，扫查增量设置为 0.25 mm。其缺陷处的图谱见图 2。

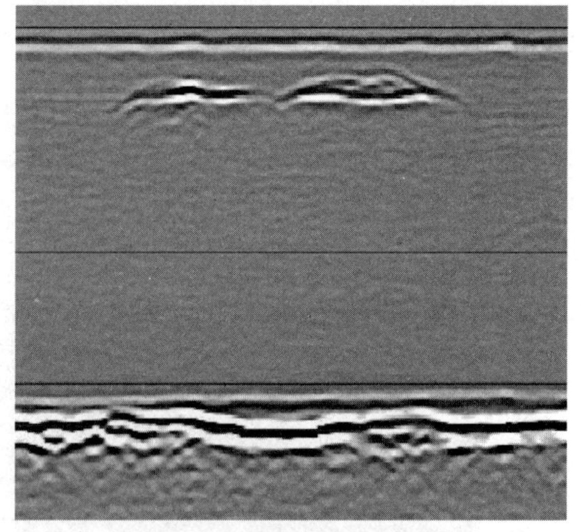

图 2　埋藏缺陷①

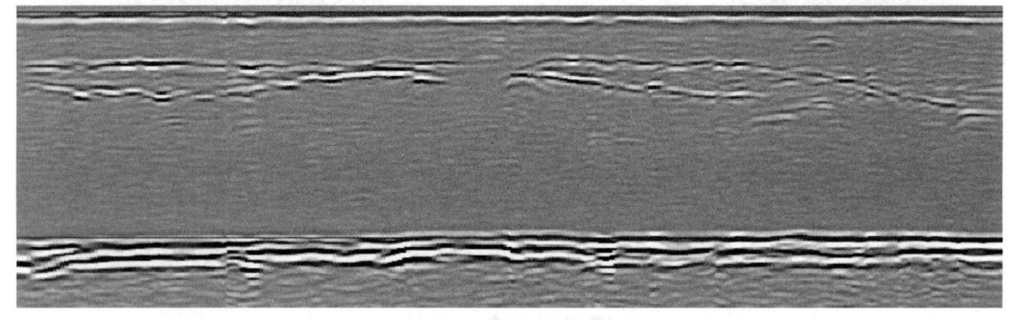

图 3　埋藏缺陷②

对埋藏缺陷①进行图谱分析，缺陷长度为 80 mm，缺陷深度为 13.5 mm，缺陷高度为 5.3 mm，上尖端衍射信号呈下弯曲状，下尖端信号比较平直，且上、下尖端信号比较整齐干净，上、下尖端信号强度差别不大，缺陷性质接近未熔合缺陷。

对埋藏缺陷②进行图谱分析，缺陷长度为 950 mm，埋藏深度为 20.6 mm，缺陷高度为 5.6 mm，上、下尖端信号不平直，呈现曲折变化，上、下尖端信号强度差别不大，缺陷性质接近裂纹缺陷特征。

上述两个埋藏缺陷从常规反射式超声波检测来看，均为面积型埋藏缺陷，但很难进一步对缺陷性质和高度进行准确测量，而 TOFD 可准确地对高度进行测量，再结合常规脉冲反射式超声波的检测结果，可对缺陷性质进行准确判断。

缺陷性质为未熔合的埋藏缺陷①长度不大，应为制造过程中的缺陷，在定期检验中，由于现场存在登高、负重、检测面耦合质量差等恶劣的检测环境，再加上该缺陷较短，很容易产生漏检。

缺陷性质为裂纹的埋藏缺陷②长度很长，查阅制造时的射线探伤结果，显示为条渣类缺陷，但在前两次定期检测中尚未发现裂纹的存在，此裂纹缺陷可能是以条渣为缺陷源，在后期的使用过程中尖端扩展造成的。

3.3 采用金相和硬度检测

对内表面裂纹附近的母材、焊缝和热影响区进行现场金相检测，其结果见图4，可以看出其微观组织主要为铁素体和珠光体成分，无微观裂纹，组织未见异常。布氏硬度值在170 HB至195 HB之间，硬度也符合规定。

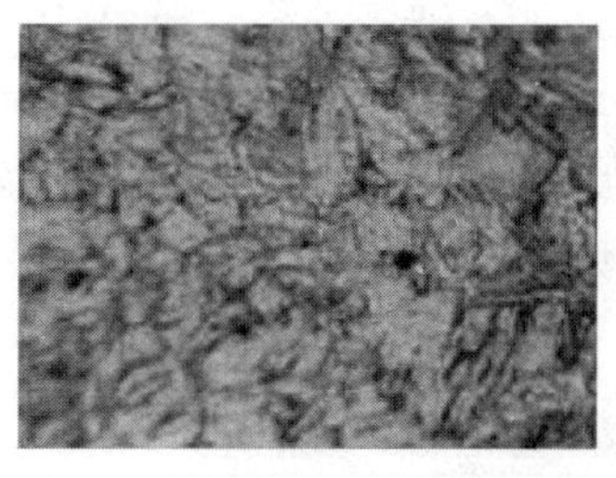

母材(500×)

热影响区(500×)

焊缝(500×)

图4 金相照片

根据硬度和金相检测结果，再结合所检测出的裂纹缺陷的形貌特征来看，这些裂纹不可能是环境开裂所致，应为制造中焊接残余应力导致的延迟裂纹。

4 检验发现问题的处理

4.1 按照TSG R7001—2013《压力容器定期检验规则》进行评定

按照TSG R7001—2013《压力容器定期检验规则》第四十四条，对于未熔合型缺陷①高度为5.3 mm，超过了1/10壁厚(4.8 mm)，故该球罐安全状况等级评为4级或5级；根据裂纹型缺陷②，该球罐安全状况等级评为5级，故要求对上述两个缺陷进行返修处理。

4.2 按照合于使用评价

根据GB/T 19624—2004《在用含缺陷压力容器安全评定》[3]，对上述两个缺陷进行平面型缺陷的常规评定，先进行平面缺陷表征计算，再计算应力(考虑焊接应力)，根据16MnR的材料性能，分别计算两个缺陷的载荷比 K_r 和断裂比 L_r，并绘制失效评定图，见图5、图6。

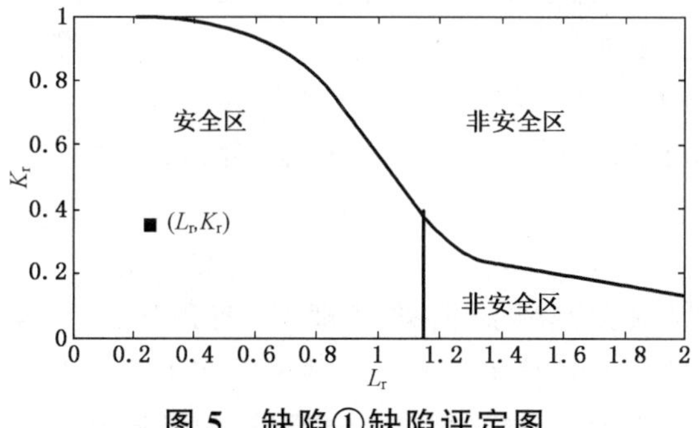

图5 缺陷①缺陷评定图

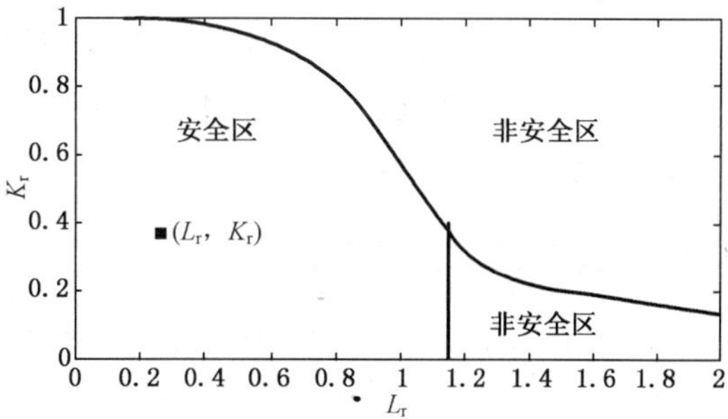

图6 缺陷②安全评定图

由图中可以看出，上述两个缺陷按照合于使用原则进行安全评定，结果表面缺陷是可以接受的。

4.3 返修处理

对于裂纹应打磨消除干净，对于埋藏缺陷②用户要求进行返修处理，其返修流程为：

4.3.1 缺陷定位、打磨和 PT 复查

按照常规 UT 和 TOFD 检测结果对缺陷进行定位，为了保证对缺陷消除干净，在定位的时候向缺陷两端各扩展 20 mm，先用碳弧进行吹刨，当接近定位深度时，在碳弧亮光下仔细观察，若发现裂纹缺陷，应轻轻吹刨，沿深度方向逐层吹刨，每层刨深不易过大，直至观察不到缺陷为止，然后采用角磨机进行打磨，对打磨处进行 PT 探伤，以保证缺陷完全消除，见图 7。为了保证补焊工艺，补焊处应打磨成尖端带有钝弧的三角形。

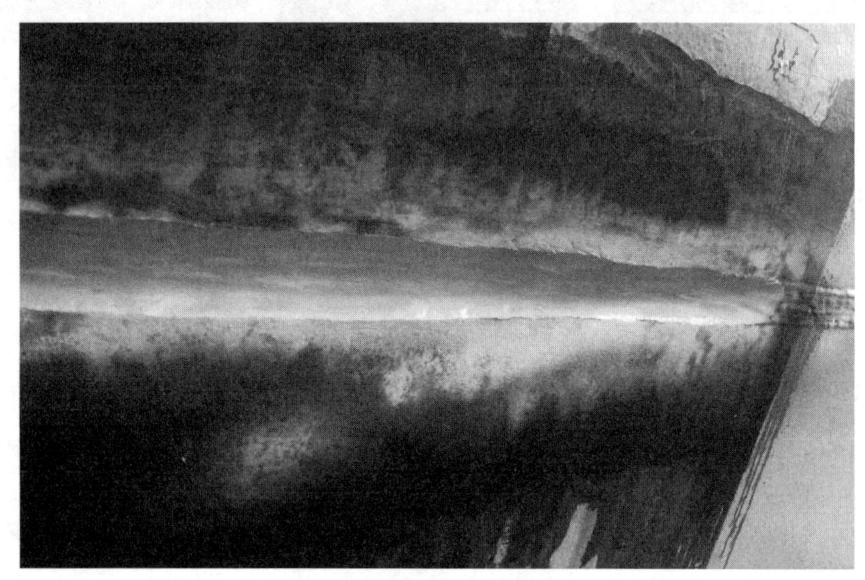

图 7　埋藏缺陷②打磨消除

4.3.2 返修焊接

返修焊接前，应针对该施焊对象制作合格的焊接工艺评定报告，严格按照焊接工艺卡进行施焊，采用手工电弧焊，焊条选用 ϕ4 mm 的 CJ507 低氢钠型，采用直流反接，焊接电流为 105 A～170 A，电弧电压为 22 V～26 V，焊接速度为 3.5 cm/min～4.8 cm/min，采用摆动多道多层焊。焊道起始端应采用后退起弧法，终端应将弧坑填满，易采用短弧连续焊，电流不宜大，宜进行小规范焊接。现场应有焊条烘箱和保温桶，施焊中应采取措施防风、防雨。

4.3.3 焊前预热和焊后热处理

根据焊接工艺规程，该补焊位置应进行焊前预热和焊后热处理，焊前预热温度为 100 ℃～150 ℃，焊后热处理温度为 620 ℃±20 ℃，恒温时间为 3 h；加热速率在 400 ℃以下可不加控制，但温度升至 400 ℃以上时，升温速率应为 107 ℃/h 左右，恒温后的降温速率应为135 ℃/h左右。焊后热处理的加热范围应保证焊缝每侧不小于焊缝宽度的 3 倍，且不小于 25 mm，加热带以外 100 mm 范围内应进行保温。

本次采用履带式绳状红外线高温陶瓷加热器电加热带,用热电偶测温实现智能控温,并通过自动记录仪记录热处理温度变化曲线,焊接完成后应立即进行焊后热处理,若焊接过程中出现中断,应进行保温处理。

5 结论

通过本次球罐检验,发现并消除了重大隐患,有效地保证了设备的安全运行,在这次检验中也有几点体会,以供大家在检验中参考。

(1) 压力容器定期检验中,对于中厚板的重要压力容器,非首次检验也应适当增加埋藏缺陷检测。

(2) TOFD 在埋藏缺陷检测中可以精确对缺陷高度进行定量,结合常规超声波探伤,TOFD 也可对缺陷进行准确定性,以便对埋藏类缺陷进行评级。

(3) 对于要求热处理的焊缝,在焊接完成后应立即进行热处理,在本次返修中,因热处理的测温热电偶损坏,有两处返修未及时进行热处理,用 TOFD 复探发现大量毛细裂纹。

(4) 对于大量存在的毛细裂纹,用射线探伤的方法可能无法检测到,而用 TOFD 则可以对这些细小的面积型缺陷准确发现。

(5) 对于一些制造中产生的缺陷,按照 TSG R7001—2013《压力容器定期检验规则》应评为 5 级,即该缺陷不允许存在,但按照合于使用评价原则可以保留;对于一些长期存在的缺陷,可以用声发射的方法进行检测,若其为非活动性缺陷,可以适当地不加处理。

(6) 对容器内壁进行磁粉检测时,应采用荧光磁粉,可大大提高表面缺陷的检出率。

参考文献

[1] TSG R7001—2013 压力容器定期检验规则.

[2] NB/T 47013—2015 承压设备无损检测.

[3] GB/T 19624—2004 在用含缺陷压力容器安全评定.

液化天然气汽车箱式橇装加注装置符合性检查案例分析

刘晗，陈克

北京市特种设备检测中心，北京　100029

摘　要：对北京市17个北京公交集团场站内新建设液化天然气汽车箱式橇装加注装置进行了符合性检查，发现了10个方面共计38个不符合项目，涉及结构、材料、设备选型、设计、制造、安装、无损检测等环节，提出整改措施。对检查和结果进行了汇总分析，提出了对新建设液化天然气汽车箱式橇装加注装置的检查建议。

关键词：液化天然气；箱式橇装加注装置；案例

1　液化天然气汽车箱式橇装加注装置基本情况

1.1　背景情况

液化天然气汽车作为现阶段清洁能源车辆的主力军和未来主要发展方向，在全国各地多个城市获得了大量的应用。液化天然气汽车箱式橇装加注装置是为液化天然气汽车燃料箱（即车用液化天然气焊接绝热气瓶）充装燃料的专用装置，因其外形紧凑、安装快速、使用便捷等优点，国内市场占有量和需求量均较大。此装置集成了包括压力容器、压力管道在内的多种工艺设施，为车用气瓶充装，其涵盖了包括容器、管道、气瓶在内的三大类承压类特种设备，但现阶段仍没有国家标准和行业标准对其进行规范。2014年6月25日，北京市质量技术监督局批准发布了北京市地方标准DB11/1093－2014《液化天然气汽车箱式撬装加注装置安全技术要求》[1]，并于2015年1月1日起实施。

2015年4月，以北京市地方标准为主要依据，对北京市17个北京公交集团场站内新建设液化天然气汽车箱式橇装加注装置进行了符合性检查。本文针对符合性检查中发现的影响装置安全的问题：包括间距、管道安装、安全设施、拦蓄池等进行了分析。本分析为地方标准的实施效果评价提供数据，为地方标准近期和未来的修订提供依据，也为此装置的规范制造和技术进步提供支持。

如图1所示，市场上常见的液化天然气箱式橇装加注装置一般由主箱和控制箱组成。主箱集成了液化天然气储罐、液化天然气潜液泵和泵池、液化天然气加气机、管道系统和汽化器、安全设施系统、箱体和电气仪表系统等设备和设施。控制箱集成了配电柜（包括不间断电源）、控制柜、仪表风系统、安全报警系统和箱体等设备和设施。主箱和控制箱均为箱式橇装结构。

作者简介：刘晗，1980年出生，女，工程师，主要从事承压类特种设备检验检测工作。

1.2 装置的结构、组成、工作原理和设备参数

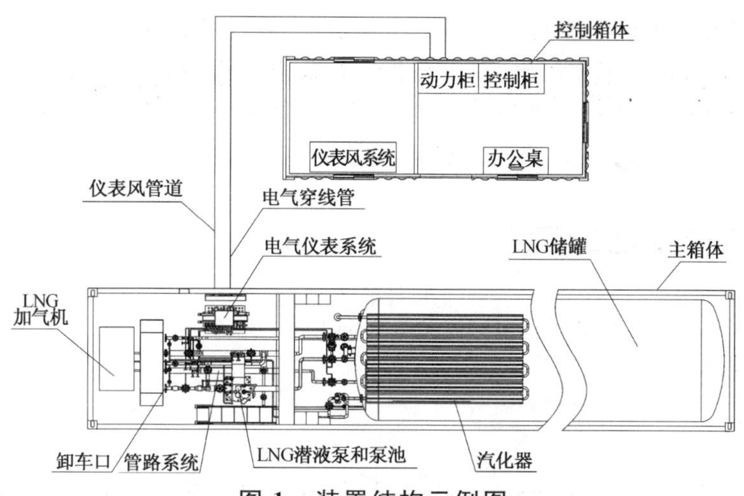

图1 装置结构示例图

控制箱能够实现供电、控制、供仪表风、安全报警等功能，主箱与控制箱配合后能够实现储液、卸液、加注、饱和循环、放空等功能。主箱和控制箱分别就位后进行电气连接，液化天然气箱式橇装加注装置就能够实现对液化天然气汽车加注液化天然气，并且具有加注计量、自动控制、安全监控和自动报警功能。

装置内的承压设备为：液化天然气储罐、泵池（属压力容器）及各类功能管道（部分属于压力管道）。设备参数举例说明如下：液化天然气储罐：设计压力：1.44 MPa/−0.1 MPa，设计温度：−196 ℃/50 ℃，介质：LNG，材料：06Cr19Ni10/Q345R。泵池：设计压力：1.94 MPa/−0.1 MPa，设计温度：−196 ℃/50 ℃，介质：LNG，材料：06Cr19Ni10/06Cr19Ni10。泵池进液管道和卸液管道：设计压力：1.6 MPa/2.0 MPa，设计温度：−196 ℃/50 ℃，介质：LNG，公称直径：50 mm，材料：06Cr19Ni10。

1.3 装置的检验、使用情况

17套新建装置属于压力容器的储罐和泵池，经制造地检验机构进行制造监督检验。属于压力管道的各类功能管道均在装置制造单位预制，在装置安装就位地现场不再进行管道对接，或仅进行法兰连接，不进行焊接。因此未进行压力管道安装监督检验。另外，一部分加注装置进行了全装置的委托检验。

2 液化天然气汽车箱式橇装加注装置符合性检查方案

符合性检查方案的制定主要依据北京市地方标准 DB11/1093—2014《液化天然气汽车箱式撬装加注装置安全技术要求》，在安全间距、防火距离、防雷防静电方面依据GB 50156—2012《汽车加油加气站设计与施工规范》[2]；在电气仪表系统方面依据 GB 3836.15—2010《爆炸性气体环境用电汽设备　第15部分：危险场所电气安装（煤矿除外）》[3]和GB 50058—2014《爆炸和火灾危险环境电力装置设计规范》[4]。其中，关于承压设备的要求，DB11/1093—2014[5]不低于 TSG R0004《固定式压力容器安全技术监察规程》、GB 150—2011《压

力容器》[6]、GB/T 18442—2011《固定式真空绝热深冷压力容易》[7]和GB/T 20801—2006《压力管道规范　工业管道》[8]的要求。

符合性检查方案中检查项目12项，主要包括：一般要求、LNG储罐、LNG潜液泵和泵池、LNG加气机、管道系统和汽化器、安全设施系统、箱体系统、电气仪表系统、安装和就位、调试、标志和出厂资料。共包括检查内容66项，检查要求139项。检查方法主要是：资料审查和现场检查。为此，编制了审查资料清单，共计46项及其具体审查内容。

3　符合性检查发现的问题

检查工作发现了10个方面共计38个不符合项目，涉及结构、材料、设备选型、设计、制造、安装、无损检测等环节。

3.1　一般要求

LNG储罐距LNG卸车点的防火距离为1.5 m(不同装置的具体数值不同，此处为举例说明，下同)；放散管管口距LNG卸车点的防火距离为1.8 m，低于标准要求。

3.2　LNG储罐

安全阀与储罐之间的切断阀未做开启状态铅封，不符合要求。

3.3　LNG潜液泵和泵池

泵池顶盖无隔热层；泵池出液管无绝热措施；泵池安全阀整定压力＞泵池设计压力；泵池排污接管与泵池的连接不是焊接连接(外表面可见处)，不符合要求。

3.4　LNG加气机

加液软管的公称压力为2.5 MPa，低于2倍系统工作压力，选型错误；加液软管未进行4倍公称压力的爆破试验；加气机与加液软管之间设置的安全拉断阀的拉断力为1 400 N～2 000 N，大于标准规定的400 N～600 N，不符合要求。

3.5　管道系统和汽化器

卸液软管的公称压力为1.6 MPa，低于2倍卸液系统工作压力，选型错误；卸液软管未进行4倍公称压力的爆破试验；管道未标明介质和流向；管道焊接记录上无施焊依据；两端可关闭且可能存留低温液体的管道设置的超压泄放装置，未做安全阀校验，无整定压力；加注管道的液相管道无紧急切断阀；对接焊接接头的射线检测比例为10%，合格级别为Ⅲ级，不符合地标要求；对接焊接接头应进行100%射线检测，合格级别不低于Ⅱ级；放散管管口为T型结构，不符合要求。

3.6　安全设施系统

主箱控制盘仪表接地端子未与主接地排连接；光报警未安装；防撞保护措施已损坏，不符合要求。

3.7 箱体系统

主箱体内部保温材料无阻燃证明；主箱体通风措施（强制通风和自然通风）未做计算；管路穿过拦蓄池的开孔处，是注胶封堵，不是焊接连接；控制箱内监控设备机柜未接地；集水槽底部排水阀材质不明；控制箱未装配排气扇；拦蓄池的集水槽是漏斗式，易堵塞；拦蓄池的集水槽的排水是直排到基础；主箱体顶面导水管的下部直接排在台面上，应低于台面，不符合要求。

3.8 电气仪表系统

主箱体控制柜上一组防爆挠性管有裂纹，不符合要求。

3.9 标志和出厂资料

无装置铭牌；装置铭牌上无出厂日期、无额定电压、额定功率、无防爆标志；装置竣工图上无竣工章，不符合要求。

3.10 其他

加气罩棚的结构型式容易积聚天然气，不符合要求。

4 发现问题的处理

4.1 防火距离整改

接卸 LNG 罐车的固定接头往远离 LNG 罐车的方向延伸，如图 2 所示。放散管管口往远离 LNG 卸车点的方向延伸，如图 3 所示。

4.2 开启状态铅封整改

做开启状态铅封。

整改前

整改后

图 2 LNG 卸车点整改前后对比

整改前

整改后

图 3 放散管管口距离及型式整改前后对比

4.3 泵池相关整改

泵池顶盖外加保温层，如图 4 所示。更改泵池排污接管与泵池的连接方式，改为焊接连接，如图 5 所示。更换泵池安全阀。

图 4 泵池顶盖外加保温层

图 5 泵池排污接管与泵池连接方式前后对比

4.4 加液软管和安全拉断阀整改

更换加液软管和安全拉断阀。

4.5 管道系统相关整改

放散管管口型式改为直向上，如图 3 所示。加注管道的液相管加装紧急切断阀，如图 6 所示。更换卸液软管，对接焊接接头补充进行射线检测，管道补充标明介质和流向。

4.6 安全设施系统相关整改

加装光报警，如图 7 所示。防撞柱修缮加固。主箱控制盘仪表接地端子与主接地排可靠连接。

图 6 加注管道加装紧急切断阀前后对比

图 7 加装光报警

4.7 箱体系统相关整改

做强制通风量和自然通风面积的计算。更改管路穿过拦蓄池开孔处的连接方式，改为焊接连接。控制箱加装排风扇。控制箱内监控设备机进行可靠接地。集水槽底部排水阀的口径增大，如图 8 所示，并增加一根排水管，将拦蓄池排水引到基础之外，如图 9 所示。增加主箱体顶面导水管，将水导到基础台面以下，如图 10 所示。

整改前

整改后

图 8 集水槽底部排水阀整改前后对比

图 9 增加排水管导水

整改前

整改后

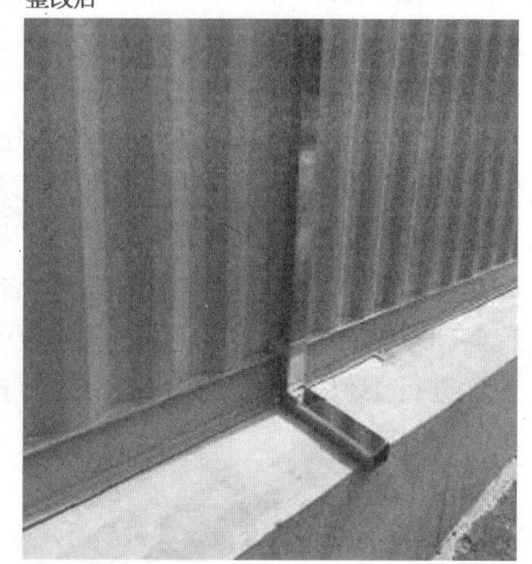

图 10 主箱体顶面导水整改前后对比

4.8 电气仪表系统相关整改

更换开裂的防爆挠性管。

4.9 标志和出厂资料相关整改

加装装置铭牌；装置铭牌按标准要求补充内容；装置竣工图上加盖竣工章。

4.10 加气罩棚整改

不利于天然气扩散的加气罩棚，在四面侧板打孔，如图 11 所示。

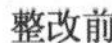

整改前　　　　整改后

图 11　罩棚整改前后对比

5　结论

依据北京市地方标准 DB11/1093—2014 的 17 个新建装置的符合性检查工作，通过资料审查和现场检查，发现了 10 个方面共计 38 个不符合项目，涉及结构、材料、设备选型、设计、制造、安装、无损检测等环节。对于影响装置安全的问题：包括间距、管道安装、安全设施、拦蓄池、电气仪表安装，进行了更换、补焊，加装、维修、补充检测等方式的现场整改。对于资料不清，数据不明的问题，进行了资料补充和审查确认。

通过符合性检查工作及本文的汇总分析可见，北京市地方标准 DB11/1093—2014《液化天然气汽车箱式橇装加注装置安全技术要求》作为本装置的首个标准，在适用范围和安全技术内容方面是完备的。标准的实施对本装置的规范制造和技术进步作用明显。同时，受制于实施时间有限、宣贯范围有限等原因，各相关单位对装置内各设备设施的具体规定方面，存在疏漏和理解的偏差。因此，建议其他省市参照北京市地方标准制定相应的检查要求，对新建装置进行类似的符合性检查，符合性检查对提升本装置的安全技术水平是有益处的。

参考文献

[1] DB11/1093—2014　液化天然气汽车箱式橇装加注装置安全技术要求.

[2] GB 50156—2012　汽车加油加气站设计与施工规范(2014 版).

[3] GB 3836.15—2010　爆炸性气体环境用电气设备　第 15 部分:危险场所电气安装(煤矿除外).

[4] GB 50058—2014　爆炸和火灾危险环境电力装置设计规范.

[5] TSG R0004　固定式压力容器安全技术监察规程.

[6] GB 150—2011　压力容器.

[7] GB/T 18442—2011　固定式真空绝热深冷压力容器.

[8] GB/T 20801—2006　压力管道规范　工业管道.

一起脉动真空灭菌器内腔开裂案例分析

李卫星，刘子方，司永宏
天津市特种设备监督检验技术研究院，天津　300192

摘　要：在对某企业一台脉动真空灭菌器定期检验时，在宏观检验中发现该设备内筒柜体与后平端盖法兰四端角连接处角接焊缝有修理焊接痕迹，且在该设备资料审核中未见任何修理焊接情况的记录。本文通过采用宏观检验、渗透检测、金相检验等方法对该设备开裂处进行原因分析并制定相应的维修方案。为改进此类设备结构设计，生产运行时确保其安全性提供一定的参考。

关键词：脉动真空灭菌器；端盖法兰四端角角接焊缝开裂；私自修理焊接；二次开裂；原因分析

0　引言

脉动真空灭菌器是用真空泵把灭菌腔内多次抽真空，用高温蒸汽直接灭菌的一种压力容器。其工作过程主要分为：抽真空、升温灭菌、排气、干燥，工作温度主要集中在 121 ℃～134 ℃之间，工作压力在0.20 MPa～0.23 MPa 范围内[1]。通常采用矩形夹套结构，分为内腔和外壳。内腔材料通常采用防腐蚀的不锈钢；外壳采用优质碳素钢板。在工作时关闭柜门，使其形成一个密闭空间。目前主要应用于医疗、制药、生物制品、实验动物和食品等行业中的消毒、灭菌。

1　脉动真空灭菌器基本情况

检验人员在对某生物制药企业一台脉动真空灭菌器定期检验时，在宏观检验中发现该设备内筒柜体与后平端盖法兰四端角连接处角接焊缝有修理焊接痕迹，且在该设备资料审核中未见任何修理焊接情况的记录。该脉动真空灭菌器宽 1 140 mm，高 1 640 mm，长 2 400 mm，设计温度为 139 ℃，设计压力为0.245 MPa，使用介质为水蒸汽，内腔体材质为0Cr18Ni9，厚度为 6 mm，外壳体材质为 Q345R，2009 年 07 月制造出厂，于当年 12 月安装合格后投入使用。该灭菌器工作温度为 125 ℃，工作压力<0.21 MPa。

2012 年 09 月 28 日检验人员对该设备完成首次定期检验，在检验中对该设备进行了资料审核、宏观检验、壁厚测定等，未发现任何异常问题，出具合格定期检验报告。

2　脉动真空灭菌器检验方案及发现的问题

2015 年 09 月 25 日检验人员对该设备进行定期检验，通过对该设备资料以及上次定期

作者简介：李卫星，1988 年出生，男，助理工程师，主要从事压力容器检验及无损检测工作。

检验报告审核后，初步制定对该设备资料审核、宏观检验、壁厚测定以及检查安全附件是否在有效期内的检验方案。检验人员在对该设备宏观检验时发现该设备内腔体与后平端盖法兰四端角连接处角接焊缝均存在修理焊接痕迹（设备铭牌悬挂处为前门），见图1～图4。

检验人员在发现该设备内腔体与后平端盖法兰四端角连接处角接焊缝有修理焊接痕迹后，仔细检查该部位并一一记录，并对这些部位进行100%渗透检测，检测发现了表面开裂的相关显示。

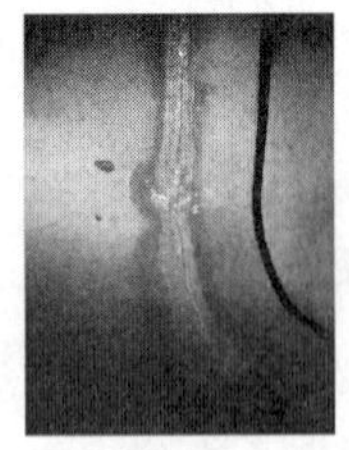

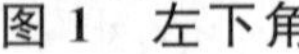

图1 左下角

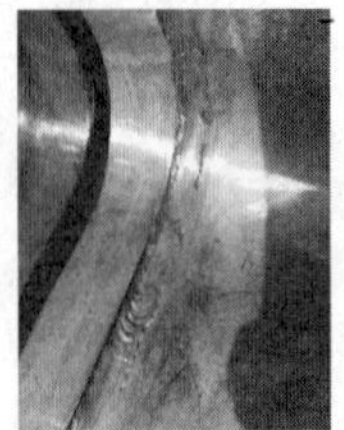

图2 左上角

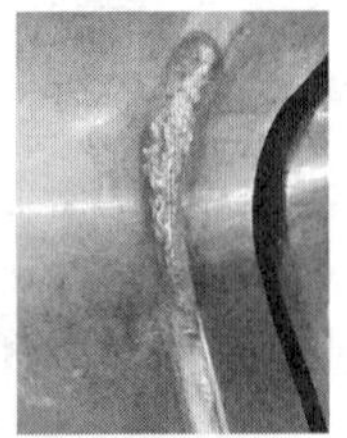

图3 右上角

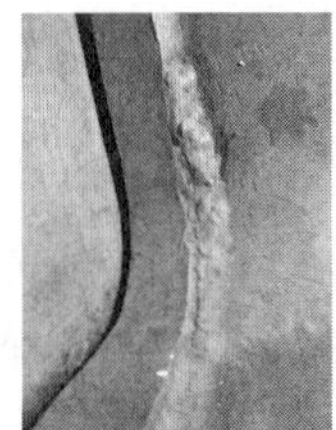

图4 右下角

3 检验发现问题的成因分析

3.1 形成原因

（1）经查阅该设备运行记录及询问该设备管理人员得知，在设备在使用过程中，由于设备灭菌效果达不到使用要求，该企业相关人员通过对设备自检已发现该设备内腔体与后平端盖法兰四端角连接处角接焊缝存在开裂情况，在未通过有资质的压力容器安装维修单位的情况下私自对该部位修理焊接，在使用一段时间后该部位二次开裂。

（2）通过对该设备工作原理分析及对修理焊接部位仔细检查，发现该部位有裂纹存在，裂纹呈树枝状并有分叉，且该裂纹为穿透性裂纹[2]，主要存在于结构不连续的角接焊缝及热影响区。初步判断为典型的奥氏体不锈钢应力腐蚀开裂。

3.2 裂纹分析

3.2.1 金相组织检验

对该设备开裂断口部位进行金相组织检验。该设备柜身法兰及内腔体为0Cr18Ni9材质，公称壁厚分别为25.0 mm、6.0 mm。金相组织检验图，见图5。

图5 开裂断口部位金相检验

图 5 中裂纹清晰可见，并且裂纹密度较高，裂纹扩展也是穿晶断裂，具有典型的不锈钢应力腐蚀开裂的特征[3]。从金相组织图片中可清晰看出，裂纹扩展的方式是穿晶断裂，与之前宏观检验中的初步判断为奥氏体不锈钢应力腐蚀开裂情况基本一致。

3.2.2 表面无损检测

为进一步确定该部位的裂纹性质及开裂程度，对该部位进行表面无损检测。因该设备材质为 0Cr18Ni9，且裂纹存在于内腔体与端盖法兰的角接焊缝处，采用渗透检测的方法。经渗透检测发现，该部位大部分裂纹表面均有灰黑色或白色锈迹，经光谱仪检验分析，未发现材质劣化现象，并且对该部位周围进行壁厚测定发现并无明显的腐蚀减薄现象。渗透检测结果见图 6～图 9。

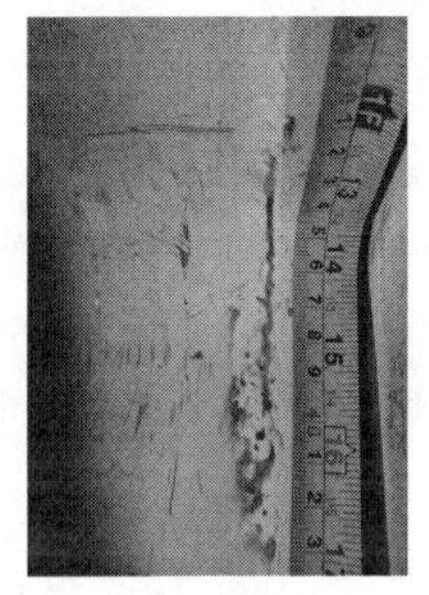

图 6　左下角

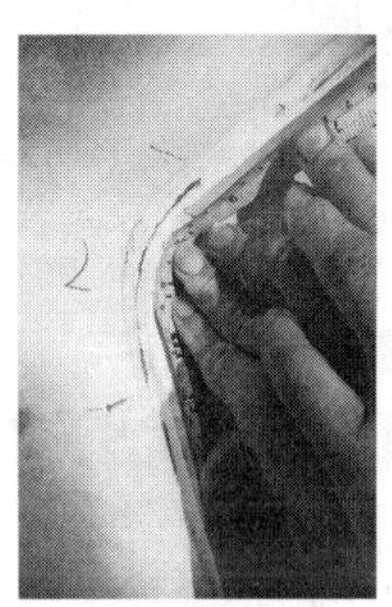

图 7　左上角

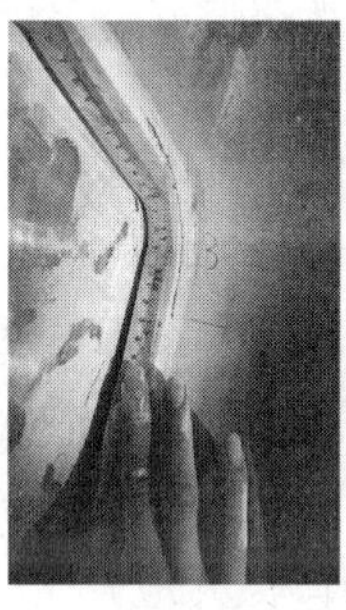

图 8　右上角

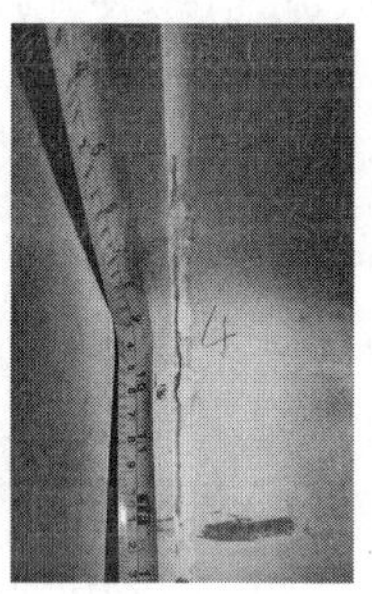

图 9　右下角

由于脉动真空灭菌器的工作过程重复抽真空、升温灭菌、排气、干燥，内腔在外壳体蒸汽的作用下承受多次压力波动，内腔重复承受交变载荷形成负压疲劳，造成该部位焊缝及热影响区易产生疲劳应力，为该部位的应力腐蚀开裂提供了条件。

由于该部位的开裂，导致灭菌效果达不到使用单位的要求，使用单位对设备自检发现这一开裂现象后，私自使用与内腔体材质牌号不一致的焊材在未完全消除裂纹的情况下对该部位实施修理焊接，并且保留该部位的焊缝余高，造成该部位结构上的不连续，形成应力集中。在使用一段时间后，由于内腔体承受的交变载荷以及该部位的应力集中导致二次开裂。

另外，虽然该设备附属管路中的水在升温加压后形成水蒸汽进入内腔，内腔中 Cl^- 含量极少，但高温下，氯离子浓度只要达到 10^{-6} kg/kg(ppm)，即能引起开裂[4]。当形成微裂纹后，随着氯离子在内腔表面的继续吸附与聚集，会不断渗入为裂纹中，从而促使裂纹扩大，形成穿透性裂纹。

综上，可以确定裂纹产生的原因为焊缝的位置、结构上的不连续形成应力集中导致该部位的开裂，加上氯离子作用引起该部位开口断裂。

4　检验发现问题的处理

检验人员通过对开裂断口进行金相组织检验以及对该缺陷部位进行渗透检测确定该部位缺陷位置及性质后，下达特种设备检验意见通知书责令该设备立即停止使用。

使用单位联系有资质的压力容器安装维修单位，确定对该部位的维修方案。

在修理焊接时，应选用经过评定合格的焊接工艺和验收合格的焊材，严格按照焊接工艺施焊。焊接完成后，对该部位进行外观检查和100%渗透检测，质量评定按标准的要求；对该设备进行耐压试验，耐压试验时严格按照TSG R0004—2009《固定式压力容器安全技术监察规程》中所规定的，奥氏体不锈钢压力容器用水进行液压试验时，水中的氯离子含量不大于25 mg/L。试验结束后，应及时彻底清扫吹干。在耐压试验过程中，我单位检验人员与使用单位压力容器管理人员到现场进行确认，施工单位应提供修理过程的质量证明文件。

5 结论

通过对该设备内筒柜体与后平端盖法兰四端角连接处角接焊缝开裂原因分析，可发现：

(1) 结构设计时，应尽量避免导致氯化物集中或沉积的可能，尤其应避免介质流动死角或低流速区，使用耐氯化物应力腐蚀开裂能力较强的材料。

(2) 裂纹容易出现于形状突变部位的结构不连续焊缝处。因此，在焊接时，应避开形状突变的结构不连续部位，避免产生焊接残余应力。脉动真空灭菌器由于其承受不断的交变载荷的影响，焊接时更应避开形状突变的结构不连续部位，不宜焊接时间过长或操作不熟练，保证焊接质量，尽量减少在敏化温度范围内的停留时间。

(3) 因为脉动真空灭菌器的使用环境情况，防止其内腔开裂应做好焊接时产生的残余应力，可以采用合理的制造和焊接工艺。

(4) 在使用过程中，操作人员应严格控制水中的氯离子含量，定期进行氯离子含量测定，并及时做好停机后的清洗工作，防止脉动真空灭菌器内腔液体、水分的残留和结垢。

(5) 依据TSG R5002—2013《压力容器使用管理规则》的要求，加强设备年度检查，并做好记录。

(6) 在使用过程中，发现设备存在异常或问题时，使用单位应联系有资质的压力容器安装维修单位进行修理焊接，并做好修理焊接记录，不得私自进行修理焊接。

参考文献

[1] 荀岩. 医用脉动真空灭菌器内腔开裂裂纹分析[J]. 学术.
[2] GB/T 20579—2014　承压设备损伤模式识别.
[3] 严瑞霖. 一起脉动真空灭菌器的裂纹分析及修理方案[J]. 科学实践.
[4] 张吉，马钢. 浅谈奥氏体不锈钢应力腐蚀开裂[J]. 机电产品开发与创新，2013.
[5] TSG R7001—2013　压力容器定期检验规则.
[6] TSG R5002—2013　压力容器使用管理规则.

在役加氢反应器不锈钢堆焊层铁素体含量检测结果分析

傅如闻，胡华胜，朱君君，王磊，郑俊辉，李绪丰
广东省特种设备检测研究院，广州 510655

摘　要：用不同的方法对热壁加氢反应器奥氏体不锈钢堆焊层的铁素体含量进行测定，结果表明：热壁加氢反应器奥氏体不锈钢堆焊层铁素体含量检测结果受检测方法、检测部位温度、检测部位的表面状况影响。采用磁性法对热壁加氢反应器奥氏体不锈钢堆焊层铁素体含量进行检测时，检测部位的温度高，检测结果偏低。在定期检测过程中，金相法与磁性法在役热壁加氢反应器奥氏体不锈钢堆焊层铁素体含量检测结果可相互验证，以提高检测结果的可靠性。

关键词：在用加氢反应器；奥氏体不锈钢堆焊层；铁素体体积分数；磁性法

1　概述

一些特殊工况的奥氏体不锈钢工件，如对接焊缝、堆焊层或铸件，会存在少量的 δ 铁素体。δ 铁素体与 α 铁素体的晶格都是体心立方，其碳含量与室温时碳量约为 0.0008%[1] 的 α 铁素体比要大。少量的 δ 铁素体存在对奥氏体不锈钢工件性能的影响有利有弊。一方面焊缝中存在一定量的 δ 铁素体可以降低焊缝的裂纹敏感性、提高焊缝的抗应力腐蚀能力及热影响区抗晶间腐蚀能力。另一方面，δ 铁素体含量的减少与增加都会对直接影响奥氏体不锈钢工件的加工性能。

热壁加氢反应器(以下称为反应器)是失效后果大、失效概率低的中高风险的承压设备。反应器的内壁奥氏体不锈钢堆焊层(以下称为堆焊层)性能对其失效概率有重大影响，而铁素体相体积分数对反应器内壁不锈钢堆焊层中的性能有重大影响。影响反应器内壁不锈钢堆焊层铁素体相体积分数因素有两个[2]：一是堆焊层的化学成分；二是堆焊工艺及热处理工艺。堆焊时少量铁素体均匀分布在反应器的堆焊层中，能使其在临氢环境中具有较高的抗裂纹能力[3]。但是，高温下 δ 铁素体会转变为 α 铁素体[4]，同时奥氏体也可能会转换成为 α 铁素体。而 α 铁素体超过一定数量则会造成堆焊层脆化[5]。因此，停车全面检验时对反应器堆焊层进行铁素体含量进行测定很有必要。

δ 铁素体与 α 铁素体的晶格都是体心立方，常温下是铁磁性物质。奥氏体不锈钢是面心立方晶格，常温下为顺磁性物质。因此，铬镍奥氏体不锈钢焊缝中铁素体含量测定方法有两种：金相法及磁性法。在役反应器堆焊层的铁素体含量测定一般用磁性法，因为金相法会破坏堆焊层减少有效厚度。但是，金相法有时也会用来验证磁性法的测定结果。2011 年 11 月，某厂一台加氢反应器停车进行定期检验，用磁性法检测内壁堆焊层铁素体含量时发现比制造时的检测结果要低。但是用金相法对不锈钢堆焊层的铁素体含量进行验证时发现检验结果与制造

作者简介：傅如闻，1973 年出生，男，高级工程师，主要从事承压设备监督检验检测工作和安全评估研究。

时的检测结果是一致的。本文试图通过比对堆焊层铁素体含量金相法与磁性法的检测结果，找出磁性法检测结果低的原因，以提高反应器堆焊层铁素体含量定期检验的效率及质量。

2 热壁加氢反应器基本情况及内壁堆焊层铁素体测定方案

2.1 热壁加氢反应器的设计数据(见表1)

表1 热壁加氢反应器设计数据

制造日期	2007年	投用日期	2009年4月	设计寿命	30年
容积	629 300 L	设计温度	450 ℃	直径	4 415 mm
高度	50 815 mm	基体材料	2.25Cr-1Mo-0.25V	基体厚度	230 mm
设计压力	16.54 MPa	堆焊层	309 mm+347 mm	堆层厚度	3 mm+3 mm

该加氢反应器2009年4月投用，各部位内壁堆焊层铁素体含量测定结果详见表2，根据化学成分换算Cr、Ni当量，查图1得查表值。2011年10月进行首次检验，运行资料查询得知，该反应器在运行过程中曾经出现过一次短时超温。短时超温的结果容易导致δ铁素含量升高。

2.2 内壁堆焊层铁素体含量测定方案

采用便携式铁素体测定仪，必要时采用金相法进行验证，测定部位包括：

(1) 分别对封头、筒节、人孔、人孔盖的堆焊层在0°、90°、180°、270°4个方位测定5～10条焊带(检测数量根据具体情况定)；

(2) 内壁堆焊层有补焊部位及过渡段手工堆焊部位(检测数量根据具体情况定)；

(3) 内壁堆焊层有缺陷部位及附件区域(检测数量根据具体情况定)；

(4) 内壁堆焊层表面检测发现有表面裂纹部位及其附件区域(检测数量根据具体情况定)；

(5) 内壁堆焊层表面宏观检查发现有颜色变化部位及其附件区域；

(6) 检验员根据检验情况认为需要进行测定的部位。

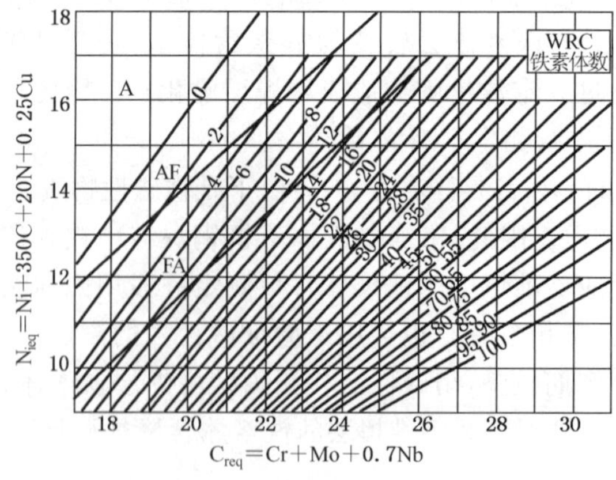

图1 WRC-1998(FN)图

表 2 反应器各部位制造及定检测定铁素体含量平均值

部位(焊带)	Cr 当量	Ni 当量	查图 1 值	制造时现场测	制造时测定温度/℃	定检测定	内表面温度/℃	金相测定
上封头	21.3	13.2	8.2	5.5	20	2.3	34	5
筒节 1	20.9	13.5	7.0	4.0	20	2.0	36	7.5
筒节 2	20.5	13.2	7.5	4.0	20	2.0	38	
筒节 3	20.3	13.0	7.0	4.0	20	2.0	40	
筒节 4	21.0	13.5	6.5	3.8	20	1.9	42	
筒节 5	21.0	13.3	8.0	4.2	20	2.0	44	
筒节 6	21.2	13.3	8.2	5.0	20	1.8	44	
筒节 7	20.9	13.6	7.0	3.8	20	1.5	45	
筒节 8	21.0	13.2	8.0	4.0	20	1.6	46	
筒节 9	21.0	13.6	7.0	4.0	20	1.5	47	
筒节 10	20.5	13.2	8.0	3.5	20	1.5	48	
筒节 11	20.7	13.0	8.0	4.0	20	1.4	50	
筒节 12	20.9	13.5	6.5	4.0	20	1.5	48	
筒节 13	21.0	13.6	7.0	4.5	20	1.6	46	
筒节 14	21.0	13.2	8.0	4.2	20	1.8	44	
筒节 15	21.0	13.3	8.0	4.7	20	1.9	40	
下封头	21.0	13.2	8.0	4.7	20	2.3	40	
卸料管	20.3	12.5	7.5	4.2	20	2.8	35	
热偶法兰 1	20.5	13.1	7.0	4	20	2.6	35	
侧壁卸料管法兰	21.2	12.5	11.0	7.5	20	5.5	20	

3 检测结果及发现问题分析

3.1 检测结果

因检修工期及更换加氢催化剂的需要，反应器内壁温度未能降至常温，采用磁性检测时，内壁的壁温在 40 ℃～50 ℃。上、下封头因打开人孔及卸下接管拆除了外保温层，因此，上、下封头的内表面温度比筒节的内表面温度低，仅为 35 ℃，侧壁卸料管法兰因为被拆下到地面，测定时温度仅有 20 ℃。为了保护堆焊层未用砂轮打磨，仅用不锈钢钢丝轮去除检测部位的附着物，内壁上附着的顺磁催化剂未全部清除干净。反应器各部位内壁堆焊层铁素体体积分数的测定结果见表 2。从表 2 可知，无论是制造时的现场检测值还是定期检验时的测定值，都比查图 1 得出的值低。定期检验时，从上封头往下，内壁温度逐渐升高，铁素体体积数测定值逐渐下降；从下封头往上，内壁温度逐渐升高，铁素体体积数测定值逐渐下降。被拆下到地面的侧壁卸料管法兰，测定时表面温度最低，铁素体体积数测定值最大。反应器所有部位内壁堆焊层铁素体体积数，制造时现场测定值比定期检验时测定值要大，但是制造时的壁温比定期检验时的壁温要低。

3.2 验证结果

为确认定期检验时反应器内壁堆焊层铁素体体积数值，选取上封头及筒节 1 内壁焊带各一处进行金相分析，打磨深度约为1 mm，机械抛光，腐蚀剂为王水。图2为筒节1焊带放大500倍显微组织，与GB/T 1954—2008的图谱进行比对，铁素体含量在5%～7.5%之间，上封头分析结果亦然。比较相同部位磁性法的及金相法检测结果可知：磁性法的检测结果受影响的因素较多，检测结果有偏离，金相法检测结果相对可靠。

图2　筒节1内壁显微组织 500×

4　结论及提高测定结果可靠性措施

（1）热壁加氢反应器奥氏体不锈钢堆焊层铁素体含量与其化学成分有关，检测结果受检测方法，检测部位温度，检测部位的表面状况影响。

（2）采用磁性法对热壁加氢反应器奥氏体不锈钢堆焊层铁素体含量进行检测时，检测部位的温度高，检测部位附着有顺磁物质时，检测结果偏低。

（3）在实际检测过程中，金相法与磁性法在役热壁加氢反应器奥氏体不锈钢堆焊层铁素体含量检测结果可相互验证，以提高检测结果的可靠性。

反应器堆焊层的铁素体含量一般采用磁性法进行检测，因为磁性法具有检测设备易携带、检测方法简单、检测效率高的特点。但是影响其检测结果准确性的因素较多，容易出现偏差。金相法的检验结果较准确，影响因素较少，但检验程序繁多，检验效率低。采用磁性法对反应器堆焊层的铁素体含量进行检测时，要特别注意检测部位的温度，以及检测部位的表面状况。必要时可采用金相法对磁性法的检测结果进行验证，以提高检测结果的可靠性。因现场金相法测定奥氏体不锈钢堆焊层铁素体含量存在一定的局限性，必要时可用Cr和Ni当量计算法验证。

参考文献

[1] 侯增寿、卢光熙.金属学原理[M]，上海科学技术出版社，1990，P92.

[2] 丁遐飞.奥氏体不锈钢焊缝金属中铁素体含量的控制与测定[J].安装1996年第6期P41-44.

[3] 齐树柏译.关于堆焊不锈钢压力容器的氢脆问题的研究[J].压力技术，1981、19(3).

[4] 须永寿夫.不锈钢损坏及其防护[M].北京机械工业出版社，1981.

[5] 孟庆久.铁素体含量超标的加氢反应器的检验评估与应用[J].石油化工设备技术，2003、23(3).

事故案例

8·7 上海液化气钢瓶泄漏事故案例分析

李前

上海市特种设备监督检验技术研究院，上海 200333

摘 要:2015 年 8 月 7 日，上海一饭店发生液化石油气泄漏事故，造成 3 人死亡，3 人受伤，坍塌面积约 30 m^2。现场发现的事故瓶大部分已经腐蚀严重，无法辨别制造单位、产品编号和制造日期等信息，而且部分钢瓶为返修瓶，部分瓶阀为无证产品，导致产品的质量无法保证，在使用过程中极易产生泄漏。

关键词:液化石油气钢瓶；泄漏；事故

1 液化石油气钢瓶泄漏事故情况描述

2015 年 8 月 7 日上午 9 时 45 分左右，上海一饭店发生液化石油气泄漏事故，造成 3 人死亡，3 人受伤。

上海青浦郊区一农家乐饭店厨房发生液化气钢瓶泄漏事故，事故现场见图 1，饭店为砖混二层结构，泄漏造成二层整体坍塌，事故部位在饭店南侧，坍塌面积约 30 m^2。据了解，房屋坍塌导致多名人员埋压，事发时厨房内共有 6 名员工，其中 2 人及时逃出，其余 4 人泄漏后被埋压。公安和消防到场后，营救出 1 名被埋人员并送医，但已经死亡。下午，另外 2 人挖出后也已死亡。死者皆为酒店员工，其中已确认 1 名姚姓死者为酒店厨师。及时逃出的 2 人分别为轻度灼伤和腿部划伤。

据及时逃出厨房的一名切配工回忆，泄漏时厨房剧烈抖动，他看到缝隙就往外面爬，之后成功逃到了建筑外的广场上。当时，他背对液化气钢瓶，所以不知道其他员工的状况和具体泄漏的原因。附近居民表示，周围居民家中都使用老式液化气钢瓶，一旦遇到明火，就会泄漏。液化石油气的主要成分是丙烷、丙烯、丁烷、丁烯，它们的燃烧值高，比空气重，挥发性强，一旦发生泄漏，很可能引起燃烧泄漏。除此之外，钢瓶超量充装、钢瓶倒卧燃烧、钢瓶带病工作也都有可能引起泄漏。

目击者称，看到饭店冒出火光，跑到附近时，发现房子已经塌下一大片，并冒着浓烟。从事故现场遗留情形看，发生泄漏的厨房被彻底摧毁，墙壁和家具上都有大火烧灼的明显痕迹，见图 1。

图 1　事故现场

2　液化石油气钢瓶基本情况

事故现场发现 6 只 35.5 L 的液化石油气钢瓶，均排放在饭店的厨房里。从外观上判断，大部分液化石油气钢瓶已经腐蚀严重，无法判断钢瓶的产权单位信息和定期检验情况，也无法识别钢瓶的产品编号和制造日期等重要参数，甚至个别气瓶为返修瓶。此外，钢瓶上的部分瓶阀产品为无证产品，不仅外观陈旧，而且缺少手轮，若遇到火灾发生，也不能快速地将瓶阀关闭，切断气源。见图 2 和图 3。

这 6 只液化石油气钢瓶中有返修瓶，腐蚀十分严重，这说明这些气瓶很有可能未进行定期检验，或者定期检验过程中未达到检验要求而流入市场。液化石油气钢瓶上的无证瓶阀，可以说明充装单位未对其进行检验和把关，导致瓶阀产品质量参差不齐，经过长时间的使用造成液化石油气瓶阀出现泄漏现象，引起火灾事故。

图 2　事故瓶阀

图 3　事故瓶

3　事故现场勘查情况

饭店为砖混二层结构，泄漏造成二层整体坍塌，事故部位在饭店南侧，坍塌面积约 30 m^2，如图 4 所示。酒店内包括经营者在内约有 15 人左右，安全用气意识淡薄，未使用安全合法的液化石油气钢瓶，导致了事故的发生。

图 4　事故现场勘查

4 事故产生原因分析

经过对现场发现的气瓶和瓶阀进行气密性检测，发现有一个瓶阀出现严重泄漏现象，原因是该瓶阀的压帽出现松动，导致该瓶阀的压帽处出现外漏现象。因此，在使用未进行定期检验或检验不合格的液化石油气钢瓶和瓶阀时，经长时间使用后，瓶阀和减压器等处都有可能发生液化石油气的泄漏事故。泄漏出的液化石油气与空气形成泄漏性混合物，遇室内不防爆电器等产出的火花引起空间泄漏，引起火灾导致房屋倒塌。而高温明火对房屋内液化石油气钢瓶急速烧烤，导致瓶内液化石油气压力急剧升高，钢瓶瓶体超压也极易发生物理爆炸。

5 结论

(1) 加强液化石油气钢瓶的市场抽查，严格处罚返修瓶和不合格品，提高液化石油气钢瓶制造单位、充装单位、检验单位的安全意识。

(2) 加强对经营者进行气瓶安全管理、定期检验等安全教育，提高经营者的安全意识。

(3) 开展燃气用气安全大检查，特别是针对饭店、食堂和人员密集场所的安全用气，进一步加大检查处置、宣传教育的力度，坚决取缔打击违法用气，及时处置不安全用气行为。

(4) 开展泄漏、火灾、爆炸等内容的事故应急演练，确保发生事故时能够采取有效措施控制事故扩大，减少人员伤亡。

参考文献

[1] GB 5842—2006　液化石油气钢瓶.

[2] GB 7512—2006　液化石油气瓶阀.

[3] 吴旭正等. 特种设备典型事故案例集(2005-2013)[M]. 北京. 化学工业出版社，2015.10.

29 MW 水管蒸汽锅炉频繁爆管原因分析及改进建议

王勇，马天榜，申麦茹，刘洋
陕西省锅炉压力容器检验所，西安　710048

摘　要：某热力公司一台 SHL29-1.25/130/70-AⅡ型供热锅炉投运以来各采暖季在不同位置频繁爆管，一次改造后仍未见明显改善。本文分析了一次改造前后不同位置的爆管原因，认为改造后以烟气露点腐蚀为主要爆管失效机理，并据此提出了二次改造建议。

关键词：锅炉爆管；烟气露点腐蚀

1　事故概况

1.1　锅炉主要参数及运行条件

某热力公司 SHL29-1.25/130/70-AⅡ型热水锅炉于 2008 年 12 月投运，主要用于为附近地区生活采暖集中供热，供热系统采以直供为主，外部管网质量较差，实际出口压力在 0.6 MPa左右，且循环系统失水率较大，需经常性大量补水，制水不够时，常用原水直补。为此曾对水处理装置进行了改造，改造后为机械过滤器过滤、加碱处理；根据该热力有限公司提供的资料，供回水温差维持在 40 ℃左右。

1.2　投运以来爆管事故及维修、改造情况

该锅炉投运以来历经 2008—2009、2009—2010、2010—2011、2011—2012 4 个采暖季，每个采暖季均有爆管事故发生，并分别依据原制造厂家等多方意见在非采暖季进行针对性的维修和改造，详见表 1。

1.3　2011—2012 供暖季爆管事故情况

前拱管、对流管、省煤器多次爆管泄漏共 11 次，封堵对流管 70 根，根据 2011 年 12 月 30 日～2012 年 3 月 14 日的运行记录，不完全统计见表 2。

表 1　一次改造前爆管位置及原因分析(不完全统计)

采暖季	爆管情况	原因分析	维修改造措施
2008—2009	2009 年 3 月 15 日凝渣管爆管	水处理管理不到位、管内严重结垢影响管壁传热冷却引起过热爆管	更换爆管管段、对锅炉整体酸洗

续表 1

采暖季	爆管情况	原因分析	维修改造措施
2009—2011	2009 年 12 月 22 日凝渣管爆管、普查发现部分后拱管结垢堵塞	管内严重结垢影响管壁传热冷却引起过热爆管	更换爆管管段、疏通结垢后拱管、增加二级水处理、锅筒内布水母管后移以加强对流管水循环流速、锅炉整体酸洗
	2010 年 2 月 4 日对流管过热变形、爆管	该部位水循环量不足，管子不能充分冷却引起过热爆管	
2010—2011	2010 年 11 月 28 日凝渣管爆管	后拱管水循环量不足，管子不能充分冷却引起过热爆管	局部改造水循环结构，将后拱管由自然循环改为辅助循环、锅炉整体酸洗
	2011 年 2 月 1 日对流管爆管、普查发现顶棚管孔蚀	不详	对爆管的对流管封堵、顶棚管补焊

表 2 一次改造后(2011—2012 采暖季)爆管泄漏位置(不完全统计)

序号	时间	事故情况	维修措施
1	2012 年 1 月 5 日	前拱管泄漏	停炉维修
2	2012 年 1 月 18 日	对流管爆管泄漏	封堵
3	2012 年 2 月 6 日	对流管爆管泄漏	封堵
4	2012 年 2 月 9 日	顶棚管泄漏	停炉维修
5	2012 年 3 月 9 日	省煤器管泄漏	封堵
6	2012 年 3 月 12 日	前拱管泄漏	停炉维修

2 泄漏、爆管原因诊断分析

2.1 资料审查、现场检测及取样分析

(1) 查阅设计安装资料、历年事故及改造情况及报告、历次定期检验报告、2011—2012 年采暖季运行记录、2009 及 2011 年煤质分析报告、2009 年系统水质分析报告等。

(2) 2012 年 4 月 1 日，宏观检查(见图 1)前拱、前墙、后拱、锅筒内部等部位，并对前墙管测厚抽查，名义壁厚 3 mm，表面光滑未见明显腐蚀位置实测壁厚均大于或等于 2.8 mm；发生腐蚀位置及爆管位置的壁厚减薄量见表 6。

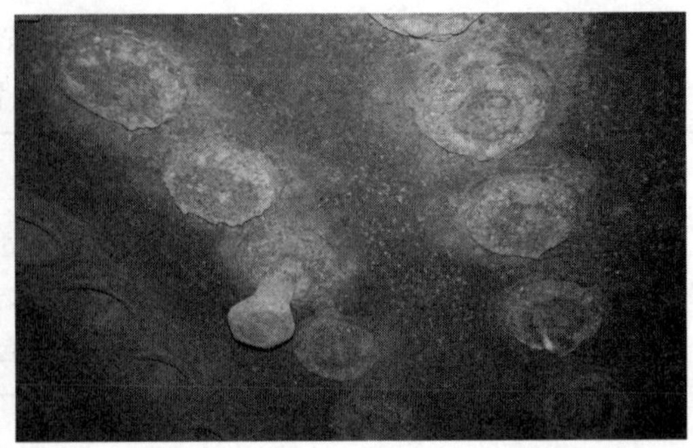

图 1 省煤器管、对流管封堵情况

(3) 取前墙管、前拱管、对流管割管宏观检查和几何尺寸测量，公称外径 ϕ60 mm 与 ϕ57 mm 的管子局部腐蚀临近位置实测外径 55.12 mm～60.02 mm/53.22 mm～56.84 mm，负偏差量约 0.5 mm～5 mm，与同位置壁厚减薄量基本匹配，而管子内径尺寸无明显变化，内壁结垢较严重位置的内径尺寸与无明显结垢处平均内径均为 54 mm/51 mm，见图 2～图 5。

图 2 前墙管

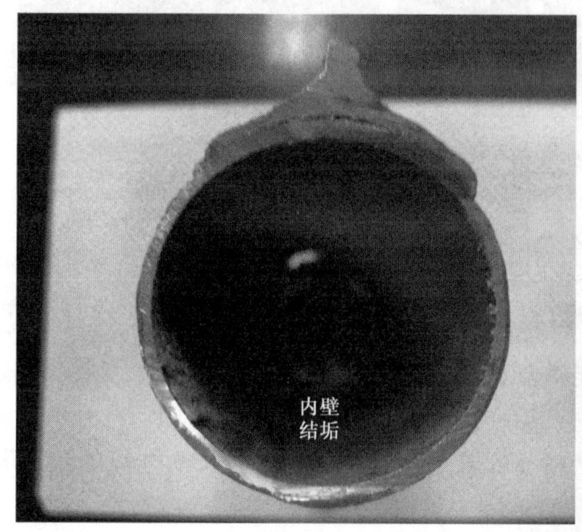

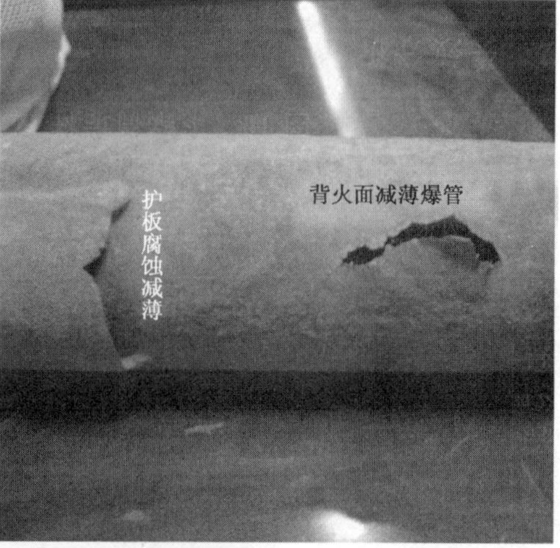

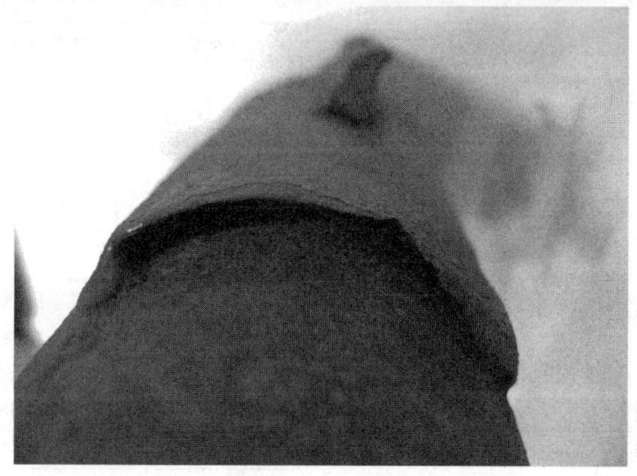

图 3 前拱管

图 4　对流管①

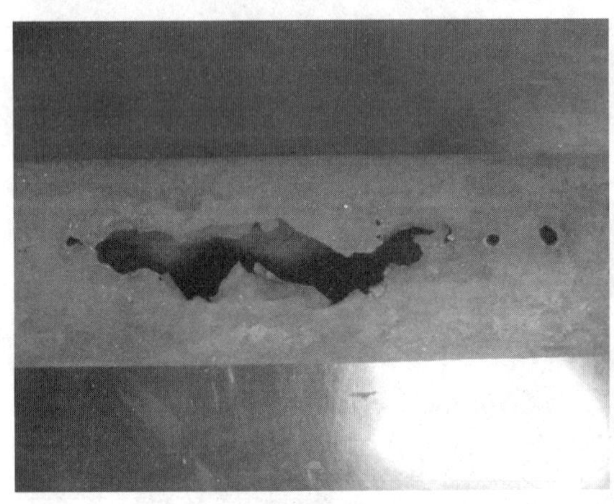

图 5　对流管②

(4) 取前墙管进行内壁垢样 EDS 电镜能谱分析(见图 6)、金相分析(500×)(见图 7)、化学成分和力学性能分析(见表 3);取对流管内壁垢样 EDS 电镜能谱分析(见图 8)、力学性能分析(见表 4)、外壁附着物电镜能谱分析(见图 9);取下锅筒垢样进行 EDS 电镜能谱分析(见图 10)。

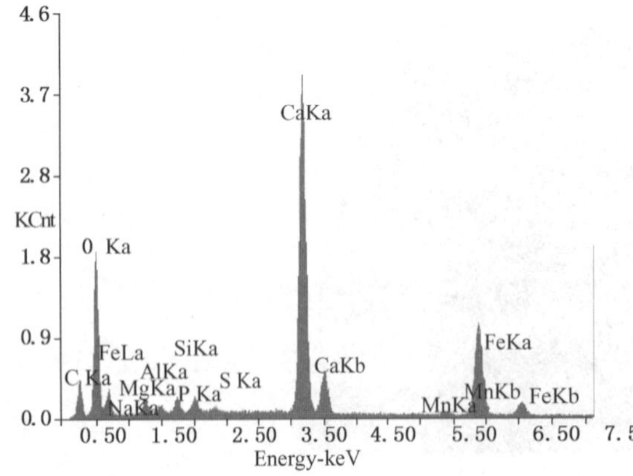

元素	质量百分比/%	原子百分比/%
C	17.97	28.94
O	44.23	53.48
Na	0.36	0.3
Mg	1.56	1.24
Al	0.65	0.47
Si	0.99	0.68
P	0.96	0.6
S	0.36	0.22
Ca	19.53	9.43
Mn	0.48	0.17
Fe	12.91	4.47

图 6　前墙管内壁垢样 EDS 能谱分析及化学成分分析

图 7　前墙管金相分析(铁素体十珠光体,500×)

表 3　前墙管化学成分和力学性能分析

C	S	P	Si	Mn	R_{eL}/MPa	R_m/MPa	A/%
0.21	0.011	0.011	0.26	0.51	266	386	33.0

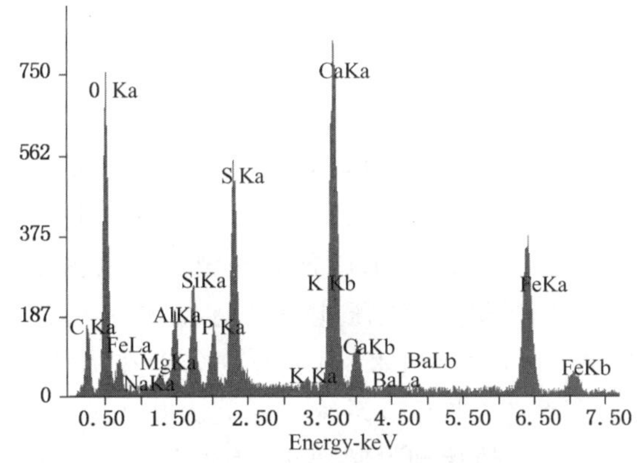

元素	质量百分比/%	原子百分比/%
C	23.5	36.32
O	39.74	46.1
Na	0.3	0.24
Mg	0.5	0.38
Al	2.51	1.73
Si	2.95	1.95
P	1.68	1.01
S	6.02	3.48
K	0.27	0.13
Ca	10.69	4.95
Ba	1.15	0.16
Fe	10.69	3.55

图 8　对流管内壁垢样 EDS 能谱分析及化学成分分析

元素	质量百分比/%	原子百分比/%
C	18.28	28.13
O	48.54	56.07
Al	4.73	3.24
Si	2.97	1.96
P	0.34	0.2
S	8.5	4.9
K	0.26	0.12
Ca	0.87	0.4
Ba	0.83	0.11
Fe	14.68	4.86

图 9　对流管外壁附着物 EDS 能谱分析及化学成分分析

表 4 对流管力学性能分析

R_{eL}/MPa	R_m/MPa	A/%
241	356	27.0

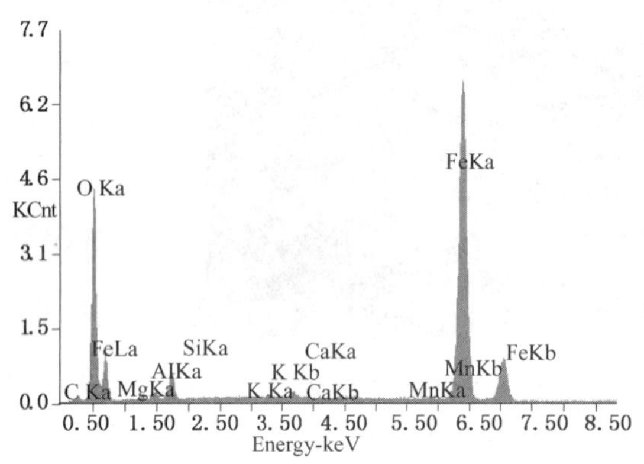

元素	质量百分比/%	原子百分比/%
C	5.95	13.03
O	34.5	56.73
Mg	0.42	0.46
Al	0.85	0.82
Si	2.95	2.76
K	0.23	0.16
Ca	0.42	0.28
Mn	0.46	0.22
Fe	54.22	25.54

图 10 下锅筒垢样 EDS 能谱分析及化学成分分析

2.2 失效分析

2.2.1 总体失效成因分析

该锅炉受外部条件限制，供热方式一直未能改造为间接供热方式，导致系统经常处于失水率过大的连续补水状态，有限改造的水处理设备并不能满足实际运行要求，在系统短时间大量失水时不能保证补水质量，给水硬度在 pH 值偏低(25 ℃时为 7.5～8.0)情况下仍超标数倍(标准要求≤0.60 mmol/L，水质报告显示为 4.406 mmol/L)，导致各级受热面内壁结垢严重，高温区管子不能充分冷却发生过热爆管；受外部管网承压能力限制，锅炉实际出水压力≤0.6 MPa，不到设计出水压力 1.25 MPa 的 1/2，实际出水/回水温度分别在 70 ℃～80 ℃/40℃～50 ℃范围，锅炉长期处于低负荷运行状态，当开口系统短时间大量失水，未经充分软化的补水快速进入锅内，此时为保证出水温度尽快达到供暖要求，锅炉负荷会有一定程度的提高，待补水过程完成后，负荷再次降低，此时硬度过高的锅水在管子内壁开始结垢并影响对流传热最终导致过热爆管；为解决水垢问题，业主曾在非采暖季历次维修改造时进行多次整体酸洗，其中仅 2010 年度就进行过 2 次，酸洗频率远高于《锅炉化学清洗规则》中两年一次的一般性规定，且历次酸洗均无缓蚀剂、金属腐蚀量等相关资料记录，可能使锅炉各级受热面尤其是原本结垢并不严重的部位管壁减薄，锅炉整体强度降低。

2010—2011 采暖季末期，业主分别对后拱管及对流管进行水循环特性改造后，通过增加局部水循环动力充分冷却受热面的方法来解决局部过热的问题，虽然在一定程度上延缓了过热爆管的发生，但却使锅炉低温受热面壁温降低，在夜间停炉和燃料含硫量较高等条件下，发生低温腐蚀导致频繁爆管。

2.2.2 2011—2012 采暖季低温腐蚀

低温腐蚀发生的方式为低温烟气腐蚀或低温粘结灰腐蚀。

低温烟气腐蚀指烟气中的水蒸气和硫酸蒸汽进入低温受热面时，与温度较低的受热面金属接触，并可能发生凝结而对壁面造成腐蚀。低温烟气腐蚀须同时具备以下几个条件：①燃料中的硫分：燃料中的硫分在燃烧时生成 SO_2；②过量空气：当存在过量空气时，过量的 O_2 继续与 SO_2 反应生成 SO_3；③水蒸气：SO_3 与烟气中的水蒸气结合形成 H_2SO_4 蒸汽；④管壁温度接近酸露点温度：H_2SO_4 蒸汽在酸露点温度(138 ℃)时在管壁凝结并产生腐蚀。以上 4 点缺一不可且互相影响，例如最终生成的 H_2SO_4 蒸汽的量受到过量 O_2 和水蒸气含量的制约，且 H_2SO_4 蒸汽的酸露点温度会随 SO_3 在烟气中的比例非线性增加，当烟气中 SO_3 含量为 0.005%时，酸露点温度可增至 150 ℃。

低温粘结灰指壁温低于或稍高于酸露点温度(大约在 50 ℃～180 ℃)时，冷凝在壁面上的 H_2SO_4 蒸汽捕捉到飞灰粒子中的CaO，反应生成具有黏性的 $CaSO_4$ 并继续捕捉飞灰导致持续的水泥化粘结所形成的积灰层。低温粘结灰除自身所含的硫酸盐等成分会与管壁金属在一定条件下发生电化学腐蚀外，本身还有储存低温烟气腐蚀条件的作用，一旦具有强黏性的 $CaSO_4$ 生成，即使在不完全具备上述 4 条低温烟气腐蚀所必备的条件时，也能将烟气中的 H_2SO_4、不稳定的亚硫酸盐等成分储存于积灰中，当具备过量 O_2 和水蒸气等条件时，再次对管壁产生腐蚀。

根据业主提供的 2009 年和 2011 年两份煤质分析报告，两份样品全硫含量 $S_{t,d}$ 分别为 3.09%和0.66%；对流管外壁附着粘结灰取样进行能谱分析，S 含量质量百分比和原子百分比分别为 8.5%和4.9%；根据运行记录，在每 24 h 的供暖运行周期内，每日 22:00 停炉至次日凌晨 4:00 燃烧启动时间段，燃烧基本停止而继续通风，提供了低温腐蚀所需的过量 O_2 和水蒸气，炉膛出口烟气温度、对流管进口烟气温度和锅炉出水温度分别低于正常运行时 200 ℃、100 ℃和 20 ℃左右，详见表 5，据此反推此时部分低温受热面外壁温度已达到低温腐蚀所需温度，而第 2、4、5 次泄漏均发生于上述时间段也验证了此推断。

表 5　泄漏前各烟气测点温度　　℃

序号	炉膛出烟	对流管进烟	省煤器进烟	省煤器出烟	空预器出烟	锅炉出水	锅炉回水
正常工况	740～840	300～360	340～360	210～240	125～145	80～92	50～55
1	777/719	379/357	369/350	235/230	137/142	86.2	48.1
2	607/486	225/273	175/271	155/195	94/106	75.2	49
3	755/826	514/337	406/372	232/56	117/114	90.9	48
4	715/700	451/329	387/351	231/213	131/—	81.3	43.5
5	600/582	443/—	332/280	180/172	111/118	67	42.9
6	783/682	511/360	423/362	245/236	136/139	77.9	44

2.2.3 取样分析的验证结果和解释

表 6 各部位取样分析汇总

取样位置	检测项目	失效原因及失效表征
前墙管① ϕ60 mm×3 mm,20 钢	测厚、割管宏观检查、力学性能、化学成分、金相组织、内外壁附着物能谱分析	厚度抽查向火侧减薄约 0.5 mm;向火侧内壁结垢严重(1 mm),垢样主要成分应为 Ca 和少量 Mg 的碳酸盐;背火侧外壁腐蚀、主要腐蚀产物为 Fe、Al 的硫酸盐、亚硫酸盐、氧化物及其络合物;背火侧管子无护板部位均匀减薄 1 mm～2 mm,有护板部位护板减薄 1 mm～2 mm 而管子无减薄,减薄表面局部腐蚀,严重处已穿孔
前墙管② ϕ60 mm×3 mm,20 钢	测厚、割管宏观检查	向火侧内壁结垢严重(1.5 mm),背火侧外壁低温腐蚀穿孔泄漏,失水过热干烧金属熔化致爆管扩大,开口周围黑色氧化物应为 Fe_3O_4
前拱管 ϕ57 mm×3 mm,20 钢	测厚、割管宏观检查	向火侧内壁结垢严重(约 1 mm～1.5 mm);背火侧外壁无护板部位均匀减薄 1 mm～3 mm,减薄严重位置爆管泄漏;有护板部位护板减薄约 1 mm而管子无减薄,减薄表面为局部腐蚀
对流管① ϕ57 mm×3 mm,20 钢	测厚、割管宏观检查、力学性能、内壁附着物能谱分析	外壁两侧均为严重低温粘结灰腐蚀,内壁局部结垢严重,垢样主要成分应为 Ca 的碳酸盐
对流管② ϕ57 mm×3 mm,20 钢	测厚、割管宏观检查、外壁附着物能谱分析	外壁单侧孔蚀,严重处连接成局部腐蚀并泄漏,外壁附着物主要成分应为 Fe 的硫酸盐和亚硫酸盐

3 综合分析及改进建议

3.1 防止或减轻低温腐蚀

3.1.1 燃料及烟气脱硫

煤中硫化物有相当部分以黄铁矿的形态存在,可在燃料入炉前利用重力分离方法将其分离出来,以减少煤中的硫含量,但此法难以去除有机硫;有条件时可采用石灰石粉末直吹入燃烧室的方式直接减少 SO_3 的生成,但生成的 $CaSO_4$ 及 $MgSO_4$ 为松散粉尘,会使受热面污染加重,可能影响传热效率,若采用此方式脱硫需考虑必要时加装吹灰装置。

3.1.2 控制过量 O_2

正常运行时尽量降低过量空气系数,采用低氧燃烧;夜间停止燃烧时,减少通风量,并保持炉内密封性防止漏风,有条件时可通过在受热面低温部位加装暖风器等措施维持壁温在酸露点以上温度。

3.1.3 控制炉内水蒸气含量

减少采用水力除灰的频率，当泄漏或其他原因停炉时，再次启动前应有一定的干燥措施防止启炉低温阶段管壁暴露于富含水蒸气的环境。

3.2 严格控制给水及炉水水质

3.2.1 将开口直供系统改为闭口系统

现有的炉水及给水质量控制方式远不能满足经常性大量失水和外网难以控制的水循环环境，各受热面仍然有较严重的内壁结垢，依然存在过热爆管的危险，且随着锅炉运行时间的增加，还将面临越来越严重的垢下腐蚀威胁，只有增设换热站，改为闭口系统才能彻底解决水质问题。

3.2.2 非必要时不采用锅炉整体酸洗的方式除垢

各受热面内壁结垢主要成分为Ca、Mg碳酸盐水垢，此类水垢并非均匀分布，而是主要沉积于热负荷较大的受热面上，当结垢严重时应采用局部除垢措施，防止未结垢的部位因酸洗导致强度降低；确有必要化学清洗时，应由有资质单位进行，并严格按照TSG G5003—2008《锅炉化学清洗规则》控制酸洗频率、腐蚀指示等指标。

3.3 具备条件时增加温度测点

考虑到本锅炉经常性处于低负荷运行状态且水循环系统已经过多次改造，各级受热面实际热负荷已经与原初设计有较大不同，又同时存在过热爆管和低温腐蚀威胁，有条件时应在相应位置增设壁温或烟温测点以方便较精确调整运行参数，控制壁温不致过高或过低以减少事故发生。

4 结果反馈

根据分析结果和实际条件，用户部分采纳了上述运行及改造建议，经2012—2013、2013—2014两个供暖季运行未再发生爆管事故。

参考文献

[1] 王胜辉，等. 废热锅炉系统省煤器弯头穿孔失效分析.《2014年全国特种设备安全与节能学术会议论文集》，3-12.

[2] TSG G5003—2008 锅炉化学清洗规则.

[3] API RP 571 影响炼油工业固定设备的损伤机理(第2版).

8 000 L 硅酸钠反应釜爆炸事故案例分析

叶宇峰，夏立

浙江省特种设备检验研究院，杭州　310020

摘　要：针对某公司 8 000 L 硅酸钠反应釜爆炸的严重事故，通过对失效反应釜进行原始资料分析，对爆炸残片进行宏观形貌检查、壁厚测定、化学成分与机械性能测定以及对断口进行宏微观检查与分析，确定了事故原因。结果表明：该起爆炸事故为液体介质腐蚀和固体物料磨蚀导致的严重腐蚀减薄所引发的物理爆炸。在此基础上，从反应釜设计和检验维护的角度给出了类似事故的预防措施。

关键词：反应釜；爆炸事故；案例分析

1　反应釜事故情况描述

某公司夜班职工按公司生产调度的安排，从事泡化碱配料作业，上一班交接的 2＃反应釜（8 000 L 硅酸钠反应釜）处于保温搅拌反应阶段，该反应釜已关闭蒸汽，其工作压力维持在 0.7 MPa～0.8 MPa。18 时 38 分左右，该反应釜突然爆炸，反应釜部分釜体向东横穿锅炉房击中 1 名职工，造成其当场死亡，厂内其他 3 名职工不同程度受伤，并造成厂房跨塌，部分设备损坏。

2　反应釜基本情况

该反应釜于 2007 年 11 月设计，同年 12 月制造，均为有资质的单位设计制造，2008 年 6 月首次全面检验，安全状况等级定为 2 级，发生事故时尚在检验有效期内。反应釜的技术参数如表 1 所示。

表 1　反应釜的技术参数

设计压力	1.1 MPa	设计温度	150 ℃	介质	石英砂、40％KOH、蒸汽
工作压力	0.8 MPa	工作温度	120 ℃	充装系数	0.88
筒体厚度	18 mm	主体材质	16 MnR	直径	ϕ2 000 mm
封头厚度	18 mm	容积	9.14 m^3	容器结构	单层卷焊

反应釜用于湿法工艺生产硅酸钠，其生产工艺流程如下：利用反应釜将石英砂和 30％烧

作者简介：叶宇峰，1968 年出生，男，本科，高级工程师，浙江省特种设备检验研究院压力容器检验所所长，主要从事承压设备检验检测及评价技术的研究。

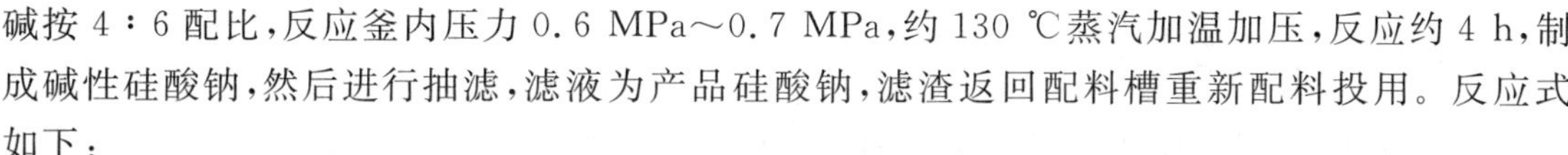

碱按 4∶6 配比，反应釜内压力 0.6 MPa～0.7 MPa，约 130 ℃蒸汽加温加压，反应约 4 h，制成碱性硅酸钠，然后进行抽滤，滤液为产品硅酸钠，滤渣返回配料槽重新配料投用。反应式如下：

$$Si + 2NaOH \rightarrow Na_2SiO_3 + H_2O$$

在生产过程中因为釜内有硅砂、氢氧化钠溶液、蒸汽等介质，压力、温度均较高，且在搅拌状态下生产，工况恶劣，釜体冲刷磨损比较严重，造成釜体变薄，导致反应釜因强度不足引起釜体破裂。有足够的资料表明，国内曾发生多次泡花碱生产企业压力容器爆炸事故。

3 事故现场勘查情况

经现场勘查，发生事故的反应釜釜底倒在锅炉房门口的地面上，反应釜釜底断裂为两段，一部分和釜底支座相连，另一部分当时在事故现场没有发现（后来清理现场时发现打在汽车底下，将汽车传动轴打断）。反应釜上封头及筒体（包括上部搅拌电机及搅拌轴）向东飞到距离事故发生点约 280 m 外，将其他公司的围墙及生产车间屋顶部分砸塌。图 1 为事故现场照片。

图 1 飞出的釜体

4 事故产生原因分析

4.1 原始资料分析情况

通过对反应釜的设计总装图和制造资料（产品质量证明文件）进行分析，结构简图如图 2 所示，发现：①下封头底部设有一块 ϕ1 300 mm×12 mm 的衬板，材质为 Q235-B，主要为防止底部物料对釜体底部的磨蚀，而事故容器爆炸开裂部位发生在下封头的小 R 过渡减薄区域，底部衬板部位未能起到保护作用；②反应釜上封头开有 ϕ57 mm×3.5 mm 进料孔，生产过程中锅炉出来的高温高压蒸汽通过此接管进入釜内，由于接管未在釜内设置进汽挡板，高温高压蒸汽直接冲击液面，引起物料在生产过程中偏磨。

4.2 残片宏观检查

爆炸后反应釜开裂部位位于下封头直边与椭圆形过渡部位，从1#残片可以看出有明显减薄和向外翻卷，经对残片的测量，向外翻卷约90 mm，二次开口宽度约15 mm，具有明显的塑性变形和撕裂特征，如图3所示。2#残片断口表面不平整，边缘有剪切斜面，而内表面呈现显著的凹凸状形貌特征，同样存在介质腐蚀迹象，2#残片内表面形貌，如图4所示。

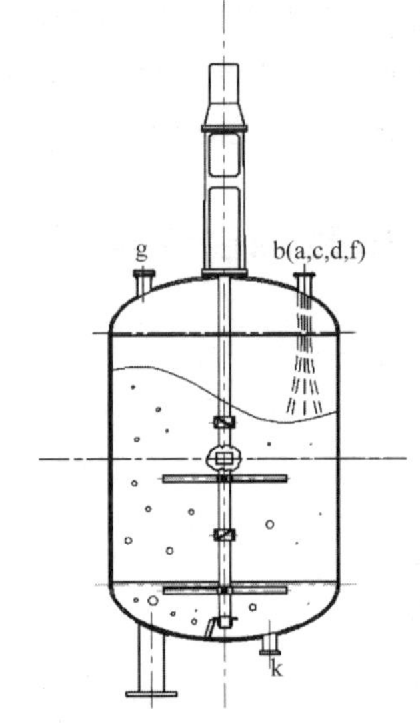

图2 蒸汽进气时工作状态模拟图

4.3 残片的厚度测量

对1#残片、2#残片进行网格化测厚，网格尺寸为10 mm×10 mm，1#残片经超声波测厚仪测量，最小厚度为1.8 mm，2#残片经超声波测厚仪测量，最小厚度为2.9 mm。从1#残片、2#残片测厚数据可判断，由于液体介质腐蚀和固体物料磨蚀，反应釜爆炸部位已发生严重腐蚀减薄，经超声波测厚仪测量最小厚度仅为1.8 mm(非最薄处)，制造时材料公称厚度为18.0 mm，按反应釜从投入使用到发生爆炸时间约3年，最大减薄量为16.2 mm，腐蚀速率约为5.4 mm/年，而设计图纸中规定封头成型后最小厚度应为15.5 mm，腐蚀裕量为2 mm，因此可以判断该反应釜爆炸时，反应釜剩余厚度已无法满足设计强度要求。

图3 1#残片的宏观形貌

图4 2#残片内表面形貌

4.4 残片的化学成分和机械性能测定

对残片的化学成分分析结果如表2所示，化学成分分析结果符合GB 6654—1996《压力容器用钢板》[1]对16MnR的要求。

表2 残片化学成分分析数据 %

检测项目	化学成分				
	C	Mn	Si	P	S
标准值	≤0.20	1.20～1.60	0.20～0.55	≤0.035	≤0.030
实测值	0.13	1.40	0.31	0.020	0.008

对残片进行取样，制作了两根 $\phi8$ 的拉伸试棒，测定结果如表 3 所示，机械性能测定结果符合GB 6654—1996[1]对 16 MnR 的要求。

表 3　残片机械性能测试数据

检测项目	抗拉强度 R_m	屈服强度 R_{eL}	伸长率 A	断面收缩率 Z
标准值	490 MPa～620 MPa	≥325 MPa	≥21%	—
1#试棒	515 MPa	365 MPa	38.5%	67.5%
2#试棒	515 MPa	345 MPa	37.0%	68.5%

对残片内、外表面进行显微硬度（HV）测定，试验条件：试验力 9.807 N，试验力保持时间 10 s。显微硬度测定结果如表 4 所示。

表 4　残片内外表面显微硬度测试数据

内壁	165.89HV	156.85HV	169.55HV
外壁	159.28HV	169.55HV	165.09HV

低合金钢（16MnR）在正火状态的硬度范围大约在 120 HB～180 HB（130 HV～187 HV），从显微硬度测定结果判断残片内外表面硬度基本无变化，硬度范围在 156.85 HV～169.55 HV，根据 GB 1172—1999《黑色金属强度和硬度换算值》[2]换算相当于材料抗拉强度（R_m）为 534 MPa～573 MPa，内、外表面材料抗拉强度（R_m）值均在GB 6654—1996《压力容器钢板》[1]规定的范围，表明反应釜本体材料在正常工况下未出现材质劣化现象。

4.5　断口的宏微观检查与分析

对残片内、外表面的立体显微镜观察结果如图 5、图 6 所示。从图中可以发现，在残片凹凸起伏的内表面上分布有河流状迹线。这与石英砂等固体原料对反应釜内表面频繁冲刷造成的腐蚀磨损相联系。这些迹线表明反应釜在生产运行过程中，由于石英砂等固体原料对反应釜内表面频繁冲刷形成的腐蚀磨损痕迹。

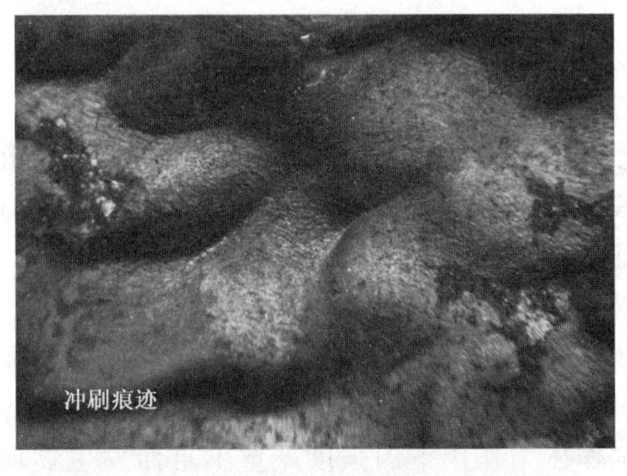

图 5　残片内表面立体显微镜观察

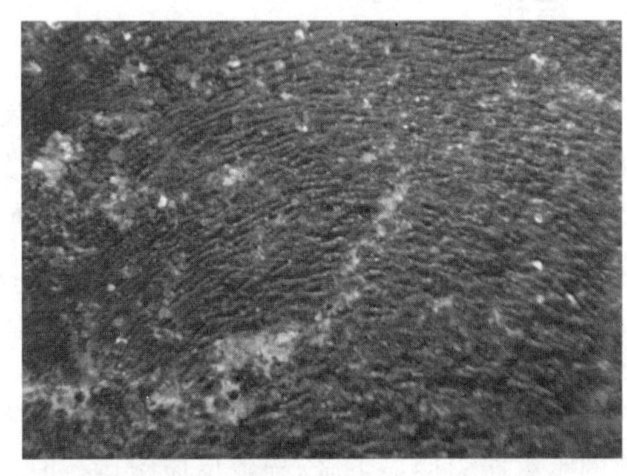

图 6　残片外表面立体显微镜观察

对残片断裂部位的扫描电镜（SEM）观测与能谱分析如图 7 所示。从图中能够看出，尽管断口边缘已严重锈蚀和氧化，但仍能发现断口边部的剪切唇形貌，在高倍下（500 倍）显示剪切唇区具有的浅韧窝特征，这说明断口具有塑性断裂的主要特征[3]。

×250

×500

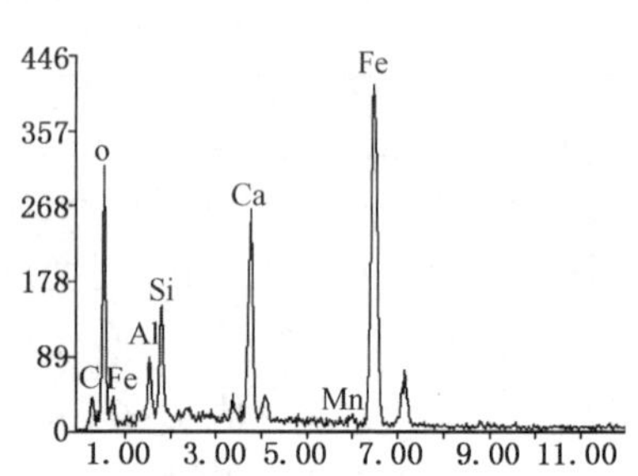

元素	质量百分比	原子百分比
C	01.08	04.39
O	02.39	07.30
Al	00.83	01.50
Si	01.38	02.41
Ca	05.82	07.09
Mn	01.30	01.15
Fe	87.19	76.17

图 7 断口典型部位的扫描电镜(SEM)观察与能谱分析及化学成分分析

断裂部位的能谱分析结果表明:残片内表面的主要成分是铁(Fe),以及一定量的氧(O)、硅(Si)和钙(Ca)等元素,锰(Mn)的含量相对较低。初步推断氧元素来自反应釜内表面的氧化铁产物,而硅和钙元素可能源于反应原料与保温层材料的残留物,从残片断口的能谱分析结果,未发现有化学爆炸的迹象。

5 结论

(1) 通过事故调查和技术分析,硅酸钠反应釜内介质为石英砂、NaOH 溶液和蒸汽3 种,从这 3 种介质的化学特性看,基本不存在发生化学爆炸的可能。同时通过残片的断口残留物能谱分析,未发现有化学爆炸的迹象,再通过残片的宏观形貌检查、壁厚测定、化学成分与机械性能测定、断口的宏微观检查与分析,可以证明该反应釜的爆炸属于物理性爆炸。

(2) 在生产过程中,反应釜底部区域存在石英砂沉淀现象,在搅拌作用下随流体运动的石英砂对釜体底部区域产生严重磨损;同时,反应釜内部存在 NaOH 介质腐蚀。在磨损和介质腐蚀的双重作用下,导致反应釜底部区域壁厚明显减薄,远低于设计厚度,使反应釜底部的承载能力明显下降,导致反应釜运行时,在工作压力作用下因强度严重不足而发生物理性爆炸。

(3) 为防止类似爆炸事故的发生,应对硅酸钠反应釜采取以下措施:

① 在反应釜设计时,应对生产工况下磨损和介质腐蚀作用进行充分考虑,科学选材,优化结构设置;

② 由于介质中固体原料对反应釜内表面频繁冲刷，易产生腐蚀磨损，在反应釜制造时，对底部进行局部硬化或局部加厚处理，增加内表面耐磨性或腐蚀裕量；

③ 根据该设备的工况特点进行必要的维护、保养和检查，在检验过程中缩短检验周期，加强对易磨损部位的壁厚监测。

参 考 文 献

[1] GB 6654—1996 压力容器用钢板.

[2] GB 1172—1999 黑色金属强度和硬度换算值.

[3] 施明哲. 扫描电镜和能谱仪的原理与实用分析技术[M]. 电子工业出版社，2015.

环己烷氧化管道爆燃事故原因技术分析

童良怀[1],周文[1],余志勇[1],陈仙凤[2]
1. 衢州市特种设备检验中心,浙江省衢州市 324000
2. 绍兴市特种设备检测院,浙江省绍兴市 312071

摘 要:某化工企业发生一起化工管道爆燃事故,通过生产工艺分析、破口的宏观检查、材料化学成分分析、力学性能试验、断口的能谱分析以及微观金相分析等技术分析,发现事故的主要原因是管道内部存在严重晶间腐蚀,运行时管道发生爆破,物料外泄遇空气燃烧而引发事故。根据技术分析,为该化工企业的生产提出了合理性建议。

关键词:爆炸;裂纹;晶间腐蚀;预防措施

1 事故简介

2014 年 12 月 26 日,某化工企业环己酮生产装置的环己烷氧化工段,在停产检修后,开车过程中发生压力管道爆破并引发火灾事故,燃烧近 4 h,致使整个生产装置停产,直接经济损失 300 万元以上。

经查,2014 年 11 月 19 日环己酮车间生产装置开始停产检修。2014 年 12 月 25 日15 点 45 分,氧化岗位从 1#氧化釜至 5#氧化釜开始进料并提温,至 12 月 26 日 10 时 30 分左右,5#氧化釜的氧化用空气管道经氮气吹扫后通空气与釜内物料发生反应,运行 5 min 后该管道发生爆破,物料泄漏后引发火灾。查 DCS,事故前 5#氧化反应釜各项运行指标未见异常。

2 事故管道检验分析

2.1 事故前管道分析

事故管段(氧化反应釜的空气管道)水平布置,高于下封头底部 1 412 mm,材质为 316 L,规格为DN125×4 mm。正常工况下,压力为 1.3 MPa 的压缩空气通过空气管道进入釜内与环己烷进行氧化反应,管内介质为压缩空气;停车检修时,如果不将釜内液体排出,则管内充满环己烷、环己酮等工艺介质。不锈钢空气管在二层平台与碳钢空气总管相连,为了防止工艺介质回流,两者之间安装了止回阀,具体见图 1。

作者简介:童良怀,1978 年出生,男,硕士,高级工程师,衢州市特种设备检验中心总工,主要从事锅炉、压力容器、压力管道等承压设备的科研和事故分析。

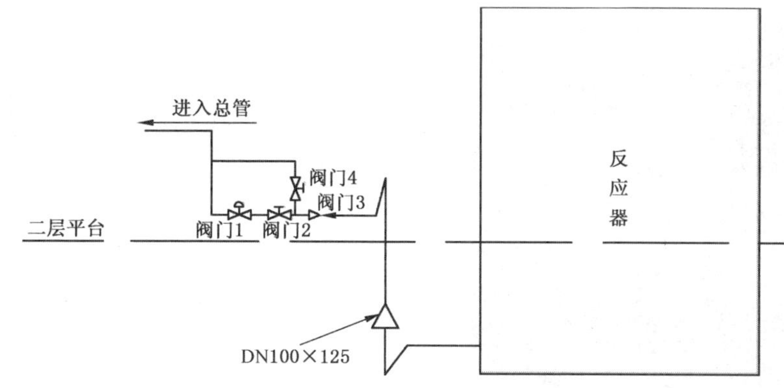

图 1 爆破管道的工艺流程图

该管段位于 6 万 t/年环己酮生产装置，自 2012 年 7 月 5 日投产至事故发生，共停车 7 次，开车 8 次，具体见表 1。

表 1 环己酮车间开停车

时间	2012 年	2013 年			2014 年			
停止时间	—	1.16	4.17	12.21	—	5.26	9.03	11.19
开始时间	7.05	3.19	10.09	—	4.27	6.20	9.23	12.25

2.2 现场宏观检查

事故管段有两个破口，破口 1(见图 2)在止回阀出口侧(靠釜侧)，距法兰 20 mm，处于法兰焊缝的热影响区，破口面积 60 mm×70 mm，管子材质为 316 L，破口面粗糙且不规则，内表面有大量的细裂纹(见图 4)，周围管壁厚度无变化，管径也未见明显涨粗，呈脆性开裂；破口 2(见图 2)在止回阀进口侧，材质为 20#，破口外形呈椭圆形，距管口法兰 90 mm，方位为斜上方 45°位置，破口面积 75 mm×24 mm，管径明显胀粗，胀粗率为 20.6%，破口边缘厚度减薄明显，最薄厚度为 1.63 mm，系短时间内爆开，呈塑性开裂，破口内、外表面未见裂纹(见图 3)。对事故管段进行割除检验，管段内表面无氧化皮，在止回阀后控制阀前有残余的液体介质。

图 2 爆炸管道破口

图 3 破口 2

图 4　破口 1

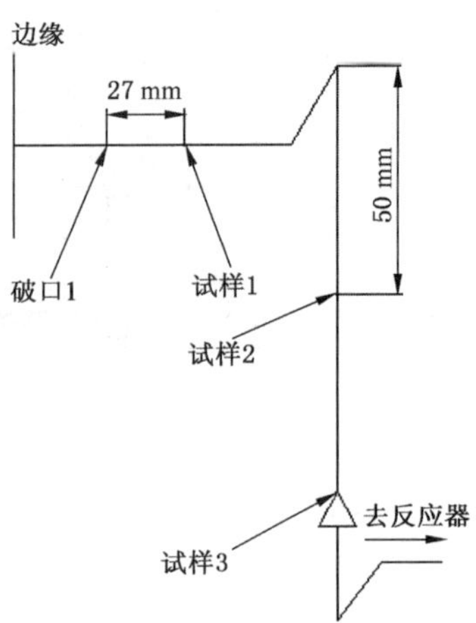

图 5　取样位置

2.3　材料的化学分析和力学性能试验

在距破口 1 约 27 mm 处取试样 1(见图 5),距弯头为 50 mm 的竖直管段开始往下取试样 2,异径管顶部往上取试样 3,长度均为 300 mm。对 3 个样品分别进行化学分析、弯曲和拉伸力学性能试验。化学分析和拉伸试验结果(见表 2、表 3)显示材料符合 GB/T 14976—2002[2] 中关于 316 L 材料的相关要求。

表 2　试样的化学成分

试样	C	Si	Mn	P	S	Cr	Ni	Mo
试样 1	0.028	0.562	0.955	0.029	0.019	16.50	10.26	2.09
试样 2	0.025	0.614	0.936	0.030	0.024	17.04	10.12	2.11
试样 3	0.029	0.583	0.904	0.027	0.020	16.55	10.18	2.14

表 3　拉伸试验数据

试样	屈服强度	抗拉强度
试样 2	220	552
试样 3	218	547

2.4　金相组织检查

对如图 4 所示的裂口及试样 1 内表面分别进行金相分析。裂口的显微组织为奥氏体组织(见图 6),其间有典型的沿晶裂纹,呈树枝状分布,存在明显的晶间腐蚀[3-7],晶界间有腐蚀沟,部分晶粒被腐蚀沟包围,按晶间腐蚀的晶界形态分类,可定为三类沟状组织;试样 1 显微组织见图 7,显微组织表面浅凹坑多,深凹坑少,按晶间腐蚀的凹坑形态分类,可定为六类凹坑组织。

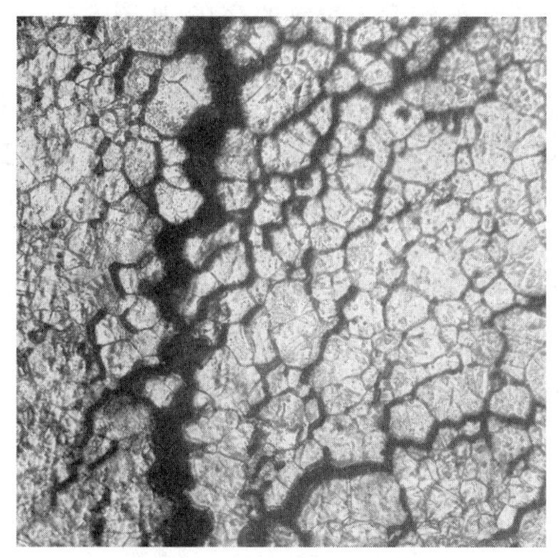
图 6 断口金相 100×

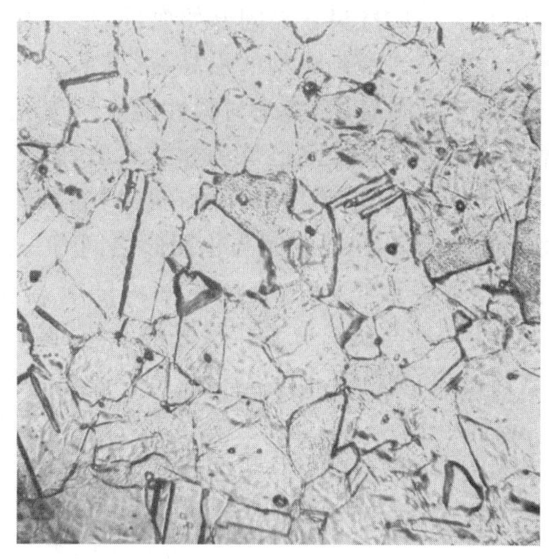
图 7 试样金相 200×

2.5 能谱分析

对断口及试样 1 内表面进行 15 KeV 的能谱分析，见图 8。因化工介质和保温棉的燃烧，碳含量明显偏高，Ca、Si 含量超标，但是断面的 S 含量高达 1.83% 和 0.62%，而 S 元素只能来自于介质。对该企业内的环己烷进行能谱分析，证实了介质中 S 元素的存在。

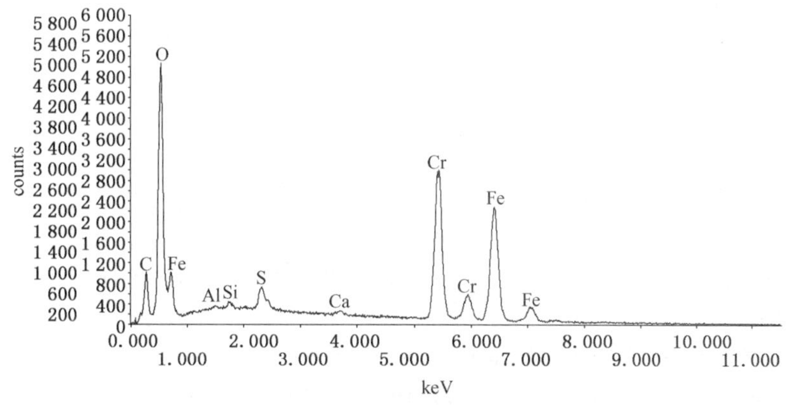

图 8 能谱分析

3 事故原因分析

通过检查、分析，事故管段原材料未见异常，但金相分析显示破口 1 处金属组织存在沿晶裂纹，属于典型的晶间腐蚀形态。破口距法兰焊口只有 20 mm，根据热传导计算，安装焊接时，该部位的温度高达 400 ℃～600 ℃，316 L 不锈钢材料会发生敏化。在介质方面，环己烷在氧化过程中产生环烷酸，以及作为原料的环己烷自身在生产过程中，只要控制不严格都会有 H_2S 的存在，这从能谱分析已经得到证实，而根据运行记录，该企业在停车时未按要求对管段进行吹扫，7 次停车有 6 次未对管段吹扫，包括发生事故前停车的这一次，使水平布置的管段内介质无法完全排出，在止回阀附近积留，介质内的环烷酸及硫化氢等元素对处于敏化的 316 L 材料在晶间开始腐蚀，形成腐蚀坑并逐步的转变为裂纹的存在，从图 6 的金相里面能明显的看到典型的沿晶裂纹。

由于晶间腐蚀，管子材料性能发生变化，运行时在内压作用下，管子在裂纹处发生脆断爆破。爆破后管内环己烷等介质喷出，由于环己烷的爆炸极限极低，为 1.3%～8.3%，遇到空气即发生爆燃，喷出的介质在裂口处喷燃。企业的压力容器操作人员在发现事故后及时关闭控制阀 1，在控制阀与止回阀之间有一段密闭的空间。由于管道的燃烧，导致止回阀后的管段温度迅速上升，密闭空间内随着温度的上升，压力急剧上升，导致管子超压在破口 2 处爆开，这与破口 2 发生显著的涨粗，破口边缘明显减薄的塑性断口相吻合。

对该装置的其他反应釜空气管道相同位置进行了检查，也发现了晶间腐蚀的存在，证实了前述的分析。

4 建议和对策

(1) 使用单位应对发生爆破的管道进行割管更换，对过火的容器和其余管道应经技术鉴定判定其安全状况，鉴定的重点在分析材质是否存在劣化现象。

(2) 加强开、停车的控制，特别是做好停车时管道的防护，在停车后应严格按照要求，对管道内介质进行排空和置换，并应充氮保护，在生产允许的条件下减少停车的次数。

(3) 严控工艺介质内杂质的含量，在苯、环己烷等原材料采购过程中，采购部应按照工艺部的要求，严格控制 H_2S 及 Cl^- 离子的含量，采购的原材料应按批进行验收。

(4) 落实工业管道定期检验工作，强化对该段管道的检验，可以适当缩短检验周期，加强日常的巡回检查。

参考文献

[1] 李建修. 环己烷生产工艺技术的研究发展[J]. 广州化工，2010，38(8)：50-52.

[2] GB/T 14976—2002 流体输送用不锈钢无缝钢管.

[3] 王伟，闫康平，田间，等. 304 和 316L 管材在两类模拟介质中的晶间腐蚀形貌[J]. 腐蚀与防护，2007，28(12)：628-630.

[4] 黄菲，胡晓龙. 奥氏体不锈钢压力容器晶间腐蚀的原因与预防[J]. 广州化工，2010，38(4)，180-181.

[5] 张述林，李敏娇，王晓波，等. 18-8 奥氏体不锈钢的晶间腐蚀[J]. 中国腐蚀与防护学报，2007，27(2)，124-127.

[6] Alexandre La Fontaine, Hung-Wei Yen, Patrick Trimby, ect. Martensitic transformation in an intergranular corrosion area of austenitic stainless steel during thermal cycling [J]. Corrosion Science, Vol 2014 Iss 85, p:1-6.

[7] Jacek Ryl, Anna ARUTUNOW, Mateusz T. Tobiszewski ect. Aspect of intergranular corrosion of AISI321 stainless steel in high-carbon-containing environments [J]. Anti-corrosion Methods and Matreials Vol. 61 Iss 5 , p:328-333.

换热器换热管氯离子应力腐蚀开裂事故案例分析

丁顺利

内蒙古锅炉压力容器检验研究院，呼和浩特　010020

摘　要：项目投产运行后大约 1 年时间，水煤气废热锅炉、低压锅炉给水加热器、低压废热锅炉的换热管先后数次开裂泄漏。在事故现场勘查的基础上，对换热管进行了涡流探伤、渗透检测、化学成分分析、力学性能试验、金相组织分析、扫描电镜分析、能谱分析，得出事故产生原因：当环境、应力、材料共同作用时，满足了氯离子应力腐蚀开裂需要的条件，开始产生大量自外表面向内扩展的裂纹，最终造成换热器换热管氯离子应力腐蚀开裂事故。

关键词：换热器；换热管；氯离子应力腐蚀开裂；预防措施

1　换热器事故情况描述

某公司投资建设了煤制甲醇和二甲醚项目。项目投产运行后大约 1 年时间，水煤气废热锅炉、低压锅炉给水加热器、低压废热锅炉的换热管先后数次开裂泄漏。3 台设备是同一单位设计，同一公司生产，同时安装使用；管程介质是水煤气和变换气，成分均为 H_2、CO、CO_2、CH_4、N_2、Ar、H_2S、NH_3、H_2O；运行过程中频繁开、停车。公司为满足生产需要，采取了对泄漏管两端进行封焊堵管的措施。每台设备先后堵管达数百根，最终 3 台设备同时报废。

2　换热器基本情况

查看了 3 台设备的设计文件、产品质量合格证明、监督检验证明，未发现制造质量问题。基本情况见表 1。

表 1　换热器基本情况

序号	项　目	水煤气废热锅炉		低压锅炉给水加热器		低压废热锅炉	
		壳程	管程	壳程	管程	壳程	管程
1	换热器程数	1	2	1	2	1	2
2	设计压力/MPa	3.36	7.1	2.5	7.1	0.6	7.1
3	设计温度/℃	245	280	230	340	165	340
4	物料名称	锅炉给水/蒸汽	水煤气/冷凝液	锅炉给水	变换气	锅炉给水/蒸汽	变换气/冷凝液

续表 1

<table>
<tr><th rowspan="2">序号</th><th rowspan="2">项　目</th><th colspan="2">水煤气废热锅炉</th><th colspan="2">低压锅炉给水加热器</th><th colspan="2">低压废热锅炉</th></tr>
<tr><th>壳程</th><th>管程</th><th>壳程</th><th>管程</th><th>壳程</th><th>管程</th></tr>
<tr><td>5</td><td>主要受压元件材料</td><td>16MnR</td><td>16MnR＋0Cr18Ni10Ti</td><td>16MnR</td><td>15CrMoR＋0Cr18Ni10Ti</td><td>16MnR</td><td>16MnR＋0Cr18Ni10Ti</td></tr>
<tr><td>6</td><td>管子与管板连接</td><td colspan="2">强度焊＋贴胀</td><td colspan="2">强度焊＋贴胀</td><td colspan="2">强度焊＋贴胀</td></tr>
<tr><td>7</td><td>换热器型式</td><td colspan="2">BKU</td><td colspan="2">BIU</td><td colspan="2">BKU</td></tr>
</table>

3　事故现场勘查情况

水煤气废热锅炉和低压废热锅炉已解体，低压锅炉给水加热器未解体。图 1、图 2 是两根典型裂口的管子，宏观观察发现换热管基本沿纵向开裂，裂纹呈阶梯状扩展，裂口处无明显塑性变形，壁厚无明显减薄，裂口处断面与管子周向约呈 90°角，为典型脆性裂口，明显具有应力腐蚀开裂的特征。

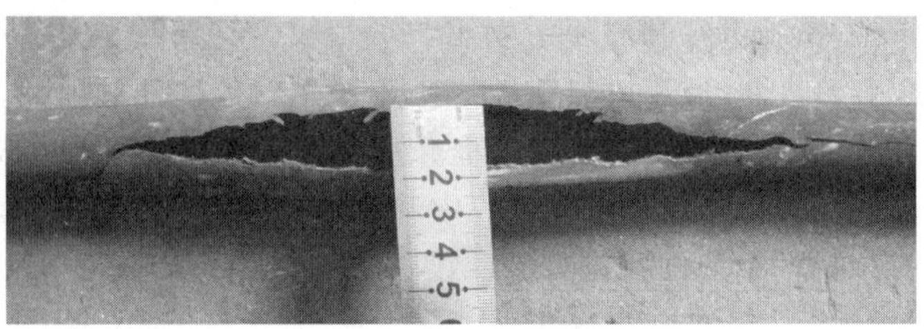

图 1　裂口外观形貌

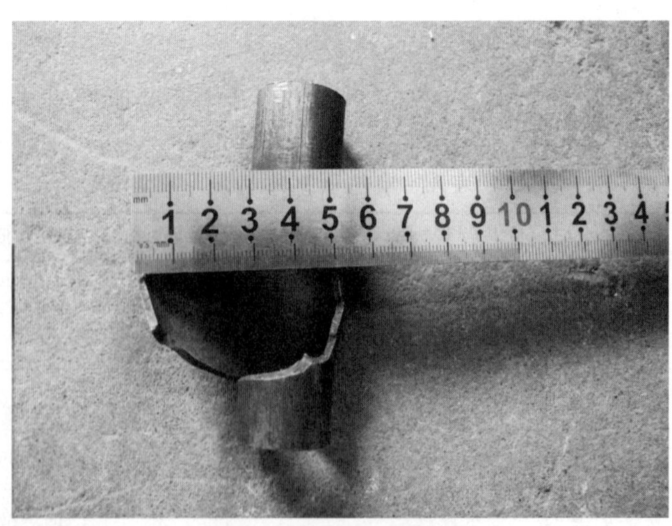

图 2　裂口外观形貌

4 事故产生原因分析

4.1 换热管涡流探伤

涡流探伤范围包括U型弯和直管段，距离管口20 mm之内的管子为盲区。内壁缺陷指缺陷从内往外发展，外壁缺陷指缺陷从外往内发展；形成穿透性后，就不再区分内、外壁。

4.1.1 水煤气废热锅炉

(1) 检测范围：在进口段和出口段各选择60根堵管。

(2) 检测结果：

① 进口段：管板内管段穿透性缺陷60处。管板外管段内壁凹槽(深度为管子壁厚的60%～80%)2处。管板外管段内壁，浅表凹坑7处。每根管子都有缺陷。

② 出口段：管板内管段穿透性缺陷3处。管板外管段内壁浅表凹坑2处。5根管子有缺陷。

4.1.2 低压废热锅炉

(1) 检测范围：在进口段和出口段各选择10根堵管。

(2) 检测结果：

① 进口段：管板内管段穿透性缺陷4处。管板外管段穿透性缺陷7处。外壁缺陷(深度为管子壁厚的60%～80%)7处。外壁缺陷(深度为管子壁厚的40%～60%)3处。内壁，浅表凹坑5处。每根管子都有缺陷。

② 出口段：管板外管段内壁浅表凹坑3处。3根管子有缺陷。

4.2 换热管渗透检测

经涡流检测缺陷定位后，进行渗透检测，裂纹纵向延伸，见图3。

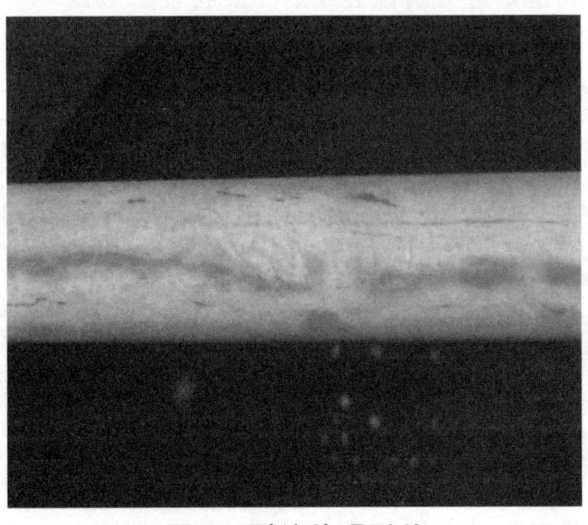

图3 裂纹外观形貌

4.3 化学成分分析

从已泄漏换热管的未见裂纹部分取样，对其进行化学成分分析。结果符合其制造标准GB 13296—1991《锅炉、热交换器用不锈钢无缝钢管》对材质0Cr18Ni10Ti的要求，详见表2。

表2 换热管化学成分分析结果 %

元素	C	S	Mn	P	Si	Ni	Cr	Ti
实测	0.039	0.002 1	1.074	0.025	0.48	11.429	17.11	0.26
标准要求	≤0.08	≤0.030	≤2.00	≤0.035	≤1.00	9.00～12.00	17.00～19.00	>5×C%

4.4 力学性能试验

从经过渗透检测未发现裂纹的换热管和已泄漏换热管未见裂纹部分分别取样进行力学性能试验，结果符合GB 13296—1991《锅炉、热交换器用不锈钢无缝钢管》对材质0Cr18Ni10Ti的要求，详见表3。

表3 力学性能试验结果

取样名称	拉伸性能		
	R_m/MPa	R_{eL}/MPa	A/%
未发现裂纹的换热管	640	350	60
已泄漏换热管未见裂纹部分	555	220	63
GB 13296—1991要求	≥520	≥205	≥35

4.5 金相组织分析

从换热管裂口处横截面取样，抛光后用光学显微镜观察，发现此裂纹自外表面向内扩展，裂纹末端树根状分叉，这是应力腐蚀裂纹的主要特征。对试样腐蚀后进行金相分析，发现金相组织为奥氏体，见图4、图5。

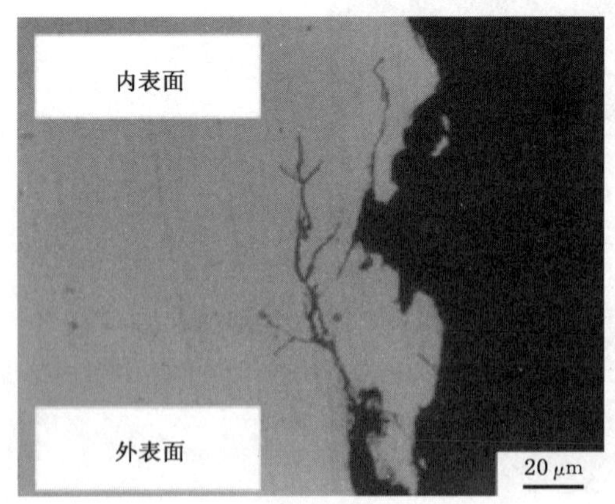

图4 断口处横截面裂纹形貌

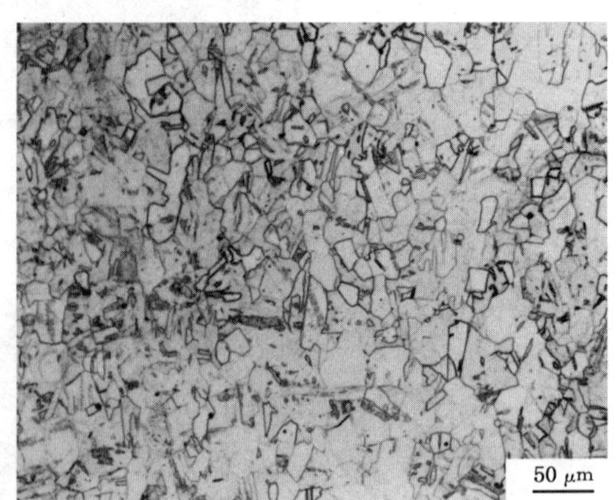

图5 管子断口横截面金相组织

从换热管裂口处取样，对管子外表面抛光后观察，发现有多条裂纹，裂纹末端有分叉。腐蚀后发现裂纹主要为穿晶型，见图6。

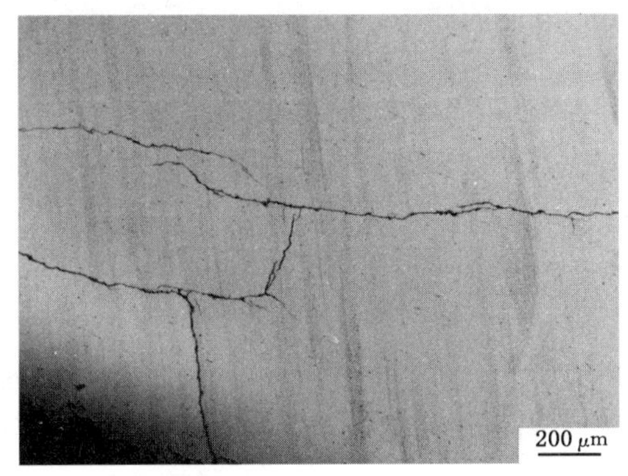

图6　换热管外表面金相组织

4.6　扫描电镜分析

对断口进行扫描电镜分析，发现断口处附着有大量垢状物。清洗后，发现断口呈典型解理形貌，属于典型的穿晶脆断断口，且断口上有二次裂纹，见图7。

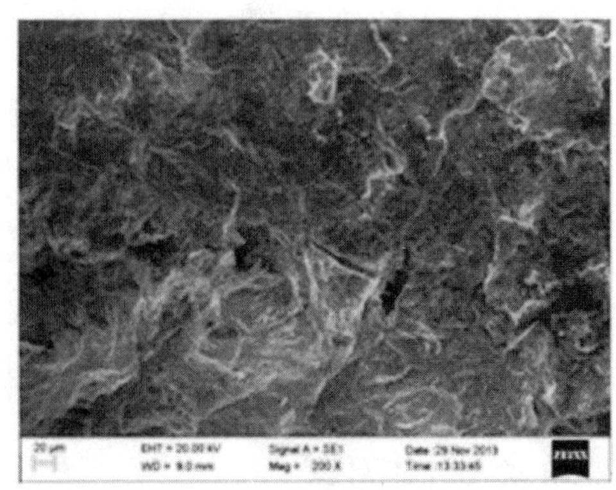

图7　断口形貌

根据断口的典型解理形貌，也可以判断换热管失效属于应力腐蚀开裂。

4.7　能谱分析

对断口和管子外表面垢状物进行能谱分析，结果见表4。断口和管子外表面垢状物中均存在Cl元素，是由锅炉给水带入。

表4　能谱分析结果

元　素	C	O	Na	Al	Si	S	Cl	K	Ca	Ti	Cr	Fe	总量
断口垢状物	75.72	14.67	0.64	0.16	0.42	1.66	0.40	1.07	0.51	0.21	0.24	4.29	100
外表面垢状物	55.34	28.59	2.20	—	—	3.10	0.51	1.78	1.68	—	0.77	6.02	100

4.8 事故产生原因分析

4.8.1 换热管贴胀区开裂原因分析

下面从3方面来分析事故产生的原因。

(1) 环境:3台设备均为管程介质加热锅炉给水,水在换热管外表面蒸发形成汽泡,并由小变大最终脱离表面上浮到汽相空间。如此反复就会在表面产生干湿、水汽交替的环境,导致氯化物局部浓缩聚集,显著增加氯化物应力腐蚀开裂敏感性。事故发生时锅炉给水的pH值为8.8,除氧器未正常运行。

(2) 应力:贴胀区的换热管不仅由于胀接而减薄,而且还同时作用着内压应力、焊接残余应力、胀接压紧力、由于管子和管板的热膨胀系数不同而产生的应力。换热管的其余部分作用着内压应力。

(3) 材料:换热管材料0Cr18Ni10Ti属于氯离子应力腐蚀开裂的敏感材料。

当环境、应力、材料的共同作用时,满足了氯离子应力腐蚀开裂需要的条件,开始产生大量自外表面向内扩展的裂纹,最终造成换热器换热管氯离子应力腐蚀开裂事故。

4.8.2 筒体、封头、管板等没有开裂的原因

由于除换热管之外的筒体、封头、管板等的材料不属于氯离子应力腐蚀开裂的敏感性材料,所以它们不会开裂。

5 氯离子应力腐蚀机理

氯离子应力腐蚀开裂是处于氯化物水溶液环境中的300系列不锈钢或部分镍基合金,在拉应力、温度和氯化物水溶液的共同作用下,产生起源于表面的开裂。

6 主要影响因素

6.1 温度

实践表明,介质温度对Cl^-应力腐蚀开裂的影响较大。Cl^-应力腐蚀开裂敏感性随温度的升高而升高,开裂时金属温度通常不低于60 ℃。

6.2 浓度

敏感性随氯化物浓度的升高而升高,但很多情况下氯离子会在局部浓缩,所以即使介质中氯化物含量很低,也可能会发生应力腐蚀。

6.3 伴热或蒸发条件

如果存在伴热或蒸发条件将可能导致氯化物局部浓缩聚集,显著增加氯化物应力腐蚀开裂敏感性。干湿、水汽交替的环境具有类似作用。

6.4 pH值

发生应力腐蚀开裂时，pH值通常大于2.0。pH值低于此数值时多易发生均匀腐蚀。pH值接近碱性区域时，应力腐蚀开裂可能性降低。

6.5 应力

应力（残余应力或外加应力）越大，开裂敏感性越高。高应力或冷加工构件，如膨胀节，开裂敏感性高。

6.6 选材

镍含量在8%～12%时，开裂敏感性最大。镍含量高于35%时，具有较高的氯化物应力腐蚀抗力。镍含量高于45%时，基本上不会发生氯化物应力开裂。双相不锈钢比300系列不锈钢耐氯化物应力腐蚀能力更强。碳钢、低合金钢、400系列不锈钢则对氯化物应力腐蚀开裂不敏感。

6.7 溶解氧

溶液中的溶解氧会加速氯化物应力腐蚀开裂，目前仍不能确定氧含量是否存在阈值，即当氧含量低于该阈值时就不会发生氯化物应力腐蚀开裂。

7 结论

所有由300系列不锈钢制成的设备都对氯化物应力腐蚀敏感，使用中的主要预防措施：

7.1 选材

使用耐氯化物应力腐蚀开裂能力较强的材料。

7.2 水质

进行水压试验时，应使用氯离子含量低的水（氯离子含量$<25\times10^{-6}$），试验结束后应及时彻底烘干。

7.3 涂层

材料表面涂层，避免材料直接接触介质。

7.4 结构设计

结构设计时尽量避免导致氯化物集中或沉积的可能，尤其应避免介质流动死角或低流速区。

7.5 消除应力

对300系列不锈钢制作的部件宜进行固溶处理，对稳定化奥氏体不锈钢可进行稳定化

处理以消除残余应力，但应注意热处理可能引起的敏化会增大材料的连多硫酸应力腐蚀开裂敏感性，也可能产生变形以及再热裂纹。

7.6 表面要求

降低材料表面粗糙度，防止机械划痕、擦伤和麻点坑等，减少氯化物积聚的可能性。

参考文献

[1] 董绍平. 循环循环水不锈钢换热器抗氯离子应力腐蚀研[J]. 石油化工腐蚀与防护，2012，29(1)：36.
[2] GB/T 30579—2014　承压设备损伤模式识别.

立式燃煤蒸汽锅炉事故分析及预防措施

栾泉

大连市锅炉压力容器检验研究院，大连　116013

摘　要：本文通过大连某单位一台立式燃煤蒸汽锅炉由于司炉工操作错误导致锅炉发生爆炸为例，通过对事故锅炉材料金相分析及现场检验，重点说明了立式燃煤蒸汽锅炉在严重缺水情况下向锅炉内补水是导致此锅炉爆炸的重要原因之一，并提出相应的预防措施。说明了加强锅炉运行管理和司炉工的操作水平对锅炉安全运行的重要性。

关键词：立式蒸汽锅炉；严重缺水；爆炸；运行管理

0　前言

锅炉是一种受热、承压、有发生爆炸危险的特种设备，一旦发生事故将会给国家和人民生命财产造成巨大损失。立式蒸汽锅炉作为一种小型锅炉，由于其占地面积小、安装维修方便、受热面积大、热效率高、出力大、操作简便等优点被广泛使用。由于这类锅炉的工作压力不高，蒸发量较小(一般小于 1 t/h)，因此很多使用单位会错误的认为如此小的锅炉是不会出现什么事故的，往往会对锅炉的运行管理及操作规章等不够重视，时间一长就会埋下许多安全隐患而导致锅炉由于管理疏忽频频发生事故[1]。由于此类锅炉多在公共场所及人员密集处使用，一旦发生安全事故，后果将不堪设想。因此，加强对此类锅炉的安全管理尤为重要。

本文主要以大连某单位一台立式燃煤蒸汽锅炉发生爆炸为例，通过事故分析说明加强锅炉运行管理和司炉工的操作水平对锅炉安全运行的重要性。

1　锅炉爆炸事故概况

2014 年 11 月 18 日凌晨 2 点左右，大连某单位一台立式锅炉在运行期间由于严重缺水，司炉工操作不当向锅炉内补水，随即导致锅炉发生爆炸，事故造成当班司炉工受伤。

2　事故前锅炉基本情况

锅炉仅有部分出厂资料：锅炉总图、强度计算书、制造质量证明书(含监督检验证书)及安装使用说明书。资料显示：该锅炉型号为 LSG0.9-0.4-AⅡ，额定蒸发量 0.9 t/h，额定压

作者简介：栾泉，1989 年出生，男，本科，助理工程师，检验员，主要从事锅炉介质检测及工业锅炉定期检验工作。

力 0.4 MPa,出厂编号为 2003G-6,制造日期为 2003 年 8 月。企业提供出锅炉安装质量证明资料、注册登记、定期检验、安全阀校验、水质化验、运行记录等相关见证资料,锅炉安全状况良好。事后据当班受伤司炉工讲,当天锅炉使用压力为 0.4 MPa,用于采暖。

3 事故现场勘察情况

事故现场锅炉房四周玻璃全部破碎,由于爆炸锅炉已向前倾倒,压力表、水位表均压在锅炉底部(见图 1)。

图 1 事故现场一

锅炉顶部的主汽管座、两个安全阀管座全部自根部折断,锅炉下部喉管与炉胆连接处沿角焊缝撕开(喉管母材部分被撕裂),上部形成 V 字形,炉胆自上而下出现严重失稳凹下变形,下脚圈均出现较大变形(见图 2)。

图 2 事故现场二

续图 2

两个安全阀因锅炉倒地而损坏，安全阀型号 A48Y-16C(公称通径:DN40、压力级别:0.30 MPa～0.70 MPa)。一只水位表表面模糊不清，无法观察水位，事故造成其两端断裂。锅炉压力表没找到，进入分气缸处的主蒸汽阀门处于关闭状态。

4 检验与试验分析

事故发生后，我们做了必要的检验与试验。包括炉胆金相检验、安全阀外观检查与试验、排污阀泄漏试验等。金相检验发现，炉胆材料晶粒度发生变化，有过热现象存在(见图 3)。安全阀检验发现，其中一个安全阀密封面由于不严密有少量气体流出，但阀门反冲盘和导向套间严重锈蚀并紧密粘连在一起，使上阀瓣无法提升，导致安全阀无法开启排放蒸汽，另一个安全阀因上部断裂无法试验。在试验台上同时对两只串联的排污阀进行了泄漏性试验(阀门处于事故发生时的原始状态)，结果表明，排污阀无明显泄漏。

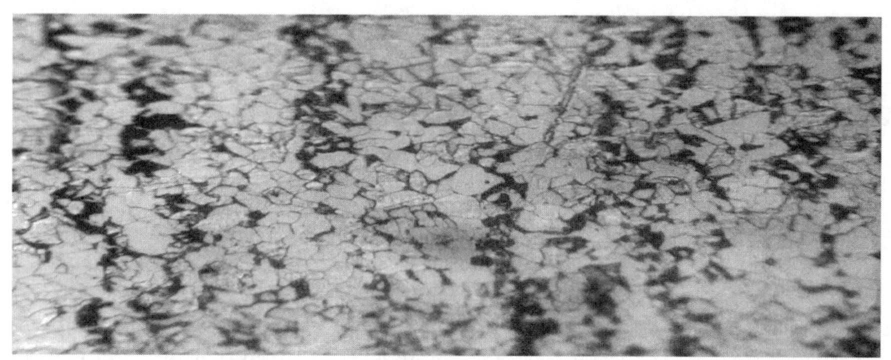

图 3 炉胆材料金相图 (100×)

5 事故原因分析

首先，锅炉缺水是此次事故的主要原因。锅炉缺水指的是锅炉在运行中锅筒内的水位低于最低允许水位的故障。缺水事故有两种，一种是轻微缺水，另一种是严重缺水。轻微缺水时，若不是锅炉给水系统发生故障可缓慢、少量进水，但要严格监视各种仪表的变化，一般不必立即停炉[2]。而严重缺水时锅炉应立即紧急停炉，并且降低负荷，关闭给水阀门，并不得向锅炉内补水。此次事故中该锅炉容水量约 1 t 左右，锅炉运行 40 min 若不上水的话就会造成严重缺水事故。而当天司炉工在夜班期间擅自离岗，回来时发现锅炉水位表已经看不见水位，水位表上玻璃管发白，随即便关闭锅炉分汽缸上的主汽阀，向锅炉内补水，此时由于温差过大，材料在过热烧红的情况下遇水会突然冷缩而脆裂产生巨大的热应力，导致锅炉材料机械强度急骤降低。其次，由于锅炉分汽缸上的主汽阀被关闭，锅炉处在封闭状态下运行，加上锅炉内水汽膨胀而瞬间超压，当压力超过炉胆最高允许压力后，在压力作用下炉胆大面积失稳，造成喉管撕裂，汽水喷出，最终导致锅炉爆炸。

6 预防措施

其实此锅炉发生的爆炸事故是典型的操作人员操作不当导致的。如果此单位平日在锅炉使用过程中能加强对锅炉的运行管理，司炉人员能具有较高的操作水平和较强的工作责任心，是完全可以避免此次事故发生的。因此为避免同类事故再次发生建议采用下列措施加强锅炉运行管理。

(1) 司炉人员的操作水平和工作责任心直接影响了锅炉安全运行，平时使用单位要加强对司炉工的安全责任教育和技术培训工作，并且要建立和健全锅炉各项规章制度并严格执行，同时司炉人员一定要持有相应的作业人员证书。

(2) 司炉人员平时要加强自我学习，要熟练掌握锅炉缺水、锅炉超压、锅炉满水等常见事故的紧急处理方式，这样即使锅炉发生以上故障，司炉工也完全能及时采取有效措施，避免事故的发生。

(3) 锅炉安全附件可以说是锅炉操作人员的耳目，这些附件对锅炉的安全运行极为重要，使用单位日常一定要检查其性能是否符合要求。安全阀要定期做手动放气试验，防止其阀瓣和阀座黏住；为防止超压，锅炉在运行当中，应密切注意压力表指针动作并通过压力表指针的变化来调整燃料补给量，确保蒸汽压力控制在允许波动范围内；为防止缺水，司炉工要严格监视水位，使锅炉在运行当中维持正常水位，并时常对水位表进行冲洗，防止其由于模糊不清造成假水位。

7 结论

通过对此台锅炉进行的检测分析，确认该锅炉事故是由于锅炉在主汽阀处于关闭状态和严重缺水的情况下上水，导致锅炉内水汽瞬间膨胀超压，引起的爆炸。鉴于此事故锅炉炉型使用量较大，因此我们从运行管理和司炉人员操作环节提出了预防锅炉爆燃事故发生的对策：①加强锅炉运行管理，建立和健全锅炉各项规章制度。②强化司炉人员操作水平和工作责任心。③司炉人员要熟练掌握锅炉各种常见事故的处理方式。为同类锅炉的使用与安全运行提供参考意见。

参 考 文 献

[1] 岳勇. 对立式小型蒸汽锅炉安全管理及使用的思考[J]. 江苏劳动保护，2006，2(2)：37-38.

[2] 刘清春. 新冷媒与传统冷媒 VRV 系统的比较[J]. 德州学院学报，2011，7(27)：227-229.

某热水锅炉结垢堵管事故的原因分析及处理对策

郭浩,赵博

大连市锅炉压力容器检验研究院,大连　116000

摘　要:笔者在某次热水锅炉内部检验中发现其对流管束内积结大量水垢,个别管子已经发生堵管现象。笔者在实际检验中收集了水垢及水渣样品,利用荧光能谱仪等大型现代化仪器分析检测设备,提取一年内该锅炉内外部检验报告、水质检测报告,结合检验检测数据得出结论并给出对策。

关键词:锅炉检验;锅炉水质检测;水垢;荧光能谱仪

0　引言

锅炉的结垢是指锅炉运行过程中原本溶解在水中的物质由于温度升高或水的蒸发浓缩而析出,附着在锅炉受压部件水侧表面形成固体不溶物质的现象,是工业锅炉运行中的一类常见缺陷。水垢会降低锅炉管壁的传热系数,造成传热劣化,浪费燃料增加运行成本;水垢附着在管壁表面会阻挡水对管壁的冷却,造成局部过热、过烧现象,使管壁承压性能下降,造成安全隐患;水垢积结严重的地方会造成堵管,使得水循环不良,严重时会造成爆管及爆炸等安全事故[4]。通常水垢易积结在锅炉两类部位:一是锅炉受热面,热流密度越大,结垢越严重,如直接受高温烟气冲刷的锅筒底部、高温烟区管板等;二是在水循环不良的部位,如自然循环系统中热流密度较小的水冷壁管、对流管束等。热水锅炉浓缩倍率而较小而且多数情况下为强制循环锅炉,所以热水锅炉通常较少积结水垢。但是在日常锅炉内部检验工作中,针对某锅炉使用单位的一台型号为 SZL10.5-1.0/115/70-AⅡ的热水锅炉检验发现锅炉水侧产生大量水垢,在对流管束存在堵管现象。

1　锅炉基本情况

通过查阅锅炉资料,该锅炉制造日期为 2011 年 10 月 26 日,投用日期为 2012 年 11 月 2 日,锅炉为双锅筒纵置式链条炉排,实际使用煤种为烟煤,循环方式为强制循环,锅炉布置方式为“D”型布置,其特点是:结构紧凑,整体性好,水循环可靠,但是这种锅炉对水质要求较高,燃烧调整困难。锅炉上次外部检验未发现问题。

锅炉水处理基本情况是:该锅炉使用地下水作为原水,水处理方法为锅外水处理,水处理设备为阳离子交换树脂罐。锅炉使用单位并没有按照国家有关规定[1]对锅炉配备专职的水质检测人员,并且缺乏水质检测记录。使用单位安装水处理设备后并没有对水处理设备

作者简介:郭浩,1988 年出生,男,检验员,本科,助理工程师,主要从事锅炉水(介)质检验工作。

进行检测。检验当天使用单位没有人会对水处理设备进行操作。

2 锅炉检验中发现的问题

对锅炉内部检验发现如下问题：

（1）锅筒内部局部可见轻微腐蚀，联箱、上下锅筒底部有水渣存在，上下锅筒表面覆盖有一层红褐色泥垢，对流管束贴近上锅筒中积结大量水垢。

（2）水管内积结水垢，锅筒前侧第二排对流管束存在堵管现象，对水垢取样发现水垢为白色难于刮取的硬质晶体，水垢表面同样覆盖红褐色泥垢。

检验中对个别积结水垢较重的对流管束拍摄照片，如图 1 所示。

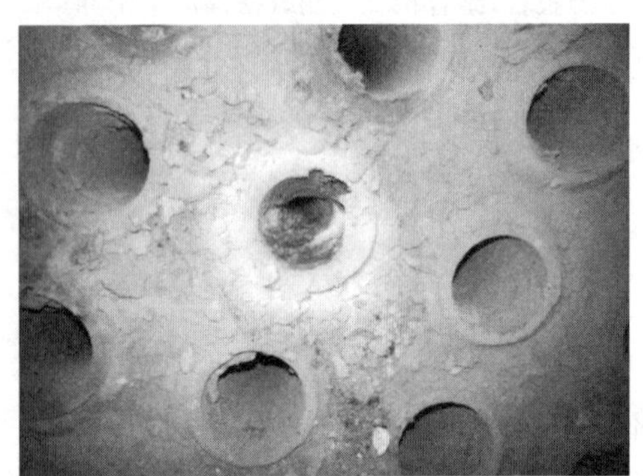

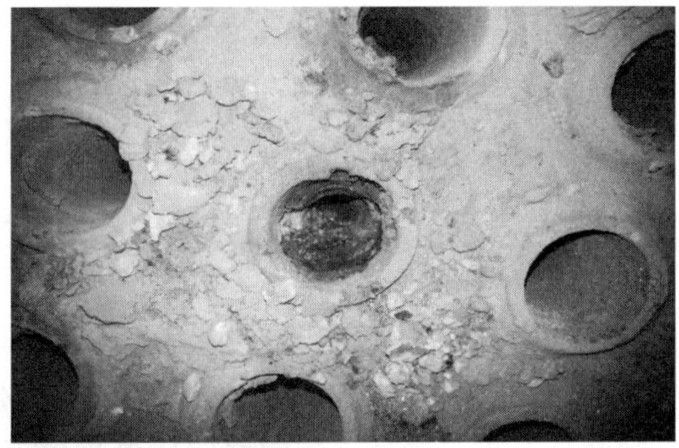

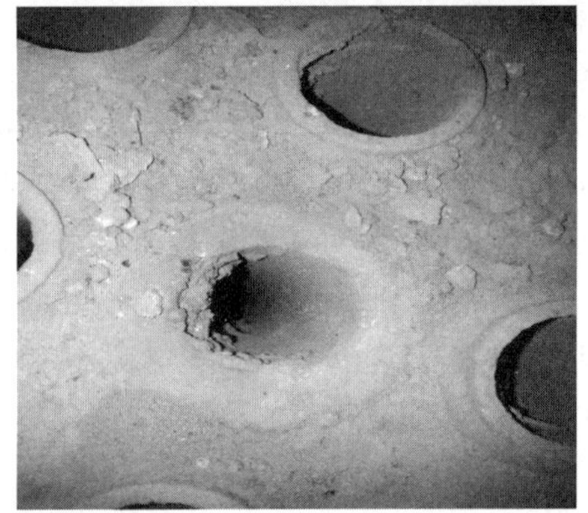

图 1 上锅筒内部——对流管束示意图

3 检验发现问题的原因分析

针对该锅炉积结水垢的问题，调取往年的锅炉水质检测报告，发现锅炉给水硬度为10.2 mmol/L。

分别采集该热水锅炉对流管束出的水垢及下锅筒内壁的水渣样品，并对两份样品进行垢样分析，选用 X-荧光能谱仪法进行 EDXRF 无标样分析，选用的设备为 Thermo Fisher Scientific 公司出品的型号为 ARL QUANT`X 能量色散 X 射线荧光光谱仪。具体试验过程为：

3.1 样品分析

从每个水垢(渣)样品采集了3个光谱谱图,先采用多个条件定性分析,扫描出来表1中的元素,根据扫描出来的元素选择表1中的分析条件。

表1 垢样分析试验方法

条件	滤光片	电压/kV	气氛	计数率	检测时间	分析元素
Mid Zc	Pd thick	30	Vacuum	Medium	60 s	Cr,Fe,Sr
Low Za	No Fillter	4	Vacuum	Medium	120 s	Si,Cl,S,Al,Mg
Low Zb	Cellulose	10	Vacuum	Medium	60 s	Ni,Cl,Ca,Sn,Sb,Ti,Mn

3.2 样品制备

将样品用硼酸模具压片后直接放入仪器中测量。

3.3 校准

基本参数(FP)方法用于定量分析这些水垢(渣)样品试用来自于常见元素定量分析的20多种纯元素/化合物标准样品对FP模型进行校准。该样品包含覆盖整个化学元素周期表的所有必要元素。样品同时包含大量有机基质,无法在光谱中产生有特征的信号。将未知的基质定义为FP分析例程的一部分是有必要的。

3.4 检测结果

为考察稳定性,将样品重复检测3次。检测结果(部分)见表2、表3。

表2 水垢样品中各元素组成 %

样品	MgO	Al_2O_3	SiO_2	SO_3	CaO	MnO	Fe_2O_3	SrO
水垢1	22.699	0.036	4.246	0.514	69.28	0.09	2.65	0.29
水垢2	22.87	0.041	4.322	0.522	69.00	0.08	2.62	0.29
水垢3	22.798	0.038	4.296	0.516	69.13	0.09	2.61	0.29
Average	22.789	0.038	4.288	0.517	69.14	0.09	2.63	0.29
1-Sigma	0.086	0.003	0.039	0.004	0.136	0.01	0.02	0
% RSD	0.38	6.71	0.9	0.83	0.2	6.79	0.82	0.35
Minimum	22.699	0.036	4.246	0.514	69	0.08	2.61	0.29
Maximum	22.87	0.041	4.322	0.522	69.28	0.09	2.65	0.29

表 3　水渣样品中各元素组成　　%

样品	MgO	Al_2O_3	SiO_2	P_2O_5	SO_3	CaO	MnO	Fe_2O_3
水渣 1	2.429	1.469	5.96	0.122	0.995	45.986	0.566	40.019
水渣 2	2.43	1.489	5.939	0.122	0.993	45.87	0.552	40.196

根据以上检测数据表明，水垢中主要成分为钙、镁离子，并伴有部分硅酸盐成分。水渣中主要成分为钙、铁离子及少量硅酸盐成分。

根据以上的检测情况及荧光能谱仪的检测结果分析该锅炉大量结垢原因如下：

(1) 该锅炉选用原水为地下水，水质较差，硬度较大，给水硬度检测值为 10.6 mmol/L，高于GB/T 1576—2008《工业锅炉水质》规定的 0.6 mmol/L 上限[3]。硬度离子随给水大量进入锅炉，是造成锅炉大量积结水垢的根本原因。

(2) 通过对水垢的垢样进行能谱分析，可以发现水垢是以 Ca^{2+} 为主要成分的复杂物质。

(3) 该锅炉使用原水硬度较大，虽然经过锅外水处理系统处理，但仍然无法有效去除硬度。垢样分析的结论也有效的证实了这一点。

(4) 该锅炉所配套的水处理设备存在如下问题，一是树脂处理能力不足；二是树脂再生周期设置不合理，导致树脂使用中失去工作交换能力。以上两个原因共同导致硬度物质进入锅炉。

(5) 该锅炉炉型设计形式为非对称设计，即上、下锅筒在锅炉左侧，炉排及水冷壁布置在锅炉右侧(俗称"D 型炉")，这种炉型因为对流管束热流密度相对较小易结构故对水质要求较高。

4　锅炉结垢问题的处理对策

(1) 针对锅炉结垢的现状，应立即除垢，综合采用物理及化学方法除去锅炉内部的垢渣，针对部分结垢严重甚至已经堵管的对流管束应及时更换被堵住的管子，防止再次使用时发生危及锅炉使用安全的事故。

(2) 针对使用原水硬度较大的情况，调整锅炉用水。停止使用硬度较大的地下水，改用其他硬度较小的水作为锅炉原水(如自来水)，可以有效防止锅炉内部结垢。

(3) 合理设置树脂反洗工艺，改进水处理方法，提高水处理设备操作人员的工作技能。

(4) 适当采取诸如磷酸三钠等锅内加药方法对锅水进行处理，一方面在锅炉内将硬度离子形成松散的水渣随锅炉排污排出锅炉，避免硬度物质直接积结在锅炉内壁，防止结垢；另一方面利用盐的水解形成的碱性防止锅炉腐蚀。

5　结论

本次锅炉检验中发现的结垢问题产生的根本原因是锅炉给水水质不良，直接原因是锅炉使用单位疏于对锅炉水处理的管理工作。在今后使用中，锅炉使用单位应首先加强对锅炉选用原水的选择，应统筹锅炉用水的水质条件和经济性指标；其次，切实做好水处理工作，一方面要选用适当的水处理设备，另一方面应重视水处理设备操作人员的培训工作。本文中通过荧光能谱仪对锅炉水垢进行垢样分析，与传统的半滴定垢样分析方法相比，能谱分析法具有快捷，高效、准确的特点，能够定量检测出水垢中各组成成分的含量，能够为锅炉酸洗的药品选择和配置提供准确可靠的数据支撑，有助于有效清洗水垢的同时减少对锅炉本体的腐蚀。

参考文献

[1] TSG G5001—2010　锅炉水(介)质监督管理规则.

[2] TSG G5002—2010　锅炉水(介)质处理检验规则.

[3] GB/T 1576—2008　工业锅炉水质.

[4] 锅炉水处理及质量监督检验技术.

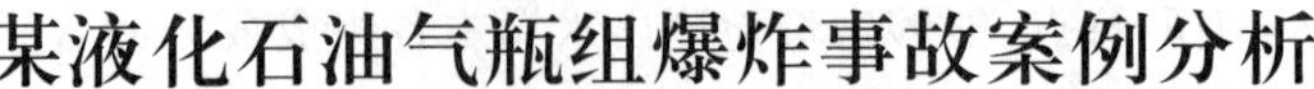

某液化石油气瓶组爆炸事故案例分析

王绍敏

大连市锅炉压力容器检验研究院，大连　116013

摘　要：通过分析某液化石油气瓶组的爆炸事故，确定事故的直接原因是安全阀非正常起跳；并进一步剖析造成事故的根本原因是使用单位管理程序混乱。为进一步加强承压设备的安全监督检验工作提供了很好的案例和经验教训。

关键词：液化石油气瓶组；爆炸事故；压力管道；安全阀

1　液化石油气瓶组爆炸事故情况描述

某年8月中旬的一天下午，位于某石化园区某船舶配套公司院内的一液化石油气瓶组供气站发生爆炸，造成2人大面积烧伤，7人不同程度轻伤。经过现场勘查发现：共有26支50公斤钢瓶，其中6支呈炸开状态，有的甚至已炸成平板。监控录像显示，爆炸从汽化间起爆。

2　液化气瓶组基本情况

经过现场勘查发现：

（1）瓶组站内应该有40支钢瓶，分东西两个汇流排，一排供气，一排备用，每排都是20个供气接头。所有炸开的钢瓶都是西侧汇流排的，东侧汇流排的钢瓶只是外表烧黑，都没有爆炸。

（2）所有的钢瓶都是正规厂家制造，且为两年内新出厂，都在检验周期内。

（3）两个汇流排的末端都装有安全阀，且泄放口都有接管引出室外。从地板残留插槽看，瓶组间和汽化间是隔开的。在汽化间的地板上发现有两个可燃气体报警器。

（4）现场减压阀的旋钮部分被烧化。汽化器温度指示仪表指示的温度为49.5 ℃。汽化器上的安全阀阀帽已经脱落，阀体泄放口没有接管引出室外。

3　事故现场勘查情况

3.1　现场情况概述

经过多次现场勘查和比对，发现：

作者简介：王绍敏，1976年出生，女，本科，助理工程师，主要从事锅炉压力容器监督检验工作。

(1) 现场发现共有 26 支 50 公斤钢瓶,其中 6 支呈炸开状态,有的甚至已炸成平板。据供气单位通宝气体说,瓶组站内应该有 40 支钢瓶,分东西两个汇流排,一排供气,一排备用,每排都是 20 个供气接头。

(2) 所有炸开的钢瓶都是西侧汇流排的,东侧汇流排的钢瓶只是外表烧黑,都没有爆炸。

(3) 所有的钢瓶全是 2007 年以后新出厂的,都在检验周期内。

(4) 两个汇流排的末端都装有安全阀,且泄放口都有接管引出室外。

(5) 从地板残留插槽看,瓶组间和汽化间是隔开的。

(6) 在汽化间的地板上发现有两个可燃气体报警器。

(7) 现场减压阀的旋钮部分被烧化(见图 1)。

(8) 汽化器为天津市千罡燃气设备技术有限公司生产,温度指示仪表指示的温度为 49.5 ℃(见图 2)。

(9) 汽化器上的安全阀阀帽已经脱落,阀体泄放口没有接管引出室外。

(10) 从监控录像上显示,爆炸是从汽化间起爆的。

图 1　减压阀旋钮部分被烧化

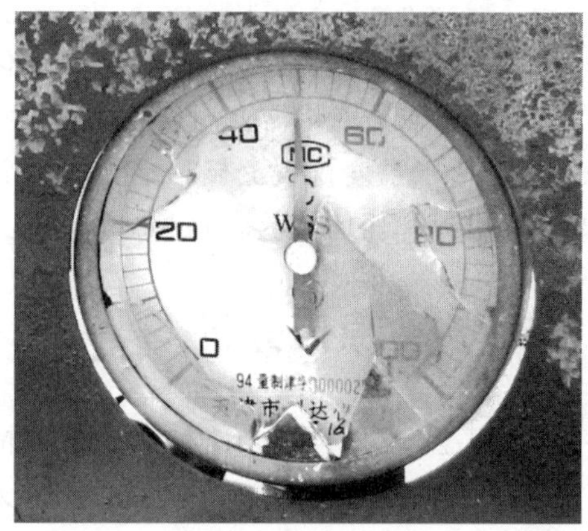

图 2　汽化器温度

3.2　气瓶组和气化间示意图及阀门分布情况

经过勘查,得到气瓶组和气化间的示意图,如图 3 所示。其中:1 号阀、6 号阀为汇流排管道末端安全阀;9 号阀为汽化器自带的安全阀,未引出室外。13 号阀门为减压阀;其他阀门为截止阀。

(1) 3 号阀处于关闭状态,4 号、7 号阀处于开启状态,8 号处于关闭状态。也就是说事故发生时,是由 4 号阀控制的东侧汇流排来供气的。3 号阀控制的西侧汇流排上的是备用瓶组,都是满罐。满罐未用的气瓶,在火焰烘烤下,液相受热膨胀,最后导致罐体撕裂炸开,这也就能够解释为什么炸开的瓶子都是西侧汇流排的了。

(2) 5 号阀处于关闭状态,在 5 号、4 号、7 号、汽化器和 10 号阀这一封闭管段上,如果发生超压情况,唯一能够泄放压力的地方就是汽化器上的 9 号安全阀。对比 1 号液化石油气瓶组站汽化器上的安全阀,可以发现,事故现场的 9 号安全阀上的阀帽已经脱落,说明 9 号安全阀已经起跳。

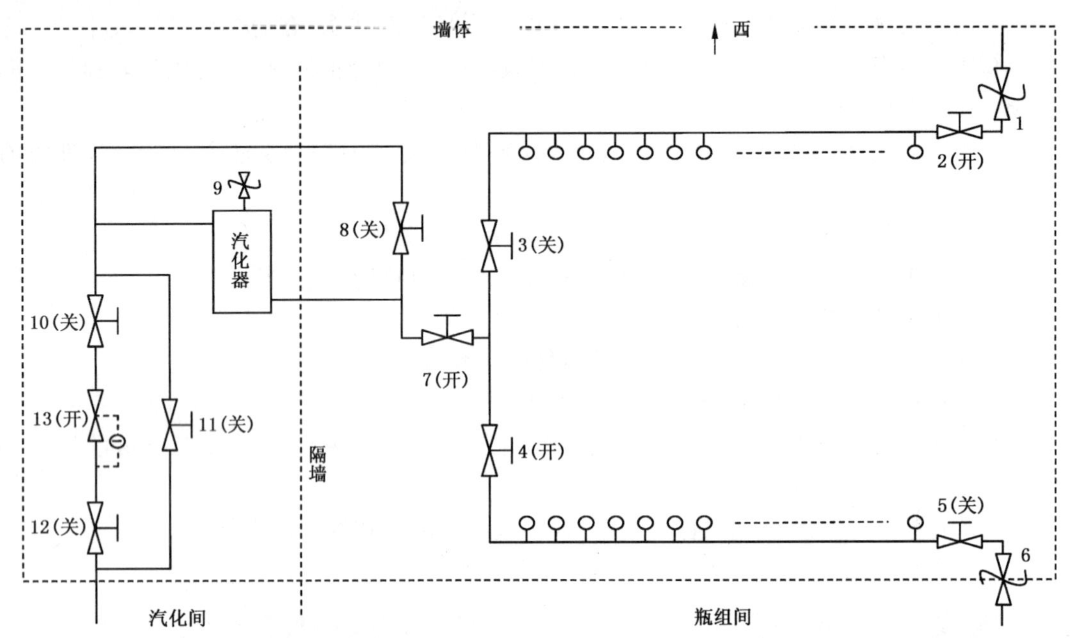

图 3　气瓶组和气化间示意图及阀门分布情况

(3) 事故现场汽化器上温度仪表指示为 49.5 ℃，由于公司从 3 月底就停了该瓶组站的供气工作，所以温度仪表上显示的温度应该是事故发生时的环境温度。现场汽化器上的安全阀没有铅封和任何校验合格标志。

4　事故产生原因分析

综合以上情况，再结合监控录像上的情况，我们判断：

(1) 瓶组站自 3 月底停用以来，处于无人管理状态，门窗紧闭。事故发生当天，温度较高，尤其在下午 2 点左右，是一天中气温最高的时间，而事故就发生在 14 点 45 分左右，这与温度条件相符合。

(2) 由于 5 号阀处于关闭状态，5 号和 10 号阀这一封闭管段上在高温作用下，导致管道内的液化石油气饱和蒸气压升高。我们委托"化学工业气体质量监督检验中心"对事故现场发现的一瓶完整无损的液化石油气钢瓶内的液化气体成分进行了分析，结果显示其成分完全符合 GB 11174—1997 中规定的液化石油气的成分标准。其中丙烷占 81.4%(体积比)，丙烯 16.32%，正丁烷 0.22%，异丁烷 0.80%，C_4 烯烃 1.21%，C_5 及 C_5 以上成分 0.096%，测得在 37.8 ℃时的蒸气压为 1 300 kPa(绝压)。经计算，该液化石油气在 49.5 ℃时的饱和蒸气压为 1.63 MPa(表压)(接近汽化器使用说明提供的汽化器安全阀整定压力 1.76 MPa)。因为汽化器安全阀没有铅封和检验合格标志，公司也拿不出任何有关这个安全阀的检验记录，因此我们怀疑汽化器上的安全阀定压不准，导致安全阀在 49.5 ℃起跳。

(3) 需要说明的是：汽化器上的安全阀经有关技术机构校验，结果在 2.0 MPa 起跳。参考有关专家的意见，我们认为，这个事故发生后测得的起跳压力数值较高的原因有以下几点：

① 阀体上没有铅封，说明使用前没有进行准确的定压；

② 不锈钢阀体在过火以后，变形量较大，导致公差配合失调，致使阀体内腔变紧，起跳

阻力加大；

③ 由于是接触易燃物，安全阀的密封垫不能是金属的，只能是四氟塑料垫。而四氟塑料垫有一个特性，就是温度超过200 ℃以后，就会发生粘连，导致起跳压力的进一步升高。

所以，汽化器上的安全阀在过火后在2.0 MPa起跳是完全可能的。并不能真实反映安全阀在事故发生时的真正起跳压力值。

(4) 由于安全阀提前起跳，将阀帽顶飞，管道内的液化石油气瞬间大量喷出，由于安全阀出口没有接管引出室外，导致大量液化石油气液体进入汽化间，与空气混合，迅速达到爆炸极限。由于安全阀出口直径较细，液化石油气喷出速度较高，与阀体和空气摩擦产生静电，将已达到爆炸极限的混合气引爆，导致闪爆，继而引起着火，最后在火焰烘烤下，西侧汇流排上的备用罐相继爆炸。

(5) 其他问题

通过现场勘查以及事后分析，我们还发现有以下问题值得我们关注：

① 汽化器生产单位未提供汽化器上安全阀的安装要求。

② 作为危险品的储存建筑，室内温度应该得到有效控制。而房门紧锁，门窗密闭，瓶组站处于无人管理的状态是不应该出现的。

③ 瓶组站的压力管道没有履行开工告知、监检手续。

④ 现场管理混乱，责任不清，更不用说具体的操作规程了。

⑤ 存在人员无证操作的事实。

⑥ 10号阀和12号阀都关闭，它们之间的管道上只有一个减压阀，因此10号阀和12号阀之间的管道就形成了死管段。现场发现减压阀的旋钮被烧化了。也存在一种可能，就是在死管段中的液化气体在高温作用下，压力升高，最终造成旋钮破坏，引起泄漏，造成后来的爆炸。

5 结论

(1) 安全阀的定压不准，提前起跳，且阀体泄放口没有接管引出室外，导致瞬间喷出的液化石油气进入汽化间引起爆炸。这属于技术分析上的原因。

(2) 设备停用无人管理，各方责任不清，没有履行安装告知及监检手续，操作人员构成事实上的无证操作等问题暴露出了使用单位程序上的漏洞，是造成事故发生的根本原因。

(3) 因此承压设备极其安全部件的安装使用必须按照规定履行程序，这是保证安全生产的必要环节，任何疏忽都可能造成不必要的人员和财产损失，应当不断加强宣传管理，使其得到应有的重视。

参考文献

[1] 特种设备安全检查条例.

[2] GB 11174—1997　液化石油气.

[3] TSG D3001—2009　压力管道安装许可规则.

卧式锅壳蒸汽锅炉事故案例分析

王涛全，蒲昭勇
绵阳市特种设备监督检验所，绵阳　621000

摘　要：本文阐述了卧式蒸汽锅炉爆炸事故的技术调查、分析的全过程。通过现场勘查、断口分析、材料的化学成分、力学性能试验、宏观和微观金相观察，发现锅炉的锅筒、水冷壁管等主要受压元件受到了高温作用，致使材料许用应力急剧下降，承载能力降低。爆炸事故的直接原因是锅筒内介质的压力超过材料的承载能力而发生的一次性过载塑性开裂。

关键词：蒸汽锅炉；爆炸；断口分析；塑性开裂；高温过热

1　卧式锅壳蒸汽锅炉事故情况描述

某单位一台 DZL4-1.25-AⅡ型卧式锅壳蒸汽锅炉，今年 7 月下旬在使用中发生了爆炸事故，造成锅炉本体锅筒、炉墙、炉排和尾部烟道等部件严重受损，并导致 1 人当场死亡。爆炸致使锅炉本体两侧耐火砖及保温材料四处散落，右侧水位表下放水管飞离锅炉本体42 m，锅炉房窗户玻璃全部被震碎，现场一片狼藉，见图 1。

图 1　爆炸现场

2　卧式锅壳蒸汽锅炉基本情况

该锅炉 2011 年 8 月制造，2012 年 2 月安装完毕，经验收合格后投入使用。主要技术参数为：额定蒸汽压力 1.25 MPa，额定蒸汽温度 194 ℃，给水温度 20 ℃，额定蒸发量 4 t/h，受热面积 109.8 m^2，设计热效率 76%，适用燃料为Ⅱ类烟煤，燃烧方式为层燃（链条炉排）。锅炉出厂技术资料、安装资料及监督检验报告齐全。

该炉主要用于每年 3～5 月收获的麦冬加工，使用的季节性很强，每年大部分时间处于

作者简介：王涛全，1965 年出生，男，大学本科，高级工程师，副所长，主要从事承压类特种设备检验检测和技术管理工作。

停用状态。使用单位未能提供设备的运行、维修和停炉保养记录。

2014 年 3 月,当地特检机构对该炉进行了外部检验。检验中发现下述问题:

(1) 压力表、安全阀等安全附件已超过有效期;

(2) 左右两侧水位表各旋塞锈蚀,手柄扳不动;

(3) 未制定锅炉房安全管理制度。

该设备投用以后从未进行过内部检验。

3 事故现场勘查情况

3.1 事故勘查过程

事故发生后,我们按照事故调查组的要求,第一时间赶到了现场,对锅炉爆炸后的原始外观状态、本体受损情况以及对周围建筑物的破坏情况等进行了仔细勘查。待锅炉本体充分冷却后,对锅炉的锅筒、水冷壁管、集箱、烟道等重要部件的内、外部状况进行了详细的检查,拆除安全阀、压力表等安全附件委送相关检验检定部门进行校验与检定,拆除左右水位表、水位报警及联锁保护装置、集箱及锅筒排污阀进行仔细的检查与试验,检查锅炉辅机的受损状况,联系某高校焊接研究所对锅筒裂口、主燃区水冷壁管等部件进行材料化学成分分析与力学性能试验、金相分析以及断口分析。

3.2 勘查结果

3.2.1 锅炉内部情况

锅内水侧垢厚约 1 mm~2 mm,锅筒底部两侧堆积有部分垢渣(爆裂口部位垢渣已大部分冲刷干净),集箱内垢渣堆积已接近集箱内径一半,锅筒内最上层烟管有轻微向上翘曲变形,见图 2。

图 2 锅炉内部状态

3.2.2 锅筒底部爆裂口形貌

爆裂口位于锅筒底部稍微靠前的主燃烧区,裂口最大长度为 880 mm,最大宽度205 mm,整个锅筒长度 4 510 mm(不含凸形管板高度),爆裂口前端点距锅筒前端与凸形管板的连接环缝中心 1 640 mm。整个爆裂口呈刀口状塑性断裂特征,爆裂口附近金属外表面经硬度检测发现有过热迹象。锅筒爆裂口附近水冷壁管上部倾斜段受火面氧化严重,存在一层较厚的氧化皮，而背火面与耐火砖壁接触，没有存在较厚的氧化皮，但是存在几处凹坑，见图3。

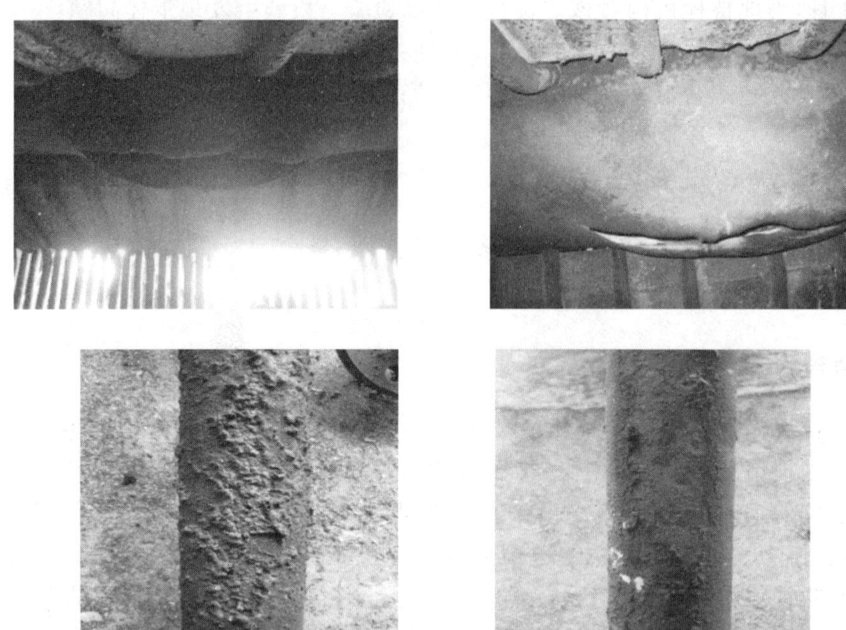

图3 锅筒爆裂口及水冷壁管外观形貌

3.2.3 锅炉尾部烟道检查

锅炉尾部烟道（锅炉烟气出口至余热水箱上部）外表涂刷的黑颜色油漆局部已变为灰白色，应为短时高温烟气引起；锅炉发生爆炸事故时短时释放的压力已将尾部水平烟道多处炸裂开口及鼓凸，见图4。

图4 锅炉尾部烟道状态

3.2.4 水位表、排污阀检查情况

拆除水位表、水位报警与联锁保护装置及截止阀分别进行检查，发现左侧水位表的水连管（与锅筒连接）、水连管上截止阀、水位报警与联锁保护装置筒体下部、水位表水侧接头均有垢渣堆积或垢渣堵塞，特别是水位报警与联锁保护装置筒体下部已被垢渣严重堵塞，垢渣

堆积高度距水连管中心线约 200 mm；水连管上截止阀进出管口及水位表水侧管口虽有垢渣堆积但未被全部堵死；右侧水位表拆除水位表及截止阀处于正常使用开启及畅通状态，但水位表水连管口部分被水垢堵塞。

现场拆除左、右集箱排污阀及锅筒排污阀检查，发现左集箱排污一次阀前排污管座被垢渣全部堵塞，所有排污阀处于正常关闭状态，见图 5。

3.2.5 安全附件检查情况

压力表外观状况良好，未见检定标识及检定证书。

锅炉顶部装设两只安全阀，型号：A48Y-16，2011 年 10 月制造，公称直径 DN50，流道直径 DN32，整定压力范围 1.3 MPa～1.6 MPa。安全阀外观状况良好，无异常。后经校验发现两只安全阀均在0.4 MPa～0.5 MPa 时即开始泄漏，起跳压力不明显。

图 5 水位表、水位报警与联锁保护装置水垢堵塞状况

4 事故产生原因分析

为了更好的进行爆炸事故原因分析，在离锅炉破裂部位 200 mm 外进行火焰切割作业，取出全部的开裂部位，同时将水冷壁管截取两段，以便进行材料的化学成分、力学性能和金相组织分析以及断口分析。截取后的试件见图 6。

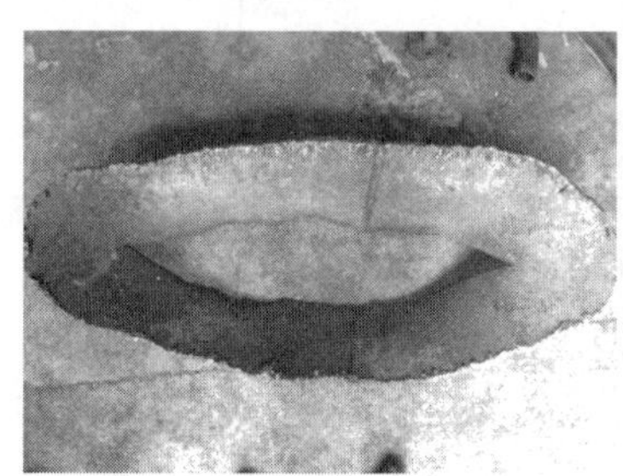
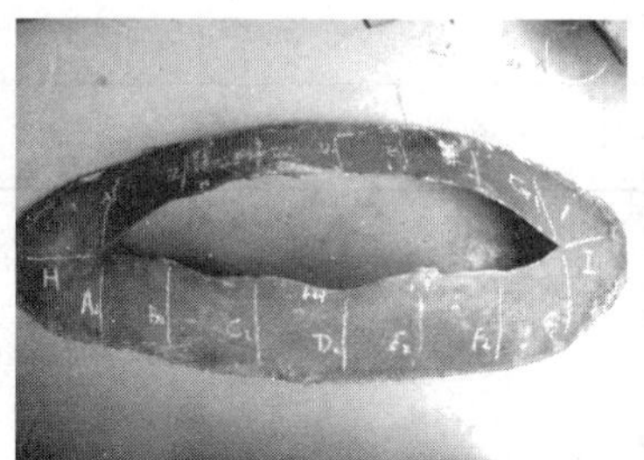
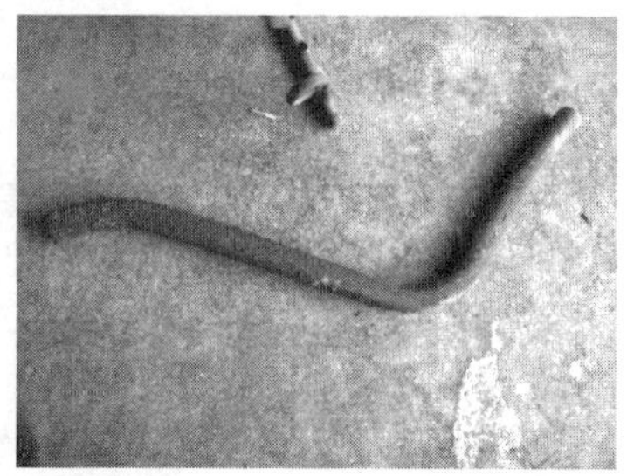

图 6 蒸汽锅炉爆破口和水冷壁管取样

4.1 锅筒裂口附近的材料厚度变化分析

针对锅筒爆炸的断口状况，采用数字超声波测厚仪对断口附近材料的厚度变化规律进行分析。

试验中采用 10 mm 和 12 mm 变化梯度对裂口附近材料进行观察，结果见图 7。

可以看出，裂口周边区域减薄较为明显，特别是两端裂纹尖端区域的厚度均小于 12 mm，裂口下部10 mm到 12 mm 厚度梯度最窄处为30 mm，应该为爆炸的起点。

锅筒材料公称厚度 14 mm，由于锅炉使用后外表面氧化和内部受到腐蚀减薄的状况，采用测厚仪检测母材的厚度一般为 13.5 mm 左右，从断口附近的材料发生变形减薄的区域状况检测，发现母材较薄的区域至少大于 50 mm，因此爆炸前后母材发生了较大的塑性变形，特别是裂纹尖端的母材区域减薄区域更加宽。

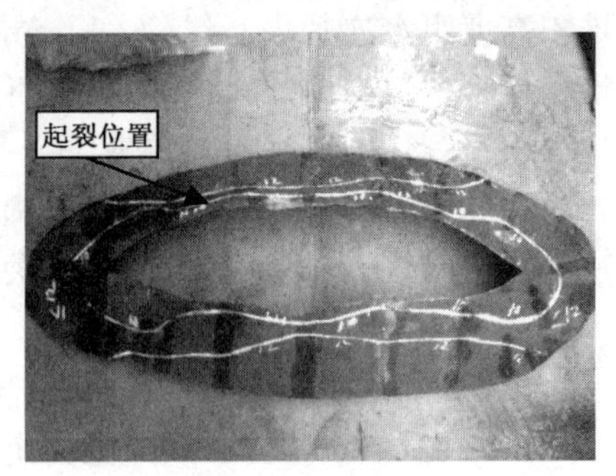

图 7　裂口附近材料厚度变化规律

4.2　材料化学成分、力学性能和金相组织试验结果与分析

4.2.1　化学成分试验结果

采用光谱法对水冷壁管和锅筒材料的化学成分进行分析。试验结果见表 1、表 2。

表 1　水冷壁管(20 钢)化学成分分析结果　%

成分	C	Si	Mn	P	S
标准值	0.17～0.23	0.17～0.37	0.35～0.65	≤0.035	≤0.035
检测值	0.084 7	0.218	0.539	0.009 4	0.004 4

根据 GB 3087—2008《低中压锅炉用无缝钢管》要求，水冷壁管 C 含量很低，不符合要求。

表 2　锅筒(Q245R)化学成分分析结果　%

成分	C	Si	Mn	P	S
标准值	≤0.20	≤0.35	0.5～1.0	≤0.025	≤0.015
检测值	0.163	0.232	0.457	0.013 8	0.015 2

根据 GB 713—2008《锅炉和压力容器用钢板》要求，锅筒材料 Mn 含量低于标准值要求，S 含量略高于标准值。

4.2.2　力学性能试验结果

水冷壁管和锅筒材料的力学性能试验结果见表 3。

表 3　力学性能试验结果

取样位置	试件编号	R_m/MPa	R_{eL}/MPa	A/%
水冷壁管上端向火面	3#	420	215	23.5
	7#	414	213	23.5

续表 3

取样位置	试件编号	R_m/MPa	R_{eL}/MPa	A/%
水冷壁管上端背火面	8#	427	206	22.0
	4#	414	212	18.5
水冷壁管下端向火面	2#	438	219	33.0
	12#	431	219	31.0
水冷壁管下端背火面	1#	492	317	13.5
	10#	466	281	13.0
锅筒	15#	406	189	30.5
	16#	414	126	32.5

可见，水冷壁管上部向火面、背火面的抗拉强度 R_m 均满足 GB 3087—2008 中大于 410 MPa的要求；而个别试样的延展率 A 低于标准值 20.0%的要求，屈服强度 R_{eL} 均低于标准 245 MPa 的要求。水冷壁管下部的向火面抗拉强度 R_m 和延展率 A 均满足 GB 3087—2008 要求，而屈服强度 R_{eL} 低于GB 3087—2008 要求。锅筒材料的力学性能中抗拉强度 R_m 符合标准值 400 MPa～500 MPa 的要求，延展率 A 大于标准值 25.0%的要求，两者均满足 GB 713—2008 的要求；而屈服强度均低于标准245 MPa的要求。

4.2.3 金相试验结果

（1）宏观观察

采用体视显微镜观察整个断口的状况发现，整个爆炸的母材断口基本上是刀刃状，见图 8。焊缝断口也有刀刃的形貌，但是由于焊缝强度比母材高，组织不均匀，使得端口部分区域存在小的平台，并有焊接接头焊缝断裂的典型形貌，及存在少量的微小裂纹形貌，见图 9。可以断定，爆炸事故的断口为较大变形的塑性断裂形态。

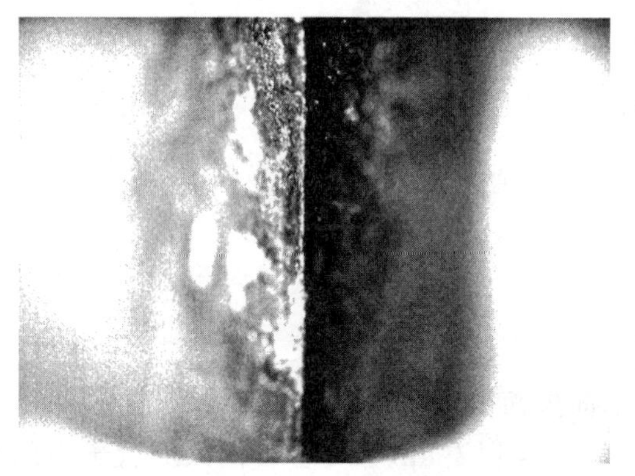

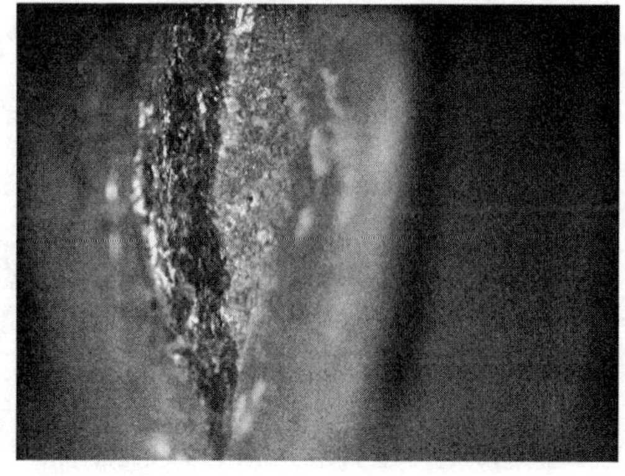

图 8 母材和焊缝刀刃断口形貌

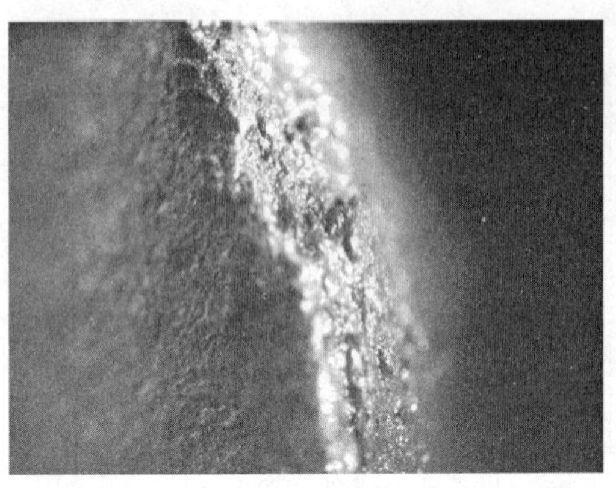
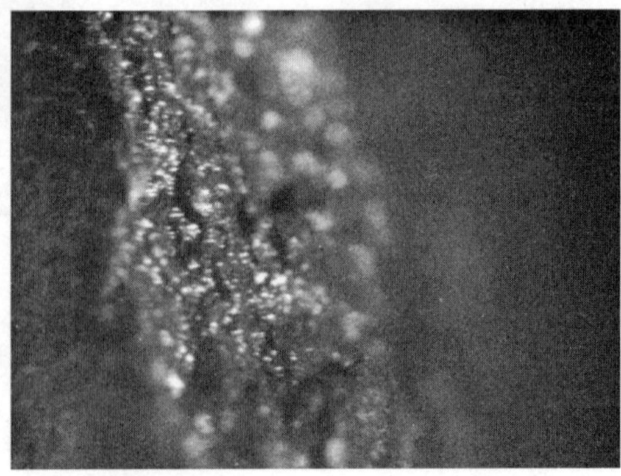

图 9 焊缝断口的平台处形貌

（2）微观观察

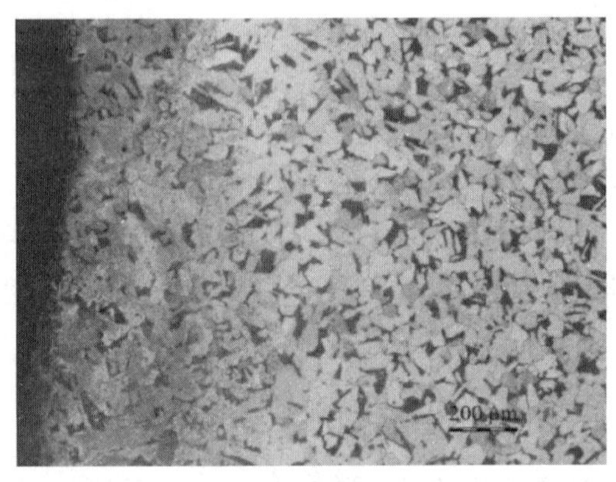

外侧100×

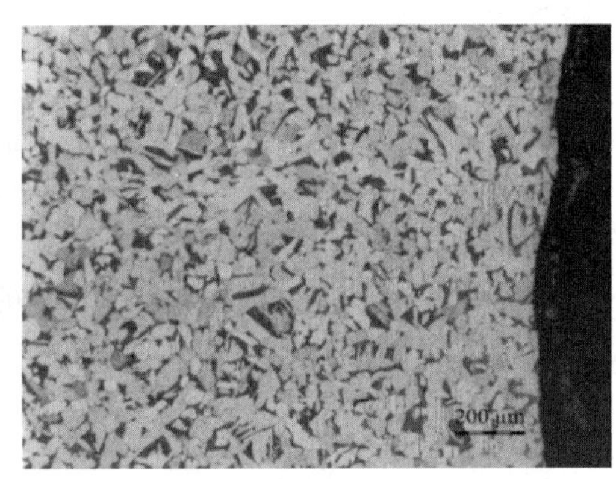

内侧100×

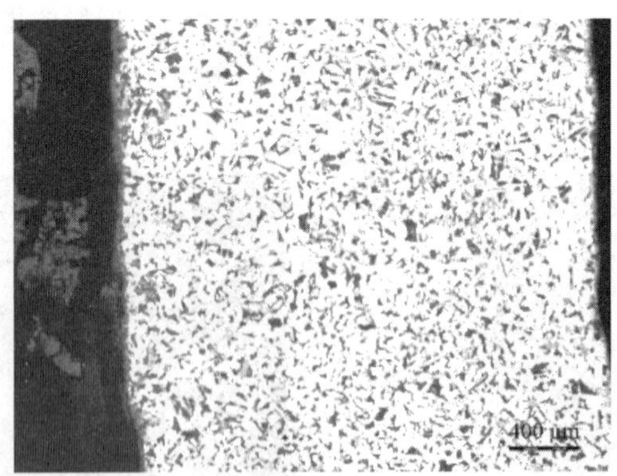

壁厚方向50×

图 10 水冷壁管上部向火面微观金相

图 10 为水冷壁管上部向火面的微观金相观察。可以看出，水冷壁管向火面管子内部和表面的晶粒度不同，外部晶粒有所长大，而且外侧没有看见有脱碳层的情况出现，微观组织基本上是铁素体和少量珠光体。

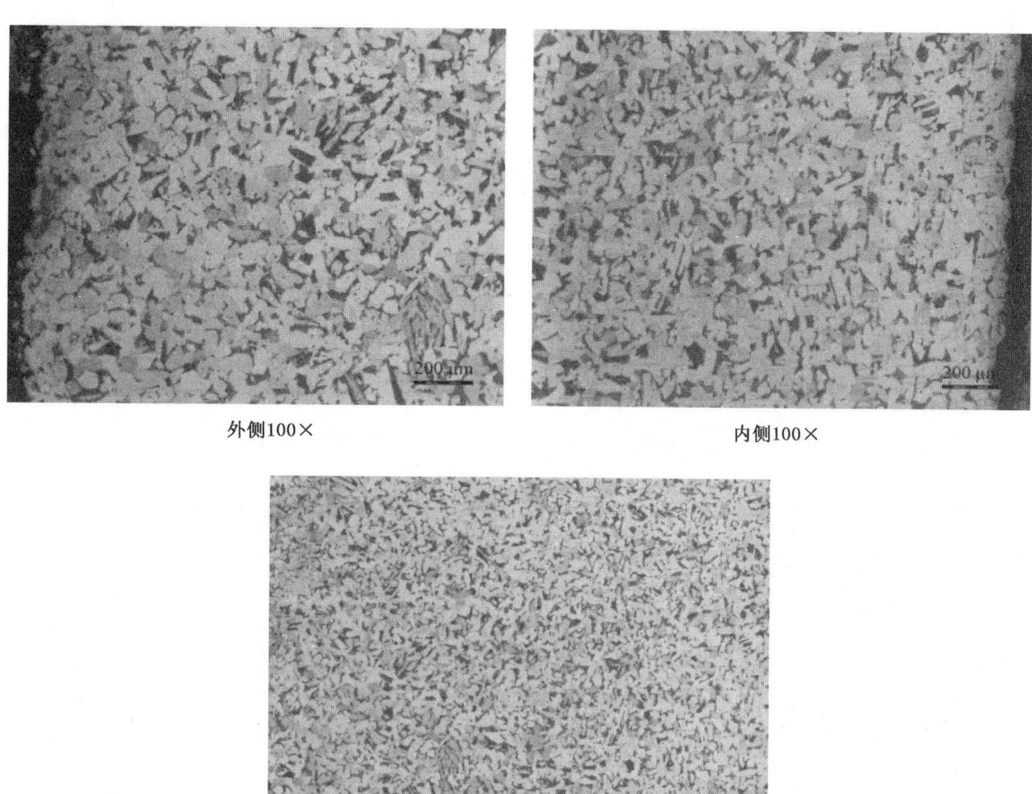

外侧100×

内侧100×

壁厚方向50×

图 11　水冷壁管上部背火面微观金相

图 11 为水冷壁管上部背火面的微观金相观察。可以看出，由于受到相同的温度条件，微观组织基本上一致。

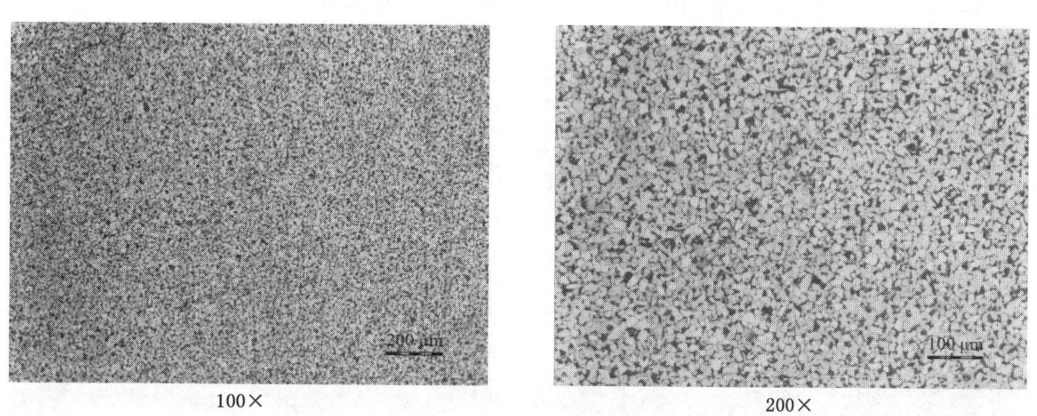

100×

200×

图 12　水冷壁管下部向火面微观金相

图 12 为水冷壁管下部向火面微观金相。可以看出，由于水冷壁管下部受到的温度影响小，晶粒比上端的向火面处晶粒小得多，为铁素体和少量珠光体的等轴晶组织。

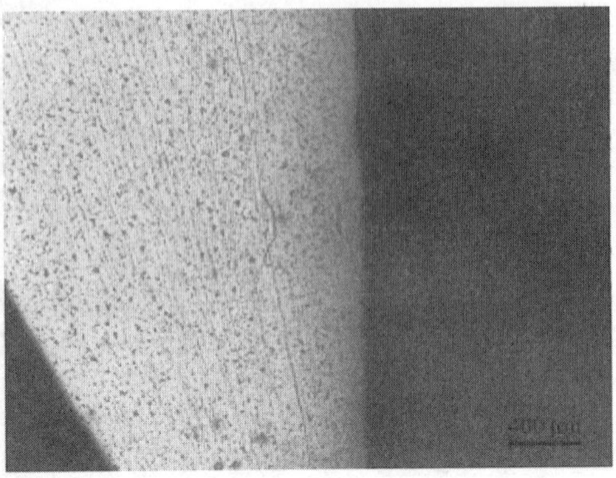

尖端50× 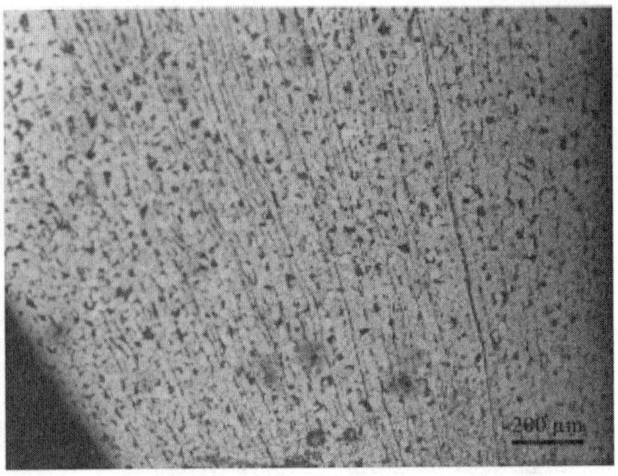　　尖端100×

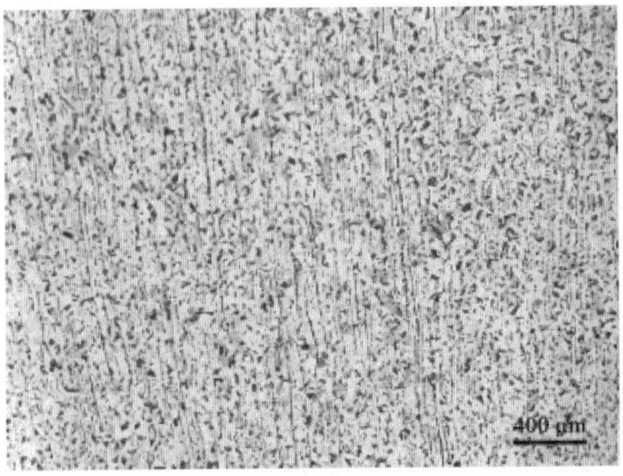

中部50× 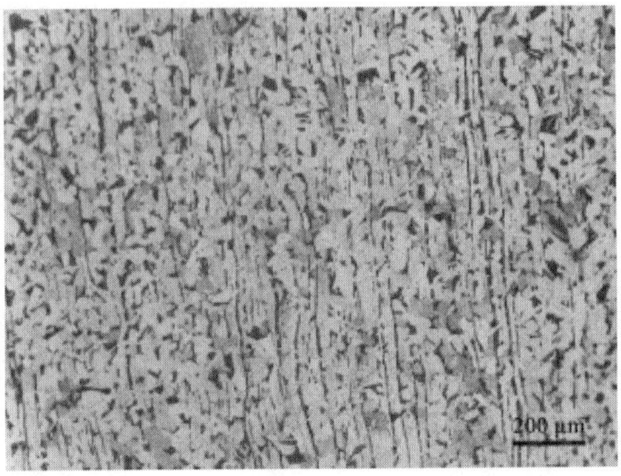　　中部100×

图 13　锅筒裂纹最宽处微观金相组织

图 13 为锅筒裂纹最宽处的金相取样。可以看出，该处组织纤维层状组织明显，其原因是爆炸时产生较大的塑性变形所致。组织为铁素体和少量珠光体组织。

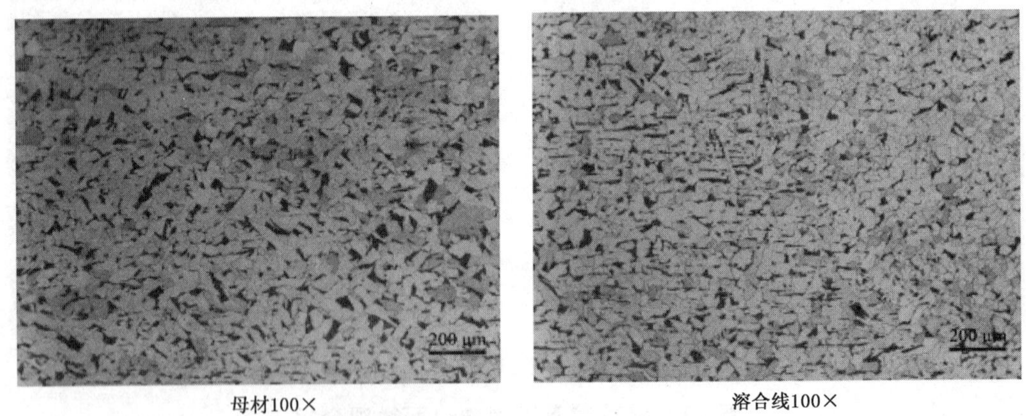

母材100×　　溶合线100×

图 14　锅筒环焊缝微观组织观察

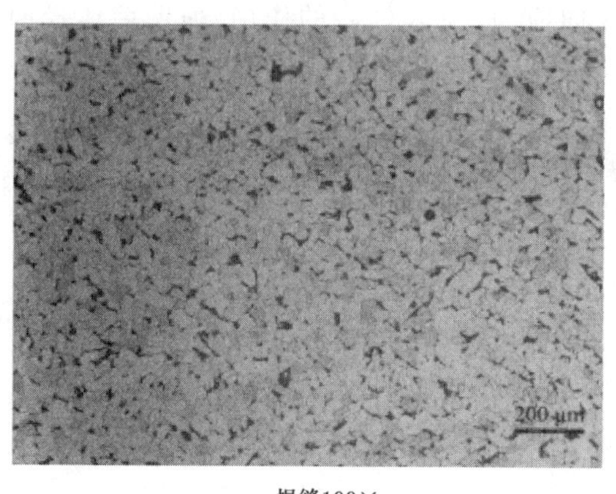

焊缝100×

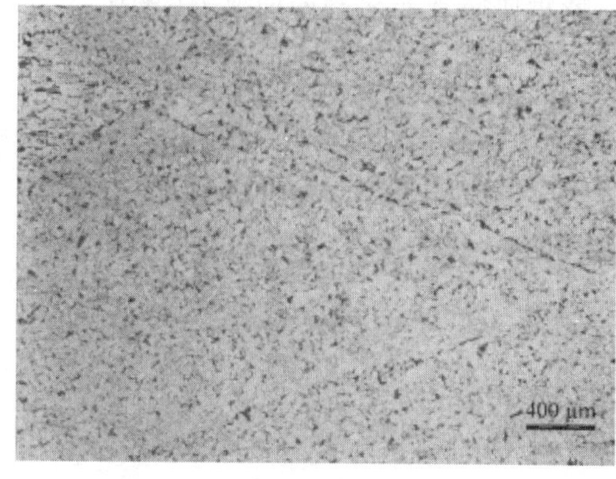

多道焊根部50×

续图 14

锅筒破裂口环焊缝附近的微观组织如图 14 所示。可以看出，焊缝多道焊的形态还可以看出，但是焊缝中柱状晶形态基本上看不见，原焊接接头过热区的常见组织也看不见，焊缝中基本上是等轴状的铁素体加少量珠光体组织，热影响区也是和母材差不多的铁素体加少量珠光体组织，造成这种组织状态的最主要原因是整个焊接接头区域已经受到了高温的影响，受热的温度条件超过了材料奥氏体化温度条件再冷却下来形成的组织状况。

在上述环焊缝裂纹尖端区域再次取样，进行断口截面处的组织观察，如图 15 所示。发现由于爆炸造成了断口处存在一定的微小二次裂纹。

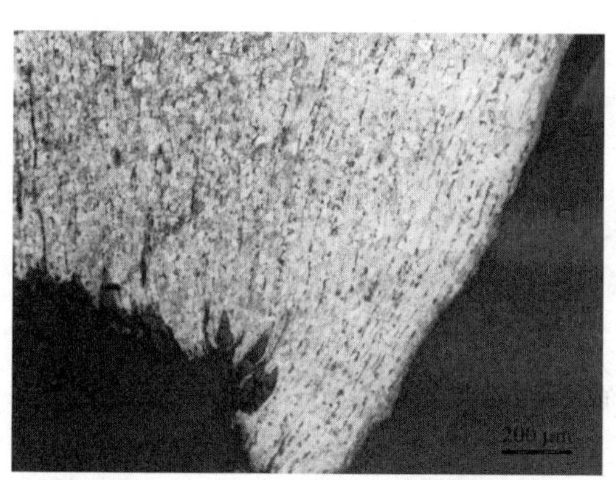

尖端100×

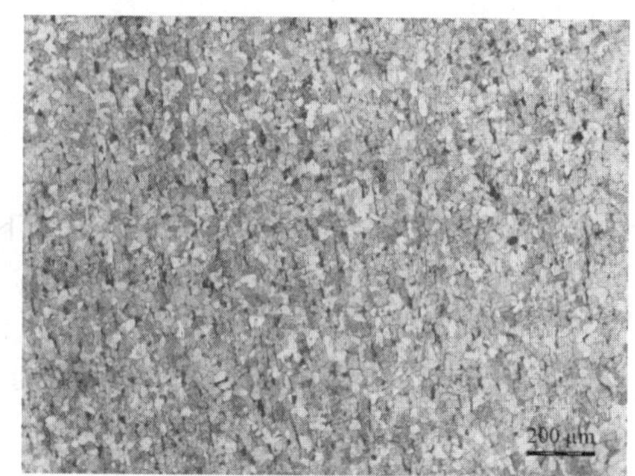

中部100×

图 15 焊缝区域断口的截面金相观察

从微观金相上看，水冷壁管上部向火部位由于晶粒较严重的长大，使得材料的屈服强度和延伸率不能满足材料标准的要求；锅筒材料经历了高温过程，材料微观组织与原始状态相比，已经发生了改变。

4.3 锅筒爆炸时的受力分析

通过锅筒材料的力学性能试验，锅筒材料在断续的热状态使用 4 年后性能发生了变化，其常温抗拉强度 R_m 为 406 MPa，屈服强度 R_{eL} 为 189 MPa，而锅炉爆炸时实际的温度条件无法获取，暂时采用常温性能作为计算的依据，高温下材料的强度降低，耐压能力也同时降低。

根据锅炉出厂技术资料，锅筒内直径为 1 400 mm。

锅炉筒体主要受到周向应力[见式(1)]和纵向应力[见式(2)]的作用(薄壁筒体径向应力可忽略)。

(1) 周向应力

$$\sigma_u=\frac{d\cdot P}{2\cdot S} \quad \cdots\cdots(1)$$

(2) 纵向应力

$$\sigma_l=\frac{1}{2}\sigma_u \quad \cdots\cdots(2)$$

式中:

d ——内径,mm,取 1 400 mm;

P ——内压,MPa;

S ——壁厚,mm,取 13.5 mm。

锅炉发生爆炸,最大的应力是周向应力,这里仅计算周向应力。

如果锅筒在爆炸时的高温作用下非正常工作,爆炸时的锅筒温度无法考证,但是随着温度的升高,材料的许用应力会显着降低。查阅 TSG R0004《固定式压力容器安全技术监察规程》第 1 号修改单,Q245R 材料在常温下的许用应力为148 MPa,当温度达到 300 ℃时,许用应力降为 108 MPa,温度 450 ℃时降为 61 MPa 仅为常温许用应力的 2/5。

依据 GB/T 16508—1999《锅壳锅炉受压元件强度计算》,锅筒爆破部位常温下最大许用压力为2.83 MPa,当温度达到 300 ℃时,许用压力降为 2.06 MPa,温度为 450 ℃时许用压力仅为 1.17 MPa。

5 结论

通过现场勘查和断口分析,可以得出如下结论:

5.1 锅炉爆炸的直接原因

锅筒内蒸汽介质压力超过材料的承载能力而发生的一次性过载塑性开裂。

5.2 事故的主要原因

(1) 锅炉运行操作过程中未按规定适时排污,及时冲洗压力表、水位表及水位报警与低水位联锁保护装置等安全附件,导致水位示控装置与低水位连锁保护装置失灵,锅炉缺水。

(2) 锅炉水位报警及低水位联锁保护装置失灵,从而导致锅炉发生严重缺水,致使锅筒、水冷壁管等重要部件向火面材料过热,材料的力学性能发生变化,特别是锅筒受火面材料的屈服强度与抗拉强度急剧下降,承载能力显著降低。

5.3 事故的次要因素

(1) 当班司炉工严重违反操作规程,未及时发现相关安全附件失效和锅炉缺水的隐患,未制止无关人员进入锅炉房重地。

(2) 使用单位特种设备安全管理薄弱,未按规定对从业人员进行安全生产教育培训考核，未要求相关人员填写锅炉运行记录、检修记录和停炉保养记录，未按相关安全技术规范的规定及时申报锅炉定期检验。

参考文献

[1] GB 3087—2008 低中压锅炉用无缝钢管.

[2] GB 713—2008 锅炉和压力容器用钢板.

[3] GB/T 228—2010 金属材料拉伸试验.

[4] GB/T 4336—2002 碳素钢和中低合金钢的光电发射光谱分析方法.

[5] GB/T 226—1991 钢的低倍组织及缺陷酸蚀检验法.

[6] TSG R0004—2009 固定式压力容器安全技术监察规程(第1号修改单).

[7] GB/T 16508—1996 锅壳锅炉受压元件强度计算.

满载LPG罐车隧道内侧翻事故的现场处置

黄天，郭凯，黄更平
广西壮族自治区特种设备检验研究院，南宁　53000

摘　要：在LPG的广泛应用和现代物流背景下，高速路隧道内LPG汽车罐车事故的发生，给应急处置提出了新的课题。本文总结了一起隧道深处满载LPG汽车罐车侧翻事故的安全处置经过，分析了发生隧道内LPG泄漏的各种风险，叙述了几种常用处置方案的现场论证选择，创造性地提出了一种隧道深处极端苛刻和危险的作业条件下事故罐车的新型处置方法，避免二次事故的发生，为我国LPG汽车罐车事故应急救援预案体系的充实提供了一个案例参考。

关键词：液化石油气；汽车罐车；隧道内；事故处置

1　LPG罐车隧道内侧翻事故情况描述

2014年8月18日深夜，一辆满载LPG罐车在广西合那高速钦崇段柳桥附近的蕾帽山隧道内发生侧翻事故，导致该路段交通一度中断。事故造成车上2人受伤(已由当地消防官兵先行救出送往医院，无生命危险)。应急、检验人员到场后，立即检测罐体液化石油气泄漏情况，查验罐体侧翻事故后的损伤、变形情况。查验4个紧急切断阀的工作状态、液相口阀门、气相口阀门、安全阀、液位计、压力表、温度计等，发现LPG罐车的罐体除两端封头有两处明显撞击、磨损、变形外，紧急切断装置有效发挥作用，各阀门均处于良好密闭状态，经连续监测，未检出不安全浓度的泄漏气体。

蕾帽山隧道为南北两隧道双线平行布置，沟通东西，每个隧道各有两个车道。事故罐车占据北隧道1.5个车道，距北隧道西口600 m、东口1 200 m。

现场处置的风险：①罐内装满21.9 t液化石油气(易燃危险化学品)，温度31℃，对应压力1.1 MPa；据测算，具备的燃爆内能相当于219 t TNT炸药的能量(参比相关报道，2015年天津“812”两次爆炸相当于24 t TNT炸药爆炸)。②满载危化介质的承压罐体脱离拖头，呈90°侧翻到地，向前滑行(摩擦)50 m后，已经完全紧贴地面，现场无法对罐体贴地侧实施全面探伤，承压罐体的安全状态具有不能完全确定的因素。③事故点处于隧道深处，无论吊装还是倒罐，稍有不慎，一旦泄漏，易燃气体在隧道有限空间内极易集聚达到危险的燃爆下限。④现场处置作业人员逃生路线长，逃生困难。

该事故属于涉及特种设备的交通事故，承压罐体本身并未当场失效。但是，应急处置中发生隧道内燃爆的二次事故的风险极大。并且，一旦发生隧道内燃爆事故，后果极其严重。

2　LPG 罐车基本情况

2.1　事故设备的设计、制造和安装基本参数和信息

LPG 罐车(液化气体运输半挂车,型号 HT9401GYQ,产品编号 E025)由荆门宏图特种飞行器制造有限公司设计、制造(制造日期 2005 年 8 月 31 日),湖北省锅炉压力容器检验研究所监检。

LPG 罐车的半挂车设计、制造参数:容积 51.65 m^3,外形尺寸(长×宽×高)12 400 mm×2 490 mm×3 980 mm,整备质量 18 300 kg,充装 21 700 kg,半挂车总质量 40 000 kg。销座(满载)16 000 kg,后轴(满载)24 000 kg。

LPG 罐车的罐体设计、制造参数:设计压力 1.77 MPa,设计温度 50 ℃,主体材质 16 MnR,Ⅲ类容器,外形尺寸(内径×壁厚×长度)2 400 mm×14 mm×11 848 mm,罐体质量 12 690 kg,使用年限 10 年。

2.2　事故设备的使用和维修情况及存在的主要问题

LPG 罐车 2005 年 09 月办理注册登记手续投入正常使用,至事故发生前,罐体无重大维修记录。

2.3　事故设备之前的检验情况和存在的问题

LPG 罐车自 2006 年 09 月首次定期检验至事故发生前,2006 年、2011 年两次全面检验以及历次年度检验安全状况等级均为 2 级。

3　事故现场勘查情况

现场情况:LPG 罐车交通事故地点在合那高速蕾帽山隧道东端入口东往西方向1 200 m处,距隧道西端出口约 600 m。LPG 罐车载满 22 t 液化石油气,罐体脱离拖头,呈 90°侧翻到地面,向前滑行 50 m。LPG 罐车罐体及行走部分重量为 18 t,加上装载的 22 t 液化石油气,总重量为 40 t。隧道拱顶高度为7 m,隧道内为两车道布置,LPG 罐车处于外侧车道(即北车道,慢车道),地面至隧道上方拱顶侧,高度仅约 6 m。罐体直径 2 400 mm,加上行走、机械连接部分高度,正常的垂直高度约为 4 m。扣除起吊捆绑钢丝绳绑扎区间、吊钩、滑轮组等固有尺寸,可供起吊作业的高度方向的操作空间仅为 0.5 m～0.6 m。同时,40 t 重的 LPG 罐车罐体紧贴地面,给钢丝绳的穿挂、捆绑等作业造成极大的困难。

罐体的损伤、变形情况:查验 4 个紧急切断阀的工作状态、液相口阀门、气相口阀门、安全阀、液位计、压力表、温度计等,发现 LPG 罐车罐体除两端封头有两处明显撞击、磨损、变形外,紧急切断装置有效发挥作用,各阀门均处于良好密闭状态,经连续监测,未检出不安全浓度的泄漏气体。

正常分布于罐体上铅垂线方向的气相、液相出口,由于罐体呈 90°侧翻,已经处于罐体水

平线位置，无论怎样倒罐，始终还有半罐液化气无法导出，即罐内液体无法倒空。

事故现场的最初状态见图1。

图1　事故现场的最初状态

4　事故现场处置

4.1　现场提出的几种处置方案

事发不久，当地市政府立即启动应急处置预案，众多部门的专业人员汇聚现场，根据事故现场情形与设备状态，提出各种处置措施。主要的几个方案是：

4.1.1　方案1

接管至洞外倒罐后把空罐复位或拖出。理由是，按高速公路一般的正常管理要求，介质处理不净的罐车不做吊装作业，必须腾空罐子；而隧道内倒罐作业，空间相对有限，易燃介质稍有泄漏都极易导致空间达到危险的燃爆下限，因此，接管至洞外，通过洞外的应急罐车（已经先期调集到达洞外候命）进行倒罐作业，可保稳妥。

4.1.2　方案2

洞内直接倒罐或直接翻转复位后拉出洞外。理由是，罐车倾翻后，罐体封闭良好无泄漏，与罐子相连的行走部分基本完好，放一台130 t汽车吊（已经先期调集到达洞外候命）进洞，直接可以把罐车翻转复位，再由LPG罐车拖头拉出隧道即可；或者，先把应急罐车放进洞内对接事故罐车直接进行倒罐作业，倒空事故罐车后再做前述处理。

4.1.3　方案3

罐底加装大垫板拖出洞外后翻转复位。理由是，吊装高度最低，作业最简，大垫板容易制作，拖出洞外再倒罐或复位。缺点：40多吨重物，600 m全程贴地滑动摩擦，火花不断，虽然有钢板间隔，但同处一个隧道空间内，还是相当危险。

4.1.4 方案4

带介质罐体整体就地加装小车后拉出洞外再翻转复位。理由是，吊装高度最低，作业最简，拖出洞外再倒罐或复位，安全稳妥。缺点：特制小型平板拖车的制作需要较长的时间。隧道内现场禁绝任何焊接动火作业，小车（构件）需在隧道外预制作。

4.2 几个处置方案的现场论证

方案1、方案2都考虑倒罐，而现场设备状态下，无论采取何种措施，始终还有半罐液化气无法从处于水平线位置的液相出口导出，即罐内液体无法倒空。另外，洞内翻转复位不具备起重作业高度条件。均不可行。

方案3，罐底加装大垫板运出的方案，空间操作上具备可行条件，风险是重物长距离拖行，金属垫板与混凝土路面摩擦，隧道内地面火花不断，且液化石油气的密度大于空气[1]，一旦泄漏会沉降集聚，太危险，且损伤隧道内路面。

方案4，避免前述其他方案的不足，在现场苛刻条件下仍可安全稳妥地进行。此时，交管部门将事故隧道（北隧道）封闭后，南隧道依然可以安排车辆双向通行，加之该路段为新投用线路，交通压力不大。现场处置具备较为充裕的时间。

8月19日，处置方案的比较论证从中午持续到夜晚。最终，总指挥部决定采用我院提出的方案（即方案4）。

4.3 处置方案实施前的风险预估与针对性的保障措施

4.3.1 带液化石油气整体吊运救援处置不当可能发生的次生事故及其后果

(1) 吊运方案不科学可靠，吊运作业不当，一旦发生吊物（罐车）磕碰、吊物晃荡、断绳、绳索滑脱或意外移位顿挫、脱卡等吊运作业事故时，易导致吊物（罐车）受到撞击，装卸管路、阀门易被摔打破坏，紧急切断装置动作机关一旦被触发或撞击后不能正常复位，会导致大量泄漏。当大量泄漏发生在相对封闭空间（如隧道），极易导致爆炸。

(2) 吊运作业过程，吊运机械（内燃机动力）的尾气、电气火花的火源，可能引燃引爆作业环境中泄漏的液化石油气。

(3) LPG罐车内介质是流体，易导致重心改变。吊运作业不注意这一特点，应对措施考虑不足，易发生吊车倾覆事故。

(4) 吊运作业过程，救援人员往往只注意到起重机的额定起重量数倍于吊物（罐车），却容易忽略该类起重机属于旋转臂架式起重机，其实际的起重能力随幅度而改变。吊运方案不周，作业过程伸臂过远，都易导致吊车倾覆，紧接着罐车受损泄漏。

(5) 作业一般都由流动式起重机（即俗称汽车吊）担当，该特种设备安全状态不好而未发现，容易发生前述的吊装事故。

(6) 流动式起重机的作业人员未经培训考核取得特种设备作业人员资格，缺乏系统牢固的起重作业安全技术知识和技能，容易发生前述的吊装事故。

4.3.2 针对性的保障措施

(1) 执行作业的流动式起重机应依法经特种设备检验机构定期检验合格并在有效期

内。发动机尾气排气管戴好阻火器。

(2) 执行作业的流动式起重机作业人员应依法取得特种设备作业人员资格，掌握系统牢固的起重作业安全技术知识和技能。

(3) 应采取双机抬吊的作业方式[1]。须制订有安全周密的吊运方案，并经过专业人员的审核。考虑到作业环境的限制，起重机往往需要在较大幅度甚至在极限幅度下作业，捆绑索、起吊索、卡扣等关键部件以及对起重量的考虑，都要有足够可靠的安全倍数。本次现场处置，应急系统调集了广西第一安装公司第四分公司的精兵强将来落实处置方案，现场制定吊运方案。无论是人员还是装备，都有了规范化、专业化的可靠保证。

(4) 禁止采用单点独吊、歪拉斜吊等不安全的作业方式。因罐内装有介质，且保持一定的压力。任何集中应力的吊点选择、捆绑方式和吊运作业方式都必须严格杜绝。

(5) 加强监护观察，密切关注吊车支腿着地支撑状态，一旦支腿离地，极易发生吊车倾覆。必须立即停止起吊，检查调整正常后方可恢复作业。

4.4 现场处置

现场处置作业全程检测 LPG 罐车的易燃气体泄漏情况，全程禁火。

现场处置分两个阶段。第一阶段任务是，隧道内微起吊，在罐体下部加装承载小车，将罐体拖移出隧道外。第二阶段任务是，在隧道外空旷地，带液罐体翻转复位，更换新拖头开去附近气库卸气。

第一阶段的具体做法：隧道外预制两台承载小车。如图 2，每个小车用 4 根 350 mm×200 mm 的 H 型钢跟两组滚轮连接组装而成，用 32 副 M30 的 8.8 级高强螺栓连接 H 型钢和滚轮组连接成一辆小车(小车平台宽度略大于罐体直径)。满载 LPG 的半挂运输车的总重通过 64 副螺栓的承载传递到 8 个滚轮踏面。经核算，64 副螺栓共可达 1 216 t 的保证载荷[2]，承载能力有充足的安全余地。

图 2 隧道外预制承载小车构件

以两台全液压汽车吊(当时调集到一台 50 t，一台 70 t)，采用双机抬吊作业。用两组柔性起吊带加挂防脱绳组成的绳系，将罐体微吊起。一面起吊，一面从罐体下部两侧顶填垫木，尤其注意加垫罐体中段的下部两侧。罐体离地后，两端穿绕捆绑绳(直径 30 mm 的 6 股钢丝绳)构成两吊点。二次起吊后，罐体中段以及两封头环焊缝下部即已垫好 3 组垫木(高度约 450 mm)承托罐车的全部重量。两台小车预制好后,拆散为构件运进隧道内,在罐体两端下部组装、加挂捆绑索。一切就绪,双机抬吊微起,撤开垫木后,卸掉抬吊双钩,将罐车安然牵引出隧道外,见图 3。

图 3　罐体已然装设好承载小车,即将往隧道外拖出

第二阶段的具体做法:仍以两台全液压汽车吊双机抬吊,承托罐车总重,两吊点的捆绑绳为三圈螺旋包绕。另以先期调集到位的 130 t 汽车吊,于罐体中段绕挂翻转用的提升绳索。两端吊点力主承托,中段吊点力主旋转,三机协调,实现空中转体复位。罐车的车轮又脚踏实地了。准备转体见图 4,转体完成见图 5。

图 4　罐车准备转体

图 5　罐车转体完成

5 结论

(1) YZ 0205—2009《液化石油气汽车罐车事故应急救援预案指南》针对LPG运输车的翻车事故的现场处置措施给出两点提示:①LPG罐车翻车时,首先应确定是否有泄漏。如无泄漏,应用二部吊车进行起吊扶正,然后将LPG罐车移至安全处。②对吊车起吊能力不足时,应将先发生事故的LPG罐车内的介质输送至备用的空LPG罐车或罐式集装箱内,然后再进行起吊扶正。YZ 0205—2009《液化石油气汽车罐车事故应急救援预案指南》对我们此次现场处置方案的制定及实施具有重要的原则性和方向性的指导意义。

(2) 针对隧道内LPG运输车的翻车事故,带介质现场处置必须重点考虑两个危险因素:①相对封闭的有限空间,不仅意味着吊装作业受限、不易逃生等困难,更意味着一旦发生泄漏隧道内空间比空旷地更容易达到爆炸下限;②容器自重及液体货物重量,再加上罐内LPG的正压,会导致吊装作业时,罐体中段下部环焊缝拉应力的增加。应采取措施降低、消解这种应力的增加。

(3) 加强移动式压力容器的使用维护管理和定期检验管理。良好的罐体状况和安全等级,有助于LPG运输车发生交通事故时,降低因罐体设备状况不良导致事故扩大的风险。

(4) 制定有安全周密的吊运方案,并经过专业人员的审核。执行作业的流动式起重机应依法定期检验合格并在有效期内,发动机尾气排气管戴好阻火器。起重作业人员应依法取得特种设备作业人员资格,掌握系统牢固的起重作业安全技术知识和技能。考虑到作业环境的限制,起重机往往需要在较大幅度甚至在极限幅度下作业,捆绑索、起吊索、卡扣等关键部件以及对起重量的考虑,都要有足够可靠的安全系数。禁止采用单点独吊、歪拉斜吊等不安全的作业方式以及任何可能导致应力集中的吊点选择、捆绑方式和吊运作业方式。

(5) 处置作业全程检测LPG运输车的易燃气体泄漏情况,全程禁火。

参考文献

[1] YZ 0205—2009 液化石油气汽车罐车事故应急救援预案指南.

[2] GB/T 3098.1—2010 紧固件机械性能 螺栓、螺钉和螺柱.

低温液氧储罐泄漏事故分析

信世超

沈阳特种设备检测研究院,沈阳　110036

摘　要:2010 年 2 月,某公司发生一起低温液氧储罐泄漏事故。笔者通过对事故现场进行勘察、生产车间人员进行询问及泄漏源查找,对事故物件进行宏观检查、微观扫描电镜察看、材质化学成分分析、金相组织检验及分析,做出了事故是由于储罐内筒测满管设计中考虑不足,且有焊接缺陷,使用中发生疲劳断裂造成罐内介质泄漏,致使储罐夹套内形成低温工况,导致储罐外筒发生低温脆断的结论。本文阐述事故发生的原因、分析过程及结论,并提出了相应的整改措施。

关键词:低温脆断;泄漏源;测满管;疲劳断裂

1　低温液氧储罐泄漏事故情况描述

2010 年 2 月 24 日,沈阳地区下冰雨,2 月 25 日 14 时 23 分,沈阳某气体有限公司的一台 50 m^3 低温液氧储罐,在完成充装作业 10 min 后发生罐体破裂、罐内介质液氧泄漏事故。

作者为沈阳市质量技术监督局事故调查技术鉴定组成员,通过向生产车间负责人询问了解,在泄漏事故发生前 10 min,刚结束由低温罐车向该低温储罐充装液态氧的作业。在本次充装前,罐内原有约30 t液态氧,该次充装充入 9 t 液态氧,充装时间约 40 min。

14 时 23 分 23 秒(时间来自监控录像),该 50 m^3 低温液氧储罐发生破裂,大量液态氧泄漏并气化,储罐周围白茫茫雾海一片,什么也看不清楚,人员不能接近,这种情况一直持续到下午 18 时 30 分,储罐内的液态氧才全部泄漏完闭。

由于刚刚结束充装作业,相关人员都在休息,现场已经没有作业人员,仅有一名清洁工,在储罐约15 m处打扫卫生,泄漏产生的冲击波将该名清洁工掀翻在地,但没有受伤。

事故发生后,该公司及时保护了事故现场,采取停止相关作业,防止一切人员靠近低温储罐等措施,并及时向沈阳市特种设备监察机构进行事故报告。

2　设备基本情况

该设备的产品名称为 50 m^3 低温液氧贮罐,品种为三类低温压力容器。设计单位为浙天化工机械研究所,制造单位为杭州川空通用设备有限公司,制造过程监督检验单位为杭州市锅炉压力容器检测中心,定期检验单位为沈阳市特种设备检测研究院。设计、制造规范为

作者简介:信世超,1963 年出生,男,工程硕士,高级工程师,压力容器检验责任师,主要从事压力容器定期检验、监督检验、压力容器事故鉴定、压力容器检验员授课等工作。

GB 150—1998，设计日期为 2001 年2月，制造日期为 2003 年 9 月，投用日期为 2004 年 12 月。首次定期检验（全面检验）日期为 2007 年 8 月 7 日，检验中未发现缺陷存在，安全状况等级为 1 级，下次全面检验日期为 2010 年 7 月 30 日。

该容器已办理使用登记，使用登记编号为辽 A08980，注册代码为 21402101002004028980，该容器单位内编号为 04-1058-12。

该容器产品技术参数如下：设计压力：内筒：0.824 MPa；外筒：－0.1 MPa；设计温度：内筒：－196 ℃；外筒：常温。最高工作压力：内筒：0.785 MPa；外筒：－0.1 MPa。工作介质：内筒：液态 O_2；外筒：珠光砂。几何容积：内筒：52.0 m^3；外筒（夹套）：38 m^3。该容器为双层圆筒形结构，立式，高13 150 mm，总重26 150 kg；内筒内径 2 500 mm，壁厚 10 mm，材质为 0Cr18Ni9；外筒内径 3 100 mm，壁厚 10 mm，材质为 Q235A。

该容器结构简图见图 1。容器内筒共有 8 个管口，分别为：上部进液管口 c 和下部进液管口 d，公称尺寸为 DN40，连接尺寸标准为 ϕ45 mm×3.5 mm，管口设计材质为 0Cr18Ni9；液面计上管口 e，公称尺寸为 DN8，连接尺寸标准为 ϕ12 mm×2 mm，设计材质为 0Cr18Ni9；液面计下管口 d，公称尺寸为 DN15，连接尺寸标准为 ϕ18 mm×2 mm，设计材质为 0Cr18Ni9；增压管口 g，公称尺寸为 DN25，连接尺寸标准为 ϕ28 mm×2 mm，设计材质为 0Cr18Ni9；增压气相管口 o，公称尺寸为 DN40，连接尺寸标准为 ϕ45 mm×3.5mm，设计材质为 0Cr18Ni9；测满口 f，公称尺寸为 DN8，连接尺寸标准为 ϕ12 mm×2 mm，管座设计材质和过渡弯管（测满管在内筒内的部分）设计材质均为 0Cr18Ni9，测满管为内筒接管插入管座焊接连接（管座外径为 ϕ24 mm）；排液管口 h，公称尺寸为 DN40，连接尺寸标准为 ϕ45 mm×3.5 mm，设计材质为 0Cr18Ni9。

该容器的出厂设计资料中没有反映出与上述管口相连接的各管路的材质资料。

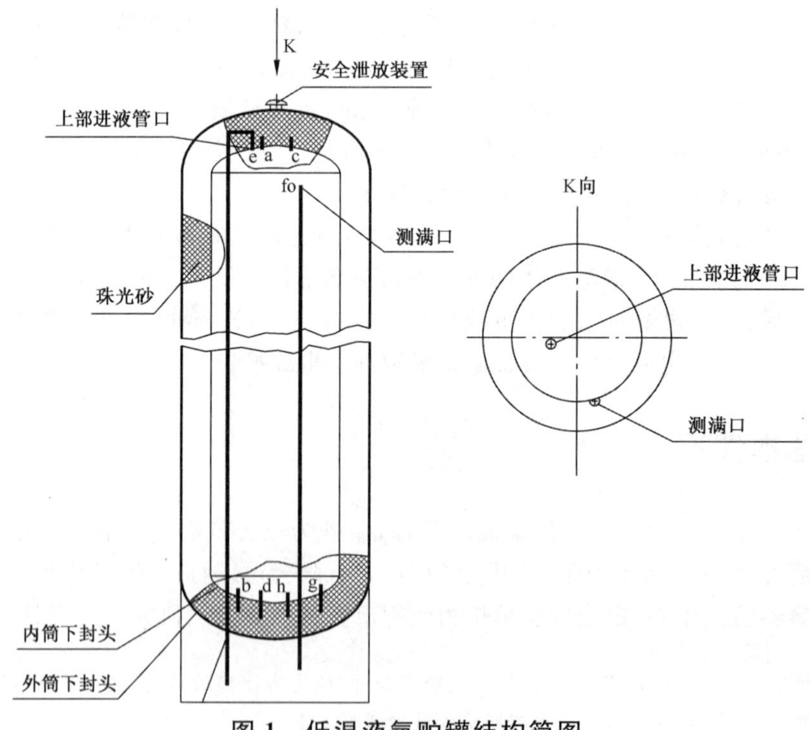

图 1　低温液氧贮罐结构简图

3 事故现场勘察情况

3.1 事故现场低温储罐及管道损坏情况

勘察事故现场照片见图 2,查看该低温储罐,发现该储罐外筒体及外筒下封头被炸坏,破裂形成的大窟窿约占下封头面积的 2/3,见图 2a)、图 2b)。经查看,发现位于储罐底部的上进液管、排气管及下排液管被拉断,而储罐的其他部分从表面上看完好无缺。储罐旁的充装装置作业管道有部分已损坏,见图 2c)。从外表面观察,外筒设置的安全泄放装置没有起跳的迹象,见图 2d)。外筒被炸飞的罐体碎片都落到周围的冰水中,最大的一块碎片约 15 kg,见图 2e),飞出约 15 m。在罐内液氧泄漏完毕后,观察到在外筒罐体上部对应测满管口部位,有约 400 mm×300 mm 的结霜异常现象,见图 2h)。

3.2 事故前一天及当天天气情况

2 月 24 日沈阳地区下冰雨,致使该低温储罐外筒普遍覆盖 6 mm~8 mm 的冰层,见图 2g),事故发生时,冰层仍然覆盖在外筒表面。

2 月 25 日沈阳地区多云转晴,气温－12 ℃～－2 ℃。

a) 低温储罐破裂现场照片

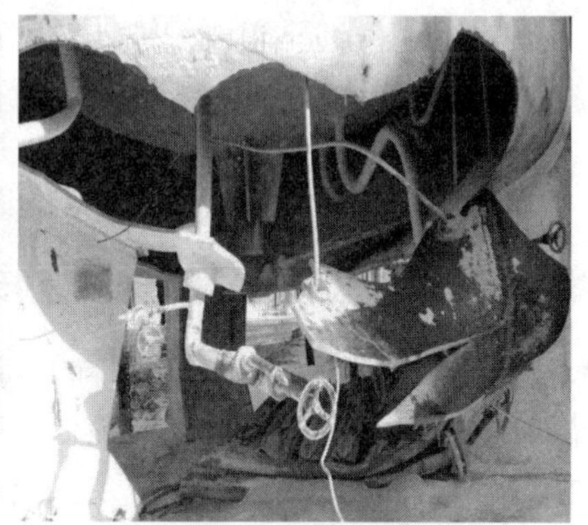

b) 低温储罐破裂部位照片

c) 充装装置作业管道断裂照片

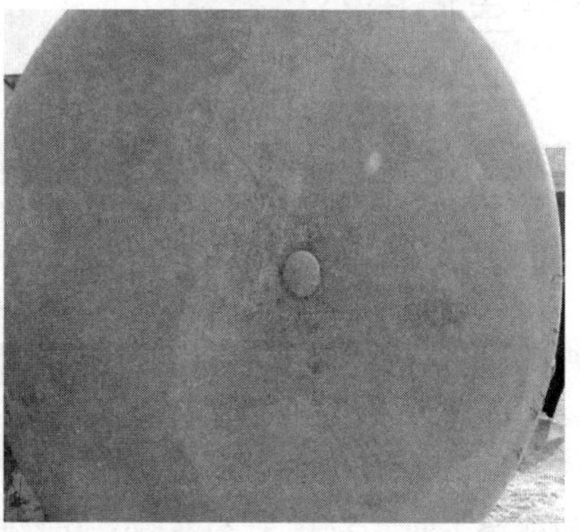

d) 事故后安全泄放装置照片

图 2 低温储罐事故现场照片

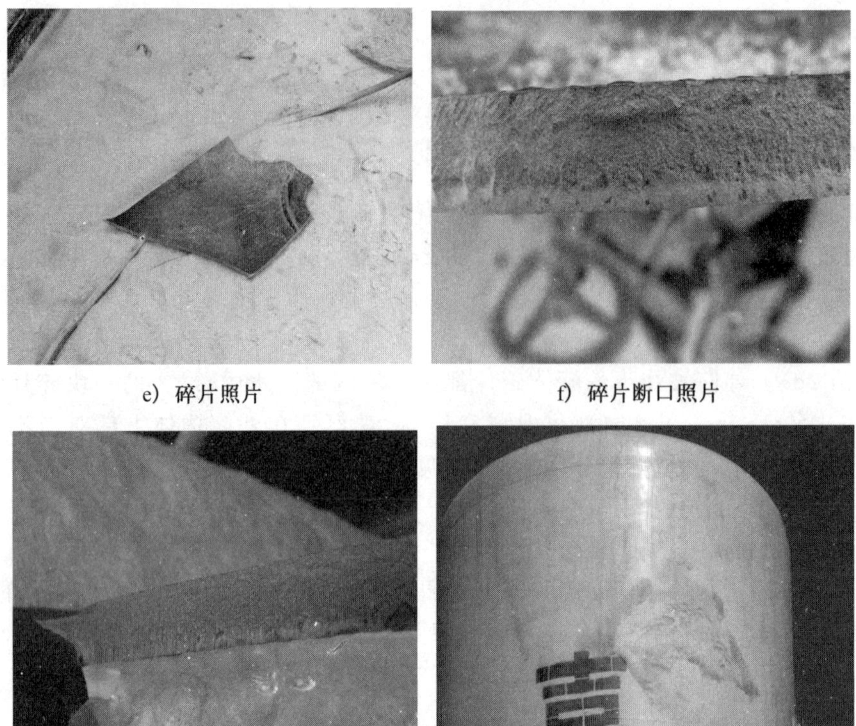

e）碎片照片　f）碎片断口照片

g）外筒下封头断口及覆盖冰层照片　h）外筒罐体上部对应测满管口部位结霜照片

续图 2

3.3 事故人员伤亡、设备损坏程度、直接经济损失及操作人员持证情况

该事故没有造成人员伤亡，设备外筒下封头及相连的管道损坏，低温储罐内筒仍然完好。低温储罐旁的充装装置部分损坏，该泄漏事故造成的直接经济损失约人民币 60 万元。

该低温储罐设有指定操作人员，充装人员持有上岗证。

4 事故产生原因分析

4.1 低温储罐外筒体及下封头失效分析

查看外筒体和外筒下封头的断裂情况，损坏部分分裂成许多碎片，破裂断口平齐而光亮，且与正应力垂直，断口呈人字或放射花样，基本没有塑性变形，见图 2f）、图 2g）。

由此判断，该低温储罐外筒体和外筒下封头失效形式为低碳钢材质的低温脆性断裂，断裂方式为解理断裂[1]。

造成低碳钢低温脆断失效实质是钢处于低温工况，其断裂强度远低于设计强度值[2]，储罐外筒体和外筒下封头材质为 Q235A，形成低温工况的可能性有两个影响因素。

（1）温度的影响。该低温储罐断裂区域形成低温的原因主要有 3 点：一是环境温度；二是充装液态氧的管道与外筒下封头焊接连接，充装时低温的液态氧通过热传导使外筒下封头与管道连接区域处于较低温度；三是有可能在充装时储罐内筒或内筒接管管道发生泄漏，低温液态氧流向内外筒夹套底部，同时发生液态氧变成气态，形成夹套内低温环境，导致罐体外筒体及外筒下封头处于低温状态，这点对储罐断裂区域形成低温起主要作用。

(2) 压力的影响。使外筒破裂的压力源自泄漏于夹套的液态氧气化所致。正常工况下，内、外筒夹套内充满珠光砂且处于负压状况，储罐外筒承受大气压状况下的外压力；但当内筒介质发生泄漏时，若泄漏的液态氧进入夹套内，由于内筒与夹套之间存在压差，液态氧或气液混合物会迅速涌入夹套并气化，造成夹套内的压力由负压转变成正压力，由于冰雨天气，外筒设置的安全泄放装置的防护罩与外筒上封头相邻近部位因结冰而被冻死，造成安全泄放装置(其设定的开启压力为 0.1 MPa)不能正常起爆泄放压力，夹套内始终处于封闭状况(根据泄漏情况分析，泄漏产生的压力应当超过了安全泄放装置设定的开启压力)，从而导致外筒处于承受内压力作用的应力状况。

由上述分析推断，若内筒或内筒接管有泄漏口，便会形成泄漏源，源于泄漏源的液态氧在夹套内气化会导致夹套形成低温工况。因此，查找到泄漏源，即查找低温储罐内筒或通过夹套的内筒接管是否有泄漏口成为推断能否成立的前提。

4.2 泄漏源查找及分析

为查找泄漏源的原始泄漏口，割下了该储罐外筒，查看内筒及内筒接管，重点查看现场勘察发现的储罐外筒部分有明显的结霜异常现象[见图 2h)]对应的内筒部位，发现在上封头和最上部第一筒节，测满管管座与内筒接管(内筒接管插入测满管管座)焊接接头的环向焊缝全部断裂，测满管管座与内筒接管已断开分离，推断该开裂处可能是原始泄漏源之一。

另外，还发现该储罐上部的进液管与内筒接管连接部位有撕裂的断口(环缝焊口撕开长度约 50%焊口长度)，经外观查看判断，该撕裂为外筒破裂时造成的撕裂，排除其是原始泄漏源的可能。

未发现储罐内筒外表面有破裂口，也排除其是原始泄漏源的可能。

据此断定，测满管管座与内筒接管焊接接头环向焊缝断裂口是泄漏源的唯一泄漏口，4.1的推断成立，测满管断裂失效成为夹套形成低温工况的原始泄漏源。

可见，有必要对测满管断裂部位的物件做进一步的检测，分析其失效形式和原因。

4.3 测满管断裂失效分析

割下测满管管座与内筒接管连接的焊接接头及部分测满管(断管)，委托中国科学院金属研究所对其进行进行扫描电镜检查、材质化学成分分析及金相组织检验，根据报告结论[3]，分析如下。

4.3.1 宏观检查情况

断管的外径 18 mm，壁厚 2 mm，材料为 18-8 型奥氏体不锈钢。送检样品的宏观照片见图 3，箭头指示断管断口，可见断裂发生在焊缝的边缘。焊缝两侧的钢管直径不同，焊缝左侧测满管钢管为 18 mm×2 mm，右侧钢管要粗些，断裂发生在焊缝左侧的 18 mm×2 mm 钢管。在断口附近，钢管整体呈弯曲状。

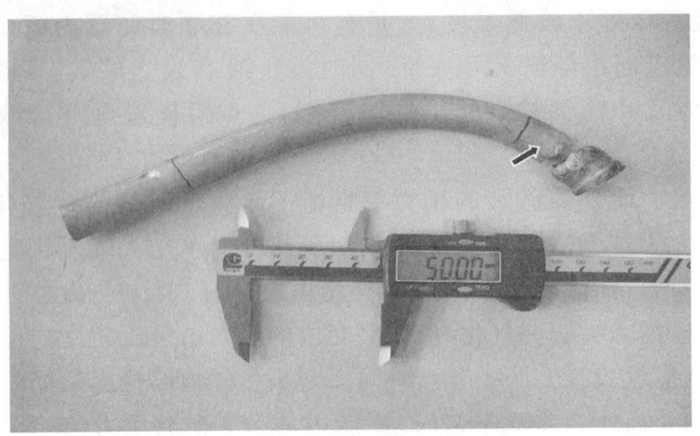

图 3　送检样品的宏观照片

图 4 是焊缝侧断口的宏观像，图中字母 A 表示凸侧（即图 3 中上方）断口，字母 B 表示凹侧（即图 3 中下方）断口。断口整体不平整，断面上一般有断裂纹理，但局部区域（箭头所指）很光滑，断裂纹理不明显。

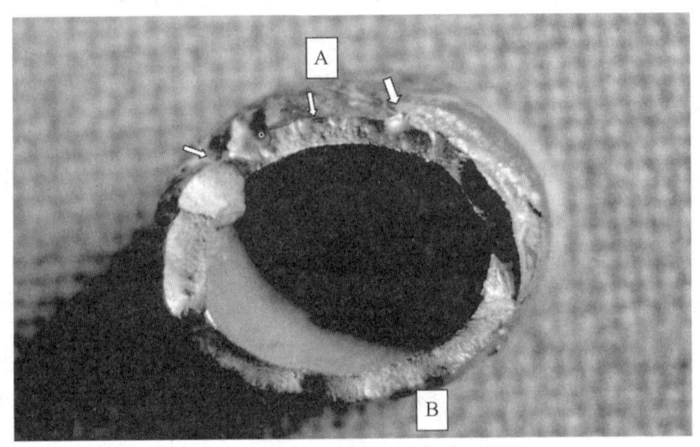

图 4　焊缝侧断口的宏观像

图 5 是测满管钢管侧断口的宏观像，与图 4 互为对偶断口，图中字母 A、B 的意义同图 4。在断口 B 侧可见到与管表面垂直的纹理（白箭头指示），如放射状，说明断裂是从管的外壁向内壁发展，该处为一个断裂源。断口上还有一些与这些放射状纹理大致垂直的如黑箭头所指的痕迹，可能是疲劳弧线，说明断管断裂可能为疲劳断裂。

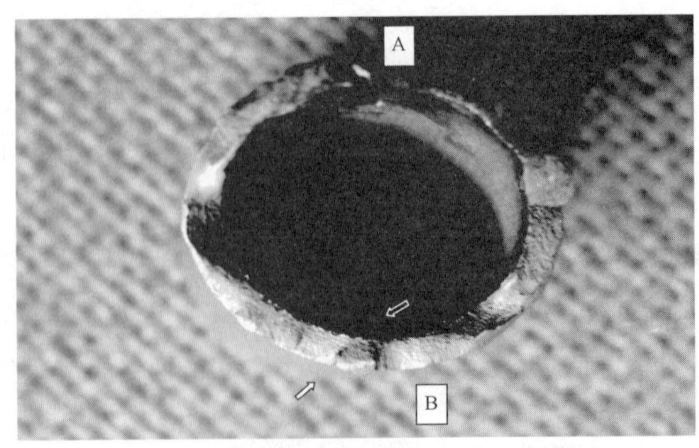

图 5　测满管钢管侧断口的宏观像

将焊缝侧试样大致沿竖直直径方向剖开，得到试样见图6(左侧与图3凸面对应，图中字母A、B的意义同图4)，可知是较细的测满管钢管插入较粗钢管中后焊接在一起的，箭头指示焊缝处。

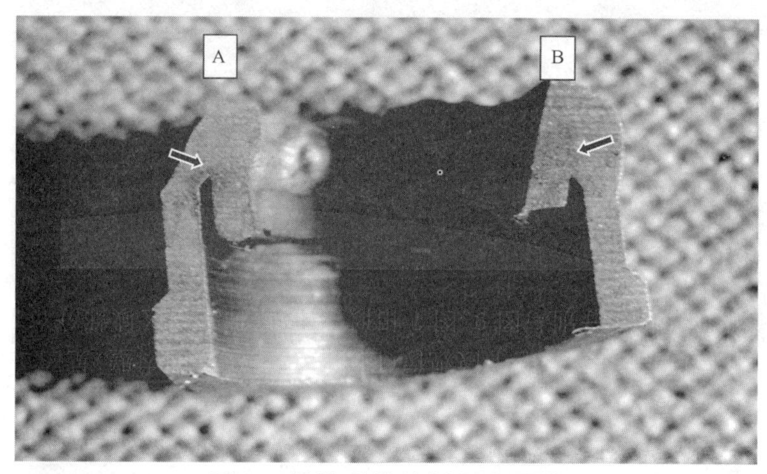

图6　焊缝附件的刨面宏观像

4.3.2　断口的扫描电镜检验

4.3.2.1　焊缝侧断口扫描电镜察看

将断口试样用有机溶剂清洗后，放入扫描电镜中观察，图4中B侧断口局部的二次电子微观像(图中上方为钢管的内壁)见图7，断口中部分区域有明显的断裂纹理，为材料断裂后形成；另一部分区域则明显平滑光洁，无断裂特征。

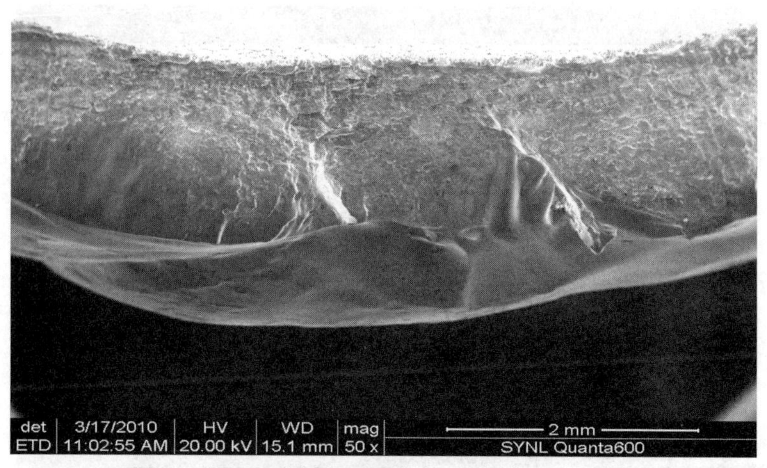

图7　图4B侧断口局部的二次电子微观像

图7局部区域的进一步放大微观像见图8，箭头大致标示出了有断裂纹理区域和平滑区域的界限：图中左上方具有疲劳断裂的特征，裂纹扩展的方向与箭头指向一致；右下方则无断裂特征，与材料凝结时形成的表面相似，说明原来就是不连续的，平滑区域为裂纹源。

图4中A侧断口局部的二次电子微观像(图中下方为钢管的内壁)见图9，与图7相似，但光洁区域相对面积更大。

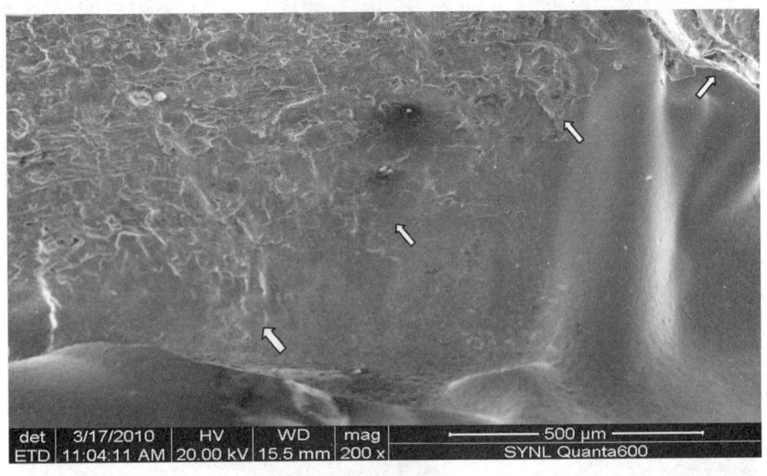

图 8　图 7 断口的局部进一步放大微观像

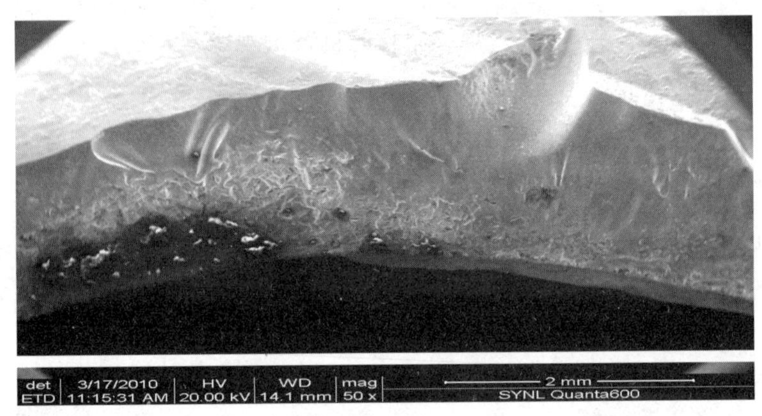

图 9　图 4A 侧断口的局部二次电子微观像

图 9 的局部进一步放大像见图 10，图中白箭头指示钢管外壁，黑箭头指示钢管内壁，说明有的地方光洁区域已大于断口的有效截面积。图 7 和图 9 都说明这种光洁区域分布在管壁的外侧。

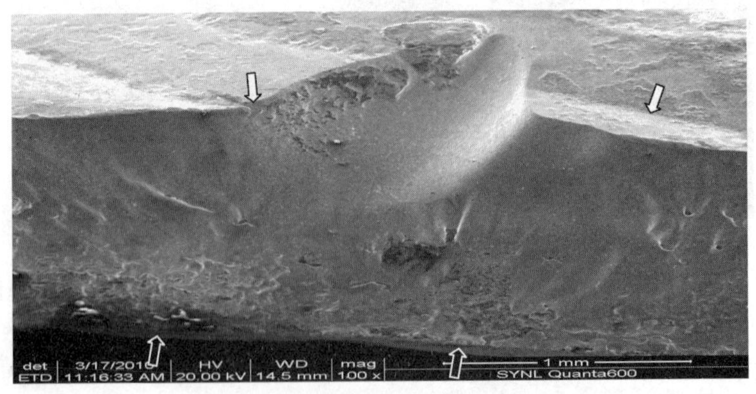

图 10　图 9 局部进一步放大像

图 10 的局部进一步放大像见图 11，说明有时在光洁表面上还有较多细小的孔洞，孔洞

表面平滑。

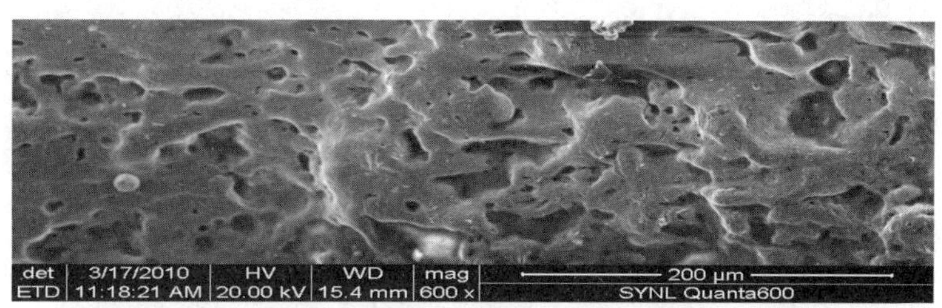

图 11 图 10 局部进一步放大像

图 4 左侧断口的二次电子微观像(图中右方为钢管的内壁)见图 12,断面粗糙,箭头指示为剪切边,说明为最后的瞬断断口。

图 12 图 4 左侧断口的二次电子微观像

图 12 断口的显微形貌见图 13,为韧窝断口,具有瞬断断口的特征,说明这部分断口是断裂后期形成的。

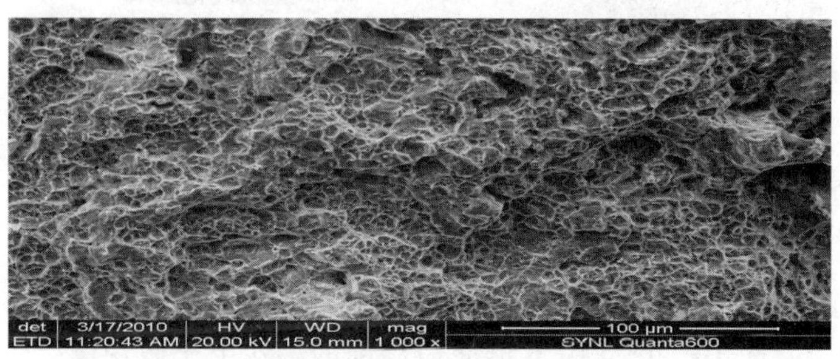

图 13 图 12 断口的显微形貌

4.3.2.2 测满管钢管侧断口扫描电镜察看

将图 5 的 A 侧断口处重新放大拍照后的微观像如图 14 所示,该处断口有的区域很光亮,见不到断裂纹理(如白箭头所指),有的地方可见到断裂纹理(如黑箭头所指)。

图 5 中 A 侧断口局部(图 14 中 A 侧断口)的二次电子微观像(图中下方为钢管的内壁)见图 15。

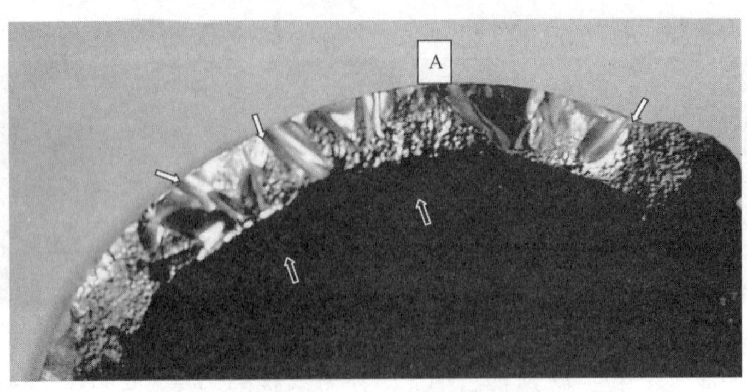

图 14　图 5 断口上方的局部微观像

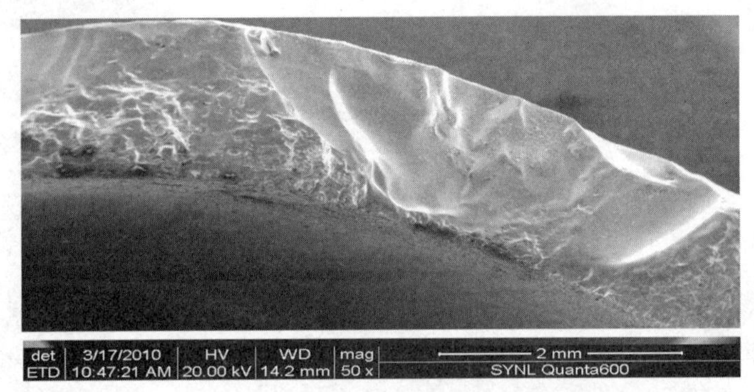

图 15　图 5 中 A 侧断口局部的二次电子微观像

图 5 中 B 侧断口局部的二次电子微观像(图中上方为钢管的内壁)见图 16。

比对可见,图 15、图 16 分别与图 9、图 7 相似,说明这种光洁区域都分布在管壁的外侧。

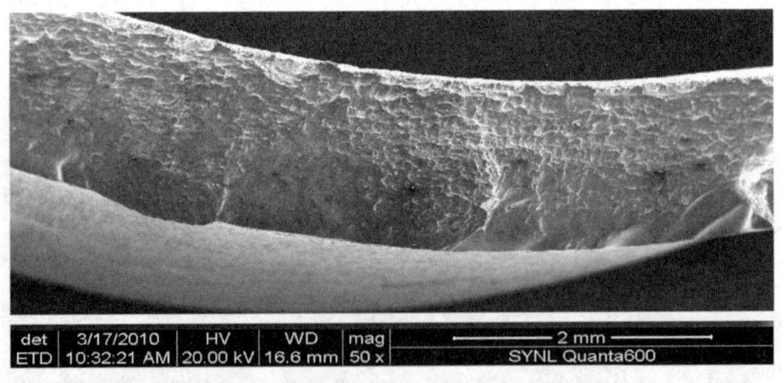

图 16　图 5 中 B 侧断口局部的二次电子微观像

4.3.3　断管化学成分分析

在测满管图 3 左侧黑线以左部位取样做化学成分分析,结果见表 1。表 1 中同时列出了国家标准对奥氏体不锈钢 S30210(1Cr18Ni9)和 S30408(0Cr18Ni9)化学成分的规定范围[4]。表 1 结果说明断管的化学成分与 0Cr18Ni9 基本相符,与 0Cr8Ni9 的要求相比,除了 Si 含量偏高外,Cr 的含量偏低。

表 1　断管的化学成分(质量分数)　　%

元素	C	Si	Mn	P	S	Cr	Ni	N	Ti
断管	0.052	1.20	0.56	0.035	0.005	17.86	8.42	—	0.022
S30210(1Cr18Ni9)	≤0.15	≤1.00	≤2.00	≤0.035	≤0.030	17.00～19.00	8.00～10.00	≤0.10	—
S30408(0Cr18Ni9)	≤0.08	≤1.00	≤2.00	≤0.035	≤0.030	18.00～20.00	8.00～11.00	—	—

4.3.4　断管金相检验

图 6 的对偶试样剖面抛光腐蚀后的宏观像见图 17。图中上方为断口,黑箭头指示焊缝与母材的交界(熔合线),断裂主要发生在熔合区内。另外,在断管的内壁有焊瘤(白箭头所指),从图 6 测满管钢管插入较粗钢管的结构上看,焊接时不可能有焊料进入钢管的内壁,那么上述焊瘤只能是焊接时钢管局部被熔穿所致,这说明焊接时热量输入过大。

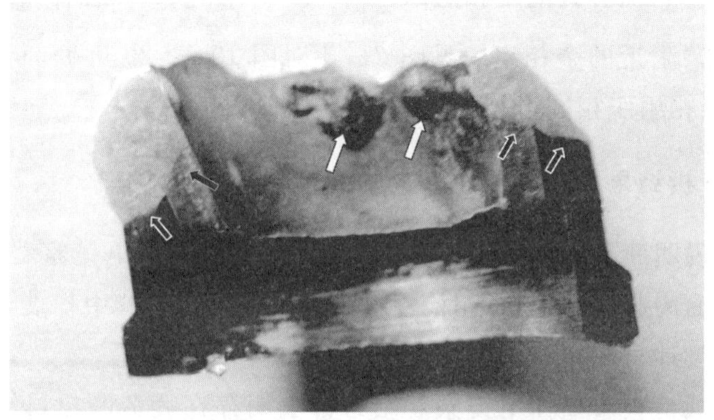

图 17　图 6 对偶试样剖面抛光腐蚀后的宏观像

对断管母体、焊缝及熔合线附近的金属表面做金相组织检验,分别见图 18、图 19、图 20。从图 18 看出,断管母体的金属组织为正常;从图 19 看出,焊缝的金相组织为正常。

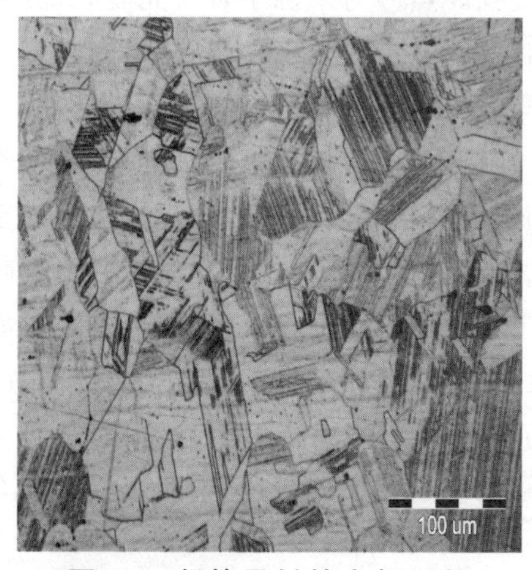

图 18　断管母材的金相组织

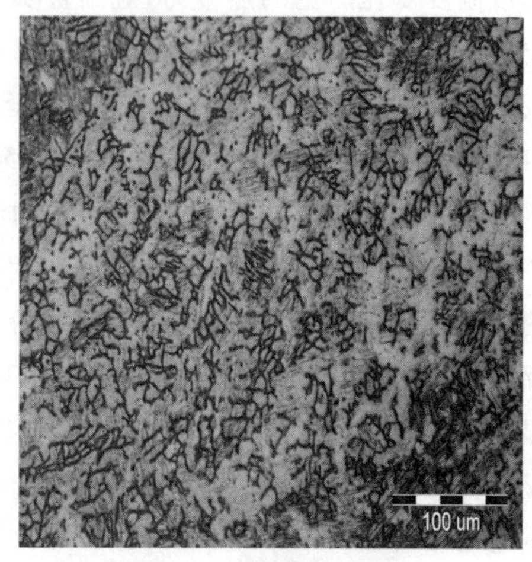

图 19　焊缝的金相组织

从图 20 看出,熔合线附近可见到碳化物沿晶界析出,在热影响区组织有长大,这些组织基本为正常。

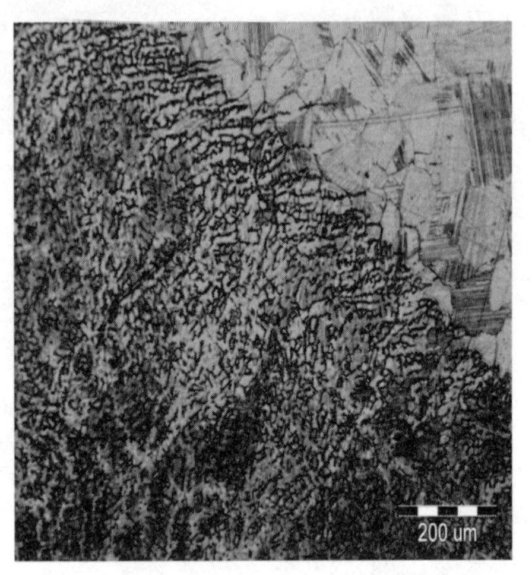

图 20　熔合区与母材交界处的金相组织

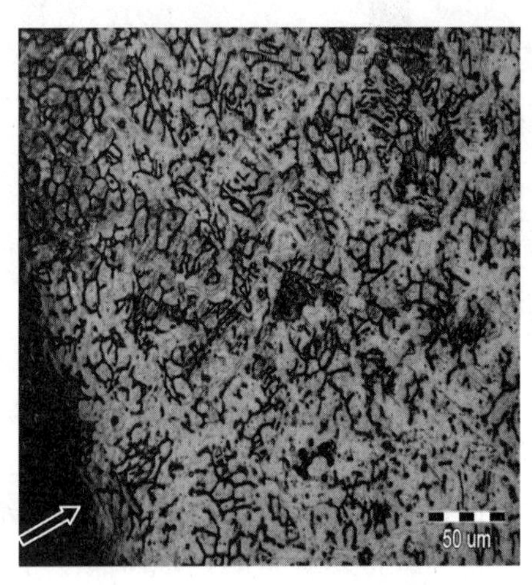

图 21　断口附近的金相组织

断口(箭头所指)附近的金相组织见图 21,比对图 19、图 20 可见,断口附近的金相组织与焊缝、熔合区的金相组织相同,说明裂纹基本在焊缝内扩展。

4.3.5　断管失效分析结果

宏观检查结果说明断裂起始于焊缝与母材交界附近,扫描电镜察看的结果说明断裂是以管壁外侧的光滑面为起始源的,金相检验说明裂纹主要在焊缝中扩展,化学成分分析结果说明测满管材质与设计材质相符。

断管断口的宏观检查及扫描电镜察看结果都表明存在疲劳断口,说明为疲劳断裂。测满管在断裂处附近呈弯曲状,疲劳裂纹分别产生于弯曲的凸面和凹面焊缝与母材交界处,主要在焊缝内,从管的外壁向内壁扩展,应为往复弯曲疲劳。疲劳应力可能来自储罐工作时的振动或温度变化产生的热应力,应结合实际工况来查找。热应力来源于每次充装时,测满管都要进入部分液氧,使测满管处于较低温度,充装结束后,又重新处于常温状态,测满管每次充装都经受一次热应力循环。该罐已投运 6 年,期间经历几百次充装,经过几百次的应力循环,该测满管的结构,其上部弯曲处与内筒接管焊接连接,下部与外筒下封头焊接连接,管道结构刚性较大,因此在承受低温—常温的温度循环时,测满管与内筒连接的焊接接头处于承受较高的循环弯曲应力状态,成为导致疲劳断裂的疲劳应力。断口查看发现疲劳裂纹起始处附近存在较多区域平滑光洁,无断裂特征,与材料凝结时形成的表面相似,说明断裂前已经存在,应是焊接时形成的自由表面,属于未熔合性质的缺陷,而且有的地方相当严重,已经明显超过了测满管壁厚的一半以上。这些缺陷的存在降低了测满管的承载面积,又产生了明显的应力集中,最后造成了测满管的开裂。测满管内壁上存在焊瘤,又说明焊接工艺有需改进之处。

测满管断裂失效分析结果:失效形式为疲劳断裂,断裂分别起始于钢管弯曲凸面和凹面焊缝与母材交界处,疲劳断裂的裂纹源是测满管座与内筒接管焊接接头处存在较多的未熔合缺陷,裂纹主要在焊缝内扩展,疲劳应力为测满管振动或温度变化产生的热应力。

5 结论

5.1 储罐泄漏事故分析结论

综上分析,做出低温储罐泄漏事故分析结论:由于储罐夹套内测满管座与内筒接管焊接接头发生疲劳断裂失效,导致内筒介质液氧在夹套内泄漏气化,造成外筒承受内压力并逐渐增高,因冰雨致外筒安全泄放装置不能正常起爆泄放夹套内压力,同时形成储罐夹套内低温工况,致使外筒体及下封头发生低温脆断失效。

事故类别[5]:事故直接原因是测满管断裂造成的液氧介质泄漏,储罐外筒体及下封头发生低温脆断;事故间接原因是测满管在设计中考虑不足,存有焊接缺陷,冰雨使外筒安全泄放装置不能正常起爆泄放夹套内的压力。事故主要原因是测满管设计中考虑不足,且有焊接缺陷,使用中发生疲劳断裂,造成储罐外筒体及下封头发生低温脆断破裂;事故次要原因是低温储罐遭遇冰雨天气,安全泄放装置被冻结不能起到泄放压力的作用。

5.2 事故教训及整改措施

通过分析事故原因,吸取事故教训,建议应在低温储罐的设计、制造及使用环节分别采取的整改措施如下:

(1) 低温液体储罐设计应当考虑测满管管道一定的热补偿;

(2) 低温液体储罐设计应当改进外筒安全泄放装置结构型式,使之适应北方冰雨天气条件;

(3) 低温液体储罐制造应当做测满管焊接接头的 PQR,并编制适合的 WPS;

(4) 低温液体储罐制造过程中,增设"内筒接管(测满管)焊接审查"为质量控制监检点,加强质量控制工作;

(5) 低温液体储罐使用单位应当注重极端天气状况的充装作业操作程序。

参考文献

[1] 孙伟清.金属断口分析[M].哈尔滨:哈尔滨工业大学出版社,2007.

[2] 余国琮.化工容器及设备[M].天津:天津大学出版社,1988.

[3] 中科金(失)字(2010)第 0402 号. 断裂焊管检验报告.沈阳:中国科学院金属研究所.

[4] GB 13296—2013 锅炉、热交换器用不锈钢无缝钢管.

[5] TSG Z0006—2009 特种设备事故调查处理导则.

氧化铝溶出管事故案例分析

袁涛，李彦桦
山东省特种设备检验研究院，济南　250101

摘　要：本文采用金相、硬度、电镜、成分分析等方法对一氧化铝溶出管的泄漏原因进行分析，发现泄漏原因为：弯管中的马氏体组织使材料的硬度值增加，提高了其应力腐蚀敏感性，同时介质中的碱液在其工作温度、压力下形成了碱脆的腐蚀环境，使弯管发生应力腐蚀开裂，并逐步扩展，最终泄漏。

关键词：溶出管；碱脆

1　概述

某氧化铝溶出管在使用过程中沿轴向开裂，该氧化铝溶出管材质为 20 钢，为半环形结构，管外径为 168 mm，壁厚为 10 mm，环形弯管半径为 1 000 mm，裂纹贯穿整个溶出管管壁(见图 1、图 2)。溶出管内部为铝矿石与氢氧化钠混合液，外部套管通蒸汽对反应管进行加热。开裂处为溶出管弯头部位下侧，溶出管外表面存在土色结垢痕迹，内表面裂纹两侧存在结垢痕迹，裂纹尖端发现较深腐蚀坑。

图 1　外壁裂纹形貌

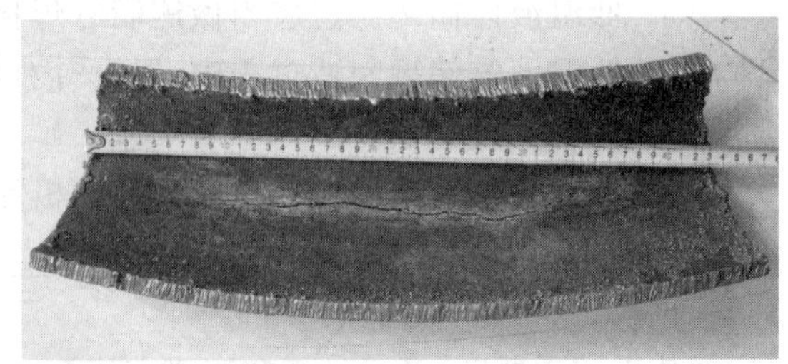

图 2　内壁裂纹形貌

该弯头经过中频加热弯管工艺加工处理，弯管流程：原材料—材料检验—上杠确定半径—中频加热—煨制—盘口—半成品检验—喷砂—无损探伤—坡口—尺寸检验—成品库。加热温度为 850 ℃～1 000 ℃，材料弯后采用强迫风冷，不进行热处理。使用工艺参数见表 1，内部碱疤成分见表 2。

表 1　溶出管工艺参数

材质	20 钢	规格	ϕ168 mm×10 mm×1 000 mm
内部物料温度	110 ℃～115 ℃	内部压力	5.84 MPa～5.89 MPa
外部蒸汽温度	165 ℃～170 ℃	外部压力	0.60 MPa～0.66 MPa
内部介质	氧化钠：238 g/L，氧化铝：129 g/L(20%左右)		
外部介质	蒸汽		

表 2　内部碱疤成分　%

成分	SiO_2	Fe_2O_3	Al_2O_3	CaO	Na_2O	TiO_2
含量(质量分数)	28.49	1.35	37.18	2.33	23.26	0.03

2　分析研究

2.1　金相检验

对氧化铝溶出管弯管完好部位及裂纹尖端按照 GB/T 13298—1991《金属显微组织检验方法》进行显微组织检验，发现组织为马氏体＋针状铁素体，并呈魏氏组织形貌(见图 3)，在开裂部位发现有裂纹存在，裂纹曲折，呈现沿晶开断特征(见图 4)，内部存在腐蚀产物。

图 3　金相组织形貌(500×)

图 4　裂纹形貌(200×)

2.2　硬度检测

按照 GB/T 4340.1—2009《金属材料　维氏硬度试验》对管壁截面进行硬度检测，硬度值为 185 HB。

2.3　化学分析

按照 GB/T 4336—2002《碳素钢和中低合金钢　火花源原子发射光谱分析方法》对弯管进行光谱分析，检测结果见表 3，检测结果符合材料标准GB/T 5310—2008《高压锅炉用无缝钢管》的要求。

表 3　弯管化学成分　%

元素	C	S	P	Mn	Si
含量	0.176	0.006 3	0.018	0.549	0.283
标准要求	0.17～0.23	≤0.015	≤0.025	0.35～0.65	0.17～0.37

2.4　电镜、能谱检查

在不污染断口的情况下，打开断口，使用无水乙醇清洗，在扫描电镜下观察，发现断口已发生明显腐蚀(见图 5)。

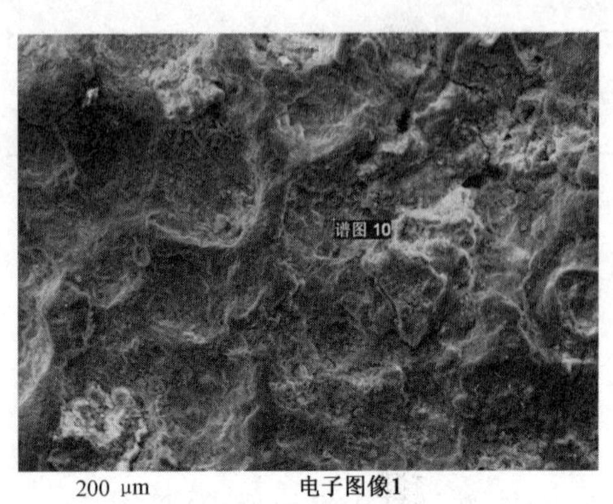

图5　电镜检测图

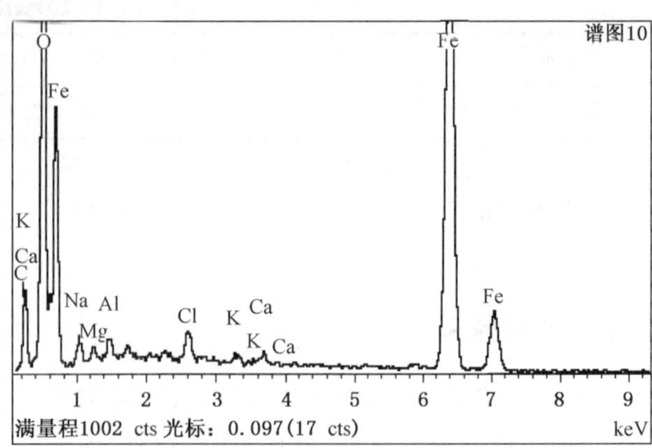

图6　能谱分析图

参照GB/T 17359—1998《电子探针和扫描电镜X射线能谱定量分析通则》对断口部位进行能谱检测(见图6),发现断口上存在Na、Mg、K、Ca、Cl等促进应力腐蚀开裂的元素。断口微区化学成分见表4。

表4　断口化学成分　%

元素	O	Na	Mg	Al	Cl	K	Ca	Fe
含量	33.08	2.40	0.77	0.95	1.29	0.37	0.39	60.75

3　综合分析

3.1　裂纹形貌分析

根据金相检验结果,裂纹为沿晶开裂,且裂纹内部存在腐蚀产物,呈现为应力腐蚀开裂特征。

3.2　介质环境分析

该企业提取矿石中的铝采用NaOH溶出工艺。氧化铝溶出管工作介质为碱液母液,NaOH浓度较高(约为30%),且温度为110 ℃～115 ℃,从图7可知铝矿石NaOH溶出工艺位于材料的碱性应力腐蚀敏感区内。同时,弯管段由于流动阻力较大,碱液中的矿石杂质容易在弯管处的下部结垢,结垢会使碱液驻留并浓缩,会加剧应力腐蚀,弯管的下侧更容易腐蚀开裂,断口中的化学成分分析结果,也表明氧化铝溶出管开裂是碱性环境下腐蚀的结果。

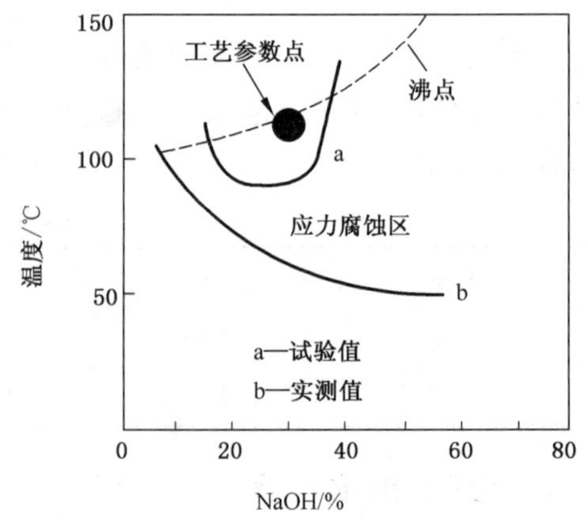

图7　碱性应力腐蚀温度与浓度关系

3.3 弯管材料分析

弯管采用中频淬火弯管工艺,加热温度为 850 ℃~1 000 ℃,位于 20 钢 Fe-C 相图的奥氏体区。因弯管后外表面强制风冷,冷却速度最快,加热到奥氏体区的组织来不及发生铁素体和珠光体转变,直接以组织切变方式产生了马氏体,马氏体脆性较大,易于应力腐蚀的产生。

3.4 应力分析

因结构和操作温度及操作压力的原因,弯管处的受力状态较为复杂,主要有以下几种应力同时存在:①由于介质压力而产生的一次应力;②由于弯管结构产生的弯曲应力;③由于内外温度差产生的温差应力;④弯管过程中相变产生的组织应力。

经过以上分析,该弯管断裂的原因为:由于弯管工艺采用强制空冷,使弯管中产生了马氏体和魏氏体组织,导致了材料的硬度值增加,存在较大的组织应力,使材料的应力腐蚀敏感性大大增加。同时,介质中的碱液在其工作温度、压力下形成了碱脆的腐蚀环境。氧化铝溶出管在以上材料、应力、环境等三方面共同作用下,达到了应力腐蚀开裂的条件,首先在弯头部位发生应力腐蚀开裂,并逐步扩展,最终发生泄漏事故。

4 结论

该溶出管泄漏原因为:弯管中的马氏体组织使材料的硬度值增加,提高了其应力腐蚀敏感性,同时介质中的碱液在其工作温度、压力下形成了碱脆的腐蚀环境,使弯管发生应力腐蚀开裂,并逐步扩展,最终泄漏。

建议改良弯管工艺,保证弯管获得平衡态组织,减少应力。

参考文献

[1] 纪鑫. NaOH 管线碱脆失效分析及对策[J]. 石油化工建设,2014,(4):94-96.

[2] 仝源. 液碱罐和管线碱脆破裂分析及预防[J]. 武汉职业技术学院学报,2011,10(5):100-102.

一例在役钢瓶氢致延滞断裂脆性爆炸事故案例分析

孙振国，陆建华，费宏伟
江苏省特种设备安全监督检验研究院无锡分院，无锡　214174

摘　要：对一例在役高压无缝钢瓶爆炸事故现场及相关情况进行了调查，对事故钢瓶残片进行了宏观检查、厚度检测、理化检测、断口分析、金相检验、裂纹源区和断口电镜扫描(SEM)分析及断口产物能谱检测、宏观和显微硬度检测、钢瓶(残片)残余扩散氢含量检测、钢瓶(残片)二次热处理恢复机械性能试验。通过对事故的综合分析得知该钢瓶爆炸事故为材料劣化影响下产生的氢致延滞裂纹在撞击作用下导致的多源性脆性断裂爆炸事故。最后，本文提出了相应的防范和应急措施。

关键词：在役高压无缝钢瓶；氢致延滞断裂；脆性爆炸事故；案例分析

1　事故简述

2014 年 12 月 13 日上午 7 时左右，无锡市某物资公司库房发生一起高压无缝钢瓶(满瓶)装车爆炸事故，事故造成一名正在进行钢瓶装卸作业的男子身亡。

爆炸事故发生在该物资公司钢瓶库房搬运平台处，该库房是两间共约 60 m^2 的砖混结构平房，呈南北纵向排列。事发时，库房内存放有多个二氧化碳空瓶和氩气二氧化碳混合气(以下简称氩保气)满瓶，一辆卡车停靠在库房南面平台处(卡车货箱比平台高约 30 cm)，在搬运事故钢瓶过程中发生爆炸，钢瓶粉碎性断裂成几十块碎片(见图 1)。

2　事故钢瓶基本情况

经了解，该事故钢瓶产权单位为无锡某气体有限公司，事故钢瓶于 2014 年 12 月 12 日(钢瓶爆炸事故前一天)在该气体公司充装氩气和二氧化碳混合气(充装压力 13 MPa)。该公司未能提供产品出厂档案资料。通过对钢瓶瓶肩的钢印标记(见图 2)进行辨识检查，获取信息见表 1。

经查，该气体公司钢瓶检验站于 2014 年 03 月 17 日依据 GB 13004—1999《钢制无缝气瓶定期检验与评定》对该瓶进行了定期检验，评定结论为合格。其他，除了发现瓶阀已从原氢气瓶瓶阀改装成氩保气专用瓶阀外，没有找到任何有价值的文字信息资料(包括以前的氢气充装历史和改装时间亦不明确)。

作者简介：孙振国，1983 年出生，男，工学博士，高级工程师，主要从事承压类特种设备检验检测工作。

图1 爆炸后收集到的钢瓶碎片

图2 事故钢瓶瓶肩钢印

表1 钢瓶技术参数

钢瓶编号	004673	设计盛装介质名称	H_2		
水压试验压力	22.5 MPa	公称工作压力	15 MPa	实测重量	57.0 kg
实测容积	40.2 L	瓶体设计壁厚	5.7 mm	制造年月	1996.03

3 爆炸事故现场勘查情况

钢瓶爆炸事故发生后，以库房平台中心为原点，距离原点向南 1 m 处墙体被打穿，向南 3.7 m 的一台数控机床电控柜被打坏，向南最远 33 m 的车间墙体上发现一处被钢瓶碎片击打过的痕迹。西北方向 3 m 处的库房墙体被打穿，北面 7.5 m 处另一厂房的铁皮门被碎片打穿，半径 11.5 m 范围内的建筑物玻璃在冲击波的作用下全部被震碎，半径 35 m 处的建筑物玻璃部分震碎(事故现场见图 3)。现场未有化学爆炸造成的火灾及二次爆炸发生。

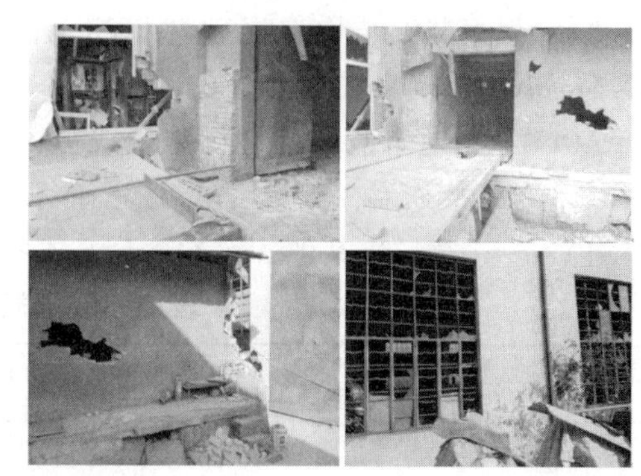

图3 事故钢瓶爆炸后的现场情况

4 事故钢瓶检验、检测试验结果汇总及事故原因分析

4.1 检验、检测试验结果汇总

(1) 通过对事故钢瓶断裂后收集到的 34 块残片复原后(见图 4)进行宏观检查和断口分析得知：①瓶体断口总体能较好吻合(尤其是瓶体中、下部分残片吻合齐全完整)，断口周围没有明显塑性变形。断口表面有金属光泽呈结晶状，绝大部分断口(一次断口)与主应力方向垂直，断口上断裂扩展的放射性“人字纹”明显。②确定起爆点裂纹源为筒体主断口内壁上(离瓶底约 1 230 mm)一个半椭圆形裂纹，长度和深度分别为 8 mm 和 3 mm。瓶底内角边上初始裂纹源尺寸为长 30 mm，高 18 mm。

图 4　部分钢瓶残片拼接复原图

图 5　事故钢瓶瓶阀

（2）同批充装氩保气气体成分经检测合格。

（3）根据现场勘察及事故钢瓶残片内部及瓶阀（氩气专用瓶阀）口处（见图 5）的宏观检查发现无过火情况，结合充装介质考虑，可以确定该爆炸为物理爆炸。采用气体介质膨胀物理爆炸模型，计算得到的 TNT 爆炸当量为 0.37 kg，爆炸冲击波造成的人员死亡半径为 0.73 m，根据砖混结构房屋破坏模型，计算得到的爆炸冲击波可造成的房屋破坏半径为 40.55 m，这与现场破坏情况基本吻合。

（4）通过对事故钢瓶材料化学成分的定量分析（见表 2），可以确定事故瓶材料牌号为 34Mn2V，事故瓶 C、V 元素含量接近于标准允许值上限，Mn 含量（1.92%）超过标准允许值（1.40%～1.75%），其他各元素含量基本符合标准要求。

表 2　事故瓶瓶体材料化学成分　　%

元素种类	C	Si	Mn	P	S	Cr	Ni	Mo	Cu	V
检测值	0.363	0.316	1.92	0.016	0.018	0.023	0.026	未检出	0.061	0.122

（5）对事故钢瓶筒身段不同位置处取 3 组试样进行金属拉伸性能试验，试验结果见表 3。从钢瓶筒身段取 2 组冲击试样分别进行 0 ℃和 −20 ℃冲击试验，从瓶底取一组冲击试样进行 −20 ℃冲击试验，试验结果见表 4。拉伸后的试样（见图 6）断面收缩率最大值不超过 0.7%，宏观断裂面垂直于拉应力方向，起裂点位于试样靠近内表面的近表层，断裂前没有明显的塑性变形，为典型的脆性断口；事故钢瓶残片材料伸长率、断面收缩率、冲击功均远低于标准指标要求，瓶底试样的冲击功明显低于筒体段试样冲击功。

表 3　试样拉伸结果

试样编号	试样宽度 mm	试样厚度 mm	屈服强度 $R_{P0.2}$ MPa	抗拉强度 MPa	屈强比	断后伸长率 %	断面收缩率 %
LA	14.92	6.92	810	1 040	0.78	4.5	0.68
LB	14.88	6.92	786	928	0.85	2.0	0.70
LD	14.86	6.92	750	939	0.80	4.5	0.68

表 4　冲击试验结果

试样编号	试样尺寸/mm	试验温度/℃	冲击功/(J/cm²)
CA	10×5×55	0	12.8/15.6/11.0
CD(瓶身)	10×5×55	−20	12.2/10.2/9.2
CD(瓶底)	10×5×55	−20	5.0/5.0/4.2

(6) 按 GB 5099—1994《钢制无缝气瓶》对钢瓶进行了强度校核，强度满足要求。用超声波测厚仪及游标卡尺对事故钢瓶的瓶肩、瓶身和瓶底多个部位的钢瓶残片进行了壁厚测量测得事故钢瓶壁厚范围为：钢瓶筒体残片壁厚 7.1 mm～7.5 mm，瓶底残片壁厚 15.0 mm～15.8 mm，全部大于钢瓶设计壁厚 5.7 mm，故钢瓶爆炸前按常规设计校核强度是足够的。按相同标准对钢瓶的爆破压力进行了计算，钢瓶理论计算爆破压力为 36.6 MPa。根据钢瓶实际充装压力(13 MPa)远小于钢瓶爆炸极限压力(36.6 MPa)、爆炸能量计算结果和现场破坏情况吻合、事故钢瓶断裂无明显塑性变形及多碎片情况，可以确定事故钢瓶没有超压爆炸的可能，本次事故钢瓶爆炸为正常工作压力下的低应力脆性断裂。

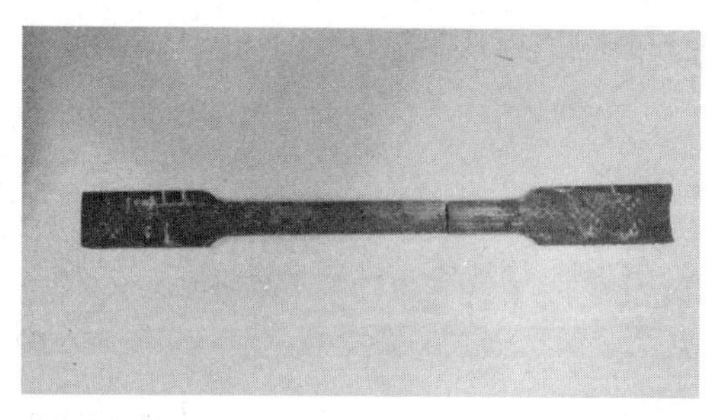

图 6　钢瓶(残片)试样拉伸后断裂情况

(7) 金相检验及显微硬度检测显示该钢瓶材料组织异常，显微硬度(见图 7)高达 HV1051(标准试样为 HV460)，瓶体(含瓶底)材料组织中有贝氏体、索氏体和马氏体位相组织(见图 8)，组织晶粒度为6.5～7.5 级，局部组织呈带状偏析，带状为 1 级，A 类非金属夹杂物(见图 9)细系大于 3 级(已超标)，A 类粗系夹杂物 1.5 级，通过对金相试样中的 A 类夹杂物进行能谱分析(见图 10)，确定非金属夹杂物主要为硫化锰(MnS)。

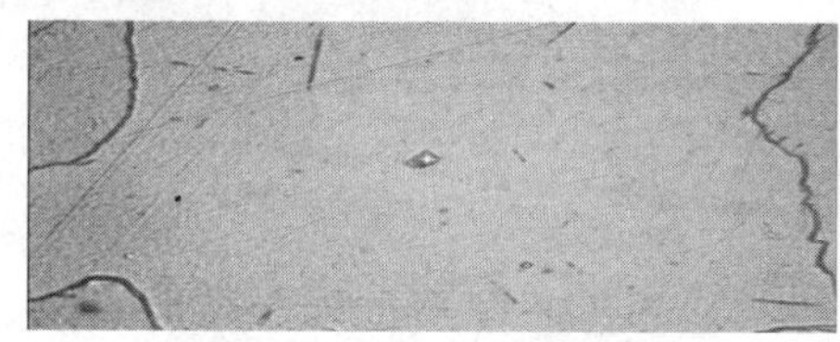

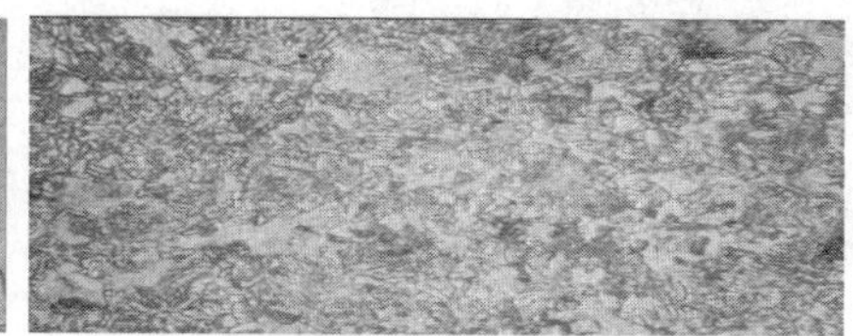

图 7　标准试样(左)和事故钢瓶试样(右)显微硬度检测

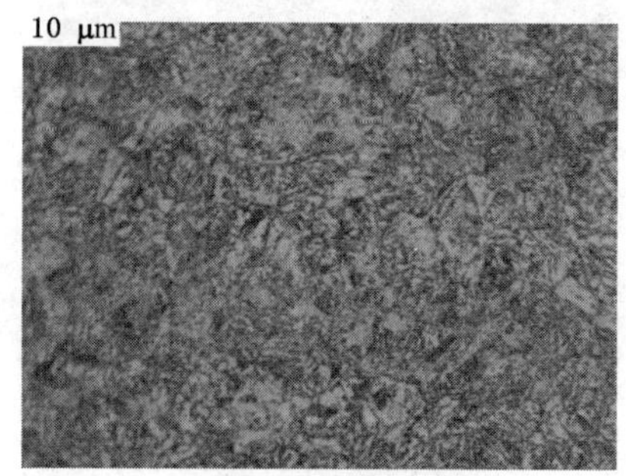

图 8　金相组织

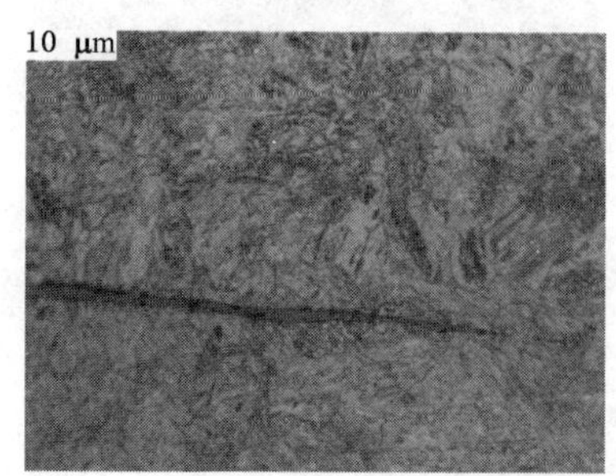

图 9　金相组织中的 A 类夹杂物形貌

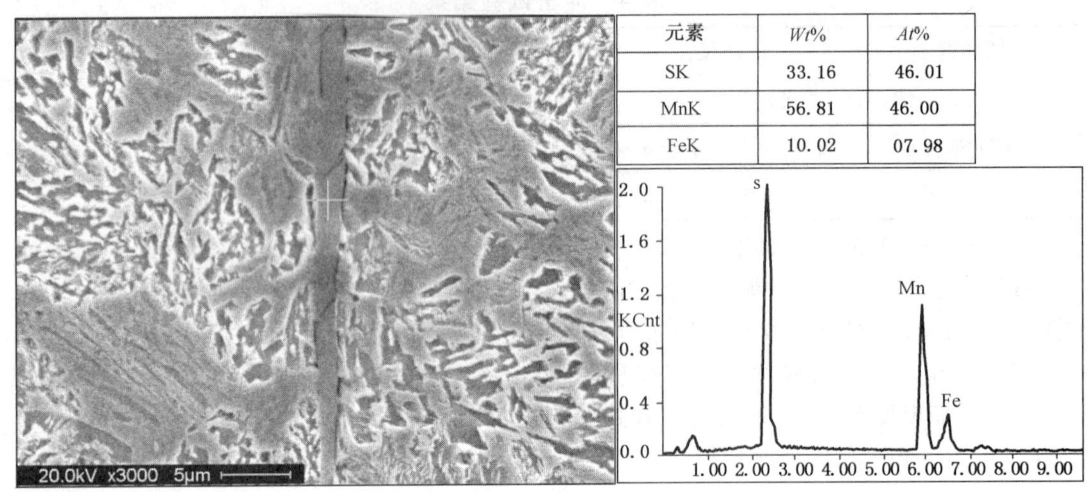

元素	*Wt*%	*At*%
SK	33.16	46.01
MnK	56.81	46.00
FeK	10.02	07.98

图 10 非金属夹杂物能谱分析

(8) 钢瓶爆炸起裂点位于瓶体主断口靠内壁的裂纹源区(离瓶底约 1 230 mm),事故钢瓶在装车时主断口上裂纹源周围受到意外撞击是导致该裂纹提前失稳扩展(断裂)的直接原因之一。对起裂点源区(见图 11)进行断口扫描电镜分析(见图 13),断口同时存在沿晶和解理断裂,断口晶面上存在“鸡爪状”撕裂棱,裂纹开裂都是从钢瓶材料内部开始,材料组织氢损伤(俗称氢脆)特征非常明显。对瓶底断口进行结垢物能谱分析,除硫含量较高外,其他化学元素无明显异常。对钢瓶瓶底的初始裂纹源区(见图 12)进行 SEM 电镜扫描(见图 14),发现大量腐蚀产物。

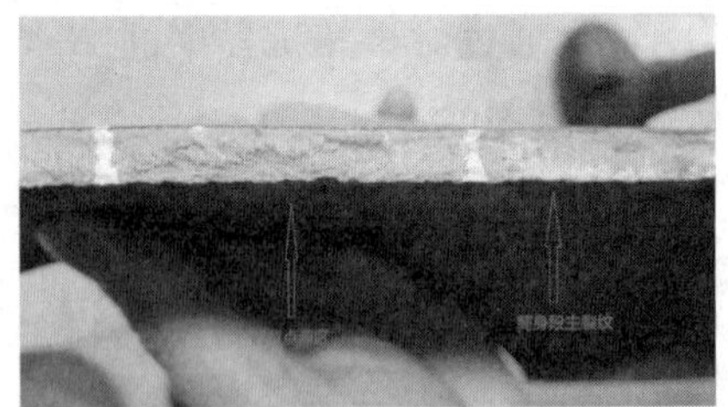

图 11 爆炸起裂点源区

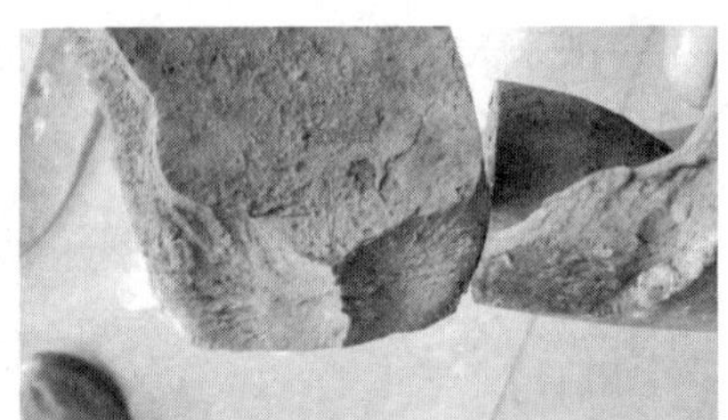

图 12 瓶底断口

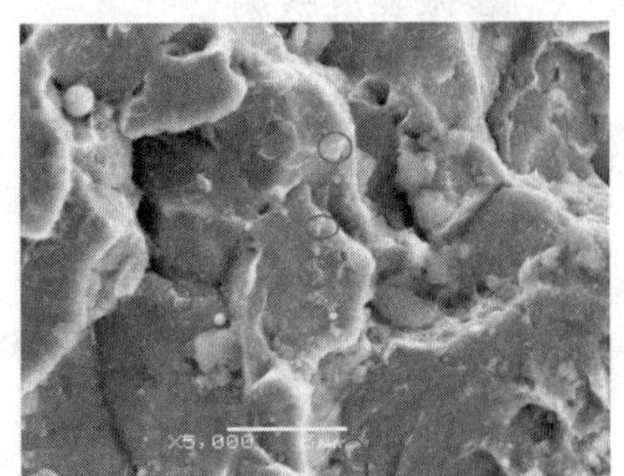

图 13 起裂点源区扫描电镜照片

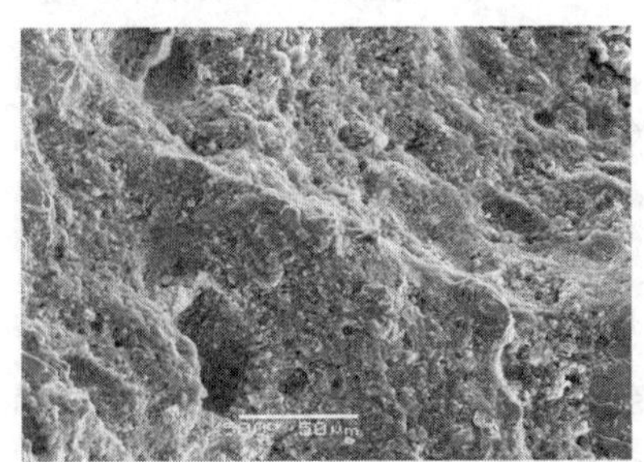

图 14 瓶底断口扫描电镜照片

(9) 对拉伸试样断口进行电镜扫描,显微组织由内而外分为3个典型区域(见图15),区域1为"裂纹源区",内壁表面点坑腐蚀较密集,晶粒结合强度减弱,晶粒形状表露;区域2为"典型氢损伤影响区",该区域上存在"鸡爪状"撕裂棱、二次裂纹和韧窝,断裂为沿晶断裂;区域3为"失稳扩展区"。

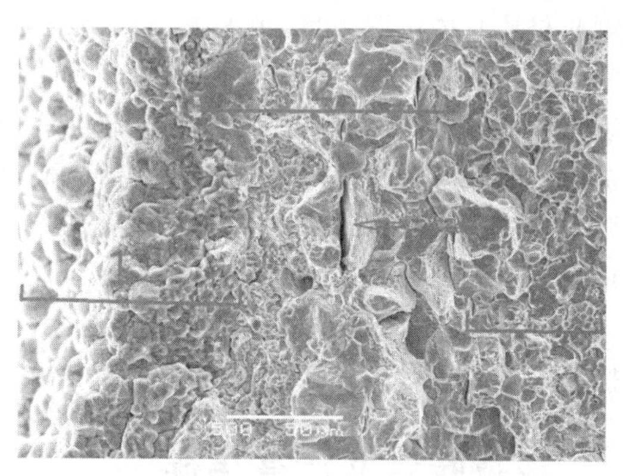

图15 拉伸断口扫描电镜照片

(10) 用氮氧氢仪(型号:ONH836)测得放置一段时间后的事故钢瓶试样中的残余扩散氢含量为0.83 ppm。在事故钢瓶瓶身段取一根拉伸试样和一组冲击试样,分别进行正火(850 ℃±10 ℃,保温40 min,空冷)加回火(600 ℃±5 ℃,保温70 min,空冷)的再次热处理。分别对二次热处理试样进行拉伸和冲击试验,并和第一次拉伸试验结果比对,见表5和表6,对事故瓶试样进行正火加高温回火的热处理后,过高的材料强度有所降低,钢瓶材料断后伸长率和断面收缩率明显增大(见图16),冲击韧性明显提高,材料塑性得以部分恢复,其金相组织为正常的回火索氏体组织(见图17)。

表5 再次热处理前后拉伸试样试验结果对照表

试样编号	试样宽度 mm	试样厚度 mm	屈服强度 R_{eL} MPa	抗拉强度 MPa	屈强比	断后伸长率 %	断面收缩率 %
LA(前)	14.92	6.92	810	1 040	0.78	4.5	0.68
HLC(后)	14.94	6.76	717	846	0.85	13.5	34.6

表6 再次热处理前后冲击试样试验结果对照表

试样编号	试样尺寸/mm	试验温度/℃	冲击功/(J/cm^2)
CD(瓶底)	10×5×55	−20	5.0/5.0/4.2
CD(瓶身)	10×5×55	−20	12.2/10.2/9.2
CB(后)	10×5×55	−20	26.6/30.0/25.2

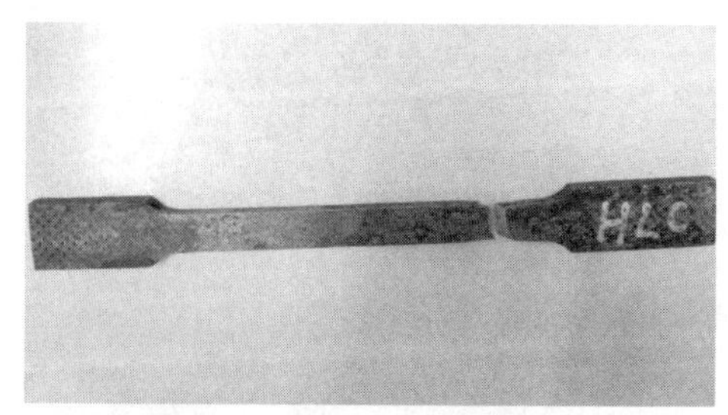

图16 热处理拉伸后试样

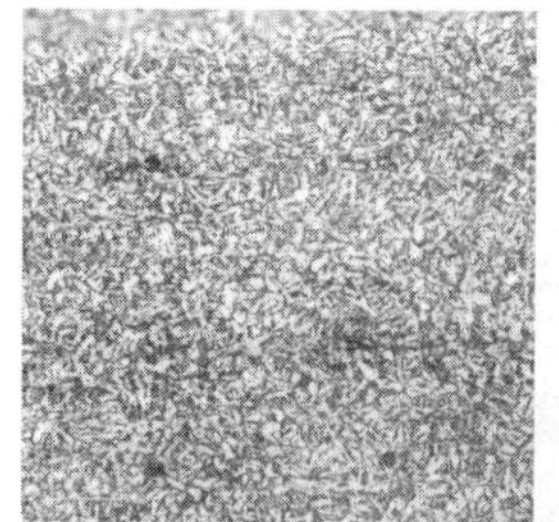

图17 再次热处理后金相组织

4.2 事故原因分析及结论

通过对事故钢瓶残片及断口的宏观、微观检验检测、试验,经综合(技术)分析得知,事故钢瓶材质总体情况不良；原材料 Mn 元素超标；热处理工艺不当致使事故钢瓶金相组织异常、材料的强度过高、塑性和韧性明显下降；脆性夹杂物 MnS 超标。这些因素导致材料氢脆敏感性明显升高，在内部氢（事故钢瓶制造加工各环节过程中残留在材料组织内部空隙处的扩散氢）和外部氢（环境氢以吸附及活化成氢原子方式进入材料组织内部的扩散氢或电化学腐蚀方式进入材料组织内部的扩散氢）的作用下促成了氢致裂纹的孕育和发展，装车时事故钢瓶受到意外撞击导致裂纹失稳扩展（断裂）发生爆炸。

因此，该钢瓶爆炸事故为事故钢瓶原材料性能严重不良影响下产生的氢致延滞裂纹在撞击力作用下导致的多源性脆性断裂爆炸事故。

5　建议防范及应急措施

（1）气瓶产权单位应立即对自有及托管气瓶开展排查，对同一制造厂家同一批次和其他不符合国家安全技术规范和相应标准要求以及经检验存在严重事故隐患的气瓶，应予报废处理；

（2）气瓶定期检验机构应充分认识到对带有潜在氢致延迟裂纹钢瓶进行技术检验的复杂性及允许投用后可能存在的责任风险，努力研究相应的检验方案，通过培训来提高检验人员的检测技术和能力，对其安全性能有怀疑的钢瓶增加内窥镜检查及钢瓶材料硬度检测等检验项目；

（3）加强钢瓶的日常管理，认真执行钢瓶装卸作业和安全存放管理规定，杜绝违章指挥和违章作业。

参考文献

[1] GB 13004—1999　钢制无缝气瓶定期检验与评定.

[2] GB 5099—1994　钢制无缝气瓶.

[3] 李克明. 34Mn2V 钢的热处理机理及影响力学性能因素分析[J]. 四川冶金，2012，34(4)：47-50.

[4] 张晋林. 高温正火对 34Mn2V 钢瓶力学性能的影响[J]. 金属热处理，1994，2：35-38.

一起硫酸余热锅炉过热器爆管事故分析

张文斌,鲍颖群,晏荣华
浙江省特种设备检验研究院,杭州 310020

摘　要:针对一起硫酸余热锅炉自投产以来过热器多次出现爆管事故的案例,通过对余热锅炉结构的了解,从设计、制造、安装、运行等多方面对此过热器爆管原因进行了分析。最终认为锅筒内汽水分离装置未满焊,导汽箱封板在汽水混合物的冲刷下脱落,进水分配管法兰连接螺栓脱落喷水,饱和蒸汽严重带水形成盐垢引起过热器管超温,水汽质量控制不规范等是造成爆管的主要原因,规范设计制造、合理安装、正确操作维护可以从根本上解决余热锅炉频发爆管的问题。

关键词:硫酸余热锅炉;过热器;蒸汽带水;盐垢;爆管

1　事故概况

过热器是将锅筒输出的饱和蒸汽加热干燥并过热到具有一定温度的过热蒸汽设备。作为锅炉承压部件中工作温度最高的受热面,过热器管内流过的是高温高压的过热蒸汽,其传热性能较差,而管外又是高温烟气,所处环境恶劣,损坏事故时有发生,所以如何降低锅炉过热器爆管事故发生率是确保企业安全、稳定生产的一项重要工作[1]。

某化工厂一台 18 万 t/年硫铁矿制酸余热锅炉如图 1 所示,型号为 QCF-50/930-25-3.82/450,额定蒸发量 25 t/h,额定蒸汽压力 3.82 MPa,过热蒸汽温度 450 ℃,过热蒸进口烟气温度 930 ℃,过热蒸出口烟气温度350 ℃±20 ℃,过热蒸进口烟气量 50 000 Nm^3/h,给水温度 104 ℃。烟气含尘量 290 g/m^3 ～ 300 g/m^3,SO_2:11.0%～12%,SO_3:0.12%～0.18%,N_2:76.5%～78.2%,O_2:2.50%～3.50%,H_2O:6.80%～8.15%。

自锅炉安装使用以来,接连发生低温过热器、高温过热器爆管事故。根据记录,运行 4 个月后,低温过热器从左侧数(由烟气进口端看),第 5、9、10、11、12、15 共爆管 6 根;半年后,高温过热器从左侧数(由烟气进口端看),第 7、8、9、10、11、12、13、14、15、16 共爆管10 根,爆管后的管子如图 2 所示。每次爆管后,厂方都把管子的进出口两端封堵住,爆管的数目多到无法维持正常安全运行时,把全部已爆的管子更换成新的 ϕ38 mm×5 mm 的 12Cr1MoV 管子,可运行不长时间又开始爆管。硫酸余热锅炉应作长期连续运行,频繁的启停会对锅炉带来腐蚀等不良后果。严重影响企业经济生产。因此,找出事故发生的根本原因,提出有效的解决措施是当务之急。

作者简介:张文斌,1965 年出生,男,高级工程师,主要从事锅炉压力容器压力管道检验检测工作。

图 1　QCF-50/930-25-3.82/450 型硫酸余热锅炉

图 2　爆管更换下来的过热器管子

2　事故现场检验

针对硫酸余热锅炉特点，对造成事故原因范围进行排查。常见过热器爆管主要由以下原因引起：①烟气含尘量高，引起烟尘对受热面的局部磨损和积灰。②烟气腐蚀性强，过热器管烟气侧经高温腐蚀穿孔泄漏。③水汽质量控制不合格，过热器管结盐垢过热爆管。④安全附件失效，导致过热器长期超压、超温运行。

该硫酸余热锅炉由锅筒、集箱、蒸发管、高温过热器、低温过热器、电控柜等部件组成，对爆管位置、锅炉图纸设计文件以及运行记录数据进行分析对比后，事故现场检验发现如下问题：

（1）锅筒内汽水分离设备的导汽箱与锅筒预焊件之间的焊接是点焊，而设计图纸中，锅筒内部装置部件图技术要求规定“内部装置与预焊件之间焊接处为角焊，焊高不小于较薄件的厚度”，图纸要求蒸汽、给水等所有的连接隔板满焊密封不漏。实际点焊方式与设计图纸、工艺规程的满焊要求不相符。

（2）由于点焊使导汽箱存在明显缝隙，如图 3 所示，导致汽水混合物不经旋风分离器而短路，降低汽水分离能力。

（3）由于点焊焊接不牢，运行中靠锅炉左侧的一个导汽箱端部一块封板完全脱落，如图 4所示，使得进入导汽箱的饱和蒸汽未经一级旋风分离器直接进入锅筒顶部二级分离装置，严重影响汽水分离效果。

图 3　导汽箱缝隙

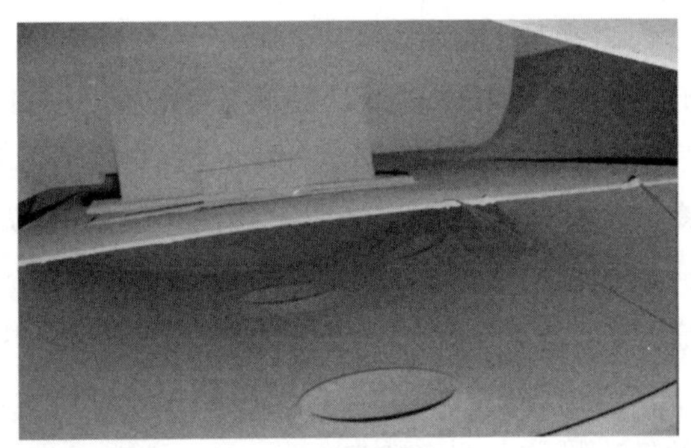
图 4　气封板脱落处点焊痕迹

(4) 锅筒左侧的进水分配管法兰脱开，造成给水在法兰处喷水，如图5所示。法兰脱开引起蒸汽带水更加严重，蒸汽未经汽水分离器，直接进入百叶窗，导致进入过热器的蒸汽带水，水带盐，从而造成过热器管盐垢。

(5) 过热器管子爆管封堵后干烧变形，如图6所示。将事故过热器管子割取下来，发现爆管破口形状有过热胀粗现象，如图7所示。

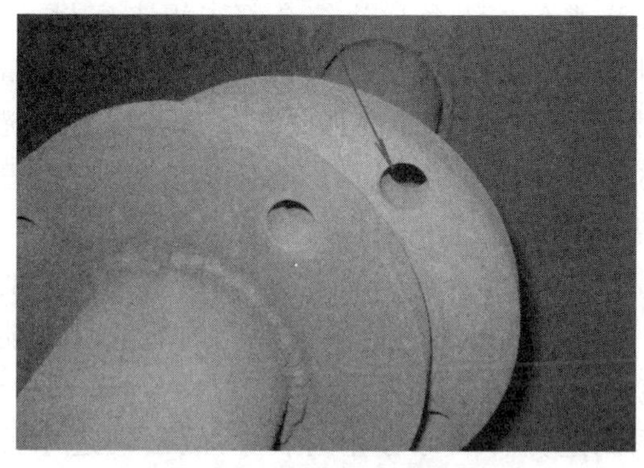

图5 进水管法兰螺栓脱落

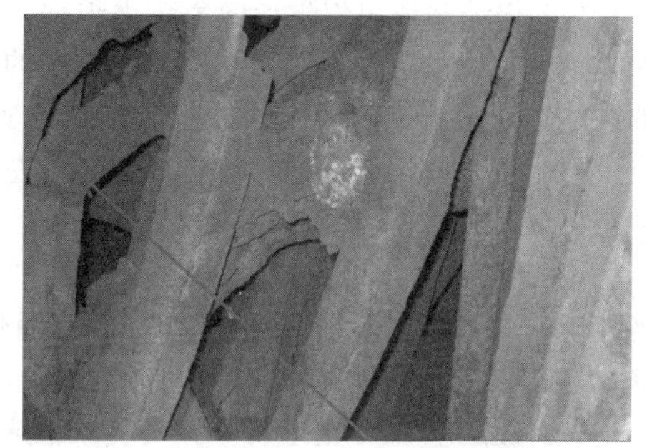

图6 爆管后封堵干烧的管子

(6) 过热器管内有严重积盐，厚约2 mm左右，如图8所示。盐垢样为灰白色，较为疏松，呈粉末状无磁性。将垢样进行化学成分分析，过热器管内垢样成分基本为钠盐，不含有Ca、Mg等水垢成分，基本确定过热器爆管是锅炉蒸汽带水所致。

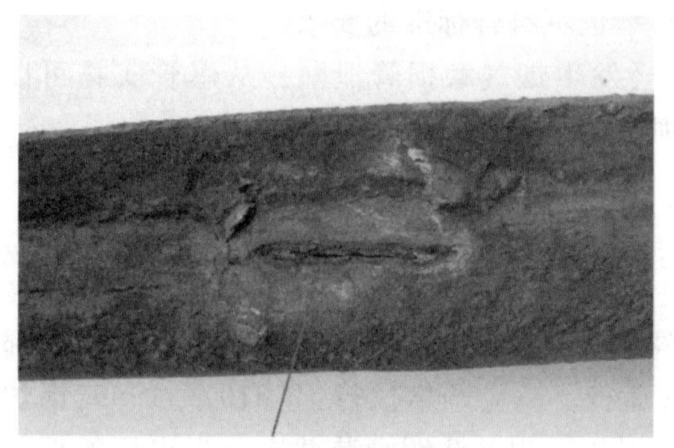

图7 过热胀粗的管子

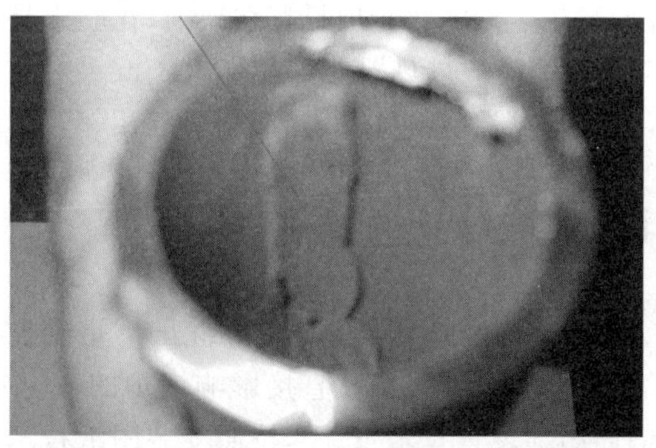

图8 管内积盐

(7) 爆管过热器相邻的管子，有严重的冲刷磨损现象，磨损部位正对事故管子爆破口。由于烟气中含尘量较大，是煤粉炉的10倍，烟气对过热器管磨损严重。对减薄最严重的管子进行壁厚测量，最薄处2 mm，影响运行安全。

(8) 厂方提供的汽水分析数据表明，汽水品质不符合标准要求。给水硬度、SiO_2和pH值达标，但溶解氧、铁、铜没有化验。炉水磷酸根、pH值符合标准。饱和蒸汽SiO_2超标达455 μg/kg (标准≤20 μg/kg)，

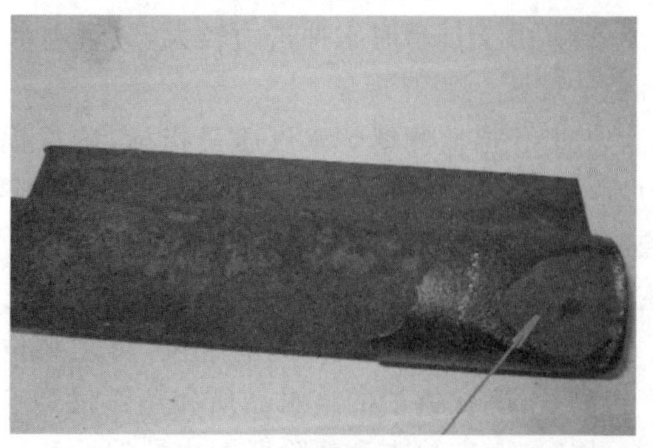

图9 受旁边过热器管子泄漏的蒸汽冲刷磨损

Na 超标达 13 900 μg/kg（标准≤15 μg/kg），铁、铜没有化验。过热蒸汽 SiO_2 超标达 33 μg/kg（标准≤20 μg/kg），Na 超标达 20 μg/kg（标准≤15 μg/kg），铁、铜没有化验。

3 锅炉过热器管爆管泄漏原因分析

（1）锅炉制造单位生产的余热锅炉锅筒内部汽水分离设备导汽箱全部点焊未密封，一块靠锅炉左侧的导汽箱封板在汽水混合物的冲刷下脱落，且进水分配管法兰脱开，导致大量的高盐炉水随着饱和蒸汽进入过热器后，迅速被蒸发浓缩，以结晶的形式在过热器内壁粗糙点上（如弯头、缺陷处等）析出，造成靠锅炉左侧的过热器管内结盐垢，影响传热效果，金属管壁得不到足够冷却，壁温升高，先后导致低温、高温过热器管子热胀粗破爆管。

（2）安装单位未能按技术规范和制造方的图纸要求，检查内部装置蒸汽、给水等所有的连接隔板是否严密不漏，各处焊缝是否有漏焊和裂纹。所以对制造单位存在的漏焊没有能联系制造方进行补焊。安装单位未能按技术规范要求，检查进水法兰结合面是否严密，检查其连接件是否有螺母止退装置。安装单位未联系制造方补加螺母止退装置，故出现进水分配管法兰脱开现象。使过热器管子过热胀粗破裂爆管。

（3）水汽质量控制不规范。电厂没有按 GB/T 12145—2008《火力发电机组及蒸汽动力设备水汽质量》要求对汽水品质进行严密的监控，未及时发现锅炉运行中存在的问题并及时查明原因。对饱和蒸汽和过热蒸汽 Na、SiO_2 严重超标未及时处理。对给水、炉水、饱和蒸汽、过热蒸汽的化验项目存在缺项，化验人员的水平也不符合标准的要求。

（4）锅炉过热器处烟气流速 3 m/s 左右，不会发生烟气磨损管泄漏。从爆管实物可以认定为先爆管泄漏的蒸汽冲刷引起相邻管子磨损破裂。

4 防止爆管的措施

（1）汽水分离器的连接焊缝虽不是受压元件的主要焊缝，但其质量标准和技术要求都需要严格执行，不然就直接影响锅炉的安全正常运行[2]。应严格执行 JB 3191—1999《锅炉锅筒内部装置技术条件》，按照安装图纸技术要求对锅筒内凡注明预装并定位焊出厂的部位进行了全部检查。焊接完成后，清除所有熔渣及杂物。

（2）由于进水时水冲击力较大，应对进水分配管的连接法兰处的螺母上加装止退装置，避免造成法兰脱开现象。

（3）严格监测锅炉水汽质量指标，确保锅炉水汽质量指标符合 GB/T 12145—2008《火力发电机组及蒸汽动力设备水汽质量》，发现数据不正常时及时分析和查找原因，采取有效控制措施。运行时，严格按照 GB/T 16508—2013《锅壳锅炉》以及余热锅炉的操作规程，严密监视锅炉吹管期间的给水、蒸汽的各项主要指标。

（4）合理控制吹灰期间的水位，防止水位过高造成过热蒸汽带水，避免汽水共腾，减少管道积盐，确保锅炉的给水品质和蒸汽品质合格。当水位过高时，应适当排污，保持正常水位。同时，定期检查和清除联箱内的泥垢和异物。

（5）检验单位在制造监检与定期检验中应严格把关，及时发现上述问题，可避免事故的发生。

(6) 电厂如能及时发现问题、分析原因并科学处理爆管事故,可避免此类连续爆管事故的发生。

5 结论

该台锅炉过热器爆管的原因主要是锅炉制造安装质量存在问题和锅炉运行管理操作不当引起,通过对其直接原因和间接原因进行综合分析,找到导致爆管的根本原因,进而采取行之有效的预防措施,从根本上解决锅炉爆管的问题,有效防止爆管事故的再次发生。

参考文献

[1] 占绍华. 电石炉气余热锅炉过热器爆管及其他故障处理[J]. 化工生产与技术,2013,19(5):59-60.
[2] 马昌华. 锅炉事故防范与安全运行[M]. 北京:地震出版社,2000.

一起蒸汽管道爆炸事故原因分析

刘应平，陈忠

武汉市锅炉压力容器检验研究所，武汉　430024

摘　要：本文分析了一起使用多年的蒸汽管道爆炸的事故原因，认为潜在原因是由于大拉杆型金属波纹膨胀节的大拉杆被人为切割断，失去了限制变形量、保护波纹管的作用，导致波纹管疲劳损伤；直接原因是置换及暖管产生的水击导致失稳撕裂；而另一端管道对接焊缝整圈未焊透，不能承受巨大冲击力矩而折断。

关键词：蒸汽管道；爆炸事故；大拉杆型金属波纹膨胀节；疲劳断裂；水击；未焊透

1　蒸汽管道事故情况描述

2013 年 10 月 12 日下午 3 时 30 分，位于武汉开发区某供热公司的一处供气站进行投用前的蒸汽置换及暖管，置换压力为 0.4 MPa，此时，位于该换热供气站铁路支架上的蒸汽管道大拉杆型金属波纹膨胀节处出现了泄漏，约 3 min 后，泄漏处撕裂爆炸，管道上掀，冲击力使得管道弹起，造成约 10 m 外的另一段焊缝折断，弹起的管道段砸在附近的高压电线上，然后掉落在栏杆上，造成了停气、停电事故，幸无人员伤亡。

2　蒸汽管道基本情况

该蒸汽管道为 ϕ426 mm×10 mm 无缝钢管，材质 20 钢，工作压力不大于 0.58 MPa，1995 年安装并投入使用，主要用于开发区部分厂区的供热，使用时间为 10 月底至次年 3 月，其余时间为停用状态，供汽单位负责日常维修与管理。

由于该蒸汽管道已安装、使用了 18 年，相关设计、安装资料已遗失，也没有进行安装监检与注册登记。在该换热供气站，我们看到了管道流量、压力等记录，未见维修、使用过程异常记录。

爆破起点的金属波纹膨胀节由某机电仪表设备公司制造，有产品合格证，波纹管材质为 0Cr18Ni9 不锈钢，出厂试验压力为 2.4 MPa，无使用年限说明。

3　事故现场勘查情况

2013 年 10 月 17 日，我所与当地质监局的工作人员一起到事故现场进行了勘察和调查，

作者简介：刘应平，1963 年出生，男，高级工程师，主要从事承压特种设备检验检测工作。

向供热公司负责同志和事发现场值班人员详细了解了爆炸事故的相关情况，查验了有关记录和资料，对波纹管爆破口和 10 m 外的另一段焊缝折断口进行了仔细的检验，测量了断口处的相关数据并进行了拍照取证。

现场发现起断口位于波纹膨胀节的根部，0.8 mm 厚的波纹管约 1/4 圈呈锯齿状，是泄漏起始点（见图 1）；其余断口部位呈爆破撕裂状（见图 2）；膨胀节的 4 根大拉杆已被人为切割断，断口有明显锈蚀痕迹（见图 3）；另一端焊缝折断处为整圈未焊透，未焊透深度为 4 mm～6 mm（见图 4）。

图 1　锯齿状泄漏起始点

图 2　断口部位呈爆破撕裂状

图 3　大拉杆断口有明显锈蚀痕迹

图 4　焊缝整圈未焊透

4　事故产生原因分析

大拉杆型金属波纹膨胀节由两组金属波纹管、中间接管、环板、大拉杆和两个端接管或焊有法兰的接管构成，它通过两组金属波纹管的柔性变形来吸收管线任一平面的横向位移，膨胀节上 4 根通长大拉杆能承受波纹管压力推力，大拉杆可起到限制变形量，保护波纹管作用。

从复式拉杆型波纹膨胀节安装使用说明书中查到：膨胀节安装结束时，应将大拉杆上环板内侧涂黄色油漆的螺母退松至螺纹根部，以免影响膨胀节正常工作；管系安装完毕后应立即拆除膨胀节上的涂黄色油漆运输拉杆或其他保护措施，使膨胀节有充分的补偿能力；也就是保留大拉杆而拆除运输杆。

本事故中，膨胀节上大拉杆切断处有明显锈蚀痕迹，证明该处为人为切割断且时间较久远。大拉杆被破坏后，失去了限制变形量、保护波纹管作用。在约 18 年的使用时间内，波纹管承受了较大的变形、承重、震动疲劳破坏，其根部为疲劳破坏最为严重部位，导致波纹管疲劳断裂泄漏蒸汽，直至整圈撕裂形成爆炸事故。另一端焊缝折断处由于为整圈未焊透，强度降低，不能承受巨大冲击力矩而折断。这是发生爆炸事故的潜在原因。

此次事故的直接原因是水击。由于该管道已使用 18 年，疏水器、排水旁路阀易出现锈泥局部堵塞，冷凝水未按规定排尽，当启动供汽暖管时，送汽速度太快，蒸汽与冷凝水会产生汽水冲击，力量巨大，导致波纹管薄弱部位泄漏直至撕裂爆炸。

总之，此次事故的原因是：金属波纹膨胀节大拉杆被人为切断，失去了限制变形量、保护波纹管作用，波纹管根部产生疲劳损伤；在置换暖管时，由于水击导致失稳撕裂；蒸汽管道焊缝为整圈未焊透，强度降低，不能承受巨大冲击力矩而折断，导致管道上掀，造成了事故。

5 结论

从这起事故我们可以得到如下经验和教训：压力管道需经过正规的设计、安装、检验；安装单位对于膨胀节等管道元件应按安装使用说明书进行安装，不能想当然的随意改动；停车开车前，要仔细检查并排尽积水，开车时要严格按操作工艺升降温度、压力和控制流量；对于使用多年的压力管道应进行定期检验，GC3 级管道应重点检验结构、管道元件、弯头等。